Valentin Crastan

**Weltweiter Energiebedarf
und 2-Grad-Ziel
Report 2015**

Valentin Crastan
2533 Evilard
Schweiz

Übersetzung und Aktualisierung der englischen Ausgabe
« Global Energy Demand and 2-degree Target, Report 2014 »
Springer-Verlag

CRACON – Verlag, 2015
ISBN 978-2-9700650-7-4

Vorwort

Von der Klima-Wissenschaft wird die Begrenzung der Erderwärmung auf 2°C relativ zur vorindustriellen Zeit gefordert; dies als Minimalziel, so im letzten IPCC-Klimabericht der UNO und auch in anderen Studien. Die Berichte bestätigen uns einmal mehr, dass der verstärkte Treibhauseffekt menschengemacht ist und zu 75% von der ungehemmten Verbrennung fossiler Brennstoffe herrührt

Das Ziel lässt sich nur mit raschen und einschneidenen Massnahmen im Bereich der Energieumwandlung und -nutzung erreichen. Die ökonomische Konsequenzen sind nicht unerheblich und stossen politisch auf Widerstand. Weshalb sich mancherorts Resignation breit macht und als Ausweg einfachere 2,5 oder 3 Grad-Ziele angepeilt werden oder nur noch von Anpassung die Rede ist

Anpassung ist aber ohnehin notwendig, selbst bei Einhaltung der 2-Grad Grenze, und ist weder leichter erreichbar noch billiger als die Minderung der CO_2-Emissionen. Gerade die Berichte der Klimawissenschaft machen uns im Gegenteil klar, dass bei einer höheren Erwärmung, Anpassung die teurere Variante darstellt, ungeachtet von der Zerstörung vieler Ökosysteme und dem damit verbundenen menschlichen Leid.

Die Einhaltung des 2-Grad-Klimaziels ist herausfordernd, aber nicht unmöglich. Je länger man mit Massnahmen wartet, desto teurer und schwieriger wird's. Ich zitiere Thomas F. Stocker: „Verzögerungen und unzureichende Massnahmen zur Emissionsminderung schließen dauerhaft das Tor zur Begrenzung der globalen mittleren Erwärmung. Dies ist mehr als mangelnder Einsatz für den Klimaschutzt: es ist das schnelle und irreversible Schrumpfen und schließlich den Wegfall der Minderungsoptionen, mit jedem Jahr der Erhöhung der Treibhausgasemissionen" (frei übersetzt aus « The Closing Door of Climate Targets », Science 339, Januar 2013).

Der vorliegende Bericht versucht aus möglichst neutraler und unabhängiger Warte pragmatische aber konkrete Wege aufzuzeigen um den Minderungseffekt zu erhalten, gesamthaft und für alle wichtigen Ländern.

Die Realisierbarkeit der Szenarien ist im Einzelnen technisch, ökonomisch und politisch zu diskutieren und zu überprüfen und die Verteilung der Emissionsreduktionen entsprechend anzupassen. An das Gesamtziel darf man aber nicht rütteln. Wenn jemand mehr emittiert, muss ein anderer entsprechend kompensieren. Eine Frage der wirtschaftlichen Gesamtoptimierung, die lokalpolitische Anstrengungen erfordert aber auch durch die globale Marktwirtschaft (höherer CO_2-Preis) erreicht werden muss. Förderung durch internationale Foren sowie zielbewusste internationale Kooperation, bilateral und multilateral, sind dabei unerlässlich.

Evilard (CH), Juni 2015   Valentin Crastan

Inhalt

Anhang

Energiefluss, Energieverbrauch und CO_2-Ausstoss der Weltregionen und der G-20 Länder im Jahr 2012

Kapitel 1   Einleitung

Der fünfte IPCC-Bericht über den Klimawandel [1], [2], [3] bestätigt im Wesentlichen die Aussagen des vierten Berichts von 2007. Bestätigt wird insbesondere, dass die Erderwärmung menschengemacht ist, und eindringlicher als zuvor wird die Notwendigkeit betont die CO_2-Emissionen rasch einzudämmen, um die mittlere Temperaturerhöhung der Erde nicht über 2°C ansteigen zu lassen (2-Grad-Grenze).

Ein Bericht des Oeschger-Zentrums, Bern, legt eine noch strengere Reduktion der CO_2-Emissionen nahe, um Ozeanversauerung (Korallen, Kalkschalen von Meerestieren), Kohlenstoffverlust auf Ackerflächen, Anstieg des Meeresspiegels stärker zu begrenzen [4].

Bild 1.1 zeigt den weltweiten jährlichen Emissionsverlauf (Gt CO_2/a) von 1970 bis 2012 (rein fossile Emissionen) entsprechend der IEA-Statistik [5] und einige der vielen möglichen Szenarien für die Weiterentwicklung bis 2100. Angegeben sind die entsprechenden kumulierten Werte in Gt Kohlenstoff von 1870 bis 2100, wobei für die Periode 1870 bis 1970 rund 100 GtC berücksichtigt wurden [1], [4]. Jedem kumulierten Wert ist die Temperaturerhöhung zugeordnet die mit 66% Wahrscheinlichkeit nicht überschritten wird.

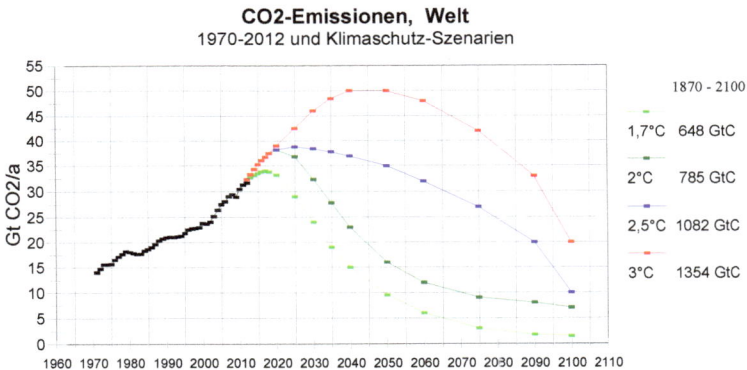

Bild 1.1. Weltweite CO_2-Emissionen 1970 bis 2012 [5] und mögliche Zukunftsszenarien bis 2100

Für die 2°-C-Grenze, die das Hauptanliegen der vorliegenden Untersuchung ist, sind in Bild 1.2 vier verschiedene Szenario-Varianten angegeben, alle mit gemeinsamen Wert von 16 Gt CO_2 in 2050 (nur fossile Energieträger). Die Variante *b* stimmt mit dem 2-Grad Szenario von Bild 1.1 überein.

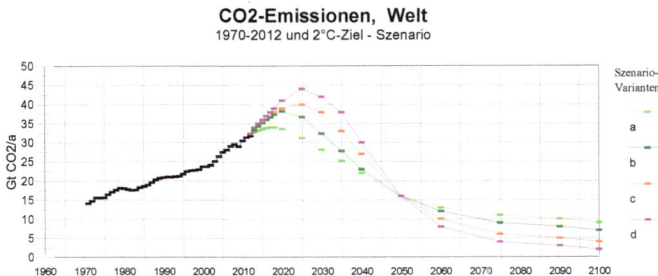

Bild 1.2. Vier Varianten des 2°C-Szenarios

Der Verlauf der kumulierten Emissionen von 1870 bis 2100 für die Szenarien von Bild 1.1 und Bild 1.2 sind in Bild 1.3 wiedergegeben (Annahme 100 GtC von 1870 bis 1970).

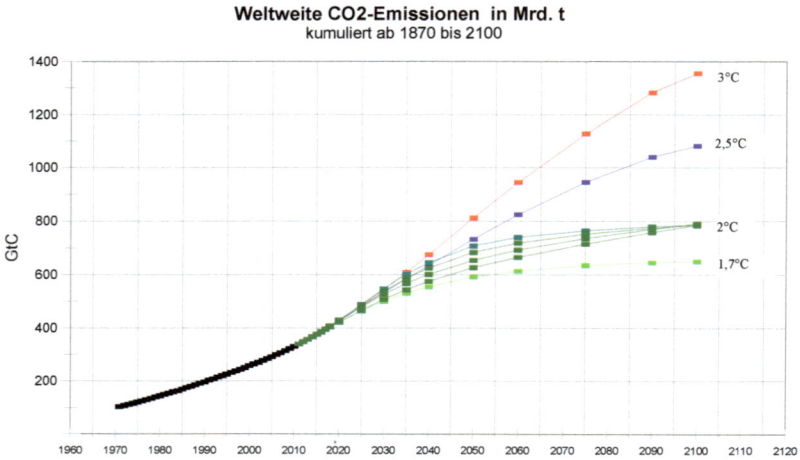

Weltweite CO2-Emissionen in Mrd. t
kumuliert ab 1870 bis 2100

Bild 1.3. Kumulierte Kohlenstoff-Emissionen (rein fossil) ab 1870 bis 2011 und Szenarien bis 2100

Das 2-Grad Ziel lässt sich nur erreichen (mit 66% Wahrscheinlichkeit), wenn die totalen energiebedingten CO_2-Emissionen von 1870 bis 2100 etwa 800 GtC (rund 2900 $GtCO_2$) nicht überschreiten.

Von den vier 2°C-Varianten sind in Bild 1.4 nur die beiden strengeren Varianten *a* und *b* eingetragen, deren Realisierbarkeit im Folgenden hauptsächlich analysiert wird. Die Variante *b* ist gegenüber *a* grosszügiger im Zeitraum bis 2030 verlangt aber ab diesem Datum strengere Reduktionsziele, nicht nur bis 2050 sondern auch ab diesem Datum, um die im Jahr 2100 erforderliche kumulative Emissionsgrenze (für beide Varianten identisch) einzuhalten.

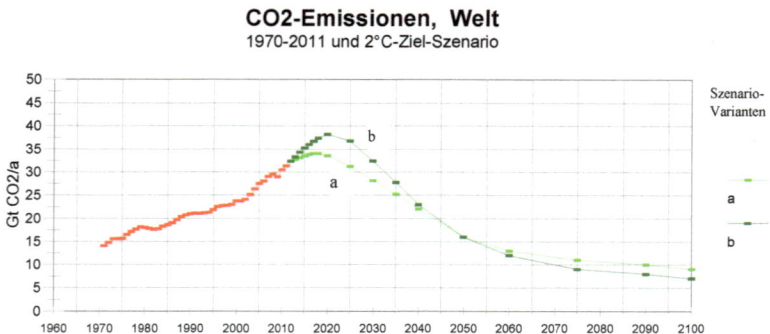

CO2-Emissionen, Welt
1970-2011 und 2°C-Ziel-Szenario

Bild 1.4. Weltweite jährliche CO_2-Emissionen von 1971 bis 2011 (nur fossile Brennstoffe) und notwendiger Verlauf bis 2050 der Varianten a und b für das 2-Grad-Ziel

Die Variante *a* hätte den Vorteil, dass bei strengeren (etwa der Variante *b* entsprechenden) Trends ab 2030, der kumulierte Ausstoss weiter reduziert und der Temperaturanstieg unter 2°C gehalten werden könnte, gemäss den Anforderungen in [4]. ,

Pessimistischer ist das letzte IEA-Outlook 2013 [6] das von rund 38 Gt CO_2 in 2035 ausgeht, was eher der Variante d von Bild 1.2 oder dem 2,5°C-Ziel von Bild 1.1 entspricht. Für das 2-Grad-Ziel müssten dann aber, ab diesem Datum, die Emissionen rasant nach unten gehen, was praktisch breitester Einsatz von **CCS (Carbon Capture and Storage)** und ab 2050 möglichst auch Kernfusion erfordern würde. Durch CCS wird das bei der Verbrennung entstandene CO_2 durch Einfang und Speicherung teilweise von der Atmosphäre ferngehalten. Bei dieser Methode ist allerdings bis heute nicht einwandfrei erwiesen, dass sie ökologisch vertretbar ist. In einigen Studien wird auch die Möglichkeit von „negativen Emissionen" (BECCS, Bioenergie und CCS) in Erwägung gezogen, durch Verbrennung schnell wachsender Pflanzen gekoppelt mit nachfolgender CCS, [7], [3].

Wir untersuchen im Folgenden, welche Bedingungen **die Energiewirtschaft aller Länder erfüllen müsste, um Bild 1.4 einzuhalten.** Dieses Szenario ist zur Zeit, unseres Erachtens, immer noch eine mögliche, wenn auch schwierige Option. Gemäss diesem Szenario sind die CO_2-Emissionen von 32 Gt in 2012 [5] auf 28 Gt in 2030 (Variante a) zu reduzieren bzw. auf 32,5 Gt (Variante b) zu begrenzen. Um die 2-Grad-Grenze einzuhalten, muss somit in erster Linie der Verbrauch fossiler Brennstoffe empfindlich und rasch eingeschränkt und durch andere CO_2-arme Energiequellen ersetzt werden, wobei ein in Grenzen gehaltener Einsatz von CCS nicht vermeidbar sein wird.

Die Alternative wäre sich an höhere Temperaturen anzupassen, mit den ernsten z. T. dramatischen Konsequenzen, welche die Klima-Wissenschaft im letzten IPCC-Bericht [2] mehr als deutlich zum Ausdruck gebracht hat. Auf weitere, vorerst eher im Bereich der Science Fiction liegende Möglichkeiten des Geo-Engineering treten wir hier nicht ein.

Im vorliegenden Bericht werden, konkreter ausgedrückt, für alle Weltregionen und alle G-20 Länder, ausgehend von den Grunddaten (Bevölkerung, Bruttoinlandprodukt bei Kaufkraftparität (BIP KKP), Bruttoinlandverbrauch (Bruttoenergie) und CO_2-Ausstoss), die zeitliche Entwicklung der wichtigsten Kenngrössen von 1970 bis 2012 festgehalten und bis 2030 extrapoliert, unter Berücksichtigung der aktuellen Trends, lokaler Faktoren und der Erfordernissen des 2-Grad Klimaziels. Die Datenbasis bilden die weltweit verfügbaren Statistiken der IEA (Internationale Energie Agentur) [5], [9], [11], [12] mit Ausnahme des BIP(KKP), das vom IMF (Internationaler Währungsfond) übernommen wird, mit dem Vorteil entsprechender Voraussagen bis 2019 [8], [13].

Wichtige Grundlage ist auch die Struktur des aktuellen Energieverbrauchs und der Energieflüsse aller Weltregionen und aller G-20-Länder, die im **Anhang im Detail analysiert** und möglichst anschaulich wiedergegeben wird (letzte weltweit verfügbare Zahlen der IEA sind von 2012).

In Anlehnung (im Wesentlichen) an die IEA wird die Welt folgendermaßen unterteilt:

OECD-34 ----> bestehend aus EU-15, USA, Japan, Rest-OECD (17 Staaten).
Nicht-OECD ----> Eurasien+ (inklusive Nicht-OECD-Europa)
Mittlerer Osten
China
Indien
Rest-Asien/Ozeanien (ohne China, Indien und OECD-Mitglieder)
Nicht-OECD Amerika (Mittel- und Südamerika ohne Chile)
Afrika

Von grosser Bedeutung sind die G-20 Staaten, die 2012 zusammen 65% der Weltbevölkerung und 76% des Bruttoinlandproduktes bei Kaufkraftparität (BIP KKP) aufweisen. Sie verwenden 79% der weltweiten Bruttoenergie und sind für 81% des weltweiten CO_2-Ausstosses verantwortlich. Angesichts ihres Gewichts, wirtschaftlich und politisch, sind sie die erste Adresse für Massnahmen zur Eindämmung der CO_2-Emissionen.

Die 20 Mitglieder werden deshalb gesamthaft und einzeln analysiert.

Was Europa betrifft, sei erwähnt, dass 21 Mitglieder der EU-27 (EU-28 ab 2013) auch Mitglieder der OECD sind (Deutschland, Frankreich, Vereinigtes Königreich, Irland, Italien, Österreich, Spanien, Portugal, Griechenland, Niederlanden, Belgien, Luxemburg, Dänemark, Schweden, Finnland, Polen, Tschechische Republik, Slowakei, Ungarn, Slowenien, Estland). Weitere 6 Staaten werden Eurasien+ zugeteilt (Lettland, Litauen, Zypern, Malta, Rumänien, Bulgarien). Die bereits erwähnte EU-15 umfasst die westeuropäischen Mitglieder der EU (auch OECD-Mitglieder). Norwegen, Island und die Schweiz sind OECD-Mitglieder nicht aber in der EU.

Indikatoren:

Die wichtigsten Kenngrössen sind [10]:
- die **Energieintensität**, in kWh/$ (Mass der Energieeffizienz der Region oder des Landes),
- die **CO_2-Intensität** (der verwendeten Energie), in g CO_2/kWh, abhängig vom Energiemix (fossil, nuklear, erneuerbar),
- der daraus resultierende **Indikator der CO_2-Nachhaltigkeit**, definiert als Produkt dieser beiden Grössen (und somit in g CO_2/$ ausgedrückt)

Weltweit gelten für 2012 folgende Zahlen:

Energieintensität: 1,66 kWh/$,
CO_2-Intensität der Energie: 217 g CO_2/kWh,
entsprechender Indikator der CO_2-Nachhaltigkeit: 361 g CO_2/$.

Zur Berechnung ist ein BIP (KKP) gemäss IMF in internationale Dollars von 2007 verwendet worden (Wert des $2007: 0,94175 relativ zu $2005 oder 1,107 relativ zu $2012).

Entsprechend der in Bild 1.4 dargestellten, für die Einhaltung der 2-Grad-Grenze notwendige Entwicklung, müssten diese Indikatoren im Jahr 2030, bei sinnvoll abgeschätzter Entwicklung des weltweiten Energiebedarfs (s. dazu Abschnitt 2.2) und des BIP (unter Berücksichtigung und Extrapolation der vom IMF publizierten Daten und Prognosen für 2019, April 2015) z. B. für die Variante *a*, folgende Werte annehmen:

Energieintensität: 1,23 kWh/$, (-1,65 %/a)
CO_2-Intensität der Energie: 166 g CO_2/kWh, (-1,48 %/a)
Indikator der CO_2-Nachhaltigkeit: 204 g CO_2/$, (-3,12 %/a).

Die Prozentzahlen betreffen die notwendige mittlere Abnahmerate von 2012 bis 2030.

Diese Zahlen setzen einen Energiebedarf voraus, der wenig über jenem des 450-Szenarios der IEA liegt (Abschn. 2.2). Damit ist eine starke Verbesserung der Energieeffizienz, hingegen nur einen mässigen Einsatz von CCS (Carbon Capture and Storage) verbunden. Einen stärkeren Energieverbrauch hätte eine stärkere Energieintensität zur Folge, die, um das Klimaziel einzuhalten, durch eine stärkere Abnahme der CO_2- Intensität kompensiert werden müsste, nicht nur mittels erneuerbaren Energien oder Kernenergie sondern auch mit breiterem CCS-Einsatz. Für die Variante *b* ergeben sich bis 2030 etwas günstigere (und somit bessere finanzierbare) Abnahmeraten bis 2030, dafür umso stärkere Abnahmeraten ab diesem Datum.

Mit dem Problem wie die notwendigen Abnahmeraten insgesamt erreicht werden könnten, ist die wichtige Frage verbunden, **wie die Anstrengungen auf die einzelnen Weltgegenden bzw. Länder** zu verteilen sind. Es wird versucht darauf Antworten zu geben, basierend auf den Ausstoss relativ zur wirtschaftlichen Leistungsfähigkeit. Ausschlaggebend für die Umsetzung werden letztlich ökonomische Erwägungen sein, die durch die lokale Politik aber auch durch internationale Gremien und bilaterale Verhandlungen wirksam beeinflusst werden können.

Kapitel 2   Zusammenfassende Vorschau

2.1. Weltweite Verteilung der CO_2-Emissionen

Vergleicht man weltweit für 2012 die durch Verbrennung fossiler Energieträger verursachten CO_2-Emissionen der Weltregionen, der G-20 Länder insgesamt und von einigen gewichtigen Mitgliedern der G-20-Gruppe, ergibt sich Bild 2.1. Die G-20 Länder sind 2012 insgesamt für 84%, China und die OECD sind zusammen für 67%, China und die USA zusammen für 43% der weltweiten CO_2-Emissionen verantwortlich. Die Einhaltung der 2-Grad-Klimagrenze ist somit nur bei aktiver, zielbewusster Mitwirkung dieser Länder und Ländergruppen realistisch.

Dasselbe Bild zeigt für 2030 das sich aus der vorliegenden Untersuchung ergebende Szenario, das der von Bild 1.4 geforderten Reduktion der Gesamt-Emissionen (Varianten a und b) Rechnung trägt. Die Hauptlast der Reduktion muss von den Industrieländern getragen werden (Hauptakteure: USA, Japan und EU-27). Der Erfolg kann aber nur mit einem Beitrag vor allem Chinas aber auch Eurasiens (vorab Russland) und Indiens gesichert werden; mehr Details in den folgenden Abschnitten.

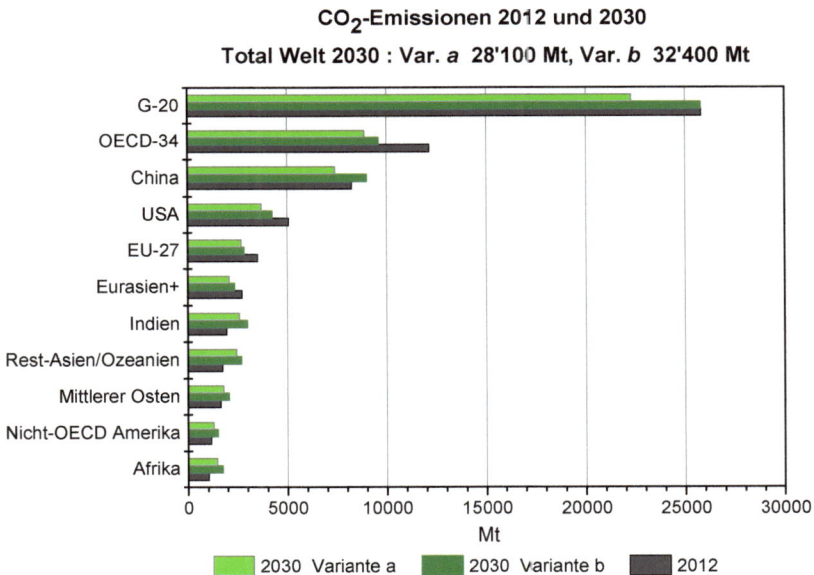

Bild 2.1. Vergleich der CO_2-Emissionen der Weltregionen und einiger Länder im Jahr 2012 (ohne Schiff- und Luftfahrt-Bunker, s. Anhang) und notwendige Reduktion bis 2030 (Varianten a und b) zur Erreichung des 2°C-Klimaziels.

Gegenwärtig nimmt der Gesamtausstoss an CO_2 noch zu. Wesentlich sind aber die **Tendenzen** der bereits in der Einleitung erwähnten Indikatoren (Energieintensität und CO_2-Intensität der Energie), die im Folgenden definiert und detaillierter analysiert werden.

2.2 Energieintensität

Der Energieverbrauch nimmt als Folge des weltweiten Anstiegs des Bruttoinlandproduktes (BIP) zu. Letzter wächst mit dem Anstieg der Weltbevölkerung und vor allem wegen des berechtigten Anspruchs der Schwellen- und Entwicklungsländern ihren materiellen Wohlstand zu erhöhen. Das Verhältnis Energie/BIP ergibt die *Energieintensität* ε, die z.b. in **kWh/$** quantifiziert werden kann. Um die Ziele des Klimaschutzes zu erreichen, bedarf es einer möglichst effizienten Umwandlung und eines möglichst effizienten Einsatzes von Energie. Man spricht deshalb auch von *Energieeffizienz*, wobei diese Größe reziprok zum Begriff der Energieintensität verwendet werden kann.

Um die Energieintensität der Volkswirtschaft verschiedener Länder zu vergleichen, muss eine Messeinheit festgelegt werden, die es erlaubt, die wirtschaftliche Leistungsfähigkeit des Landes möglichst objektiv und gerecht zu definieren. Der absolute Wert des BIP in $ entsprechend den Währungskursen erscheint dazu nicht besonders geeignet, da das Preisniveau und somit die Kaufkraft, welche letzten Endes die effektive Leistung- und Wettbewerbsfähigkeit kennzeichnet, stark unterschiedlich sein kann. Deshalb wird von internationalen Organisationen (Weltbank, IMF) das BIP entsprechend der Kaufkraftparität BIP (KKP) für alle Länder ermittelt. Das BIP (KKP) ist vom IMF im Oktober 2014 [13] deutlich nach oben korrigiert worden, relativ zu den Werten von Oktober 2013 oder April 2014 [8], dies für die meisten Entwicklungs- und Schwellenländer und ganz besonders für Indonesien (+83% !) und Saudi Arabien (+75% !).

Es wurde verschiedentlich versucht auch andere Größen zu definieren, um die ökonomische Entwicklung bei Berücksichtigung ökologischer Indikatoren zu charakterisieren. Doch bis heute ist das BIP (KKP) trotz den Mängeln, die dieser Größe als Wohlstandsindikator anhaften, die einzige statistisch verfügbare Kenngröße, die einen vernünftigen weltweiten Vergleich ermöglicht.

Will man die Energieintensität für die Jahre 2030 oder 2050 abschätzen, müssen **Szenarien für die weltweite Evolution des Energiebedarfs entsprechend dem Wachstum der Bevölkerung und des BIP** entworfen werden. Von der Internationalen Energie Agentur (IEA) sind solche Szenarien für 2030 und 2035 ermittelt worden, die zusammen mit dem Energiebedarf des Jahres 2009 in Bild 2.2 dargestellt sind [9]. Die zwei ersten Szenarien (Referenz- und Alternativszenario für 2030) sind 2004 präsentiert worden. Das *Referenzszenario* führt zu einem Energiebedarf von 22 TWa (1 TWa = 753 Mtoe/a), was einer mittleren Steigerungsrate des Primärenergiebedarfs von 1.8%/a ab 2009 entsprechen würde. Das *Alternativszenario*, das den Auflagen des Klimaschutzes besser gerecht wird, führt für 2030 dank verbesserter Effizienz zu einem Energiebedarf von 19.7 TWa (mittlere Steigerungsrate 1.3%/a). *Das 450-Szenario* von 2009 entspricht am ehesten den Anforderungen des Klimaschutzes und erwartet für 2030 eine Energienachfrage von 18.5 TWa (d.h. etwa 14'000 Mtoe). Es setzt eine starke Verringerung der Energieintensität aber auch der CO_2-Intensität voraus.

Die IEA-Szenarien für 2035 (New Policies Scenario und Gas Scenario von 2011, mit rund 22.5 TWa, Zuwachsrate etwa 1.5%/a), lassen einen grösseren Anteil fossiler Energieträger und damit auch eine etwas grössere Energieintensität zu. Um das 2-Grad-Ziel zu erreichen, müsste dies aber durch eine stärkere Reduktion der CO_2-Intensität der Energie kompensiert werden. Sie werden dem Klimaschutz nur dann gerecht wenn unterstellt wird, dass ein wesentlicher Teil des Verbrauchs an fossilen Brennstoffen dank CCS (Carbon Capture and Storage) nicht zur CO_2 - Anreicherung der Atmosphäre beiträgt.

Primärenergiebedarf, weltweit
1 TW = 753 Mtoe/a

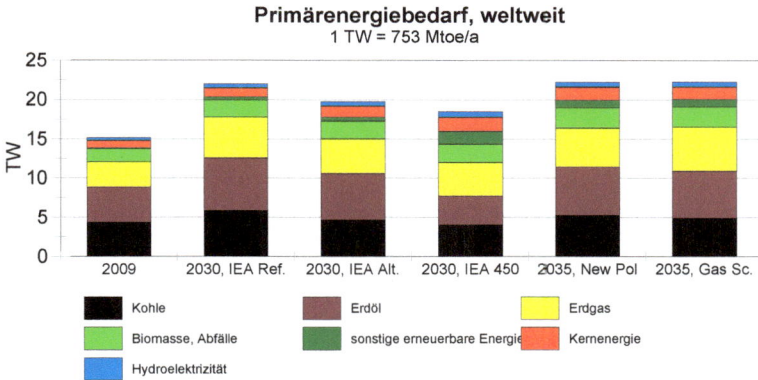

Kohle

Erdöl

Erdgas

Biomasse, Abfälle

sonstige erneuerbare Energie

Kernenergie

Hydroelektrizität

Bild 2.2. Szenarien der IEA für den weltweiten Energiebedarf (2030, 2035) [7]

Der weltweite Vergleich der Energieintensität (Bruttoenergie pro $) ist in Bild 2.3 für 2000 und 2012 wiedergegeben. Die Fortschritte von 2000 bis 2012 sind beachtlich, doch stärkere Anstrengungen sind unumgänglich, vor allem in Weltregionen mit schwacher Energieeffizienz (Eurasien, China, Afrika).

**Energieintensität 2000 und 2012
sowie Zielwerte 2030 : Varianten a und b**

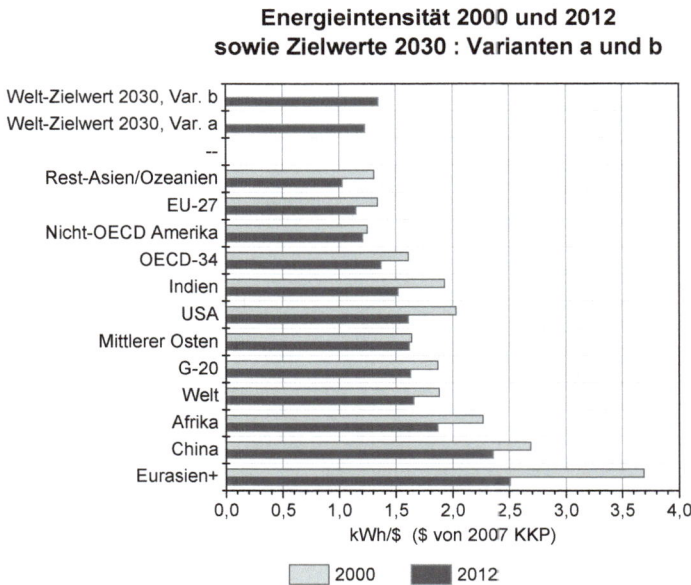

Bild 2.3. Vergleich der Energieintensität der Jahre 2000 und 2012 für Weltregionen und Länder. Der Zielwert 2030 (Variante a von Bild 1.2) lässt 4% mehr Energie zu als der IEA 450-Szenario, jener der Variante b, etwa 4% mehr als der New Policies-Szenario

2.3 CO_2-Intensität der Energie

Vor allem in den Schwellenländern, aber nicht nur, werden weiterhin und vermehrt Energien verwendet (Öl, Kohle, Gas), die viel CO_2 emittieren. Dieser Umstand wird durch die *CO_2-Intensität k* der verbrauchten Energie berücksichtigt, ausgedrückt in **g CO_2/kWh**. Sie hängt vom Mix der verwendeten Energie ab. So führt das bei der Kohleverbrennung freigesetzte CO_2 zu einem Wert von rund $k = 350$ g CO_2/kWh, die Ölverbrennung zu etwa 260 g CO_2/kWh und die Erdgasverbrennung zu rund 200 g CO_2/kWh. Die Verwendung von CO_2-armen Energien (Wasserkraft, Solarstrahlung, Windenergie, Solarwärme, Geothermie, Biomasse, Strömungs- und Wellenenergie aber auch Kernenergie) reduziert den Wert der mittleren CO_2-Intensität.

Bild 2.4 vergleicht weltweit die CO_2-Intensität der Energie für 2000 und 2012. Die Fortschritte in diesem Jahrzehnt sind nicht nur ungenügend, sondern, die CO_2-Intensität hat weltweit sogar leicht zugenommen. Leichte aber nicht ausreichende Fortschritte sind lediglich in Europa und Amerika (Nord und Süd-Amerika) zu verzeichnen. Eurasien ist nahezu stationär und Asien und der Mittlere Osten weisen allgemein eine deutliche Verschlechterung der spezifischen Emissionen auf. Der Zielwert für 2030 lässt sich nur dann erreichen, wenn auch in Schwellenländern nicht nur der Ersatz von Kohle durch Gas sondern auch der Einsatz von erneuerbaren Energien, von Kernenergie und von CCS rasch einen höheren Stellenwert erhält.

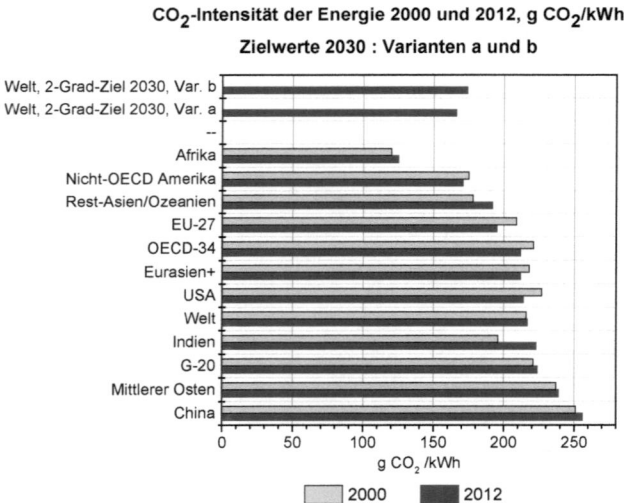

Bild 2.4. Weltweiter Vergleich 2000 und 2012 der CO2-Intensitä der Energie und Zielwerte 2030 (Varianten a und b)

2.4 Energiesektor

Wie aus der Darstellung der Energieflüsse im Anhang klar hervorgeht, stammen weltweit mehr als die Hälfte der CO_2-Emissionen aus dem Energiesektor, was in erster Linie mit der Produktion von Elektrizität zusammenhängt. Dazu sei vermerkt, dass der Elektrifizierungsgrad weltweit etwa parallel zur wirtschaftlichen Entwicklung verläuft. CO_2-Reduktionsmaßnahmen im Wärme- und Mobilitätsbereich werden zudem in Zukunft zusätzlich den Elektrizitätsbedarf steigern (Wärmepumpe, Hybrid- und Elektroautos).

Bild 2.5 zeigt den Anteil des Energiesektors (Elektrizität + Fernwärme + Verluste des Energiesektors, s. für exakte Definition auch den Anhang) an den gesamten CO_2-Emissionen. Art der Elektrizitätsproduktion und Effizienz des Energiesektors spielen die Hauptrolle. Nachholbedarf haben hier vor allem China, Eurasien und Indien. Der niedrige Anteil von Mittel- und Südamerika (Nicht-OECD Amerika) erklärt sich mit der Bedeutung der Wasserkraft in diesem Kontinent.

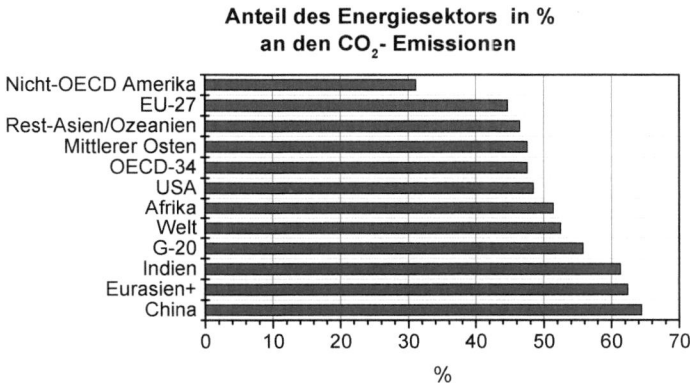

Bild 2.5. Anteil des Energiesektors in % an den CO_2-Emissionen in 2012

Es ist somit von vorrangiger Bedeutung die Elektrizität möglichst CO_2-arm zu erzeugen. Dazu hat man folgende Möglichkeiten, *die zur Erreichung der Klimaziele, alle* (je nach Land anders gewichtet) *einzusetzen sind* [10]:

a) Starke Reduktion der Verluste des Energiesektors durch deutliche Erhöhung der **Energienutzungsgrade** im Bereich thermischer Kraftwerke (Wärmekraftkopplung, Kombiprozesse).

b) **CO_2-Einfang und Speicherung** (CCS) bei Kohle- Erdöl- und Gaskraftwerken; wichtige Einschränkung: die Technik ist noch nicht reif, vermutlich auch teuer und muss bezüglich Umweltverträglichkeit noch ernsthaft geprüft werden. Ohne CCS werden aber die erwähnten Ziele kaum erreichbar sein.

c) Einsatz von **Erdgas** an Stelle von Kohle und Erdöl: die CO_2-Emissionen reduzieren sich gegenüber der Kohle auf etwa 55% (gegenüber dem Erdöl auf ca. 75%); Einschränkungen: der Erfolg ist nur partiell; die Erdgasreserven sind nicht unbegrenzt, politische Abhängigkeiten. Fracking erhöht erheblich die Reserven, doch die Umweltrisiken sind noch ungenügend geklärt.

d) Einsatz von **Kernenergie**: die Kraftwerke sind nahezu frei von CO_2-Emissionen; Einschränkungen: die Reserven an Uran sind bei Einsatz von Reaktoren der 3. Generation ebenfalls begrenzt. Der Einsatz von Reaktoren der 4. Generation ist möglich, muss jedoch technisch und politisch gut überlegt werden. Kernspaltung stößt nach Fukushima auf immer größeren Widerstand. Die Kernfusion kommt erst für die zweite Hälfte des Jahrhunderts in Frage.

e) Nutzung aller Möglichkeiten zur Produktion von Elektrizität aus **Wasserkraft**; Einschränkung: das Potenzial ist nur begrenzt ausbaubar. Widerstand aus Naturschutz und Ökologie.

f) Einsatz von **Windenergie**: die Technik ist reif und bei günstigen Windverhältnissen wirtschaftlich. Das Potenzial ist mit Einbezug von off-shore-Anlagen sehr groß. Einschränkungen: Transportnetze und Energiespeicherung müssen erheblich angepasst werden.

g) Einsatz von **Tiefengeothermie**. Einschränkungen: geothermische Kraftwerke eignen sich vor allem für Standorte mit geothermischen Anomalien, haben dort aber ein großes Potenzial.

h) Einsatz von **Biomasse und Abfälle**. Einschränkungen: das Potenzial der Biomasse ist begrenzt. Biomasse sollte in erster Linie, und soweit ihre Nutzung ökologisch vertretbar ist, für den Treibstoff- und Wärmebereich reserviert werden, mit Ausnahme der lokalen Wärmekraftkopplung. Die Erzeugung von Biotreibstoffen ist aber oft alles andere als CO_2-neutral.

i) Einsatz von **Solarthermie** und **Photovoltaik**.
Solarthermische Kraftwerke eignen sich für Länder mit niedrigem Anteil an diffusem Licht und haben dort ein großes Potenzial.
Die Entwicklung der **Photovoltaik** muss vorangetrieben werden wegen des praktisch unbegrenzten und kapillar verwertbaren Potenzials und solange notwendig und marktwirtschaftlich sinnvoll auch durch angemessene Einspeisevergütungen. Auch hier sind erhebliche Anpassungen im Transport- und Verteilnetz sowie bei der Energiespeicherung (z.T. durch Laststeuerung) notwendig.

2.5 Indikator der CO_2-Nachhaltigkeit

Der Trend zu steigenden CO_2-Emissionen kann nur durch Einflussnahme auf beide Ursachen gebrochen werden. Maßgebend ist somit das als *Indikator η der CO_2-Nachhaltigkeit* zu bezeichnende Produkt von *Energieintensität ε* und *CO_2-Intensität der Energie k* [10].

Für die Absolutwerte und für die jährlichen Änderungen gilt:

$$\eta \left[\frac{g\,CO_2}{\$} \right] = k \left[\frac{g\,CO_2}{kWh} \right] \times \varepsilon \left[\frac{kWh}{\$} \right]$$
$$\Delta\eta \left[\%/a \right] = \Delta k \left[\%/a \right] + \Delta\varepsilon \left[\%/a \right]$$

Durch sinnvolle Schätzung des jeweiligen Bruttoinlandproduktes für 2030 (BIP KKP), bei Berücksichtigung der Schätzung für 2019 des IMF, ergeben sich, mit den Annahmen von Bild 2.1 (Varianten *a* und *b*), die in Bild 2.6 dargestellten Szenarien für die Abnahme des Indikators der CO_2-Nachhaltigkeit.

Für die Einhaltung des Klimaziels ist es angemessen, den prozentualen Reduktionsfaktor bis 2030 umso grösser festzulegen desto grösser der Indikator im Jahr 2012 ist, grundsätzlich wie die **grüne Linie** in Bild 2.7 (Variante a) oder Bild 2.8 (Variante b).

Die **rote Linie** in Bild 2.7 (Variante a) oder Bild 2.8 (Variante b) zeigt die in den folgenden Abschnitten angenommene effektive Reduktion für die einzelnen Weltregionen, welche lokale Tendenzen und Faktoren berücksichtigt insgesamt aber das gewünschte globale Resultat ergibt.

Alle Länder und Regionen, aber besonders China, Eurasien (massgeblich von Russland geprägt) und der Mittlere Osten sowie die USA und Indien haben einen sehr starken Nachholbedarf. Die 2-Grad-Grenzel lässt sich nur einhalten, wenn auch in diesen Weltregionen, sowohl die Energieintensität als auch die CO_2-Intensität der Energie gemäss den Ausführungen der folgenden Kapitel reduziert werden (s. dazu Abschn. 12.1 für China, Abschn. 12.3 für Indien, Abschn. 7 + Abschn. 12.4 für Eurasien/Russland, Abschn. 6 für den Mittleren Osten und Abschn. 12.2 für die USA).

**Indikator der CO$_2$- Nachhaltigkeit in 2012, g CO$_2$/\$
und notwendige Reduktionen bis 2030**

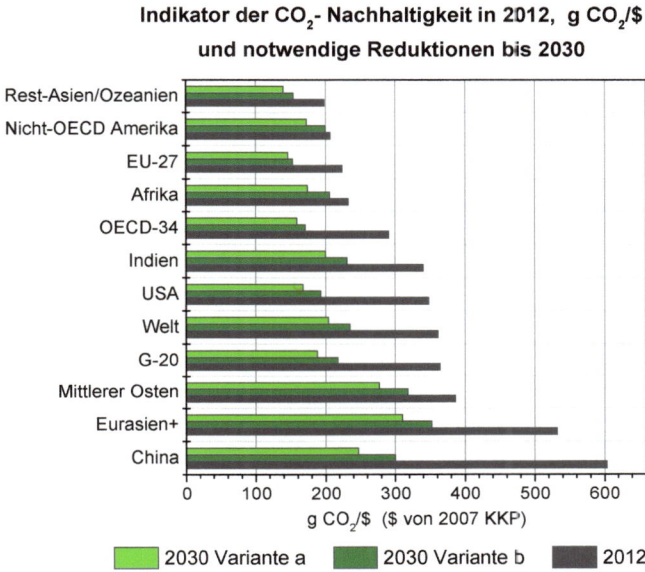

Bild 2.6. Nachhaltigkeits-Indikator der Weltregionen und gewichtiger Länder für 2012 und notwendige Entwicklung bis 2030 für das Klimaziel 2°C , Varianten *a* und *b*

**notwendige Reduktion des Indikators g CO$_2$/\$
der Weltregionen, in %, bis 2030 (Variante *a*)**

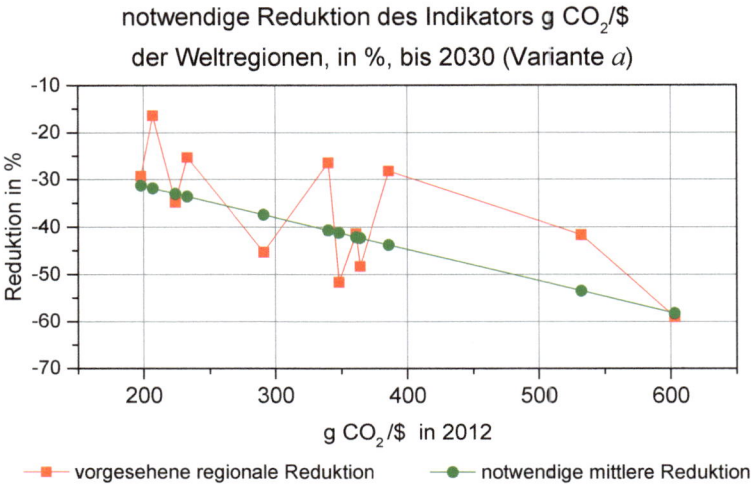

Bild 2.7.   Notwendige Reduktion in % des Nachhaltigkeits-Indikators g CO$_2$/\$ von 2012 bis 2030, um die 2-Grad Grenze einzuhalten, Variante *a*

notwendige Reduktion des Indikators g CO$_2$/$ der Weltregionen, in %, bis 2030 (Variante b)

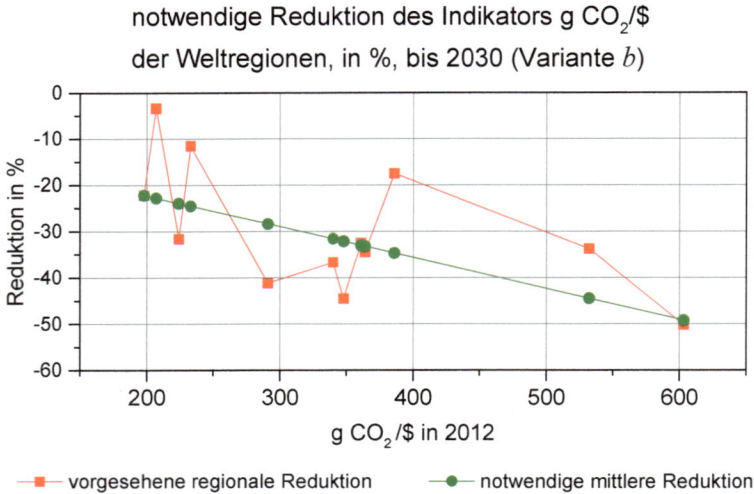

Bild 2.8. Notwendige Reduktion in % des Nachhaltigkeits-Indikators g CO$_2$/$ von 2012 bis 2030, um die 2-Grad Grenze einzuhalten, Variante b

Von Interesse sind auch die sich aus den Indikatoren ε und η ergebenden Pro-Kopf-Indikatoren: **e** für Energie und **α** für CO$_2$-Emissionen.

$$e\left[\frac{kW}{Kopf}\right] = \varepsilon\left[\frac{kWa}{10'000\ \$}\right] \times y\left[\frac{10'000\ \$}{a, Kopf}\right]$$

$$\alpha\left[\frac{tCO_2}{a, Kopf}\right] = \eta\left[\frac{tCO_2}{10'000\ \$}\right] \times y\left[\frac{10'000\ \$}{a, Kopf}\right]$$

worin mit y das kaufkraftkorrigierte Bruttoinlandprodukt BIP(KKP) pro Kopf bezeichnet wird (1 kWa = 8760 kWh, 1 kWa/10'000 $ = 0,876 kWh/$, 1 t CO$_2$/10'000$ = 100 g CO$_2$/$).

Der Indikator **α** (t CO2 pro Kopf und Jahr, weltweiter Wert in 2012 etwa 4,5 t/Kopf, Zielwert 2030 rund 3,4 (*a*) bis 3,9 *(b)* t/Kopf, macht langfristig als Zielgrösse durchaus Sinn, da die Bevölkerungsentwicklung am ehesten voraussehbar ist. Er eignet sich aber weniger für aktuelle Vergleiche zwischen Ländern, und somit als kurzfristige Verhandlungsbasis, wegen des stark unterschiedlichen Entwicklungstandes der Weltregionen.

Der Indikator e kW/Kopf (weltweiter Wert in 2012 etwa 2,4 kW/Kopf und Zielwert 2030 etwa 2,3 bis 2,6 kW/Kopf) ist als Vergleichsgrösse aus demselben Grund ebenfalls wenig geeignet. Er lässt sich aus Energieintensität und BIP pro Kopf ermitteln. Er wird in erster Linie in Zusammenhang mit Untersuchungen zur Realisierbarkeit einer 2000 Watt- Gesellschaft verwendet.

Kapitel 3   Welt

3.1 Bevölkerung und Bruttoinlandprodukt 2012

Die Welt wird, im Wesentlichen gemäss IEA, in folgende Zonen aufgeteilt: OECD-34 (hier aufgespalten in EU-15, USA, Japan und restliche 17 OECD-Länder), Eurasien+ (einschliesslich Nicht-OECD-Europa), Mittlerer Osten, China, Indien, Rest-Asien/Ozeanien (ohne OECD-Mitglieder), Mittel und Südamerika (ohne Chile), Afrika. Die prozentualen Bevölkerungsanteile zeigt Bild 3.1. Das Welt-BIP(KKP) liegt bei rund 88'000 Milliarden \$ (\$ von 2007). Beim BIP pro-Kopf klafft ein Faktor von etwa 4 zwischen den OECD-Ländern und dem Rest der Welt (Bild 3.2). China generiert mit 19% Bevölkerungsanteil ein BIP(KKP) von 13'700 Milliarden \$ oder 15% des Welt-BIP. Indien erzeugt mit 18% Bevölkerungsanteil ein BIP(KKP) von 5'700 Milliarden \$ oder rund 6,4% des Welt-BIP.

Weltbevölkerung 2012
100% = 7'037 Millionen

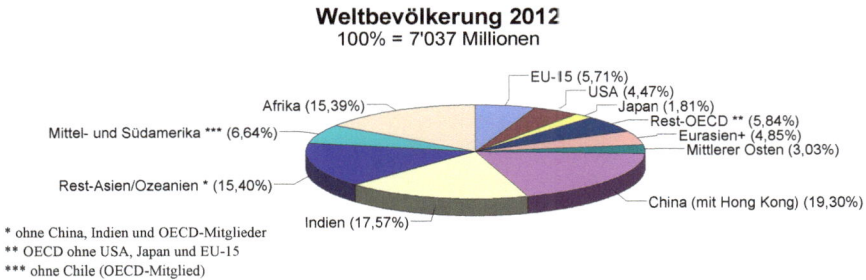

* ohne China, Indien und OECD-Mitglieder
** OECD ohne USA, Japan und EU-15
*** ohne Chile (OECD-Mitglied)

Bild 3.1. Prozentuale Aufteilung der Weltbevölkerung

BIP/Kopf (KKP) in 10'000 \$/a
Welt, 2012

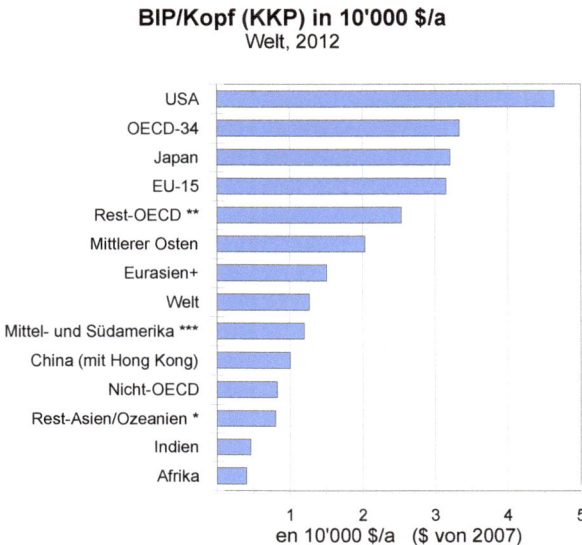

Das mittlere BIP(KKP) pro Kopf (Bild 3.2) liegt weltweit bei 12'700 \$/a und schwankt zwischen 22'000 − 47'000 \$/a in der industrialisierten Welt und 4'000 − 20'000 \$/a in den restlichen Erdteilen. Das mittlere BIP(KKP) pro Kopf von China beträgt 10'000 \$/a und jenes von Indien 4'600 \$/a.

Bild 3.2. BIP (KKP) pro Kopf der Weltzonen bzw. Länder

3.2 Energieintensität 2012

Die Bruttoenergieintensität liegt im Welt-Mittel bei 1.63 kWh/\$. Das Bruttoinlandprodukt bei Kaufkraftparität wurde durch die internationalen Organisationen (Daten IMF von Oktober 2014 relativ zu Oktober 2013) für die meisten Entwicklungs- und Schwellenländer deutlich höher geschätzt. Dies hat die Position dieser Länder in der Energieeffizienz- Liste verbessert. Deutliche Unterschiede verbleiben quer durch die OECD- und Nicht-OECD-Länder. So ist die Intensität des Energieeinsatzes in den USA 1.62 kWh/\$, jene von der EU-15 und von Japan deutlich niedriger, um rund 1.20 kWh/\$. Rest-Asien/Ozeanien hat eine Energieintensität von 1,03 kWh/\$, niedriger als jene der EU-15. Besonders krass ist die Energieverschwendung in China (2.4 kWh /\$) und in Eurasien (2.5 kWh/\$), was in erster Linie auf die allzu billig verfügbaren fossilen Energieträgern zurückzuführen sein dürfte. Ermutigend sind aber die von 2000 bis 2012 feststellbaren Fortschritte (Bild 3.3). Die Energieintensität hat überall abgenommen. Die für die 2-Grad-Grenze notwendigen Zielwerte für 2019 und 2030 (Varianten *a* und *b*) sind ebenfalls eingetragen. Der Zielwert für 2019 berücksichtigt die entsprechende BIP(KKP)-Prognose des IMF [8].

Energieintensität, kWh/\$
von Länder und Weltregionen, in 2012

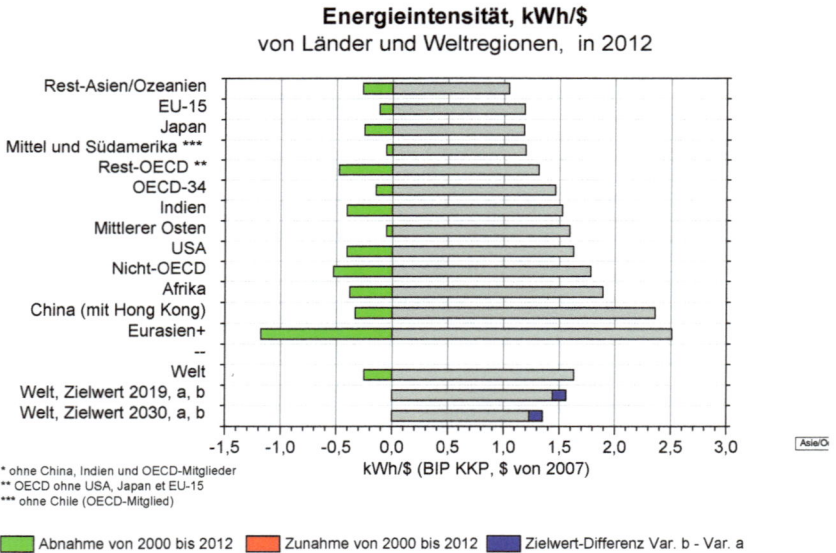

* ohne China, Indien und OECD-Mitglieder
** OECD ohne USA, Japan et EU-15
*** ohne Chile (OECD-Mitglied)

Abnahme von 2000 bis 2012   Zunahme von 2000 bis 2012   Zielwert-Differenz Var. b - Var. a

Bild 3.3. Energieintensität der Weltzonen bzw. Länder und Fortschritte von 2000 bis 2012

3.3 CO$_2$-Intensität der Energie 2012

Die weltweite CO$_2$-Intensität liegt bei 220 g CO$_2$/kWh und ist somit etwas höher als die der fortschrittlichsten OECD-Länder. Eine Ausnahme bilden Afrika (125 g CO$_2$/kWh), wegen der z.T. noch auf Biomasse basierenden Energiewirtschaft, und Mittel- und Südamerika (171 g CO$_2$/kWh), dank der stark auf Wasserkraft ausgerichteten Elektrizitätsproduktion. Nahe beim Weltdurchschnitt positioniert sich Eurasien (Russland), dank der vorwiegend Erdgas nutzenden Energiewirtschaft. Nicht weit vom Weltdurchschnitt liegen die USA (214 g CO$_2$/kWh) und stark darüber der Mittlere Osten und vor allem China (letztere mit 256 g CO$_2$/\$. Der Hauptgrund ist wiederum die stark auf Erdöl oder Kohle basierende Elektrizitätserzeugung. kWh). Bedenklich ist die starke Verschlechterung in Indien von 2000 bis 2012. Jene von Japan ist auf den Fukushima-Unfall (März 2011) zurückzuführen. Von 2000 bis 2012 ist weltweit leider eine leichte Steigerung der CO$_2$-Intensität der Energie festzustellen. Eine deutliche Trendumkehr im Jahrzehnt 2020 bis 2030 ist zur Einhaltung der 2-Grad-Grenze unerlässlich (siehe Zielwerte).

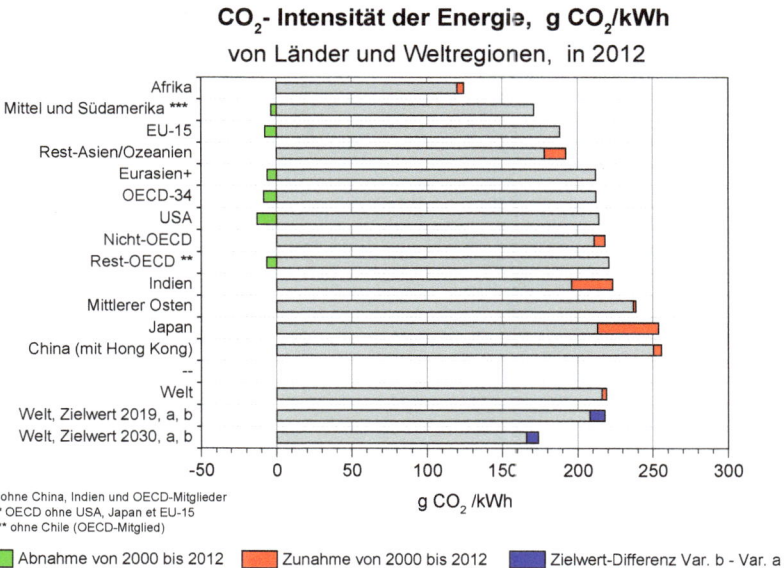

Bild 3.4. CO$_2$-Intensität der Weltzonen und Veränderungen von 2000 bis 2012

3.4 Indikator der CO_2-Nachhaltigkeit 2012

Maß für die Nachhaltigkeit der Energiewirtschaft in Zusammenhang mit den Forderungen des Klimaschutzes ist der sich aus dem Produkt von Energieintensität und CO_2-Intensität der Energie ergebende CO_2-Indikator. Der Weltdurchschnitt dieses CO_2-Indikators liegt 2012 bei 351 g CO_2/\$. Unter 210 g CO_2/\$ liegen Rest-Asien/Ozeanien, Mittel- und Südamerika und die EU-15. Die USA sind mit 348 g CO_2/\$ nicht weit vom Weltdurchschnitt. Den größten Nachholbedarf haben China und Eurasien (> 500 g CO_2/\$, trotz bemerkenswerter Fortschritte). Die angepeilten 2-Grad-Zielwerte erfordern grosse Anstrengungen, erscheinen aber nicht unerreichbar, falls rechtzeitig für das Jahrzehnt 2020-2030 in allen Weltgegenden Vorarbeit geleistet wird (s. dazu die nachfolgenden Kapiteln).

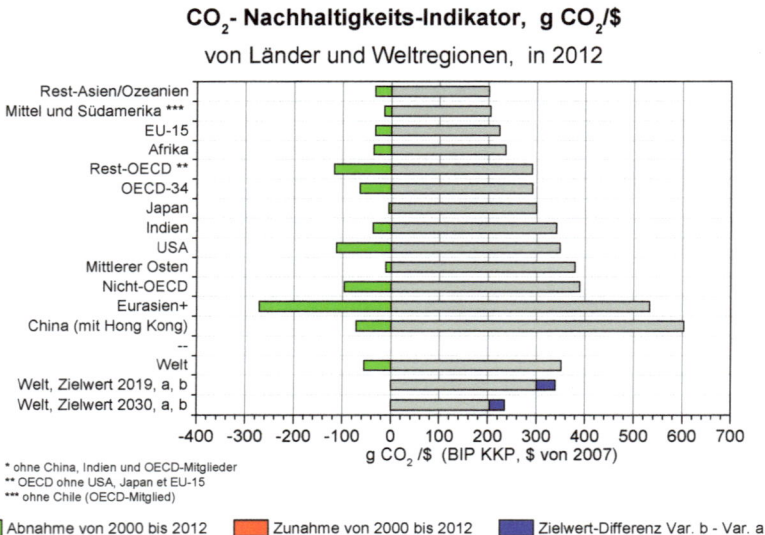

Bild 3.5. CO_2-Nachhaltigkeitsindikator der Weltzonen und Fortschritte von 2000 bis 2012

Die Änderung des CO_2-Nachhaltigkeitsindexes ist in Bild 3.6 detaillierter dargestellt für die Perioden 2000 bis 2008 und 2008 bis 2012. In den letzten vier Jahren ist wegen der Wirtschaftskrise eher eine Pause in der positiven Entwicklung festzustellen. Eurasien (von Russland geprägt) hat vor allem bis 2008 grosse Fortschritte gemacht, stagniert aber ab diesem Datum. Hoffnungsvoll stimmen die Fortschritte der USA und Chinas ab 2008.

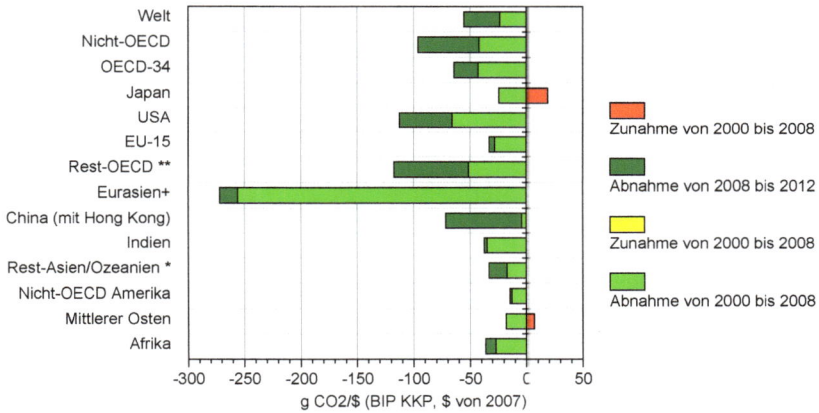

Änderung des CO_2- Nachhaltigkeits-Indikators, g CO_2/\$
der Länder und Weltregionen, von 2000 bis 2012

Bild 3.6 .   Änderung des Indikators der CO_2 –Nachhaltigkeit von 2000-2008 und von 2008 -2012

3.5 CO$_2$-Emissionen und Indikatoren von 1980 bis 2012 und notwendige Werte ab 2012 zur Einhaltung des 2-Grad-Ziels

3.5.1 Energieintensität, CO$_2$-Intensität der Energie und CO$_2$-Nachhaltigkeit bis 2030

Um die 2-Grad-Grenze einzuhalten darf der CO$_2$-Ausstoß im Jahr 2030 für die strengere Variante *a* weltweit 28'200 Mt nicht überschreiten (inklusive Schiff- und Luftfahrt-Bunker) wie in Bild 1.2 der Einleitung dargestellt. Bei einem angenommenen BIP(KKP) von 138'000 Mrd. Dollar ($ von 2007), ergäbe dies einen notwendigen CO$_2$-Nachhaltigkeitsindikator von weltweit η = 204 g CO$_2$/ $. Für die Variante *b* liegt die Grenze bei 32'400 Mt, was mit gleichem BIP zu einem Indikator von 235 g CO$_2$/$ führt.

Bild 3.7 zeigt den reellen weltweiten Verlauf der Indikatoren (Energieintensität, CO$_2$-Intensität der Energie und resultierender Nachhaltigkeitsindikator) von 1980 bis 2012 und den für den Klimaschutz notwendigen Verlauf bis 2030 für die Varianten *a* und *b*. Eingetragen ist auch die „Notfall-Variante" *d* von Bild 1.2 mit den Werten 42'000 Mt CO$_2$ und 304 g CO$_2$/$.

Die Werte für 2019 entsprechen dem vom Internationalen Währungsfond IMF prognostizierten Wert des BIP(KKP) von rund 113.000 Mrd. $ ($ von 2007).

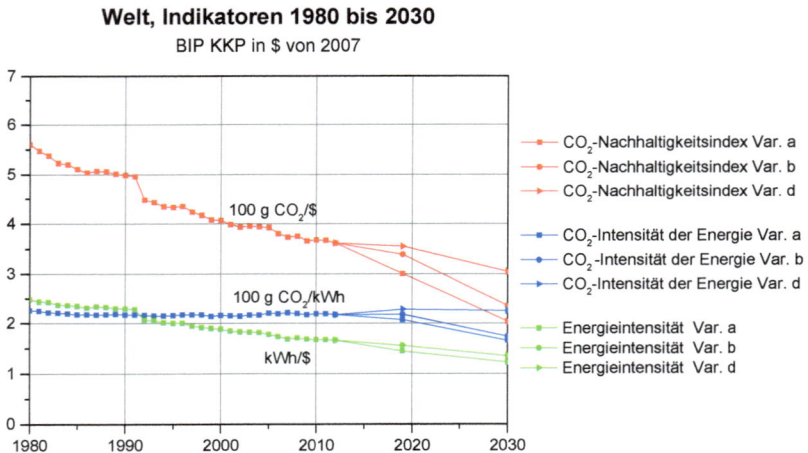

Bild 3.7. Weltweite Indikatoren 1980 bis 2012 und Klimaschutz-Szenarien bis 2030

Der Bruttoenergiebedarf 2030 wäre nach diesem Szenario 14'500 Mtoe, oder 19,3 TWa für Variante *a*, was etwas mehr als dem Szenario IEA 450 von Bild 1.3 entspricht und 16'000 Mtoe (21 TWa) für die Varianten *b* und *d*, was eher den IEA-Szenarien New Policies oder Gas Scenario entspricht.

3.5.2   Indikatoren und CO_2-Emissionen bis 2050

Bild 3.8 zeigt deutlich für die Variante *a*, die für das 2-Grad-Klimaziel notwendige Verschärfung des Trends der globalen Indikatoren bis 2050, und Bild 3.9 jene für die Variante *b*.

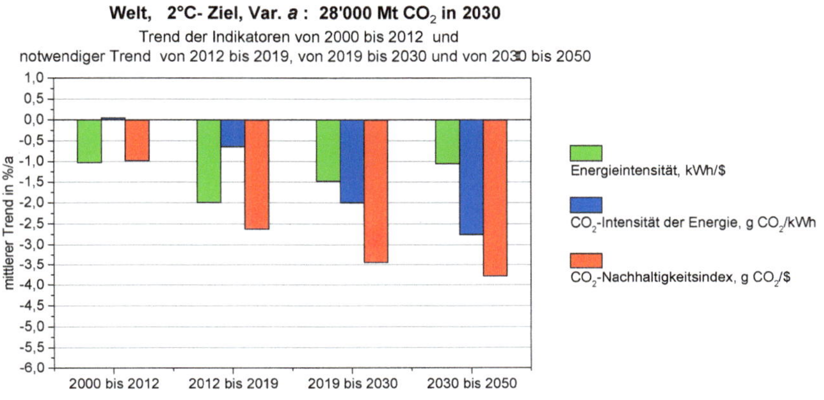

Welt,   2°C- Ziel, Var. *a* :   28'000 Mt CO_2 in 2030
Trend der Indikatoren von 2000 bis 2012 und
notwendiger Trend von 2012 bis 2019, von 2019 bis 2030 und von 2030 bis 2050

Legende:
- Energieintensität, kWh/$
- CO_2-Intensität der Energie, g CO_2/kWh
- CO_2-Nachhaltigkeitsindex, g CO_2/$

Bild 3.8.   Indikatoren-Trend von 2000 bis 2012 und notwendige Trendänderung ab 2012 zur Einhaltung der 2- Grad-Grenze für die Variante *a*

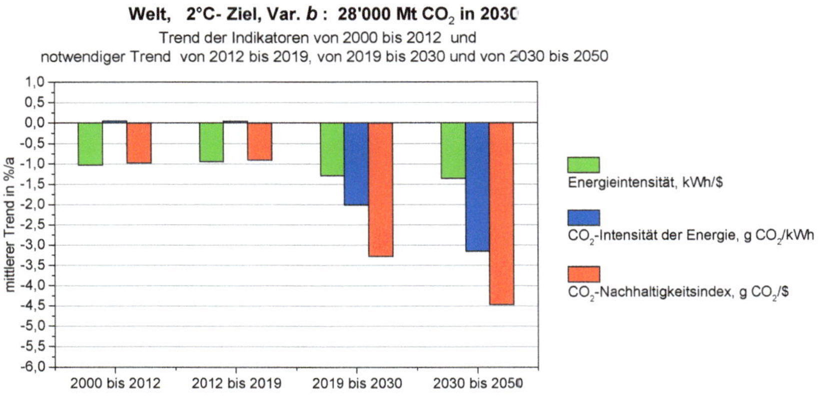

Welt,   2°C- Ziel, Var. *b* :   28'000 Mt CO_2 in 2030
Trend der Indikatoren von 2000 bis 2012 und
notwendiger Trend von 2012 bis 2019, von 2019 bis 2030 und von 2030 bis 2050

Legende:
- Energieintensität, kWh/$
- CO_2-Intensität der Energie, g CO_2/kWh
- CO_2-Nachhaltigkeitsindex, g CO_2/$

Bild 3.9   Indikatoren-Trend von 2000 bis 2012 und notwendige Trendänderung ab 2012 zur Einhaltung der 2- Grad-Grenze für die Variante *b*

Die Variante *a* erfordert eine rasche Verringerung der *weltweiten Energieintensität*, die in der Variante *b* hingegen auch etwas später, ab 2019, einsetzen kann. Eine Trendumkehr der *weltweiten CO_2-Intensität der Energie* ist für beide Varianten notwendig, leicht stärker mit der Variante *a*, und in beiden Fällen ist der Trend zur Verringerung deutlich zu verschärfen ab 2019.

In Bild 3.10. sind die tatsächlichen CO_2-Emissionen von 1970 bis 2012, sowie die für die Einhaltung des 2-Grad-Klimaziels bis 2050 zulässigen, für die (in den folgenden Kapiteln) näher untersuchten Varianten *a* und *b* dargestellt. Ebenfalls eingetragen ist der Emissionsverlauf für die Notfall-Variante *d*.

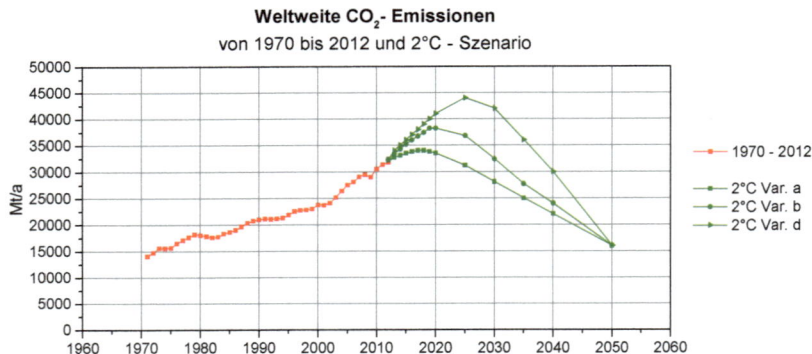

Bild 3.10. Weltweite CO_2-Emissionen 1970 bis 20121 und 2-Grad Klimaschutz-Szenario bis 2050, Varianten *a*, *b* und *d* (mit Schiffs- und Luftfahrt-Bunker)

Bild 3.11 zeigt auch für die, wenn möglich zu vermeidende, Variante *d*, den für das 2-Grad-Klimaziel notwendigen Trend der globalen Indikatoren bis 2050. Die Variante *d* ist zwar milder bis 2030, akzeptiert sogar vorübergehend eine Zunahme der CO_2-Intensität der Energie, ist danach aber wesentlich strenger (Verminderung um nahezu 4,5%/a).

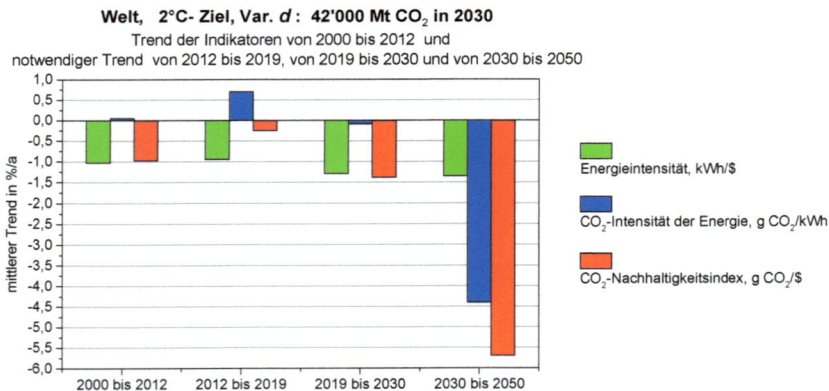

Bild 3.11. Notwendige globale Trendänderung zur Einhaltung der 2- Grad-Grenze für die Variante *d*

Die für die Einhaltung der 2-Grad-Grenze notwendigen Veränderungen in den verschiedenen Weltregionen werden in den nachfolgenden Kapiteln für die Varianten *a* und *b* abgeschätzt und dargelegt. Wir beschränken uns auf diese beiden Varianten, da sie in erster Linie anzustreben sind.

Kapitel 4   OECD-34

4.1 Bevölkerung und Bruttoinlandprodukt 2012

Die 34 Länder der Organisation für wirtschaftliche Zusammenarbeit und Entwicklung (OECD) wiesen im Jahr 2012 eine Bevölkerung von 1254 Mio. auf (Bild 4.1), was etwa 18% der Weltbevölkerung entspricht. Sie generierten ein BIP (KKP) von 41'800 Milliarden $ ($ von 2007), was 54% des weltweiten kaufkraftkorrigierten Bruttoinlandprodukts darstellt. Hauptakteure sind die EU-15, die USA und Japan, die zusammen 67 % der Bevölkerung stellen und 79% des BIP der OECD generieren.

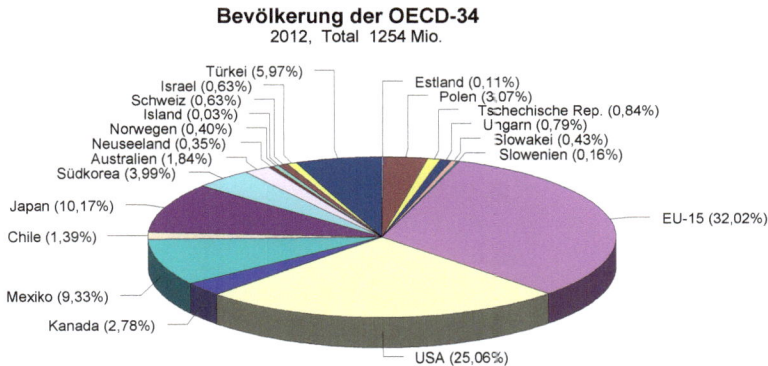

Bevölkerung der OECD-34
2012, Total 1254 Mio.

Türkei (5,97%)
Israel (0,63%)
Schweiz (0,63%)
Island (0,03%)
Norwegen (0,40%)
Neuseeland (0,35%)
Australien (1,84%)
Südkorea (3,99%)
Japan (10,17%)
Chile (1,39%)
Mexiko (9,33%)
Kanada (2,78%)
Estland (0,11%)
Polen (3,07%)
Tschechische Rep. (0,84%)
Ungarn (0,79%)
Slowakei (0,43%)
Slowenien (0,16%)
EU-15 (32,02%)
USA (25,06%)

Bild 4.1. Prozentuale Aufteilung der Bevölkerung der OECD-34

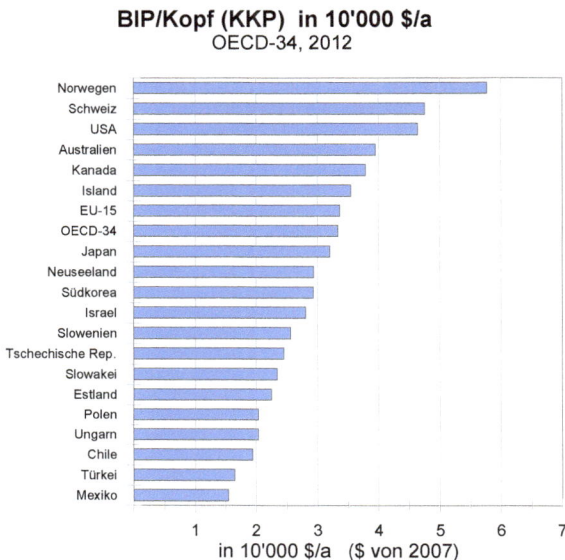

BIP/Kopf (KKP) in 10'000 $/a
OECD-34, 2012

Norwegen
Schweiz
USA
Australien
Kanada
Island
EU-15
OECD-34
Japan
Neuseeland
Südkorea
Israel
Slowenien
Tschechische Rep.
Slowakei
Estland
Polen
Ungarn
Chile
Türkei
Mexiko

1   2   3   4   5   6   7
in 10'000 $/a   ($ von 2007)

Das BIP(KKP) pro Kopf (Bild 4.2) liegt im Mittel bei 33'300 $ und schwankt zwischen 58'000 $ in Norwegen und 15'500 $ in Mexiko. Spitzenreiter sind, neben Norwegen, die USA, und die Schweiz. Relativ wenig Kaufkraft weisen ausser Mexiko, die Türkei Chile und die osteuropäischen Länder auf (Estland, Polen, Slowakei, Ungarn), alle zwischen 16'000 und 23'000 $ pro Kopf und Jahr

Bild 4.2. BIP (KKP) pro Kopf der Länder der OECD-34

4.2 Energieintensität 2012

Die Energieintensität (energiebedingter Bruttoinlandverbrauch pro $) liegt im Mittel der
OECD-Länder bei 1.36 kWh/$, deutlich tiefer als der Weltdurchschnitt. Spitzenreiter ist die
Schweiz (0,77 kWh/$). Die guten Werte von Japan, Türkei und der EU-15 (< 1.11 kWh/$)
werden kompensiert durch die schlechtere Effizienz von USA und Südkorea (1.62 und 1.75
kWh/$) und Kanada (1,98 kWh/$). Der extrem große Wert von Island (5.8 kWh/ $) ist klima-
tisch bedingt, aber auch auf die große Verfügbarkeit der CO_2-armen Energien Wasserkraft
und Geothermie zurückzuführen und somit bezüglich CO_2-Nachhaltigkeit belanglos. Notwendige Zielwerte sind für 2019 und 2030 für die Varianten a und b eingetragen. Details über die
EU-15-Länder findet man in Kapitel 5.

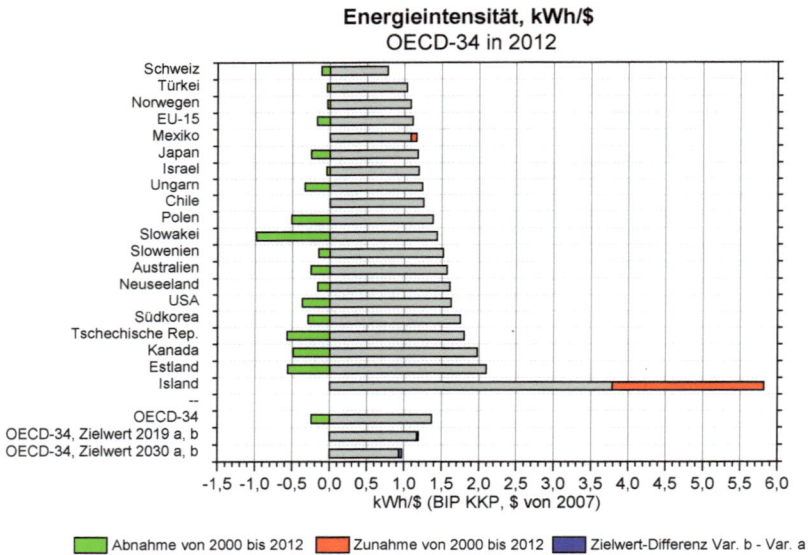

Bild 4.3. Energieintensität der Länder der OECD-34 und Veränderungen von 2000 bis 2012

4.3 CO_2-Intensität der Energie 2012

Island ist Spitzenreiter mit einem sehr niedrigen Wert der CO_2-Intensität (28 g CO_2/kWh) dank Wasserkraft und Geothermie. Auch Norwegen, die Schweiz und Neuseeland haben im internationalen Vergleich günstige Werte (< 160 g CO_2/kWh) dank der Elektrizitätsprodukti-on aus reiner Wasserkraft bzw. vorwiegend aus Wasserkraft und Kernenergie oder Wasser-kraft und Geothermie. Im Mittel liegt die CO_2-Intensität der OECD im Jahre 2012 bei 212 g CO_2/kWh. Leicht darüber ist der Wert der USA (214 g CO_2/kWh) und stark verbesserungs-würdig sind jene von Estland, Israel, Polen und Australien (alle über 260 g CO_2/kWh). Hauptgrund ist der große Anteil der Kohlekraftwerke an der Elektrizitätserzeugung dieser Länder. Japan ist stark zurückgefallen wegen Fukushima. Der OECD-Zielwert für 2030 be-ruht auf einen Anteil der OECD von 8'900 Mt (Variante a) bzw. 9600 Mt (Variante b) am weltweiten CO_2-Ausstoss (ohne Schiffs- und Luftfahrt-Bunker).

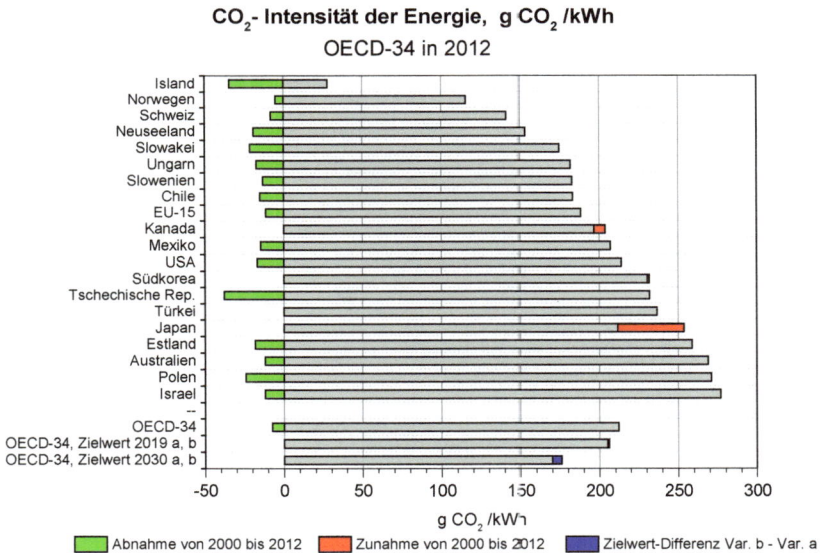

Bild 4.4. CO_2-Intensität der OECD- Länder und Veränderungen von 2000 bis 2012

4.4 Indikator der CO_2-Nachhaltigkeit 2012

Die Nachhaltigkeit der Energiewirtschaft bezüglich Klimawandel erhält man als Produkt von Energieintensität und CO_2-Intensität der Energie. Der so erhaltene Wert des CO_2-Indikators der OECD liegt bei 290 g CO_2/$. Werte unter 200 g CO_2/$ weisen die Schweiz (Spitzenreiter mit 110 g CO_2/$), Norwegen, Island und Länder der EU-15, wie Schweden und Frankreich. Die Gründe sind bereits erwähnt worden (Elektrizität ausschließlich oder vorwiegend aus Wasserkraft, Kernenergie und Tiefengeothermie). Am anderen Ende der Skala liegen Länder, die Elektrizität vorwiegend mit Kohle erzeugen: USA (348 g CO_2/$), Polen (374 g CO_2/$), die Tschechische Republik, Südkorea und Australien (alle über 400 g CO_2/$), Estland (> 500 g CO_2/$), oder eine schlechte Energieeffizienz aufweisen (Kanada 404 g CO_2/$, z.T. klimatisch bedingt).

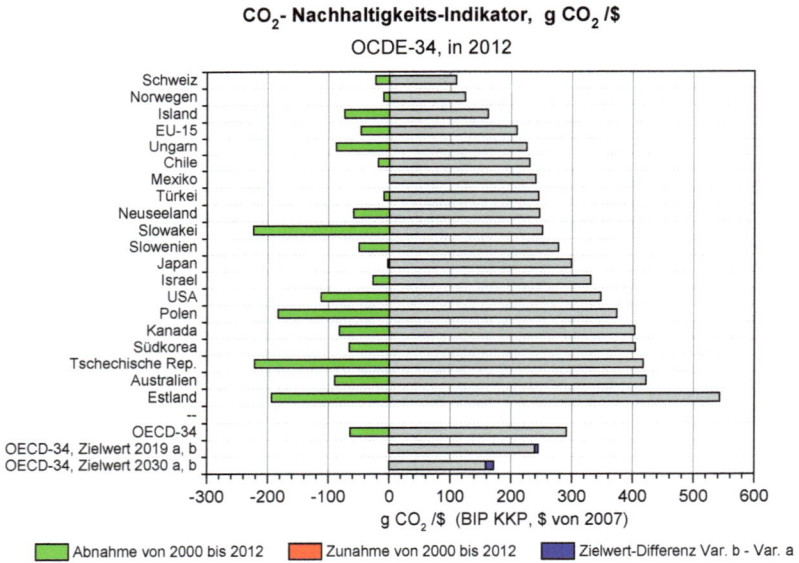

Bild 4.5. CO_2-Nachhaltigkeitsindikator der OECD-Länder und Fortschritte von 2000 bis 2012

Die Änderung des CO_2-Nachhaltigkeitsindexes ist in Bild 4.6 detaillierter dargestellt für die Perioden 2000 bis 2008 und 2008 bis 2012. In den letzten vier Jahren ist (z.T. wegen der Wirtschaftskrise) eher eine Verlangsamung der positiven Entwicklung oder in einzelnen Ländern gar einen Rückschritt festzustellen (in Japan wegen Fukushima).

OECD-34, von 2000 bis 2012
Änderung des CO_2- Nachhaltigkeits-Indikators, g CO_2/$

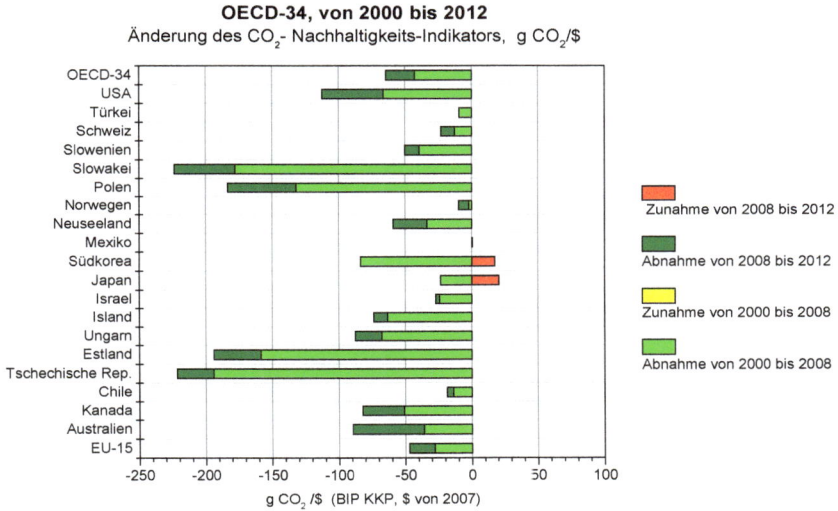

Legend:
- Zunahme von 2008 bis 2012
- Abnahme von 2008 bis 2012
- Zunahme von 2000 bis 2008
- Abnahme von 2000 bis 2008

g CO_2 /$ (BIP KKP, $ von 2007)

Bild 4.6. Änderung des CO_2 -Indexes 2000-2008 und 2008 -2012 für die Länder der OECD-34

4.5   CO$_2$-Emissionen und Indikatoren von 1980 bis 2012 und notwendige Werte ab 2012 zur Einhaltung des 2-Grad-Ziels

4.5.1   Energieintensität, CO$_2$-Intensität der Energie und CO$_2$-Nachhaltigkeit bis 2030

Der Emissions-Anteil der OECD-34 zur Einhaltung der 2-Grad-Grenze wurde für das Jahr 2030 im Rahmen dieser Untersuchung auf 8'900 Mt (Variante *a*) bzw. 9'600 Mt (Variante *b*) geschätzt. Mit dem angenommenen BIP(KKP) von 56'000 Mrd. Dollar ($ von 2007). ergibt sich ein CO$_2$-Nachhaltigkeitsindikator von 159 bis 171 g CO$_2$/$. Der tatsächliche Verlauf der Indikatoren von 1980 bis 2012 und der für das 2-Grad-Ziel bis 2030 notwendige Verlauf der Varianten *a* und *b* zeigt Bild 4.7. Die Werte für 2019 berücksichtigen den vom Internationalen Währungsfond IMF für die OECD-34 prognostizierten Wert des BIP(KKP) von rund 48'200 Mrd. $ (von 2007).

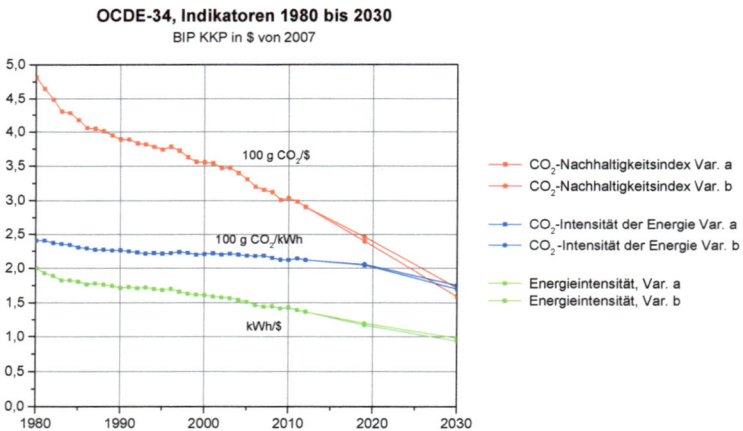

OCDE-34, Indikatoren 1980 bis 2030
BIP KKP in $ von 2007

CO$_2$-Nachhaltigkeitsindex Var. a
CO$_2$-Nachhaltigkeitsindex Var. b

CO$_2$-Intensität der Energie Var. a
CO$_2$-Intensität der Energie Var. b

Energieintensität, Var. a
Energieintensität, Var. b

Bild 4.7. OECD-34-Indikatoren 1980 bis 2012 und Klimaschutz-Szenario bis 2030

Der Bruttoenergiebedarf 2030 ist nach diesem Szenario 4'500 bis 4'700 Mtoe (nur energiebedingter Teil und ohne Bunker für Schiff- und Luftfahrt). Die Pro-Kopf-Indikatoren für Energie und CO$_2$-Ausstoß wären dann zu diesem Zeitpunkt: e = 4,5 bis 4,7 kW/Kopf (-14% bzw. -10% relativ zu 2012) und α = 6,6 bis 7,2 t CO$_2$/Kopf (-31% bis -26% relativ zu 2012).

Die anzustrebende Trendänderung der Indikatoren zur Einhaltung des 2-Grad-Ziels ist in Bild 4.8 für Variante *a* veranschaulicht. Der Trend der Energieintensität muss leicht, jener der CO_2-Intensität stark verbessert werden vor allem nach 2019.

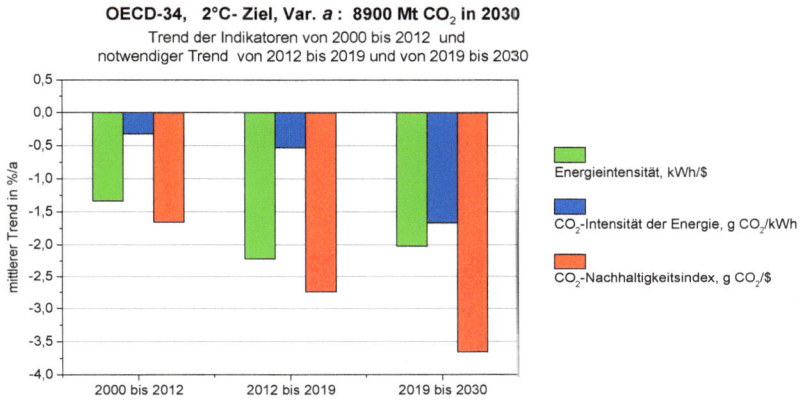

Bild 4.8. Indikatoren-Trend von 2000 bis 2012 und notwendige Trendänderung ab 2012 zur Einhaltung des 2- Grad-Ziels für die Variante *a*

Mit Variante *b* (Bild 4.9) ist der Trendverlauf ähnlich aber leicht sanfter.

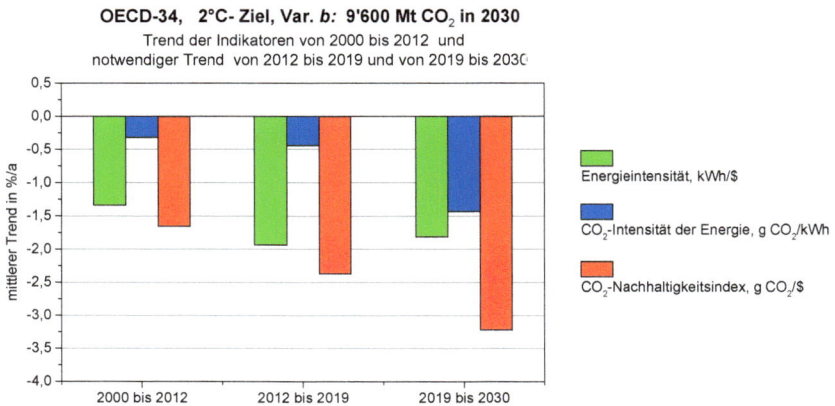

Bild 4.9. Indikatoren-Trend von 2000 bis 2012 und notwendige Trendänderung ab 2012 zur Einhaltung des 2- Grad-Ziels für die Variante *b*

4.5.2   CO₂-Emissionen bis 2050

In Bild 4.10. werden die effektiven CO_2-Emissionen von 1980 bis 2012, sowie die dem Indikatorenverlauf von Bild 4.7 entsprechenden und für die Einhaltung des 2-Grad-Klimaziels bis 2050 zulässigen, für beide Varianten *a* und *b* dargestellt.

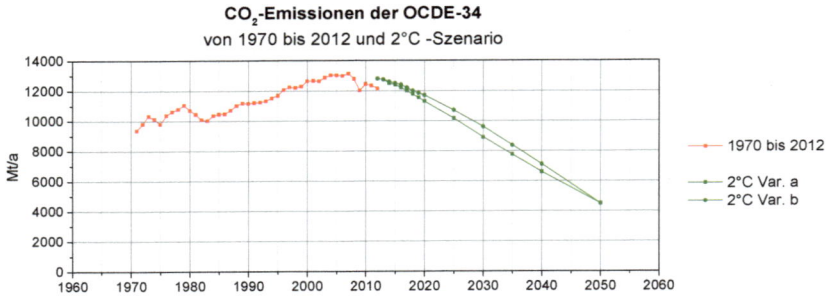

Bild 4.10. CO_2-Emissionen der OECD-34, 1970 bis 2012 und 2-Grad-Grenze-Szenario bis 2050

4.5.3   Pro-Kopf-Indikatoren bis 2030

Bild 4.11 zeigt die pro-Kopf Indikatoren der OECD-34 von 1980 bis 2012 sowie den sich aus den vorangegangenen Überlegungen ergebenden Verlauf bis 2030 bei Einhaltung der 2-Grad-Grenze für beide Varianten *a* und *b*. Die BIP(KKP)-Daten bis 2019 entsprechen den Statistiken und Voraussagen des IMF.

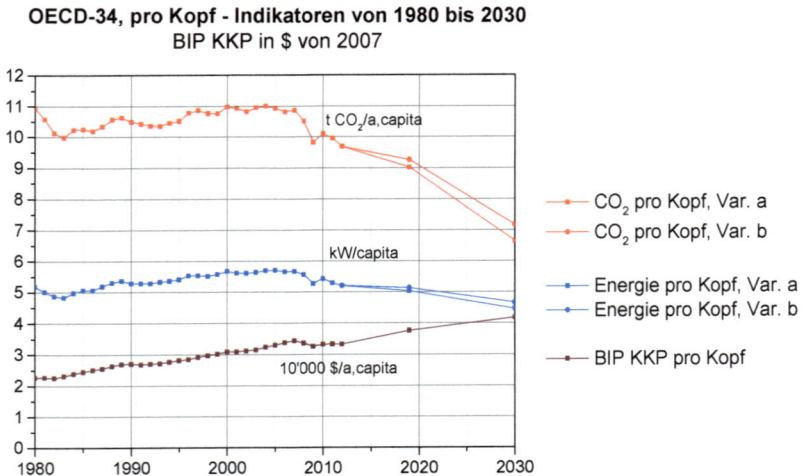

Bild 4.11 Pro Kopf Indikatoren der OECD-34 von 1980 bis 2012 und 2-Grad-Szenario bis 2030

Im folgenden Bild 4.12 sind die CO_2-Emissionen pro Kopf der Wohnbevölkerung des Jahres 2012 und jene des 2-Grad-Szenarios für 2030 (Variante *a* und *b*) detailliert pro **Verbrauchersektor** dargestellt.

Die 4 Verbrauchersektoren sind (totale spezifische CO_2-Emissionen in 2012: 9,7 t/Kopf):

- Industrie (1,5 t/Kopf)
- Verkehr (2,8 t/Kopf)
- Haushalte, Dienstleistungen, Landwirtschaft usw. (HDL), (2,2 t/Kopf)
- Verluste des Energiesektors (3,2 t/Kopf)

Die Energie- und Emissionsdaten für 2012 entsprechen dem OECD-34-Anhang A5.

Die angenommene Verteilung der, direkt oder indirekt (über Elektrizität und Fernwärme), CO_2 emittierenden Energieträger innerhalb der Sektoren, für die beiden Varianten 2030, stellt *eine Möglichkeit unter mehreren dar,* die 2-Grad-Bedingung zu erfüllen.

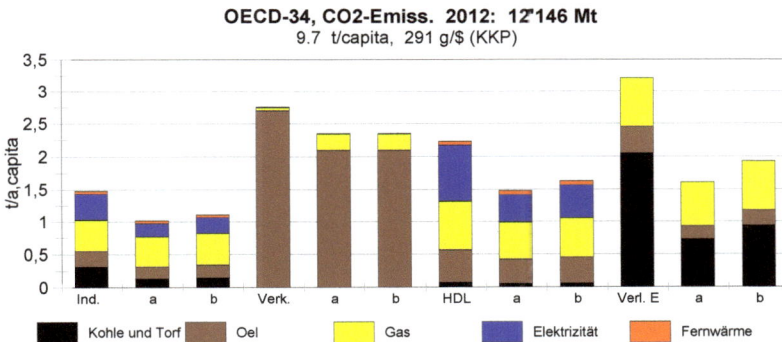

OECD-34, CO2-Emiss. 2012: 12'146 Mt
9.7 t/capita, 291 g/$ (KKP)

Bild 4.12. CO_2 Emissionen pro Kopf der 4 Sektoren : Industrie, Verkehr, H.D.L., Verluste Energiesektor (Definitionen s. Anhang), dargestellt jeweils mit drei Balken:
Erster Balken: **2012** (Daten in Text und Titel, gemäss OECD-Anhang A5),
Zweiter Balken: mögliches 2°C-Szenario *a* für **2030**, 8900 Mt, 6,6 t/Kopf, 159 g/$ (KKP)
Dritter Balken: mögliches 2°C-Szenario *b* für **2030**, 9600 Mt, 7,2 t/Kopf, 171 g/$ (KKP)

Der Zielwert 2030 ist z.B. erreicht, wenn die pro Kopf Emissionen:

- **bei der Elektrizitäts- und Fernwärmeproduktion, einschliesslich Verluste im Energie-sektor**, um 49% (Variante *a*) bzw. 39% (Variante *b*) reduziert werden, von 4,6 t/Kopf in 2012 auf 2,4 bis 2,8 t/Kopf (Effizienzverbesserungen, Ersatz von Kohle durch Gas, durch CCS, erneuerbare Energien und Kernenergie),

- **im Wärmebereich** (alle Endenergie-Bereiche: Industrie − HDL) durch Effizienzverbesserungen, Reduktion des Kohle- und Erdölverbrauchs sowie den Einsatz von erneuerbaren Energien (Wärmepumpe, Abfallverwertung, Solarenergie, Geothermie), um 25% (*a*) bzw. um 20% (b) reduziert werden (von 2,3 t/Kopf in 2012 auf 1,8 bis 1,9 t/Kopf),

- **im Verkehrsbereich** um 15% *(a* und *b)* reduziert werden (von 2,8 in 2012 auf 2,4 t/Kopf), durch Effizienzverbesserungen, Gastreibstoffe, Biotreibstoffe und Elektromobilität.

Kapitel 5   Europäische Union EU-27

5.1 Bevölkerung und Bruttoinlandprodukt 2012

Die aus 27 Ländern bestehende EU wies im Jahre 2012 gut eine halbe Milliarde Einwohner auf (Bild 5.1). Sie generierte ein Bruttoinlandprodukt (BIP), bei Berücksichtigung der Kaufkraftparität (KKP), von 15'400 Milliarden $ (von 2007), was 17% des weltweiten BIP(KKP) ausmacht. Die 6 bevölkerungsreichsten Länder (Deutschland, Frankreich, Vereinigtes Königreich, Italien, Spanien und Polen), mit 71% der Bevölkerung der Union, erbringen einen BIP-Anteil von 74%. Die 15 westeuropäischen Länder, die alle Mitglied der OECD sind (EU-15), mit einem Bevölkerungsanteil von 80%, erbringen 88% des BIP der EU-27.

Bevölkerung der EU-27
2012, Total 503 Mio.

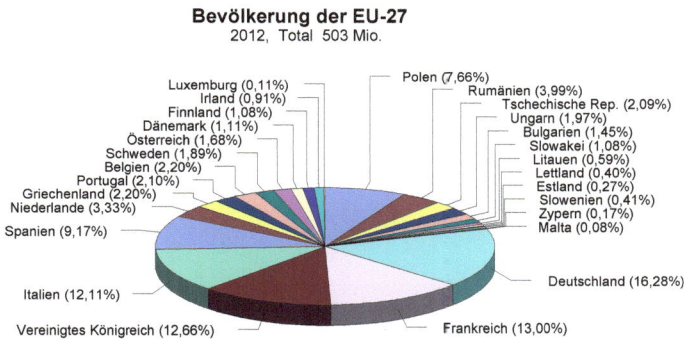

Polen (7,66%)
Rumänien (3,99%)
Tschechische Rep. (2,09%)
Ungarn (1,97%)
Bulgarien (1,45%)
Slowakei (1,08%)
Litauen (0,59%)
Lettland (0,40%)
Estland (0,27%)
Slowenien (0,41%)
Zypern (0,17%)
Malta (0,08%)

Luxemburg (0,11%)
Irland (0,91%)
Finnland (1,08%)
Dänemark (1,11%)
Österreich (1,68%)
Schweden (1,89%)
Belgien (2,20%)
Portugal (2,10%)
Griechenland (2,20%)
Niederlande (3,33%)
Spanien (9,17%)
Italien (12,11%)
Vereinigtes Königreich (12,66%)
Frankreich (13,00%)
Deutschland (16,28%)

Bild 5.1. Prozentuale Aufteilung der Bevölkerung der EU-27

BIP/capita (KKP) in 10'000 $/a
EU-27, 2012

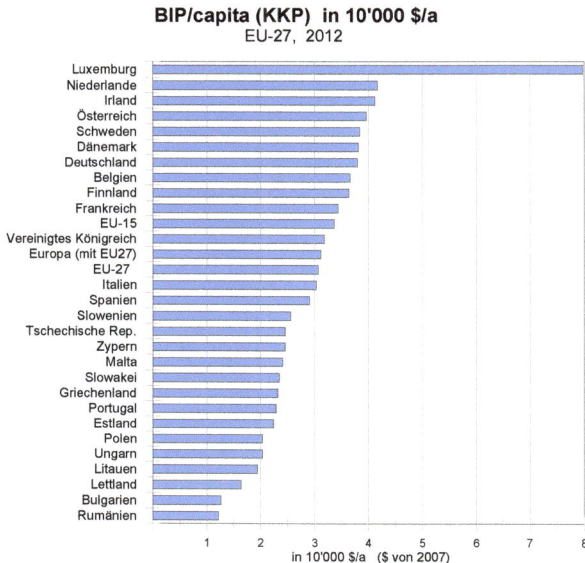

Luxemburg
Niederlande
Irland
Österreich
Schweden
Dänemark
Deutschland
Belgien
Finnland
Frankreich
EU-15
Vereinigtes Königreich
Europa (mit EU27)
EU-27
Italien
Spanien
Slowenien
Tschechische Rep.
Zypern
Malta
Slowakei
Griechenland
Portugal
Estland
Polen
Ungarn
Litauen
Lettland
Bulgarien
Rumänien

1   2   3   4   5   6   7   8
in 10'000 $/a ($ von 2007)

Das BIP(KKP) pro Kopf (Bild 5.2) liegt im Mittel bei rund 30'700 $/a und schwankt (vom Spezialfall Luxemburg abgesehen, starker Grenzgänger-Anteil) zwischen 41'800 $/a in den Niederlanden und 11'500 $/a in Rumänien. Die 6 großen Länder liegen mit Ausnahme von Polen (20'400 $/a) alle zwischen 29'000 und 38'000 $/a.
(Als Europa wird in Bild 5.2 die EU-27 + Schweiz + Norwegen + Island bezeichnet)

Bild 5.2. Kaufkraftbereinigtes BIP pro Kopf der Länder der EU-27

5.2 Energieintensität 2012

Die Energieintensität misst den zur Generierung des BIP(KKP) notwendigen Energieaufwand (Bruttoinlandverbrauch). Dieser liegt 2012 im Mittel der Union bei 1.16 kWh/ $. Die EU-15 ist mit 1.11 kWh/ $ leicht effizienter. Die Energieintensität wird auch vom Klima beeinflusst. So weisen südliche Länder (wie Italien, Griechenland, Spanien und Portugal) im Mittel eine vergleichsweise niedrigere Energieintensität auf als nordische Länder (wie Finnland, Estland und Schweden). Die Unterschiede in der Energieeffizienz sind recht groß. So braucht Irland 0.8 kWh/$, während Bulgarien etwa 2.2 kWh/ $ benötigt. Notwendige Klimaschutz-Zielwerte für 2019 (basierend auf BIP Prognose des IMF) und für 2030 sind ebenfalls eingetragen.

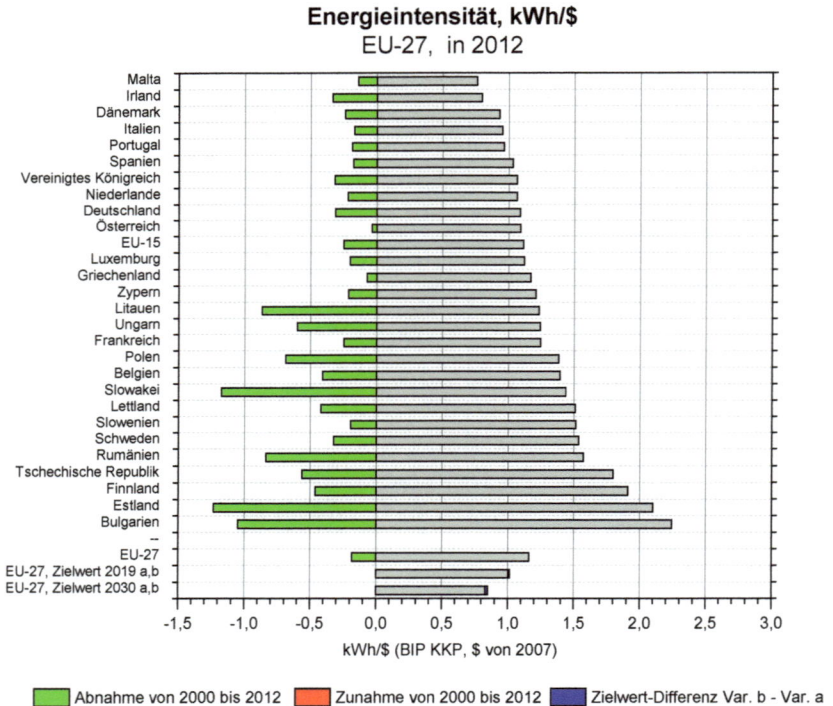

Bild 5.3. Energieintensität der Länder der EU-27 und Veränderungen 2000 bis 2012

5.3 CO_2-Intensität der Energie 2012

Energie ist aber erst dann für das Klima schädlich, wenn deren CO_2-Intensität gross ist. Im Mittel der Union liegt diese bei 195 g CO_2/kWh. In der EU-15 ist sie leicht niedriger (188 g CO_2/kWh). Die Unterschiede sind recht groß und reichen von 72 g CO_2/kWh in Schweden bis zu 271 g CO_2/kWh in Polen. Die Art der Elektrizitätsproduktion ist ein entscheidender Faktor. Gut stehen jene Länder da, die Elektrizität mit Wasserkraft und Kernenergie erzeugen (Schweden, Frankreich), überdurchschnittlich schlecht hingegen jene, die Elektrizität überwiegend mit Kohle-, Oel- und Gas-Kraftwerken produzieren (Polen, Deutschland, Italien und Vereinigtes Königreich). Die deutliche Verschlechterung in Litauen ist auf die Abschaltung des Kernkraftwerks zurückzuführen, z.T. kompensiert durch die bessere Energieintensität (Bild 5.3)

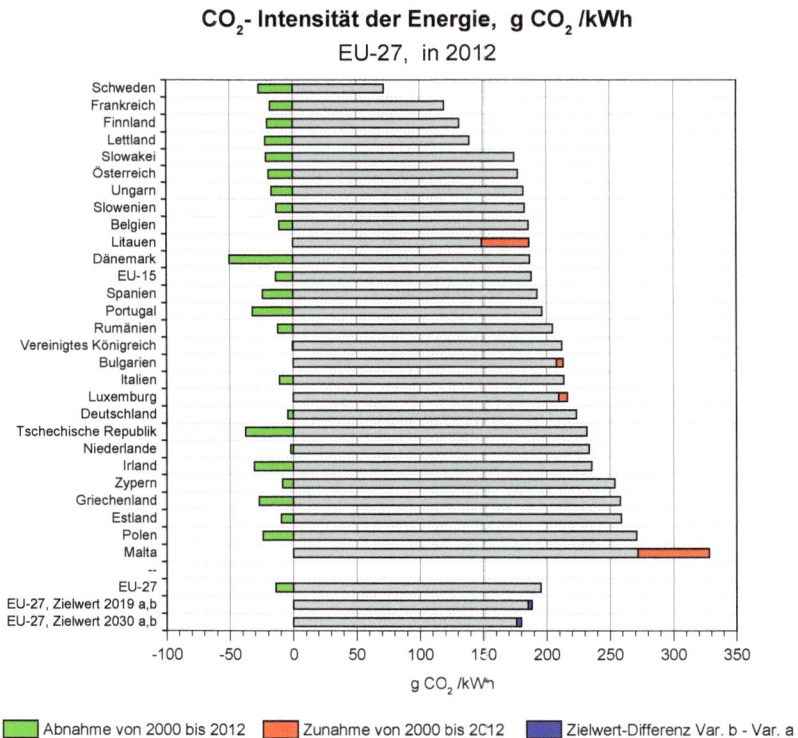

Bild 5.4. CO_2-Intensität der Länder der EU-27 und Veränderungen von 2000 bis 2012

5.4 Indikator der CO_2-Nachhaltigkeit 2012

Um die Nachhaltigkeit der Energiewirtschaft bezüglich Klima zu beurteilen, müssen beide Faktoren: Energieintensität und CO_2-Intensität berücksichtigt werden. Das Produkt dieser beiden Größen ergibt den CO_2-Indikator in g CO_2/$. Der Wert für die EU-27 liegt bei 226 g CO_2/$, jener der EU-15 bei 209 g CO_2/$. Uunter 150 g CO_2/$ liegen Schweden und Frankreich (Wasserkraft und Kernenergie). Etwas weniger nachhaltig ist die Energiewirtschaft Deutschlands mit 243 g CO_2/$ und gar nicht nachhaltig jene einiger osteuropäischer Länder wie Polen (> 350 g CO_2/$) und die Tschechische Republik (> 400 g CO_2/$) sowie Bulgarien (> 450 g CO_2/$) und Estland (> 500 g CO_2/$).

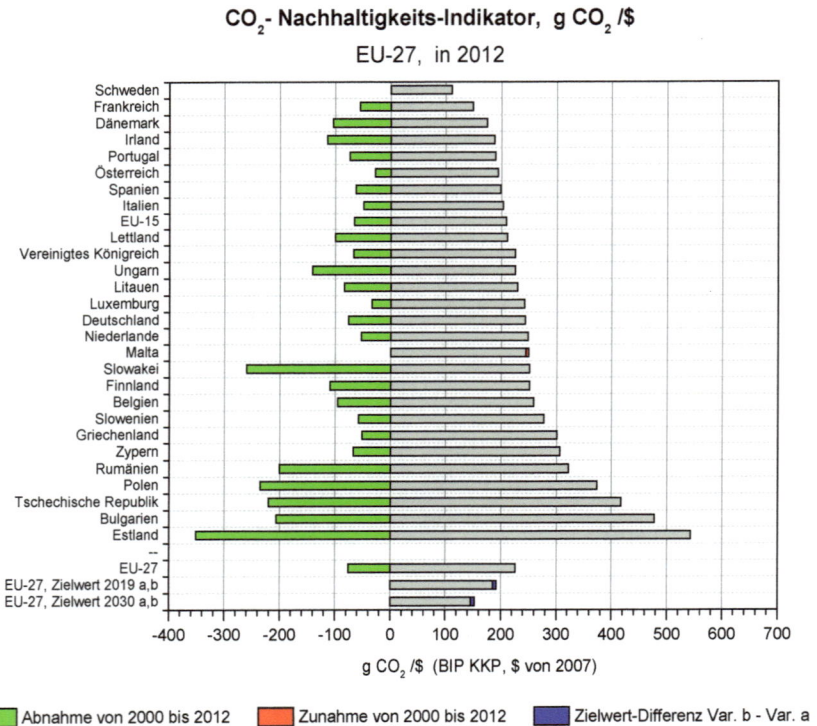

Bild 5.5. CO_2-Nachhaltigkeitsindikator der EU-27 und Fortschritte 2000 bis 2012

Die Änderung des CO_2-Nachhaltigkeitsindexes ist in Bild 5.6 detaillierter dargestellt für die Perioden 2000 bis 2008 und 2008 bis 2012. Gut ist der allgemeine Trend von 2000 bis 2008. In einzelnen Ländern stellt man in den letzten vier Jahren einen Rückschritt fest.

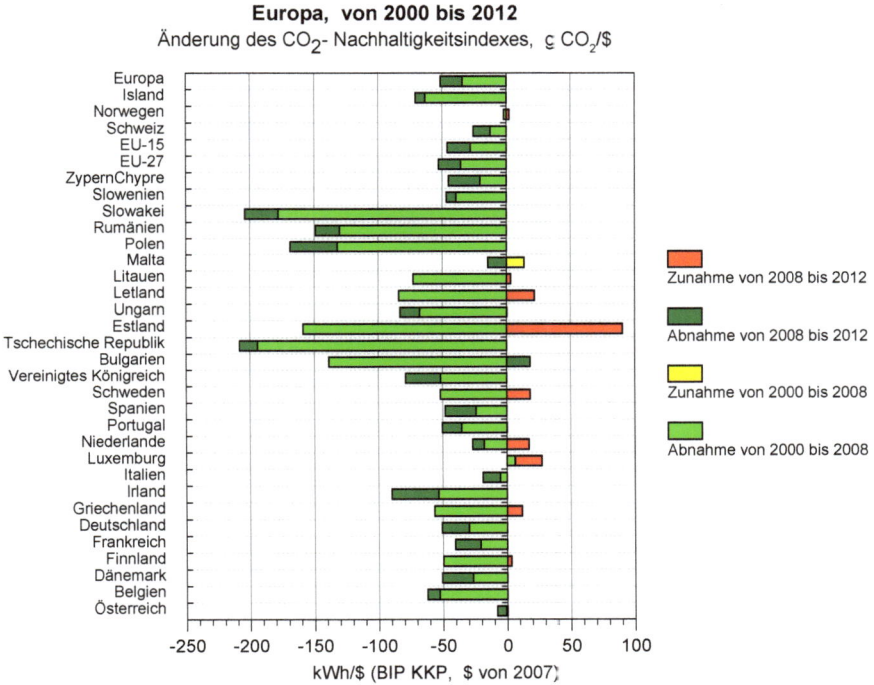

Europa, von 2000 bis 2012
Änderung des CO_2- Nachhaltigkeitsindexes, c CO_2/$

Zunahme von 2008 bis 2012

Abnahme von 2008 bis 2012

Zunahme von 2000 bis 2008

Abnahme von 2000 bis 2008

kWh/$ (BIP KKP, $ von 2007)

Bild 5.6. Änderung des CO_2-Indikators 2000-2008 und 2008 -2012 für die Länder Europas

5.5 CO_2-Emissionen und Indikatoren von 1980 bis 2012 und notwendige Werte ab 2012 zur Einhaltung der 2-Grad-Grenze

5.5.1 Energieintensität, CO_2-Intensität der Energie und CO_2-Nachhaltigkeit bis 2030

Die EU-27 weist 2011, mit 224 g CO_2/$, den besten CO_2-Nachhaltigkeitsindikator der Welt-Regionen und den viertbesten der G-20-Gruppe. Belastend ist noch der starke Anteil der Kohle an der Elektrizitätsproduktion (s. Anhang). Der tatsächliche Verlauf der Indikatoren von 1990 bis 2012 und der für das 2-Grad-Ziel bis 2030 notwendige Verlauf der Varianten *a* und *b* zeigt Bild 5.7.

Der anzustrebende Klimaschutz-Zielwert für 2030 ist 150 bis 157 g CO_2/$ bei einem CO_2-Anteil der EU-27 von 2700 bis 2830 Mt am CO_2-Ausstoss der G-20 Gruppe. Die Werte für 2019 berücksichtigen den vom Internationalen Währungsfond IMF prognostizierten Wert des BIP(KKP) von rund 17˙300 Mrd. $ (von 2007). Das BIP KKP für 2030 ist auf 18'500 Mrd. $ veranschlagt.

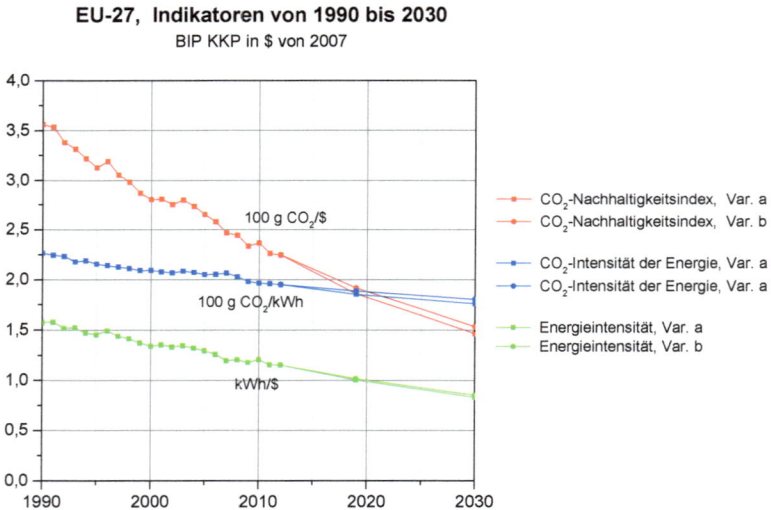

EU-27, Indikatoren von 1990 bis 2030
BIP KKP in $ von 2007

Bild 5.7. Indikatoren der EU-27, 1990 bis 2012 und Klimaschutz-Szenarien bis 2030

Der Bruttoenergiebedarf 2030 ist nach diesem Szenario 1320 bis 1350 Mtoe (nur energiebedingter Teil). Die Pro-Kopf-Indikatoren für Energie und CO_2-Ausstoß wären dann zu diesem Zeitpunkt: e = 3,4 kW/Kopf, (etwa -16% relativ zu 2012) und α = 5,2 bis 5,5 t CO_2/Kopf (- 25% bis -21% relativ zu 2012).

Die notwendige Trendänderung der Indikatoren, relativ zur Periode 2000 bis 2012, ist in Bild 5.8 (Variante *a*) und 5.9 (Variante b) veranschaulicht. Die Europäische Union ist auf gutem Wege. Der Trend der CO_2-Intensität muss gehalten, jener der Energieintensität etwas verstärkt werden. Mit Variante *b* sind vor 2019 beide Trends etwas sanfter.

EU-27,   2°C- Ziel, Var. *a* : 2700 Mt CO_2 in 2030

Trend der Indikatoren von 2000 bis 2012 und
notwendiger Trend von 2012 bis 2019 und von 2019 bis 2030

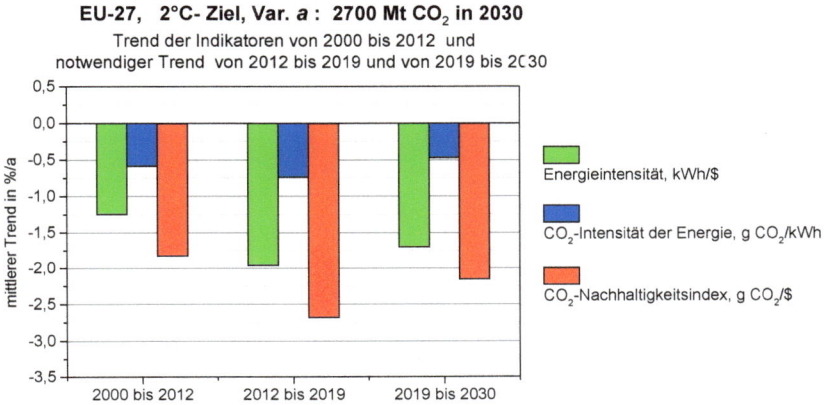

Bild 5.8. Indikatoren-Trend von 2000 bis 2012 und notwendige Trendänderung ab 2012 zur Einhaltung des 2- Grad-Ziels für die Variante *a*

EU-27,   2°C- Ziel, Var. *b:* 2830 Mt CO_2 in 2030

Trend der Indikatoren von 2000 bis 2012 und
notwendiger Trend von 2012 bis 2019 und von 2019 bis 2030

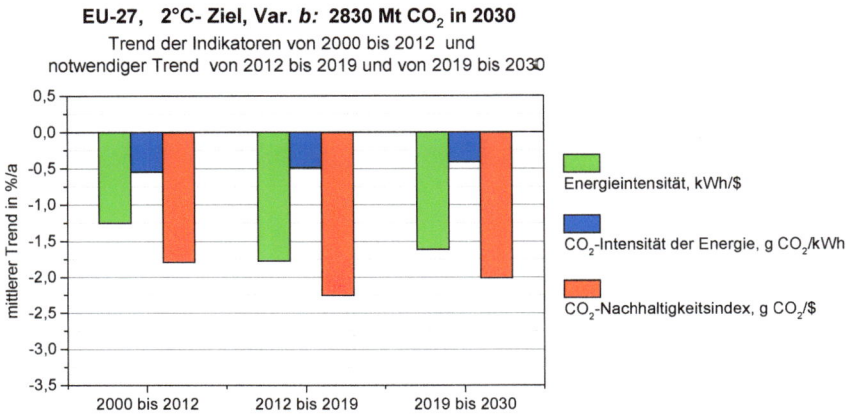

Bild 5.9. Indikatoren-Trend von 2000 bis 2012 und notwendige Trendänderung ab 2012 zur Einhaltung des 2- Grad-Ziels für die Variante *b*

5.5.2 CO₂-Emissionen bis 2050

Die CO$_2$-Emissionenwerte der EU-Länder von 1990 bis 2012 und die bis 2050 zulässigen, zur Einhaltung der 2-Grad-Grenze, sind für beide Varianten *a* und *b* in Bild 5.10 dargestellt.

CO$_2$- Emissionen der EU-27
von 1990 bis 2012 und 2°C - Szenario

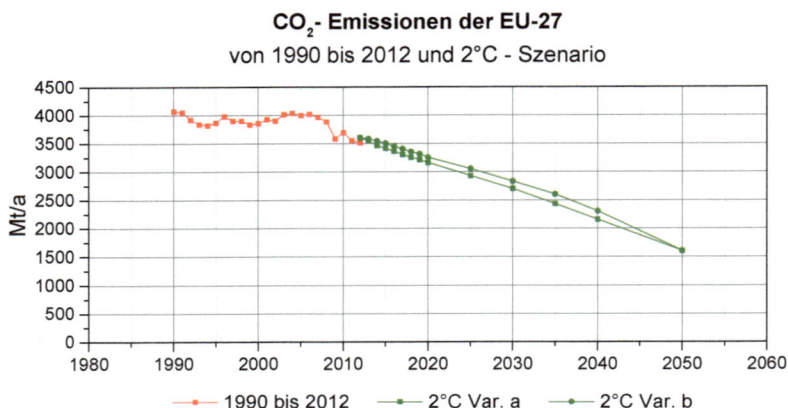

Bild 5.10. CO$_2$-Emissionen der Länder der EU-27, 1990 bis 2012 und Klimaschutz-Szenario bis 2050

5.5.3 Pro-Kopf-Indikatoren bis 2030

Bild 5.11 zeigt die pro-Kopf Indikatoren der EU-27 von 1980 bis 2012 sowie den sich aus den vorangegangenen Überlegungen ergebenden Verlauf bis 2030 bei Einhaltung des 2-Grad-Ziels für beide Varianten *a* und *b*. Die BIP(KKP)-Daten bis 2019 entsprechen den Statistiken und Voraussagen des IMF.

EU-27, Indikatoren pro Kopf von 1990 bis 2030
BIP KKP in $ von 2007

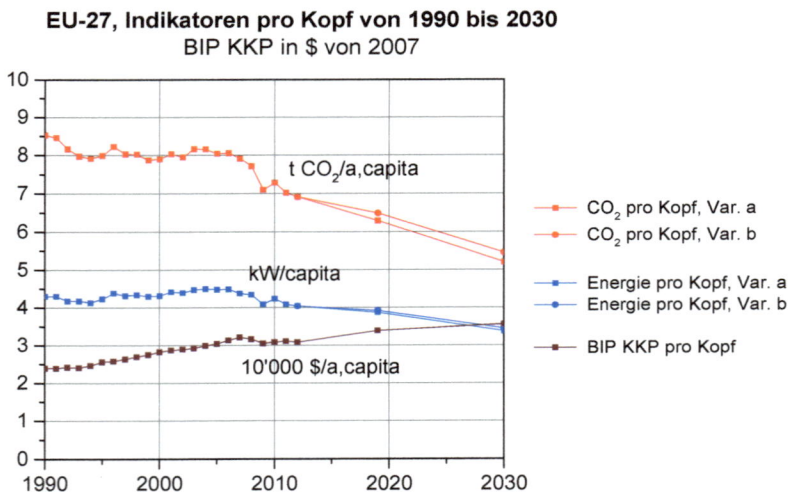

Bild 5.11 Pro Kopf Indikatoren der EU-27 von 1990 bis 2012 und 2-Grad-Szenario bis 2030

Im folgenden Bild 5.12 sind die CO_2-Emissionen pro Kopf der Wohnbevölkerung des Jahres 2012 und jene des 2-Grad-Szenarios für 2030 (Variante *a* und *b*) detaillierter pro **Verbrauchersektor** dargestellt.

Die 4 Verbrauchersektoren sind (totale spezifische CO_2-Emissionen 2012: 6,9 t/Kopf):

- Industrie (1,1 t/Kopf)
- Verkehr (1,8 t/Kopf)
- Haushalte, Dienstleistungen, Landwirtschaft usw. (HDL), (1,9 t/Kopf)
- Verluste des Energiesektors (2,1 t/Kopf))

Die Energie- und Emissionsdaten für 2012 entsprechen dem EU-27-Anhang A5.

Die in Bild 5.12 angenommene Verteilung der, direkt oder indirekt (über Elektrizität und Fernwärme), CO_2 emittierenden Energieträger innerhalb der Sektoren, für die beiden Varianten 2030, stellt *eine Möglichkeit unter mehreren dar*, die 2-Grad-Bedingung zu erfüllen.

EU-27, CO2-Emiss. in 2012: 3503 Mt
6,9 t/Kopf, 224 g/$ (KKP)

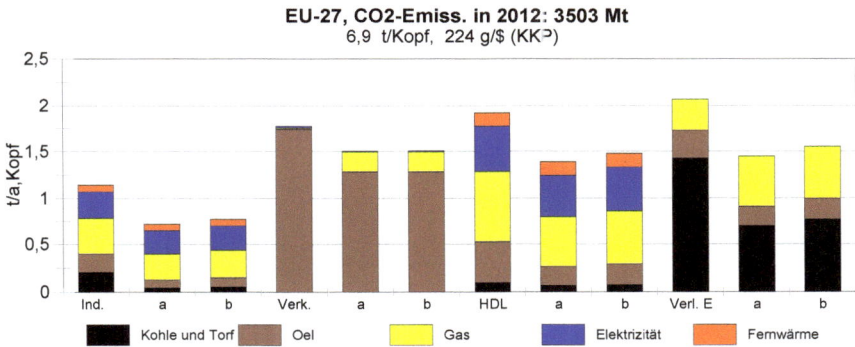

Bild 5.12. CO_2 Emissionen pro Kopf der 4 Sektoren : Industrie, Verkehr, HDL, Verluste Energiesektor (Definitionen s. Anhang), dargestellt jeweils mit drei Balken:
Erster Balken: **2012** (Daten in Text und Titel, gemäss EU-27-Anhang A5),
Zweiter Balken: mögliches 2°C-Szenario *a* für **2030**, 2700 Mt, 5,2 t/Kopf, 150 g/$ (KKP)
Dritter Balken: mögliches 2°C-Szenario *b* für **2030**, 2830 Mt, 5,4 t/Kopf, 157 g/$ (KKP)

Der Zielwert 2030 ist z.B. erreicht, wenn die pro Kopf Emissionen:

- **bei der Elektrizitäts- und Fernwärmeproduktion, einschliesslich Verluste im Energiesektor**, um 22% (Variante *a*) bzw. 18% (Variante *b*) reduziert werden, von 3,1 t/Kopf in 2012 auf 2,4 bis 2,5 t/Kopf (Effizienzverbesserungen, Ersatz von Kohle durch Gas, erneuerbare Energien und Kernenergie, wenn unumgänglich CCS),

- **im Wärmebereich** (alle Endenergie-Bereiche: Industrie + HDL) durch Effizienzverbesserungen, Reduktion des Kohle- und Erdölverbrauchs sowie den Einsatz von erneuerbaren Energien (Wärmepumpe, Abfallverwertung, Solarenergie, Geothermie), um 41% (*a*) bzw. um 37% (b) reduziert werden (von 2,1 t/Kopf in 2011 auf 1,2 bis 1,3 t/Kopf),

- **im Verkehrsbereich** um 15% (a und b) reduziert werden (von 1,85 in 2011 auf 1,5 t/Kopf), durch Effizienzverbesserungen, Gastreibstoffe, Biotreibstoffe und Elektromobilität.

Kapitel 6 Mittlerer Osten

6.1 Bevölkerung und Bruttoinlandprodukt 2012

Der Mittlere Osten erzielt 2012 mit 213 Mio. Einwohner ein BIP(KKP) von 4'350 Milliarden $ ($ von 2007). Davon werden rund 57% von Saudi-Arabien und den Golfstaaten (von Oman bis Kuwait) erbracht, die zusammen 22% der Bevölkerung des Mittleren Ostens ausmachen (Bild 6.1). Iran als bevölkerungsreichster Staat erbringt weitere 26%. Die restlichen 17% stammen von den übrigen Staaten, d.h. von Irak, Syrien, Jemen, Jordanien und Libanon mit einem Bevölkerungsanteil von rund 42%. Israel wird als Mitglied der OECD in Abschnitt 4 analysiert.

Bevölkerung des Mittleren Ostens
2012, Total 213 Mio.

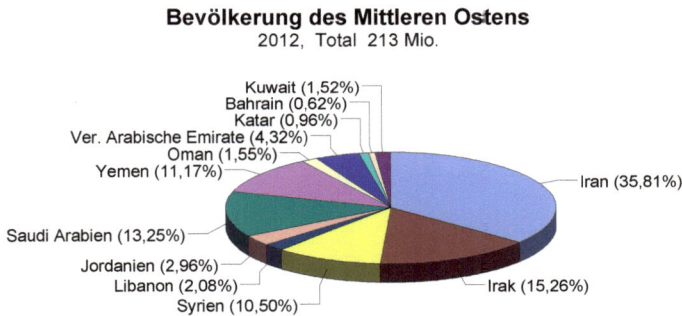

Bild 6.1. Prozentuale Aufteilung der Bevölkerung des Mittleren Ostens

BIP/Kopf (KKP) in 10'000 $/a
Mittlerer Osten, 2012

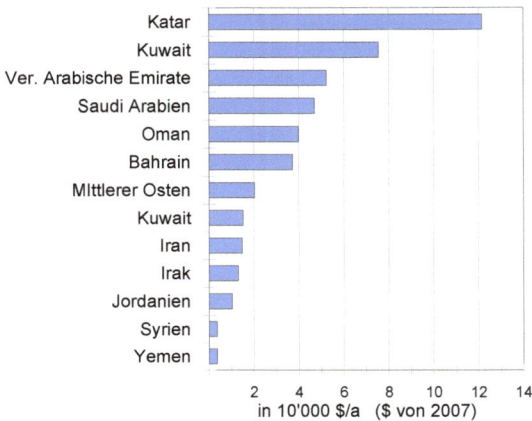

Bild 6.2. BIP (KKP) pro Kopf des Mittleren Ostens

Das Wohlstandsgefälle ist dementsprechend sehr gross. Das BIP(KKP) pro Kopf der Region (Bild 6.2) liegt bei 20'000 $/a, also deutlich über dem Weltdurchschnitt. Das Bruttoinlandprodukt bei Kaufkraftparität wurde durch das IMF im Oktober 2014 relativ zu Oktober 2013 deutlich höher geschätzt (um rund 60%, für die ganze Periode 1980 bis 2019). Dies hat die Position dieser Region im globalen Kontext, was die Energieeffizienz betrifft, deutlich verbessert. Saudi-Arabien und die Golfstaaten erreichen ein BIP(KKP) pro Kopf zwischen 35'000 und 75'000 $/a, das höher ist als das EU- bzw. OECD-Niveau. Katar übertrifft noch wesentlich diese Werte. Die Kaufkraft der restlichen Staaten liegt hingegen im Bereich von nur 3'500 - 15'000 $/a.

6.2   Energieintensität 2012

Die mittlere Energieintensität von 1,6 kWh/ $ ist nicht weit vom Weltdurchschnitt. Einzig Libanon und Jordanien haben von 2000 bis 2012 deutliche Fortschritte gemacht. Für nahezu alle Golfstaaten und den Iran ist eher das Gegenteil der Fall, und Saudi Arabien stagniert.

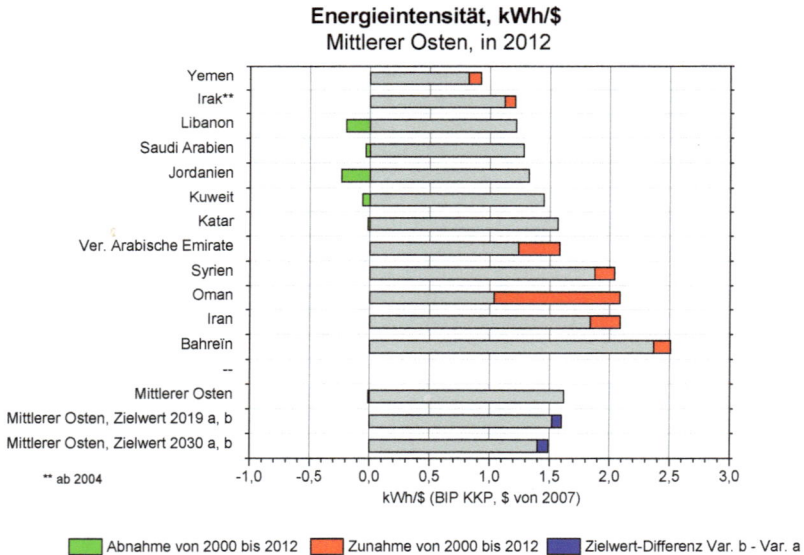

Bild 6.3. Energieintensität des Mittleren Ostens und Änderungen von 2000 bis 2012

6.3 CO_2-Intensität der Energie 2012

Die mittlere CO_2-Intensität von 239 g CO_2/kWh liegt etwas über dem Weltdurchschnitt von 219 g CO_2/kWh. Die Unterschiede von Land zu Land sind nicht sehr gross. Saudi-Arabien liegt am unteren Ende der Skala mit 270 g CO_2/kWh und trägt entscheidend zur negativen Gesamtentwicklung der Region bei. Zwischen 2020 und 2030 muss für das 2-Grad-Ziel eine entscheidende Verbesserung erfolgen.

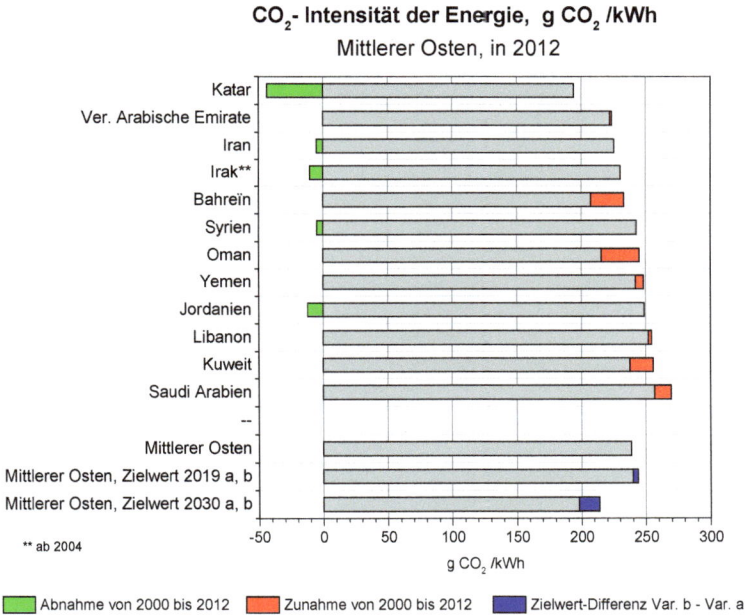

Bild 6.4. CO_2-Intensität des Mittleren Ostens und Änderungen von 2000 bis 2012

6.4   Indikator der CO$_2$-Nachhaltigkeit 2012

Mit einem mittleren Wert von 386 g CO$_2$/\$ (zum Vergleich, OECD: 300 g CO$_2$/\$) ist die Energiewirtschaft des Mittleren Ostens nicht besonders nachhaltig. Vor allem in den Golfstaaten, aber auch in Saudi-Arabien und Iran müsste man trotz Ölreichtum mittelfristig zu einem rationelleren Umgang mit der Energie gelangen und die Energieeffizienz steigern. Durch CCS und Nutzung der reichlich vorhandenen Solarenergie könnte auch die CO$_2$-Intensität stark verbessert werden.

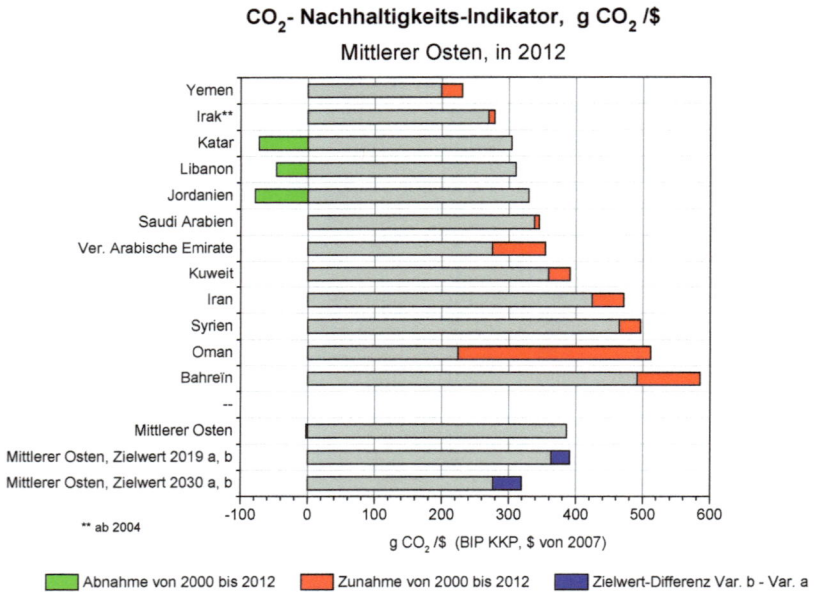

Bild 6.5. CO$_2$-Nachhaltigkeitsindikator des Mittleren Ostens und Änderungen von 2000 bis 2012

Die Änderung des CO_2-Nachhaltigkeitsindexes ist in Bild 6.6 detaillierter dargestellt für die Periode 2000 bis 2008 und 2008 bis 2012. Insgesamt stellt man eine eher negative Entwicklung fest, auch wenn einzelne Länder (Jordanien, Katar und Libanon) das Bild verbessern. Negativ fallen Iran und die meisten Golfstaaten auf.

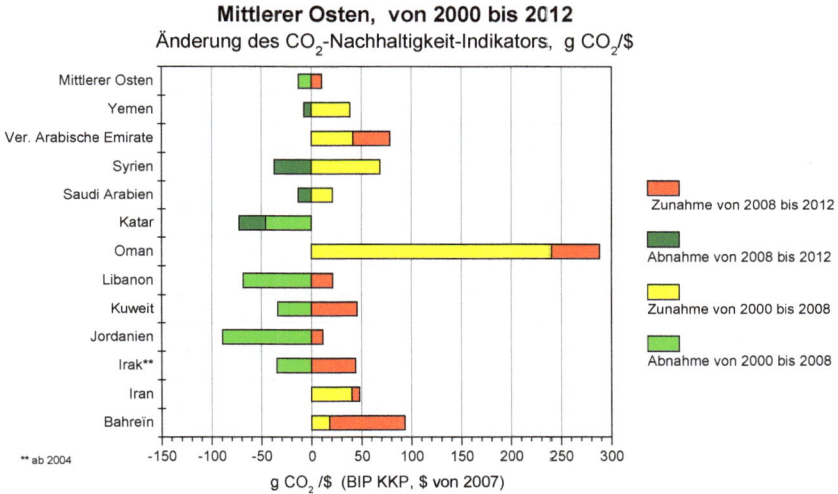

Bild 6.6. Änderung des CO_2-Nachhaltigkeitsindexes von 2000 - 2008 und 2008 - 2012 für die Länder des Mittleren Ostens

6.5 CO$_2$-Emissionen und Indikatoren von 1980 bis 2012 und notwendige Werte ab 2012 zur Einhaltung des 2-Grad-Ziels

6.5.1 Energieintensität, CO$_2$-Intensität der Energie und CO$_2$-Nachhaltigkeit bis 2030

Der Mittlere Osten liegt 2012, mit einem CO$_2$-Nachaltigkeitsindikator von 386 g CO$_2$/\$, an viertletzter Stelle der Rangliste der Weltregionen und etwas über dem weltweiten Durch-schnitt von 351 g CO$_2$/\$. Dies in erster Linie wegen der ausschliesslich auf Erdöl basierenden Elektrizitätswirtschaft (s. Anhang) und einer ungenügenden Energieeffizienz. Der Verlauf der Indikatoren von 1980 bis 2012 und der für das 2-Grad-Ziel bis 2030 notwendige Verlauf der Varianten a und b zeigt Bild 6.7

Der anzustrebende Klimaschutz-Zielwert für 2030 ist 270 bis 320 g CO$_2$/\$ bei einem Anteil von 1800 bis 2070 Mt am weltweiten CO$_2$-Ausstoss. Die Werte für 2019 berücksichtigen den vom Internationalen Währungsfond IMF prognostizierten Wert des BIP(KKP) von 5'450 Mrd. \$ (von 2007). Das BIP für 2030 ist auf 6'500 Mrd. \$ veranschlagt.

Mittlerer Osten, Indikatoren 1980 bis 2030

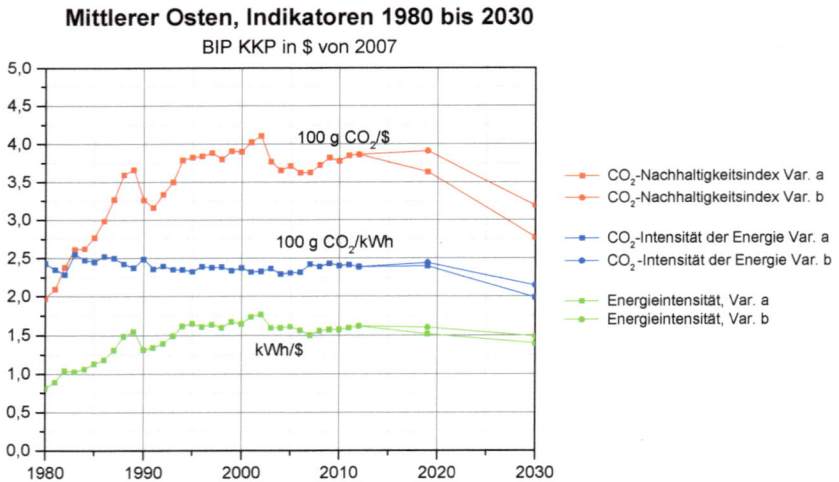

Bild 6.7. Indikatoren des Mittleren Ostens, 1980 bis 2012 und Klimaschutz-Szenario bis 2030

Der Bruttoenergiebedarf 2030 wäre nach diesem Szenario 780 bis 830 Mtoe (nur energiebe-dingter Teil).. Für die Pro-Kopf-Indikatoren für Energie und CO$_2$-Ausstoß ergäbe sich dann zu diesem Zeitpunkt, für die Varianten a und b, e = 3,7 bis. 3,9 kW/Kopf (Zunahme um 0% bis 7% relativ zu 2012) und α = 6.4 bis 7,4 t CO$_2$/Kopf (Abnahme um 17% bzw. 4% relativ zu 2012).

Die notwendige Trendänderung der Indikatoren ist in Bild 6.8 (Variante *a)* und Bild 6.9 (Variante *b*) veranschaulicht.

- Die anzustrebende Verringerung der Energieintensität setzt in Szenario *a* bereits vor 2019 ein, in Szenario *b* erst ab diesem Datum.

- Die Trendwende bei der CO_2-Intensität der Energie ist erst ab 2019 möglich, muss dann aber entsprechend kräftig sein. Vor diesem Datum lässt Szenario *b* sogar eine Verstärkung der CO_2-Intensität zu.

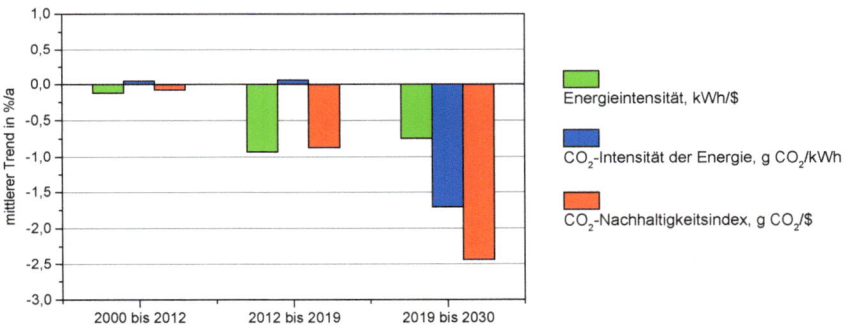

Bild 6.8. Indikatoren-Trend von 2000 bis 2011 und notwendige Trendänderung ab 2012 zur Einhaltung des 2- Grad-Ziels für die Variante a

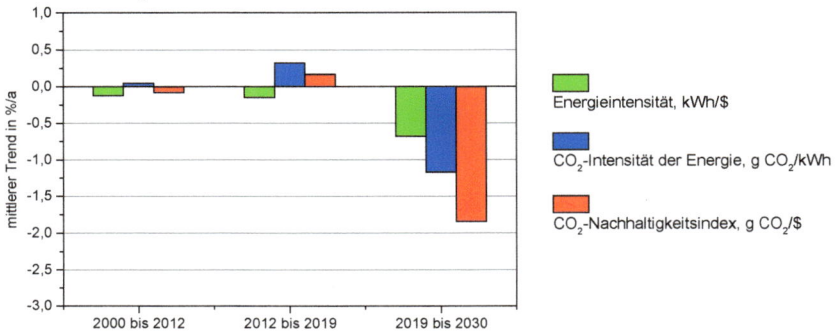

Bild 6.9. Indikatoren-Trend von 2000 bis 2011 und notwendige Trendänderung ab 2012 zur Einhaltung des 2- Grad-Ziels für die Variante b

6.5.2   CO₂-Emissionen bis 2050

Bild 6.10. stellt die effektiven CO_2-Emissionen von 1970 bis 2012, sowie die für die 2-Grad-Grenze noch zulässigen bis 2050 dar, für beide Varianten a und b. .

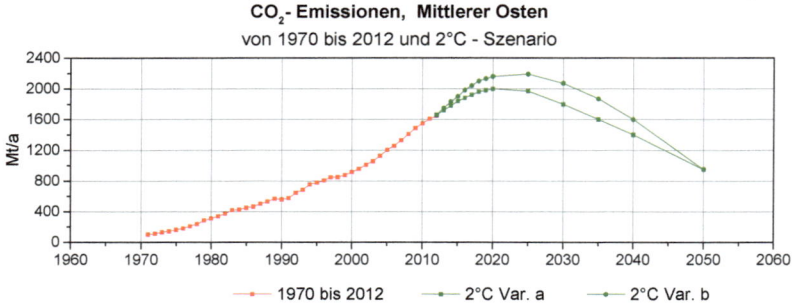

Bild 6.10. CO_2-Emissionen vom Mittleren Osten, 1970 bis 2012 und Klimaschutz-Szenarien bis 2050

6.5.3   Pro-Kopf-Indikatoren bis 2030

Bild 6.11 zeigt die pro-Kopf Indikatoren des Mittleren Ostens von 1980 bis 2012 sowie den sich aus den vorangegangenen Überlegungen ergebenden Verlauf bis 2030 bei Einhaltung des 2-Grad-Ziels für beide Varianten *a* und *b*. Die BIP(KKP)-Daten bis 2019 entsprechen den Statistiken und Voraussagen des IMF.

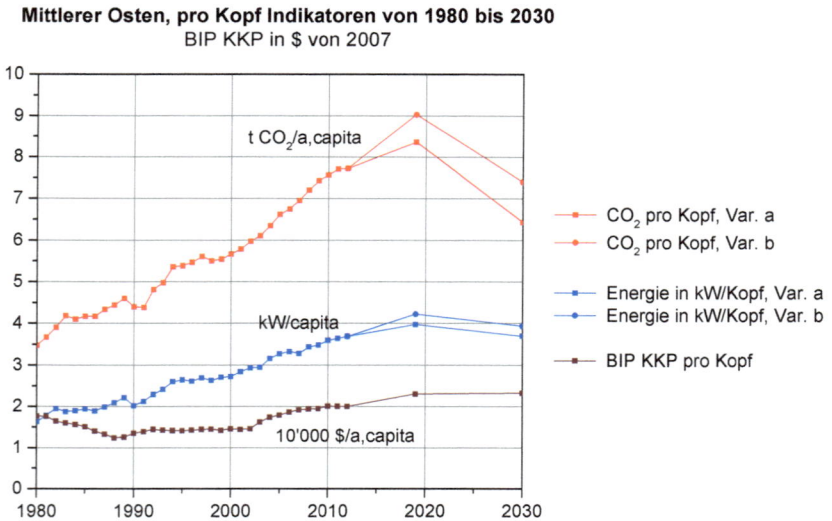

Bild 6.11 Pro Kopf Indikatoren des Mittleren Ostens von 1980 bis 2012 und 2-Grad-Szenario bis 2030

Im folgenden Bild 6.12 sind die CO_2-Emissionen pro Kopf der Wohnbevölkerung des Jahres 2012 und jene des 2-Grad-Szenarios für 2030 (Variante *a* und *b*) detaillierter pro **Verbrauchersektor** dargestellt.

Die 4 Verbrauchersektoren sind (totale spezifische CO_2-Emissionen 2011: 7,7 t/Kopf):

- Industrie (1,6 t/Kopf)
- Verkehr (1,8 t/Kopf)
- Haushalte, Dienstleistungen, Landwirtschaft usw. (HDL), (1,4 t/Kopf)
- Verluste des Energiesektors (2,9 t/Kopf)

Die Energie- und Emissionsdaten für 2012 entsprechen dem Mittlerer Osten-Anhang A5.

Die angenommene Verteilung der, direkt oder indirekt (über Elektrizität und Fernwärme), CO_2 emittierenden Energieträger innerhalb der Sektoren, für die beiden Varianten 2030, stellt *eine Möglichkeit unter mehreren dar*, die 2-Grad-Bedingung zu erfüllen.

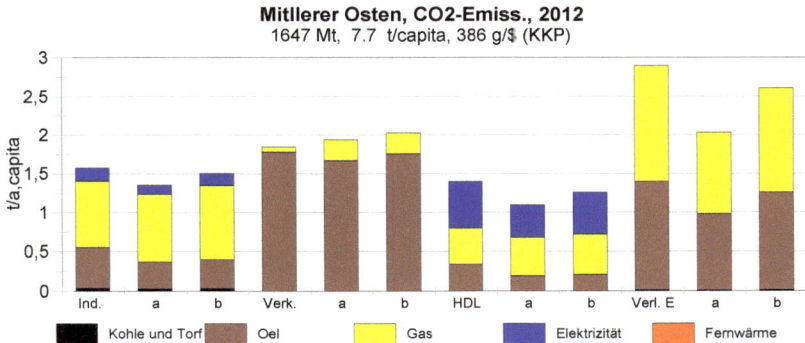

Mittlerer Osten, CO2-Emiss., 2012
1647 Mt, 7.7 t/capita, 386 g/$ (KKP)

Bild 6.12. CO_2 Emissionen pro Kopf der 4 Sektoren : Industrie, Verkehr, HDL, Verluste Energiesektor (Definitionen s. Anhang), dargestellt jeweils mit drei Balken:
Erster Balken: **2012** (Daten in Text und Titel, gemäss Mittlerer Osten-Anhang A5),
Zweiter Balken: mögliches 2°C-Szenario **a** für **2030**, 1800 Mt, 6,4 t/Kopf, 277 g/$ (KKP)
Dritter Balken: mögliches 2°C-Szenario **b** für **2030**, 2070 Mt, 7,4 t/Kopf, 318 g/$ (KKP)

Der Zielwert 2030 ist z.B. erreicht, wenn die pro Kopf Emissionen:

- **bei der Elektrizitäts- und Fernwärmeproduktion, einschliesslich Verluste im Energiesektor**, um 30% (Variante a) bzw. 10% (Variante b) reduziert werden, von 3,6 t/Kopf in 20121 auf 2,6 bis 3,3 t/Kopf (Effizienzverbesserungen, Ersatz von Erdöl durch Gas, durch CCS, erneuerbare Energien und Kernenergie),
- **im Wärmebereich** (alle Endenergie-Bereiche: Industrie + HDL) durch Effizienzverbesserungen, Reduktion des Kohle- und Erdölverbrauchs und Einsatz von erneuerbaren Energien (Wärmepumpe, Abfallverwertung, Solarenergie, Geothermie), um 13% (a) bzw. um 6% (b) reduziert werden (von 2,2 t/Kopf in 2012 auf 1,9 bis 2,1 t/Kopf),
- **im Verkehrsbereich** 5% (a) bis höchstens 10% (b) zunehmen (von 1,85 in 2012 auf 1,94 bis 2,03 t/Kopf), durch Effizienzverbesserungen, Gastreibstoffe, Biotreibstoffe und Elektromobilität.

Kapitel 7   Eurasien+

7.1 Bevölkerung und Bruttoinlandprodukt 2012

Unter Eurasien+ verstehen wir hier 14 Länder der Ex-Sowjetunion (ohne Estland, Mitglied der OECD) und weitere 12 europäische Länder, die nicht Mitglied der OECD sind. Die Gesamtbevölkerung beträgt 341 Mio. Einwohner (Bild 7.1).

Das weitaus gewichtigste Land ist Russland mit 42% der Bevölkerung und 60% des BIP(KKP). Zusammen mit Ukraine und Weissrussland ist der Bevölkerungsanteil rund 58% und jener des BIP(KKP) 69%. Die baltischen Länder Litauen und Lettland sind inzwischen Mitglieder der EU-27.

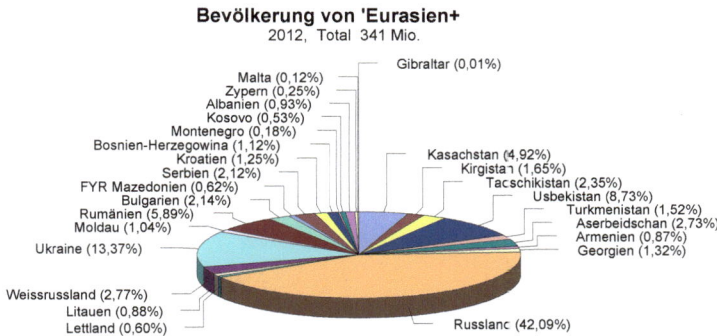

Bevölkerung von 'Eurasien+
2012, Total 341 Mio.

Gibraltar (0,01%)
Malta (0,12%)
Zypern (0,25%)
Albanien (0,93%)
Kosovo (0,53%)
Montenegro (0,18%)
Bosnien-Herzegowina (1,12%)
Kroatien (1,25%)
Serbien (2,12%)
FYR Mazedonien (0,62%)
Bulgarien (2,14%)
Rumänien (5,89%)
Moldau (1,04%)
Ukraine (13,37%)
Weissrussland (2,77%)
Litauen (0,88%)
Lettland (0,60%)
Kasachstan (4,92%)
Kirgista¬ (1,65%)
Tacschikistan (2,35%)
Usbekistan (8,73%)
Turkmenistan (1,52%)
Aserbeidschan (2,73%)
Armenien (0,87%)
Georgien (1,32%)
Russlanc (42,09%)

Bild 7.1. Prozentuale Aufteilung der Bevölkerung Eurasiens+

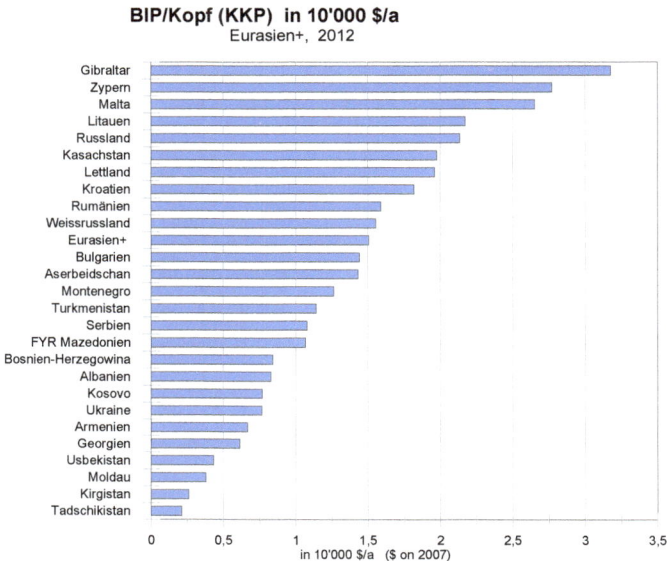

BIP/Kopf (KKP) in 10'000 $/a
Eurasien+, 2012

Gibraltar
Zypern
Malta
Litauen
Russland
Kasachstan
Lettland
Kroatien
Rumänien
Weissrussland
Eurasien+
Bulgarien
Aserbeidschan
Montenegro
Turkmenistan
Serbien
FYR Mazedonien
Bosnien-Herzegowina
Albanien
Kosovo
Ukraine
Armenien
Georgien
Usbekistan
Moldau
Kirgistan
Tadschikistan

0   0,5   1   1,5   2   2,5   3   3,5
in 10'000 $/a ($ on 2007)

Bild 7.2. BIP (KKP) pro Kopf der Länder Eurasiens+

Von den 12 Nicht-OECD-Ländern Europas sind Rumänien und Bulgarien (inzwischen Mitglieder der EU-27) die gewichtigsten. Das gesamte BIP (KKP) des Jahres 2012 erreicht in Eurasien 5'130 Milliarden $ (von 2007).

Das BIP(KKP) pro Kopf (Bild 7.2) beträgt im Mittel 15'200 $/a, in Russland 21'400 $/a; über 25'000 $/a liegen lediglich Gibraltar, Zypern und Malta.

7.2 Energieintensität 2012

Insgesamt weisen die Länder Eurasiens, trotz Fortschritten eine wesentlich über dem Weltdurchschnitt liegende Energieintensität von 2,5 kWh/ $ und somit die weltweit größte Energieverschwendung auf (s. auch Bild 3.3). Dies obwohl das BIP KKP im Oktober 2014 durch das IMF relativ zu Oktober 2013 deutlich höher geschätzt wurde (um rund 30%, für die ganze Periode 1992 bis 2019), was die Position dieser Region im globalen Kontext, was die Energieeffizienz betrifft, etwas verbessert. Dieser hohe Wert ist in erster Linie durch die hohen Werte in Russland (2,62 kWh/$) aber auch in der Ukraine (nahezu 4 kWh/$) und Kasachstan (> 2.5 kWh/$) bestimmt. Extremwerte erreichen immer noch Usbekistan und Turkmenistan (> 4 kWh/$) trotz grosser Fortschritte von 2000 bis 2012. In den europäischen Nicht-OECD-Ländern ist der Durchschnitt mit 1.5 kWh/$ deutlich niedriger, aber über dem EU-Wert.

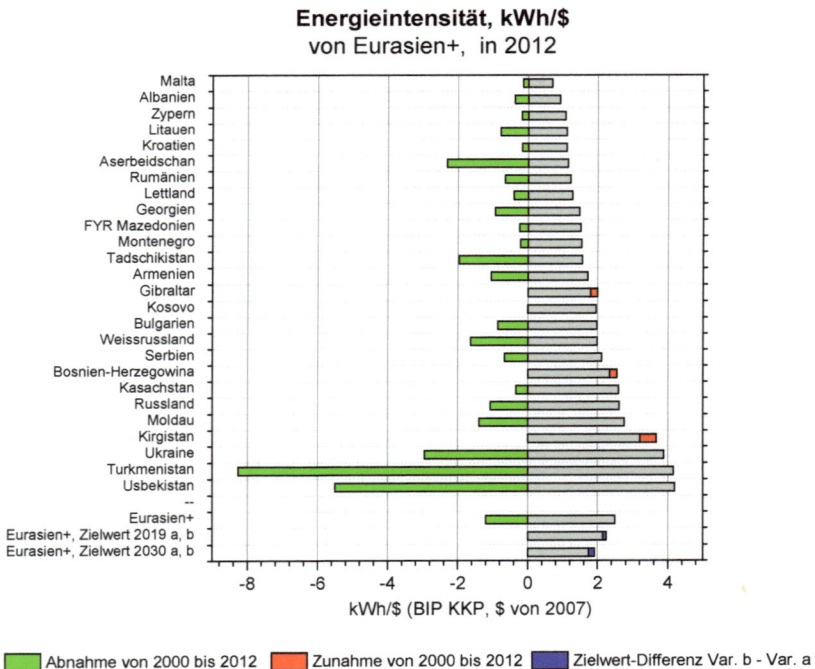

Bild 7.3. Energieintensität von Eurasien+ und Fortschritte von 2000 bis 2012

7.3   CO$_2$-Intensität der Energie 2012

Die CO$_2$-Intensität von 213 g CO$_2$/kWh ist nicht weit vom Weltdurchschnitt entfernt und in den europäischen Nicht-OECD-Staaten meistens höher als in den Staaten der Ex-Sowjetunion (mehr Kohle- und weniger Erdgasverbrauch). Besonders stark ist die CO$_2$-Intensität (250 g CO$_2$/kWh und mehr) in FYR-Mazedonien, Serbien, Bosnien-Herzegowina, Kosovo und Zypern aber auch in Kasachstan. Die niedrigen Werte von Tadschikistan, Lettland, Albanien, Armenien und Georgien sind auf die Elektrizitätserzeugung mittels Wasserkraft und/oder Kernenergie (Armenien) zurückzuführen. Die Abschaltung des Kernkraftwerks Ende 2009 in Litauen hat dieses Land vom 3. Rang um einige Ränge zurückgeworfen.

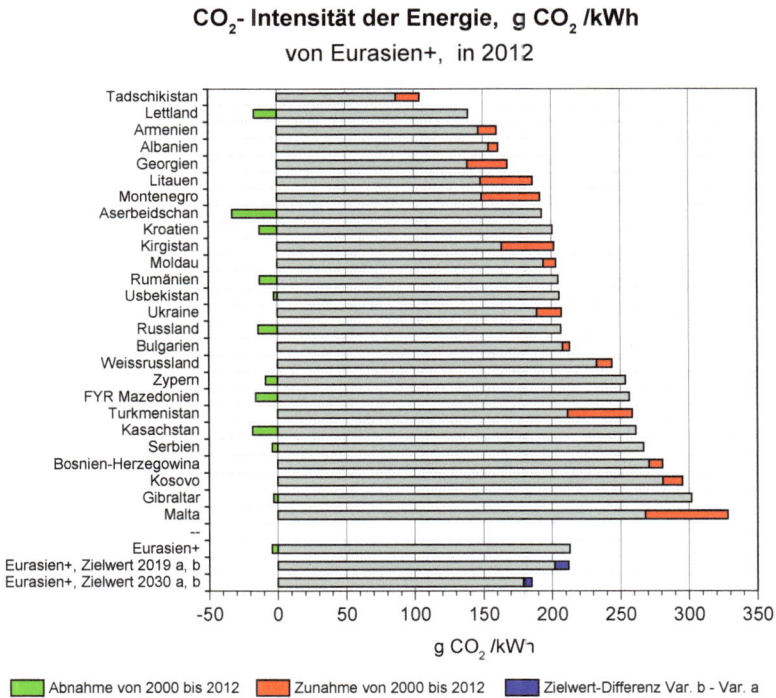

Bild 7.4. CO$_2$-Intensität Eurasiens+ und Änderungen von 2000 bis 2012

7.4　Indikator der CO$_2$-Nachhaltigkeit 2012

Der CO$_2$-Indikator ist in den europäischen Nicht-OECD-Ländern im Mittel 330 g CO$_2$/\$, in der Ex-Sowjetunion 565 g CO$_2$/\$ also etwa 70% höher, wegen der sehr schlechten Energieeffizienz. Die mangelhafte Effizienz des Energieeinsatzes in wichtigen Länder Eurasiens (Bild 7.3), wirkt sich negativ auf die Gesamtnachhaltigkeit des Energieverbrauchs aus (Mittelwert von Eurasien+ 532 g CO$_2$/\$). Extremwerte weisen die Ukraine und Usbekistan ($\geq$ 800 g CO$_2$/\$), und vor allem (trotz grosser Fortschritte) Turkmenistan (> 1000 g CO$_2$/\$).

Indice CO$_2$ de durabilité, g CO$_2$ /\$

de l'Eurasie+, en 2012

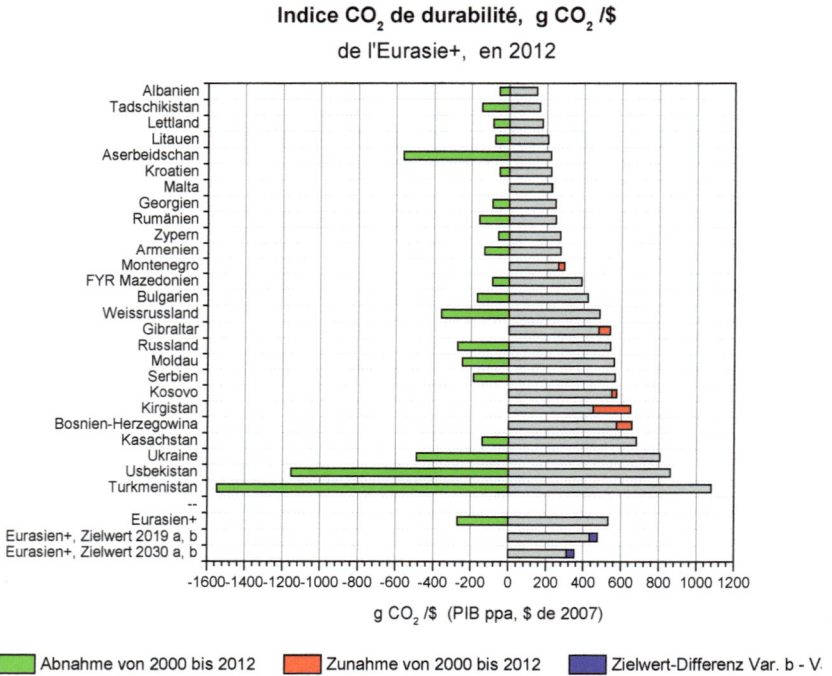

Bild 7.5. CO$_2$-Nachhaltigkeits-Indikator Eurasiens+ und Fortschritte von 2000 bis 2012

Die Änderung des CO_2-Nachhaltigkeitsindexes ist in Bild 7.6 detaillierter dargestellt für die Periode 2000 bis 2008 und 2008 bis 2012. Insgesamt stellt man eine positive Entwicklung fest mit Ausnahme der letzten vier Jahre, wo in einigen Kleinstaaten Rückschritte zu verzeichnen sind. Leider ist auch in Russland und in der Ukraine der positive Trend gestoppt worden.

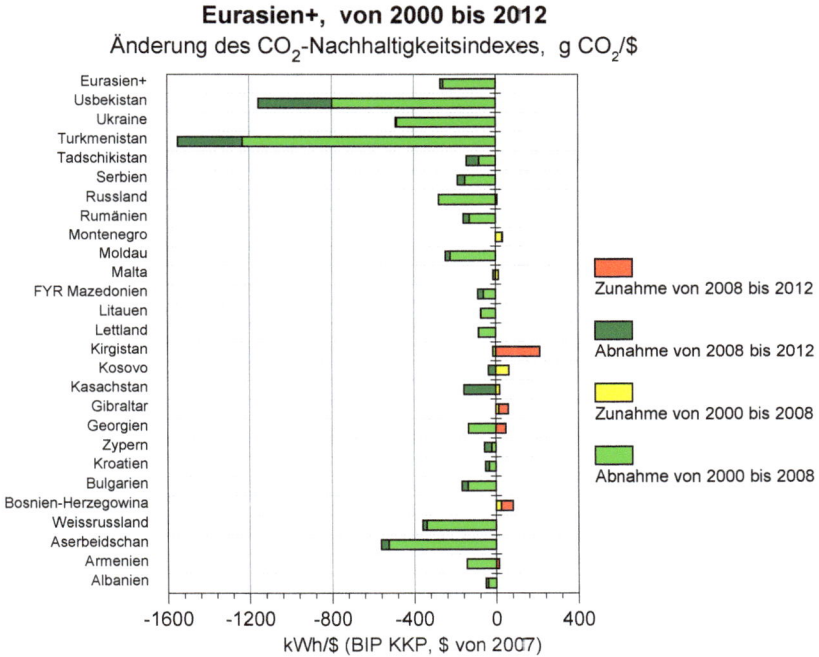

Bild 7.6. Änderung des CO_2-Nachhaltigkeitsindexes von 2000 - 2008 und 2008 - 2012 für die Länder   Eurasiens+

7.5 CO_2-Emissionen und Indikatoren von 1980 bis 2012 und notwendige Werte ab 2012 zur Einhaltung des 2-Grad-Ziels

7.5.1   Energieintensität, CO_2-Intensität der Energie und CO_2-Nachhaltigkeit bis 2030

Eurasien+ weist 2012, mit einem CO_2-Nachaltigkeitsindikator von 532 g CO_2/\$, den weltweit zweithöchsten Wert, übertroffen nur von China. Hauptgrund ist, nebst der stark von der Kohle bestimmten Elektrizitätsproduktion, die weltweit schlechteste Energieeffizienz (s. Anhang). Der tatsächliche Verlauf der Indikatoren von 1990 bis 2012 und der für das 2-Grad-Ziel bis 2030 notwendige Verlauf der Varianten a und b zeigt Bild 7.7

Der anzustrebende Klimaschutz-Zielwert für 2030 ist 310 bis 352 g CO_2/\$ bei einem Anteil von 2080 bis 2360 Mt am weltweiten CO_2-Ausstoss. Die Werte für 2019 berücksichtigen den vom Internationalen Währungsfond IMF prognostizierten Wert des BIP(KKP) von rund 5'130 Mrd. \$ (von 2007). Das BIP für 2030 ist auf 6'700 Mrd. \$ veranschlagt.

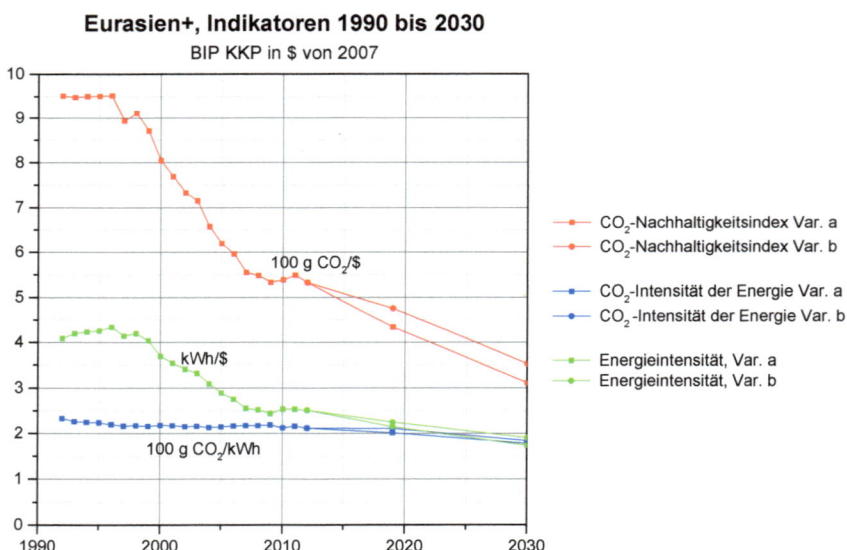

Bild 7.7. Indikatoren Eurasiens, 1990 bis 2012 und Klimaschutz-Szenario bis 2030

Der Bruttoenergiebedarf 2030 ist nach diesem Szenario 1'000 bis 1100 Mtoe (nur energiebe-dingter Teil). Für die Pro-Kopf-Indikatoren für Energie und CO_2-Ausstoß ergäbe sich dann zu diesem Zeitpunkt für die beiden Varianten: e = 3,9 bis 4,3 kW/Kopf (Abnahme um 10% (*a*), bzw. unverändert (*b*) relativ zu 2012)   und α = 6.1 bis 6,9 t CO_2/Kopf (Abnahme um 34% bzw. 13% relativ zu 2012).

Die notwendige Trendänderung der Indikatoren ist in Bild 7.8 für Variante a veranschaulicht.
Der gute Trend 2000-20112 der Energieintensität ist einzuhalten. Man auf gutem Wege, falls
die Pause der letzten vier Jahre überwunden wird.

Die Stagnation bei der CO_2-Intensität der Energie ist zu überwinden.
Setzt sich diese fort, ist eher mit Variante b zu rechnen (Bild 7.9), die bis 2019 insgesamt mit
einer deutlich schwächeren Verbesserung der Indikatoren rechnet.

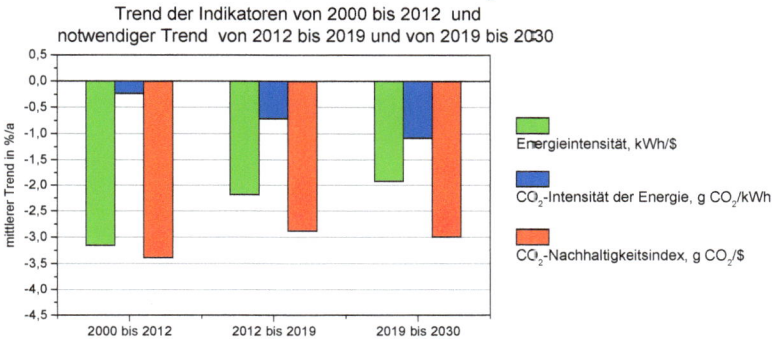

Bild 7.8. Indikatoren-Trend von 2000 bis 2012 und notwendige Trendänderung ab 2012 zur Einhaltung des
2- Grad-Ziels für die Variante a

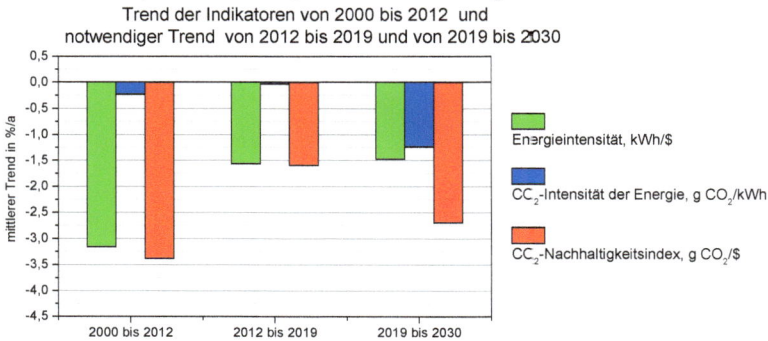

Bild 7.9. Indikatoren-Trend von 2000 bis 2012 und notwendige Trendänderung ab 2012 z   ur Einhaltung des
2- Grad-Ziels für die Variante b

7.5.2 CO_2-Emissionen bis 2050

Bild 7.10. stellt die tatsächlichen CO_2-Emissionen von 1970 bis 2012 dar, sowie die für die Einhaltung der 2-Grad-Grenze bis 2050 zulässigen, für beide Varianten a und b. Der Verlauf 1970 bis 2000 zeigt deutlich den starken Rückgang der Emissionen durch den Zusammenbruch der Sowjetunion.

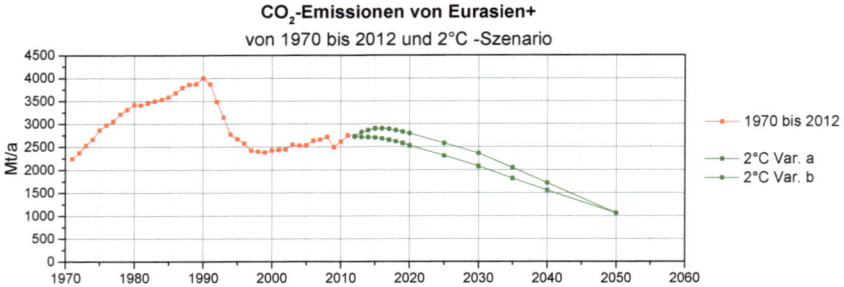

Bild 7.10. CO_2-Emissionen von Eurasien+, 1970 bis 2012 und Klimaschutz-Szenario bis 2050

7.5.3 Pro-Kopf-Indikatoren bis 2030

Bild 7.11 zeigt die **pro-Kopf Indikatoren** von Eurasien+ von 1990 bis 2012 sowie den sich aus den vorangegangenen Überlegungen ergebenden Verlauf bis 2030 bei Einhaltung des 2-Grad-Ziels für beide Varianten *a* und *b*. Die BIP(KKP)-Daten bis 2019 entsprechen den Statistiken und Voraussagen des IMF.

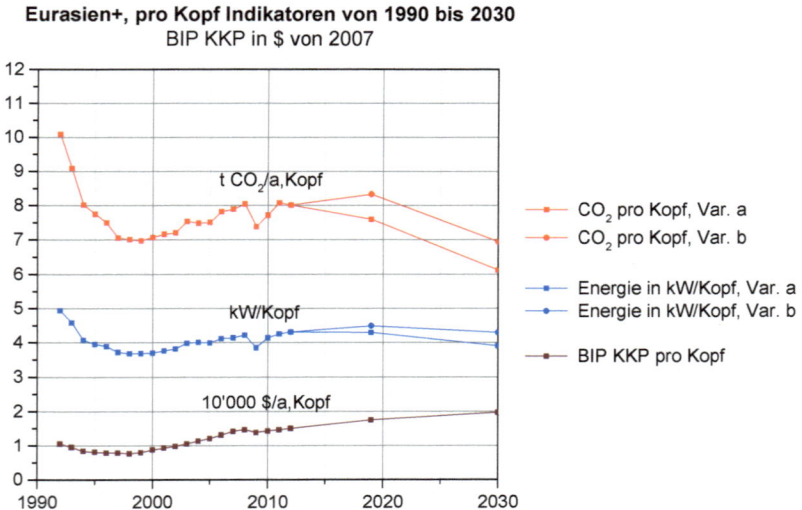

Bild 7.11 Pro Kopf Indikatoren von Eurasien+ von 1990 bis 2012 und 2-Grad-Szenario bis 2030

Im folgenden Bild 7.12 sind die CO_2-Emissionen pro Kopf der Wohnbevölkerung des Jahres 2012 und jene des 2-Grad-Szenarios für 2030 (Variante *a* und *b*) detaillierter pro **Verbrauchersektor** dargestellt.

Die 4 Verbrauchersektoren sind (totale spezifische CO_2-Emissionen 2012: 8,0 t/Kopf)

- Industrie (1,7 t/Kopf)
- Verkehr (1,2 t/Kopf)
- Haushalte, Dienstleistungen, Landwirtschaft usw. (HDL), (1,9 t/Kopf)
- Verluste des Energiesektors (3,2 t/Kopf)

Die Energie- und Emissionsdaten für 2012 entsprechen dem Eurasien+-Anhang A5.

Die angenommene Verteilung der, direkt oder indirekt (über Elektrizität und Fernwärme), CO_2 emittierenden Energieträger innerhalb der Sektoren, für die beiden Varianten 2030, stellt *eine Möglichkeit unter mehreren dar,* die 2-Grad-Bedingung zu erfüllen.

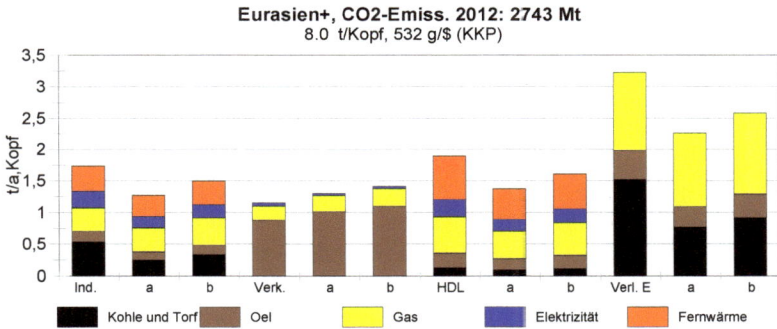

Eurasien+, CO2-Emiss. 2012: 2743 Mt
8.0 t/Kopf, 532 g/$ (KKP)

Bild 7.12. CO_2 Emissionen pro Kopf der 4 Sektoren : Industrie, Verkehr, HDL, Verluste Energiesektor (Definitionen s. Anhang), dargestellt jeweils mit drei Balken:
Erster Balken: **2012** (Daten in Text und Titel, gemäss Eurasien+-Anhang A5),
Zweiter Balken: mögliches 2°C-Szenario **a** für **2030**, 2080 Mt, 6,3 t/Kopf, 310 g/$ (KKP)
Dritter Balken: mögliches 2°C-Szenario **b** für **2030**, 2360 Mt, 7,2 t/Kopf, 352 g/$ (KKP)

Der Zielwert 2030 ist z.B. erreicht, wenn die pro Kopf Emissionen:

- **bei der Elektrizitäts- und Fernwärmeproduktion, einschliesslich Verluste im Energie- sektor**, um 28% (Variante a) bzw. 19% (Variante b) reduziert werden, von 4,9 t/Kopf in 2012 auf 3,5 bis 4,0 t/Kopf (Effizienzverbesserungen, Ersatz von Kohle durch Gas, CCS, erneuerbare Energien und Kernenergie),

- **im Wärmebereich** (Industrie + H.D.L) durch Effizienzverbesserungen, Reduktion des Kohle- und Erdölverbrauchs sowie den Einsatz von erneuerbaren Energien (Wärmepumpe, Abfallverwertung, Solarenergie, Geothermie), zwischen 27% (a) und 13% (b) reduziert werden (von 2,0 t/Kopf in 2012 auf 1,45 bis 1,75 t/Kopf),

- im Verkehrsbereich 13% (a) bis höchstens 23% (b) zunehmen (von 1,2 in 2012 auf 1,3 bis 1,4 t/Kopf), durch Effizienzverbesserungen, Gastreibstoffe, Biotreibstoffe und Elektromo- bilität.

Kapitel 8   Rest-Asien/Ozeanien

8.1 Bevölkerung und Bruttoinlandprodukt 2012

Mit Rest-Asien/Ozeanien werden die Kontinente Asien und Ozeanien ohne China, Indien, Mittlerer Osten, Eurasien (asiatischer Teil), Japan und alle weiteren Mitgliedstaaten der OECD, wie Südkorea, Australien und Neuseeland. Die Bevölkerung beträgt insgesamt 1084 Mio. (Bild 8.1) und das BIP(KKP) 8'790 Milliarden $/a ($ von 2007) oder rund 10% des Welt-BIP. Die 6 bevölkerungsreichsten Staaten sind Indonesien, Pakistan, Bangladesch, Philippinen, Vietnam und Thailand. Mit 77% der Bevölkerung generieren sie 56% des BIP(KKP).

Bevölkerung von Rest-Asien/Ozeanien
2012, Total 1084 Mio.

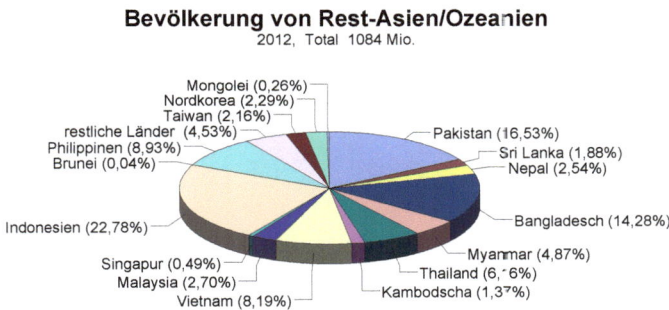

Bild 8.1. Prozentuale Aufteilung der Bevölkerung von Rest-Asien/Ozeanien

BIP/Kopf (KKP) in 10'000 $/a
Rest-Asien/Ozeanien, 2012

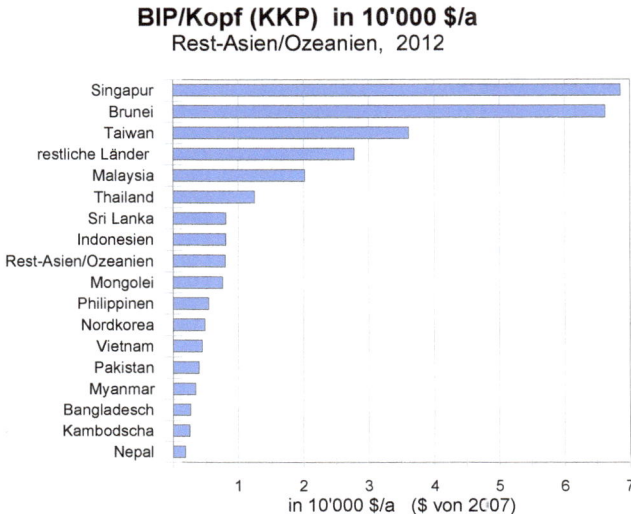

Bild 8.2. BIP (KKP) pro Kopf von Rest-Asien/Ozeanien

Das BIP(KKP) pro Kopf (Bild 8.2) beträgt im Mittel 8'000 $/a, jenes der 6 bevölkerungs-reichsten Länder schwankt zwischen 2'700 in Bangladesch und 12'700 in Thailand. OECD-Niveau haben lediglich Singapur, Brunei und Taiwan, mit einem sehr hohen BIP(KKP) zwischen 35'000 und 70'000 $/a.

8.2 Energieintensität 2012

Die Bruttoenergieintensität liegt dank der Unterentwicklung vieler Länder mit 1.04 kWh/ $ deutlich unter dem Weltdurchschnitt von 1,60 kWh/$. Das BIP KKP ist im Oktober 2014 durch das IMF relativ zu Oktober 2013 deutlich höher geschätzt worden (um rund 60%, für die ganze Periode 1980 bis 2019), was die Position dieser Region im globalen Kontext, was die Energieeffizienz betrifft, deutlich verbessert. Wenig effizient ist die auf Kohle basierende Energienutzung in der Mongolei (> 2 kWh/ $). In Nepal (ebenfalls > 2 kWh/$) beruht sie weitgehend auf Biomasse und Wasserkraft.

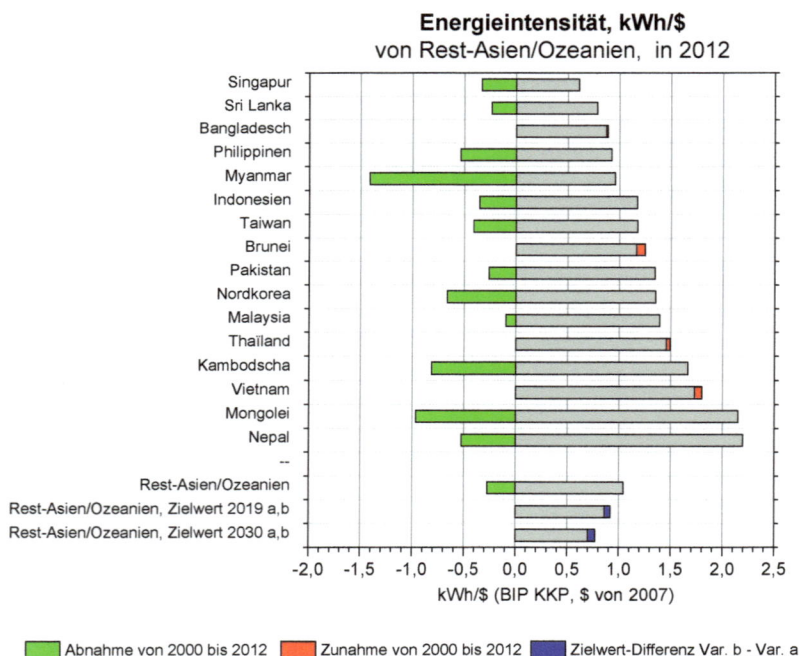

Bild 8.3. Energieintensität von Rest-Asien/Ozeanien und Änderungen von 2000 bis 2012

8.3 CO_2-Intensität der Energie 2012

Die CO_2-Intensität ist im Mittel mit 192 g CO_2/kWh unter dem Weltdurchschnitt. Die meisten schwach entwickelten Länder liegen noch tiefer (hoher Biomasseanteil), mit Ausnahme von Nordkorea und der Mongolei deren Energiewirtschaft, von der Kohlenutzung geprägt, eine CO_2-Intensität um 300 g CO_2/kWh aufweist. Die niedrigen Werte in Nepal und Myanmar sind auch auf den ausschliesslichen oder starken Anteil der Elektrizitätsproduktion mit Wasserkraft zurückzuführen. Unter den entwickelten Ländern sind die spezifischen CO_2-Emissionen Singapurs und Taiwans deutlich höher als der CECD-Durchschnitt. Von 2000 bis 2012 hat sich leider die CO_2-Intensität der Energie in allen bevölkerungsreichen Ländern von Rest-Asien/Ozeanien deutlich erhöht.

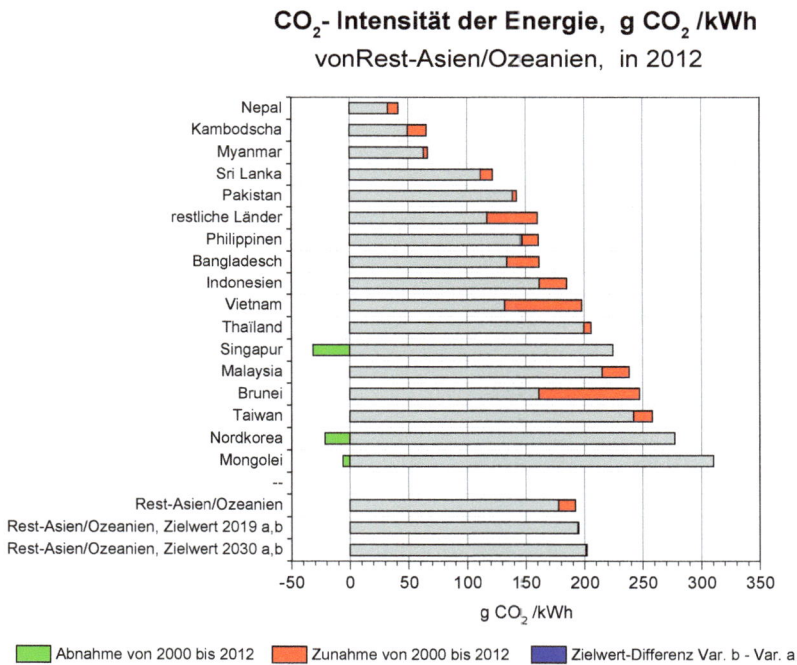

Bild 8.4. CO_2-Intensität der Energie von Rest-Asien/Ozeanien und Änderung von 2000 bis 2012

8.4 Indikator der CO$_2$-Nachhaltigkeit 2012

Der CO$_2$-Indikator ist für Rest-Asien/Ozeanien im Mittel mit 201 g CO$_2$/$ deutlich niedriger als der Weltdurchschnitt (343 g CO$_2$/$). Die Unterschiede zwischen den einzelnen Ländern sind aber sehr gross. Unter den bevölkerungsreichen und somit gewichtigeren Ländern haben Sri-Lanka und Bangladesch, wegen Unterentwicklung, aber auch dank Hydroelektrizität oder Erdgas, Werte deutlich unter 100 g CO$_2$/$. Die Philippinen, dank Wasserkraft und Geothermie, sind bei 150 g CO$_2$/$. Indonesien ist nahe beim Weltdurchschnitt, Vietnam, Thailand und Malaysia eindeutig darüber. Das wirtschaftlich entwickelte Singapur liegt mit 137 g CO$_2$/$ unter dem Wert der EU-15. Taiwan ist mit 303 g CO$_2$/$ deutlich weniger nachhaltig. Die Mongolei hat mit über 600 g CO$_2$/$ trotz erheblicher Fortschritte die Schlusslichtposition.

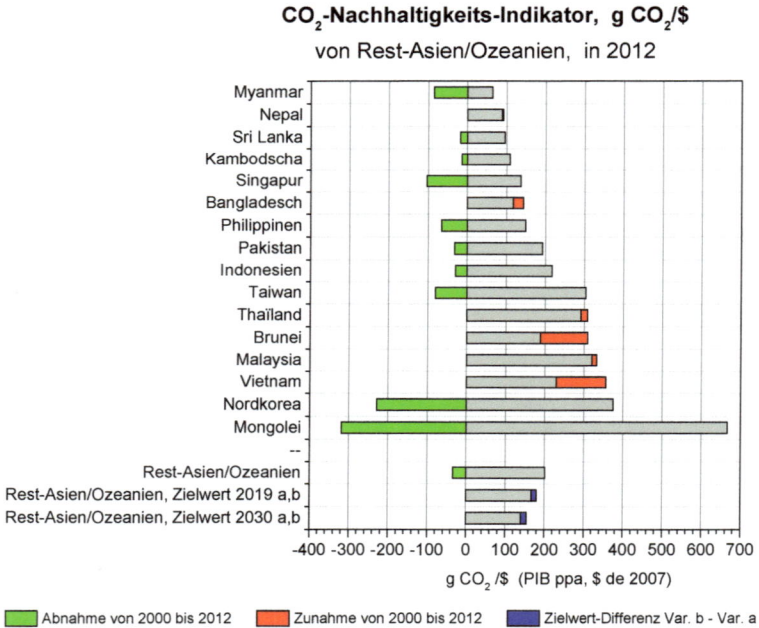

Bild 8.5. CO$_2$-Nachhaltigkeitsindex von Rest-Asien/Ozeanien und Änderung von 2000 bis 2012

Die Änderung des CO_2-Nachhaltigkeitsindexes ist in Bild. 8.6 detaillierter dargestellt für die Perioden 2000 bis 2008 und 2008 bis 2012. Neben insgesamt leichten Fortschritten, stellt man auch Rückschritte vor allem in Brunei und Vietnam fest.

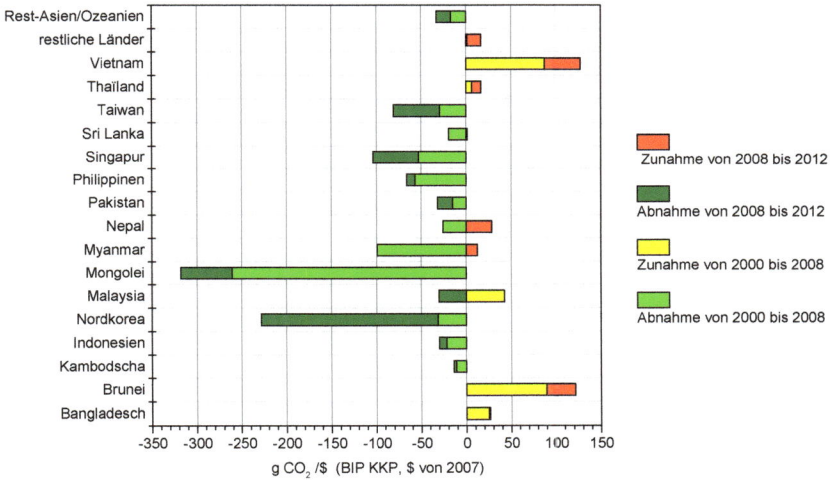

Rest-Asien/Ozeanien von 2000 bis 2012
Änderung des CO_2-Nachhaltigkeits-Indikators, g CO_2/$

Bild 8.6. Änderung des CO_2-Nachhaltigkeitsindexes von 2000 - 2008 und 2008 - 2012 für die Länder von Rest-Asien/Ozeanien

8.5 CO_2-Emissionen und Indikatoren von 1980 bis 2012 und notwendige Werte ab 2012 zur Einhaltung des 2-Grad-Ziels

8.5.1 Energieintensität, CO_2-Intensität der Energie und CO_2-Nachhaltigkeit bis 2030

Der CO_2-Nachhaltigkeitsindikator von Rest-Asien/Ozeanien ist 2012 mit 198 g CO_2/$ relativ niedrig, dies trotz der fossilen und stark auf Kohle ausgerichtete Elektrizitätsproduktion (s. Anhang) aber dank der Unterentwicklung (starker Anteil der Biomasse). Der tatsächliche Verlauf der Indikatoren von 1980 bis 2012 und der für das 2-Grad-Ziel bis 2030 notwendige Verlauf der Varianten a und b zeigt Bild 8.7

Der anzustrebende Klimaschutz-Zielwert für 2030 ist 140 bis 154 g CO_2/$ bei einem Anteil von 2450 bis 2700 Mt am weltweiten CO_2-Ausstoss. Die Werte für 2019 berücksichtigen den vom Internationalen Währungsfond IMF prognostizierten Wert des BIP(KKP) von rund 12'600 Mrd. $ (von 2007). Das BIP für 2030 ist auf 17'500 Mrd. $ veranschlagt.

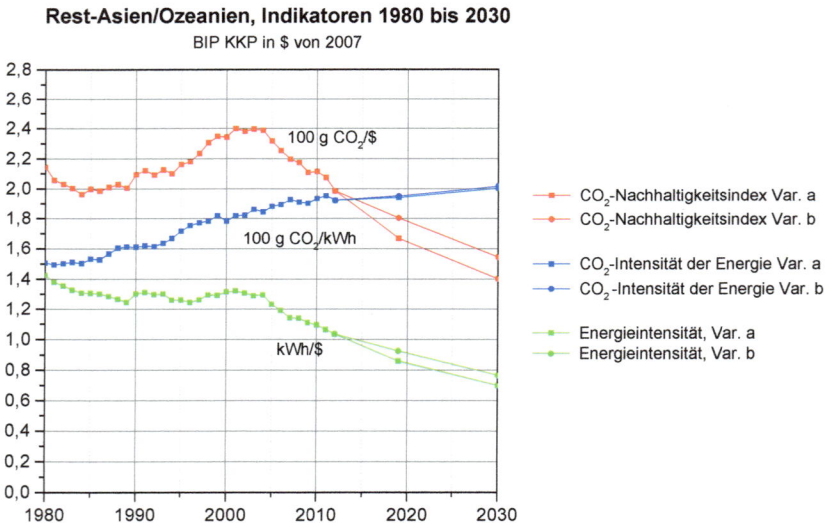

Bild 8.7. Indikatoren von Rest-Asien/Ozeanien, 1980 bis 2012 und Klimaschutz-Szenarien bis 2030

Der Bruttoenergiebedarf 2030 ist mit diesem Szenario 1'050 bis 1150 Mtoe. Die Pro-Kopf-Indikatoren für Energie und CO_2-Ausstoß wären dann zu diesem Zeitpunkt, e = 1.06 bis 1,16 kW/Kopf (Zunahme um 12% bis 22% relativ zu 2012) und α = 1.86 bis 2,05 t CO_2/Kopf (Zunahme um15% bzw. 27% relativ zu 2012).

Die notwendige Trendänderung der Indikatoren zur Einhaltung des 2-Grad-Ziels für Variante *a* ist in Bild 8.8 veranschaulicht. Der gute Trend der Energieintensität von 2000 bis 2012 ist zu verstärken und dann einzuhalten. Eine leichte Verstärkung der CO_2-Intensität ist noch tolerierbar.

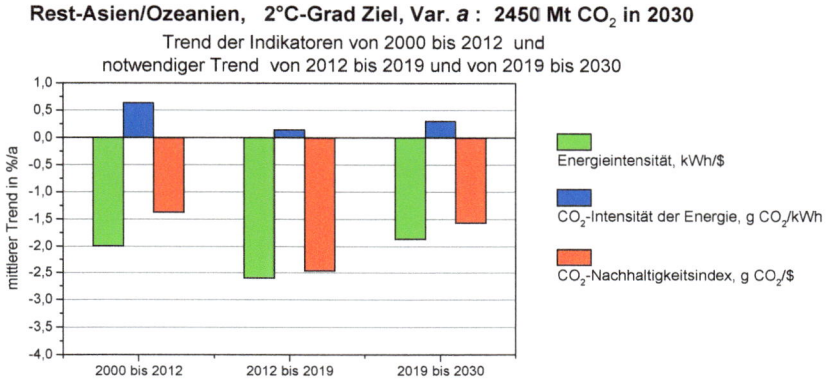

Bild 8.8. Indikatoren-Trend von 2000 bis 2012 und notwendige Trendänderung ab 2012 zur Einhaltung des 2- Grad-Ziels für die Variante *a*
.

Mit der Variante *b* (Bild 8.9) muss der bestehende Energieintensitäts-Trend möglichst eingehalten werden. Der Trend der CO_2-Intensität der Energie ist analog zur Variante *a*..

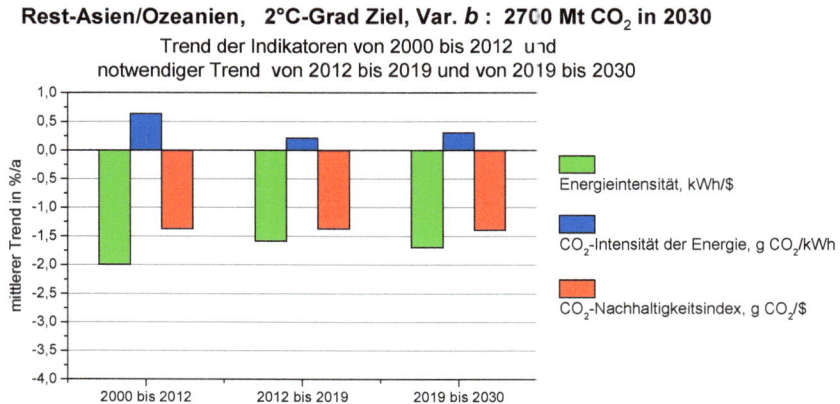

Bild 8.9. Indikatoren-Trend von 2000 bis 2012 und notwendige Trendänderung ab 2012 zur Einhaltung des 2- Grad-Ziels für die Variante *b*

8.5.2 CO_2-Emissionen bis 2050

Die Emissionswerte von Rest-Asien/Ozeanien würden sich mit dem 2-Grad-Szenario für die Varianten *a* und *b* wie in Bild 8.10 dargestellt weiterentwickeln.

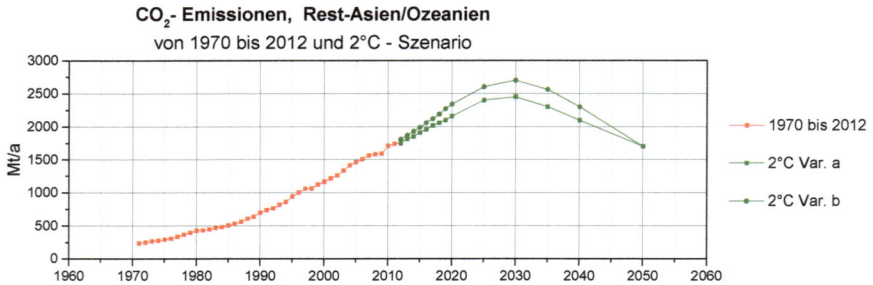

Bild 8.10. CO_2-Emissionen von Rest-Asien Ozeanien, 1980 bis 2012 und Klimaschutz-Szenario bis 2050

8.5.3   Pro-Kopf-Indikatoren bis 2030

Bild 8.11 zeigt die pro-Kopf Indikatoren von Rest-Asien/Ozeanien von 1980 bis 2012 sowie den sich aus den vorangegangenen Überlegungen ergebenden Verlauf bis 2030 bei Einhaltung des 2-Grad-Ziels für beide Varianten *a* und *b*. Die BIP(KKP)-Daten bis 2019 entsprechen den Statistiken und Voraussagen des IMF.

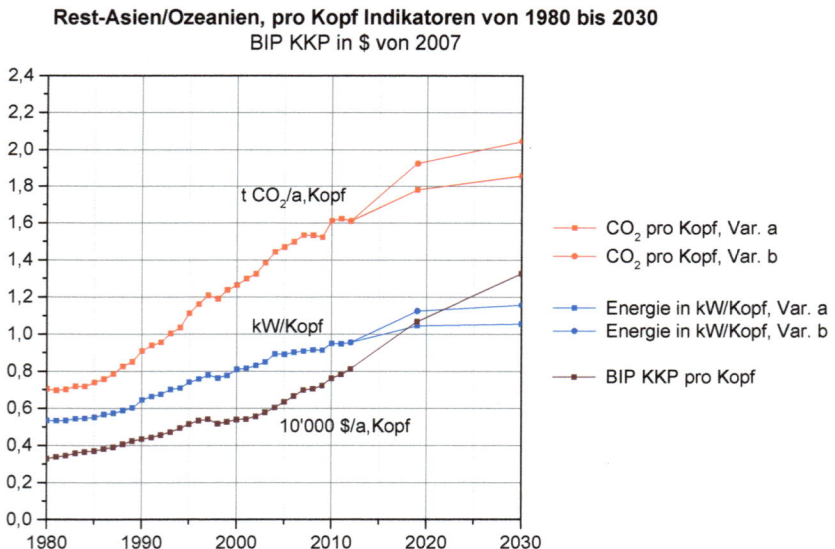

Bild 8.11. Pro Kopf Indikatoren der OECD-34 von 1980 bis 2012 und 2-Grad-Szenario bis 2030

Im folgenden Bild 8.12 sind die CO_2-Emissionen pro Kopf der Wohnbevölkerung des Jahres 2012 und jene des 2-Grad-Szenarios für 2030 (Variante *a* und *b*) detaillierter pro **Verbrauchersektor** dargestellt.

Die 4 Verbrauchersektoren sind (totale spezifische CO_2-Emissionen 2012: 1,61 t/Kopf):

- Industrie (0,43 t/Kopf)
- Verkehr (0,39 t/Kopf)
- Haushalte, Dienstleistungen, Landwirtschaft usw. (0,25 t/Kopf)
- Verluste des Energiesektors (0,53 t/Kopf)

Die Energie- und Emissionsdaten 2012 entsprechen dem Rest-Asien/Ozeanien-Anhang A5.

End-Energieträger emittieren CO_2 direkt oder indirekt (über Elektrizität und Fernwärme). Die für 2030 angenommene Verteilung dieser Energieträger innerhalb der Sektoren, Varianten *a* und *b*, stellt *eine Möglichkeit unter mehreren dar*, die 2-Grad-Bedingung zu erfüllen.

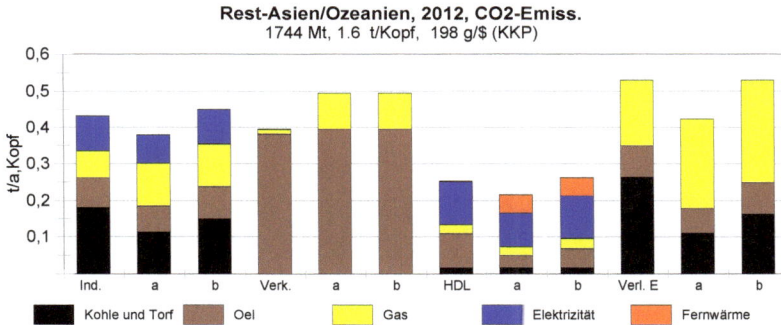

Rest-Asien/Ozeanien, 2012, CO2-Emiss.
1744 Mt, 1.6 t/Kopf, 198 g/$ (KKP)

Bild 8.12. CO_2 Emissionen pro Kopf der 4 Sektoren : Industrie, Verkehr, HDL, Verluste Energiesektor (Definitionen s. Anhang), dargestellt jeweils mit drei Balken:
Erster Balken: **2012** (Daten in Text und Titel, gemäss Rest-Asien/Ozeanien-Anhang A5),
Zweiter Balken: mögliches 2°C-Szenario **a** für **2030**, 2450 Mt, 1,86 t/Kopf, 140 g/$ (KKP)
Dritter Balken: mögliches 2°C-Szenario **b** für **2030**, 2700 Mt, 2,05 t/Kopf, 154 g/$ (KKP)

Der Zielwert 2030 ist z.B. erreicht, wenn die pro Kopf Emissionen:

- **bei der Elektrizitäts- und Fernwärmeproduktion, einschliesslich Verluste im Energiesektor,** um 44% (Variante *a*) bzw. 29% (Variante *b*) reduziert werden, von 0,75 t/Kopf in 2012 auf 0,42 bis 0,53 t/Kopf (durch Verbesserung der Effizienz, durch CCS und/oder durch den Ersatz von Kohle und Erdöl mit Gas und Tiefengeothermie, durch weitere erneuerbare Energien, durch Kernenergie),

- **im Wärmebereich** (alle Endenergie-Bereiche: Industrie + HDL) durch Effizienzverbesserungen, Reduktion des Kohleverbrauchs sowie den Einsatz von erneuerbaren Energien (Wärmepumpe, Abfallverwertung, Solarenergie, Geothermie), um 21% (*a*) bzw. 4% (*b*) reduziert werden (von 0,47 t/Kopf auf 0,37 bis 0,45 t/Kopf),

- **im Verkehrsbereich** höchstens um 28% (*a* und *b*) ansteigen (von 0,39 auf 0,5 t/Kopf), durch Effizienzverbesserungen, Gastreibstoffe, Biotreibstoffe und Elektromobilität.

Kapitel 9   Nicht-OECD Amerika

9.1 Bevölkerung und Bruttoinlandprodukt 2012

Nicht-OECD Amerika (Mittel- und Südamerika ohne Chile) weist mit 467 Mio. Einwohner, 91% der Bevölkerung der EU-27 auf, liefert aber nur 36% von dessen BIP(KKP). Brasilien ist mit 43% der Bevölkerung und 47% des BIP(KKP) das gewichtigste Land des Kontinents (Bild 9.1). Die 5 bevölkerungsreichsten Länder (Brasilien, Kolumbien, Argentinien, Peru und Venezuela) generieren mit 74% der Bevölkerung 84% des BIP(KKP).

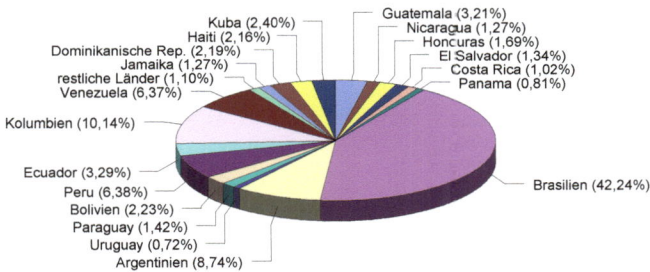

Bild 9.1. Prozentuale Aufteilung der Bevölkerung Nicht-OECD Amerikas

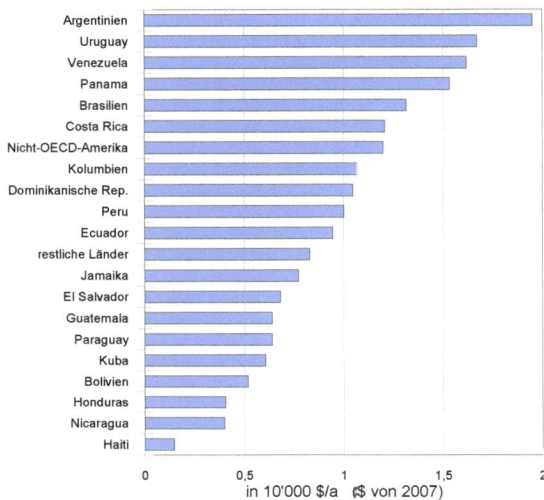

Bild 9.2. BIP (KKP) pro Kopf der Länder Nicht-OECD Amerikas

Das BIP(KKP) pro Kopf (Bild 9.2) liegt im Mittel bei 12'000 $/a. Das BIP KKP ist im Oktober 2014 durch das IMF relativ zu Oktober 2013 höher geschätzt worden (um rund 20%, für die ganze Periode 1980 bis 2019).. Leicht überdurchschnittlich ist Brasilien mit 13'200 $/a. Von den größeren Ländern liegen Argentinien (19'500 $/a) und Venezuela (16'200 $/a) über dem Durchschnitt, Kolumbien und Peru darunter (etwa 10'000 $/a).

9.2   Energieintensität 2012

Die Energieintensität von im Mittel 1,23 kWh/$ entspricht 74% der weltweiten Energieintensität. Bei einem Entwicklungsstand (BIP/Kopf) von ca. 95% des Weltdurchschnitts kann die Energieeffizienz als relativ gut taxiert werden. Von den 5 bevölkerungsreichsten Ländern sind 2 (Peru und Kolumbien) unterdurchschnittlich energieintensiv. Weniger effizient ist hingegen der Energieverbrauch Venezuelas: mit 1,9 kWh/ $ liegt die Energieintensität deutlich über dem Weltdurchschnitt.

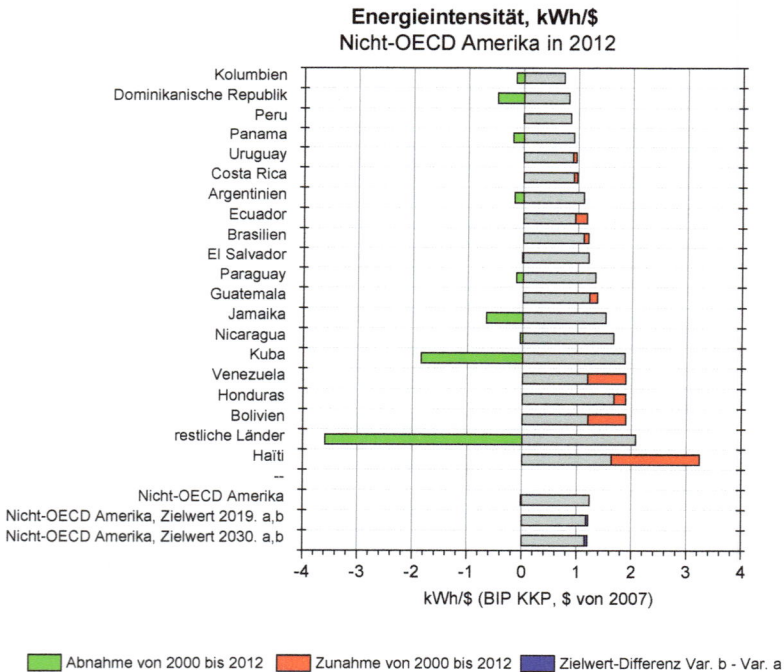

Bild 9.3. Energieintensität von Nicht-OECD Amerika und Änderungen von 2000 bis 2012

9.3 CO_2-Intensität der Energie 2012

Die CO_2-Intensität der Energie beträgt 170 g CO_2/kWh und ist somit deutlich niedriger als der Weltdurchschnitt und auch als jene der EU-15. Dies ist zum Teil auf die starke Stellung der Wasserkraft in der Elektrizitätsproduktion zurückzuführen. Unterdurchschnittlich ist die CO_2-Intensität in Brasilien (143 g CO_2/kWh), auch dank Bio-Treibstoffe. Am höchsten (in den 5 bevölkerungsreichsten Ländern) sind, mit mehr als 200 g CO_2/kWh, die CO_2-Intensitäten Argentiniens und Venezuelas wobei der Fortschritt Venezuelas von 2000 bis 2012 bemerkenswert ist.

CO_2- Intensität der Energie, g CO_2 /kWh
Nicht-OECD Amerika in 2012

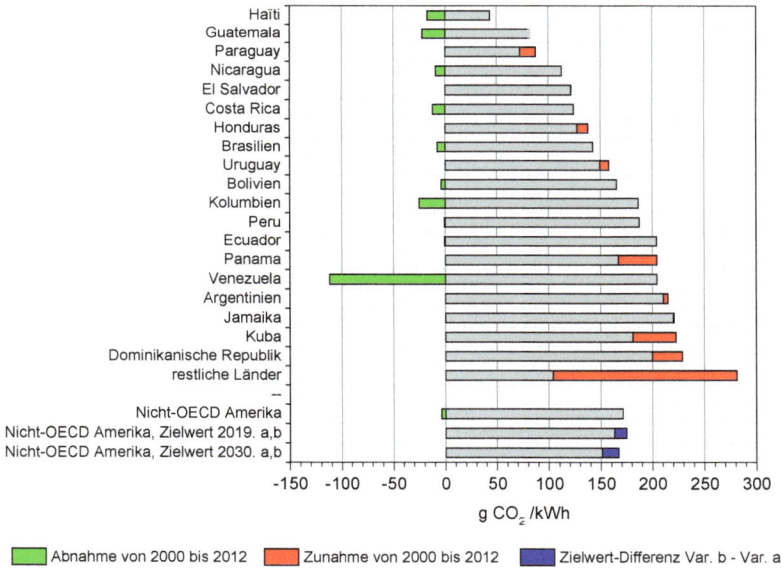

Bild 9.4. CO_2-Intensität von Nicht-OECD Amerika und Änderungen von 2000 bis 2012

9.4 Indikator der CO_2-Nachhaltigkeit 2012

Entsprechend der moderaten Energieintensität und auch CO_2-Intensität der Energie ist die Nachhaltigkeit der Energiewirtschaft Nicht-OECD Amerikas mit rund 210 g CO_2/$ recht gut. Mit diesem Wert ist Mittel- und Südamerika, zusammen mit der EU-15, sogar Spitzenreiter (s. Bild 3.5). Drei der 5 großen Länder (Peru, Kolumbien und Brasilien) liegen unter diesem Wert. Deutlich aus dem Rahmen fällt (abgesehen von einigen kleinen Ländern der Antillen) vor allem Venezuela mit rund 387 g CO_2/$.

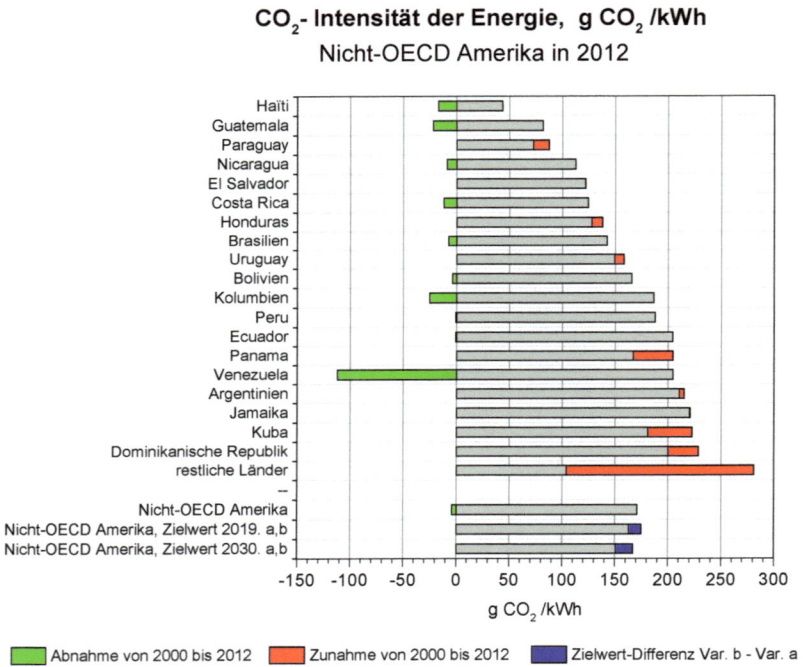

Bild 9.5. CO_2-Indikator von Nicht-OECD Amerika und Änderungen von 2000 bis 2011

Die Änderung des CO_2-Nachhaltigkeitsindexes ist in Bild 9.6 detaillierter dargestellt für die Perioden 2000 bis 2008 und 2008 bis 2012. Das Bild ist widersprüchlich lässt aber insgesamt eine leichte Tendenz zur Verbesserung erkennen.

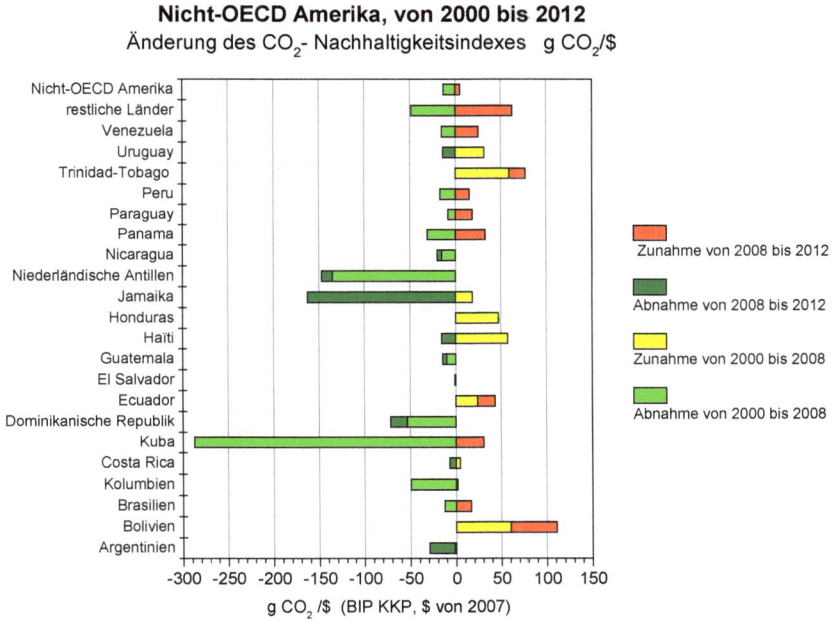

Bild 9.6. Änderung des CO_2-Nachhaltigkeitsindexes von 2000 - 2008 und 2008 – 2012 für die Länder von Nicht-OECD-Amerika

9.5   CO₂-Emissionen und Indikatoren von 1980 bis 2012 und notwendige Werte ab 2012 zur Einhaltung der 2-Grad-Grenze

9.5.1   Energieintensität, CO₂-Intensität der Energie und CO₂-Nachhaltigkeit bis 2030

Nicht-OECD Amerika weist, mit 207 g CO_2/\$ den besten CO_2-Nachaltigkeitsindikator aller Weltregionen auf. Dies dank der stark auf Wasserkraft basierenden Elektrizitätsproduktion (s. Anhang). Der tatsächliche Verlauf der Indikatoren von 1980 bis 2012 und der für das 2-Grad-Ziel bis 2030 notwendige Verlauf der Varianten a und b zeigt Bild 9.7

Der anzustrebende Klimaschutz-Zielwert für 2030 ist 173 bis 200 g CO_2/\$ bei einem Anteil von 1300 bis 1500 Mt am weltweiten CO_2-Ausstoss. Die Werte für 2019 berücksichtigen den vom Internationalen Währungsfond IMF prognostizierten Wert des BIP(KKP) von rund 6'480 Mrd. \$ (von 2007). Das BIP für 2030 ist auf 7'500 Mrd. \$ veranschlagt.

Nicht-OECD Amerika, Indikatoren 1980 bis 2030

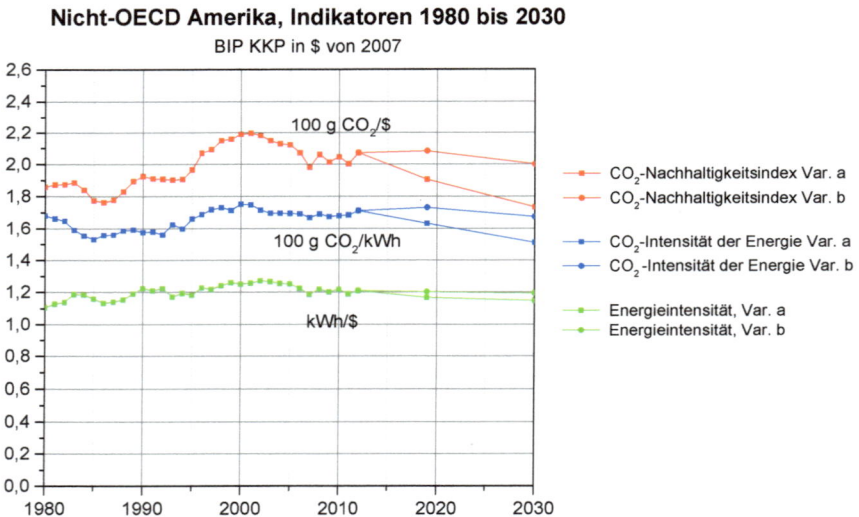

Bild 9.7. Indikatoren von Nicht-OECD-Amerika, 1980 bis 2012 und Klimaschutz-Szenarien bis 2030

Der Bruttoenergiebedarf 2030 wäre nach diesem Szenario (nur energiebedingter Teil) 740 bis 770 Mtoe. Für die Pro-Kopf-Indikatoren für Energie und CO_2-Ausstoß ergäbe sich zu diesem Zeitpunkt: e = 1,8 bis 1,9 kW/Kopf (Zunahme um 11% (Var. a) bis 16% (Var. b) relativ zu 2012) und α = 2.4 bis 2,8 t CO_2/Kopf (Abnahme um 2% (a) bzw Zunahme um 13% (b) relativ zu 2012).

Die notwendige Trendänderung der Indikatoren zur Einhaltung des 2-Grad-Ziels ist in Bild 9.8 für die Variante *a* und in Bild 9,9 für die Variante *b* veranschaulicht.

Mit Variante *a* muss die Verstärkung des Abnahmetrends von Energieintensität und CO_2-Intensität der Energie sofort einsetzen, mit Variante b erst ab 2019 oder sogar 2030.

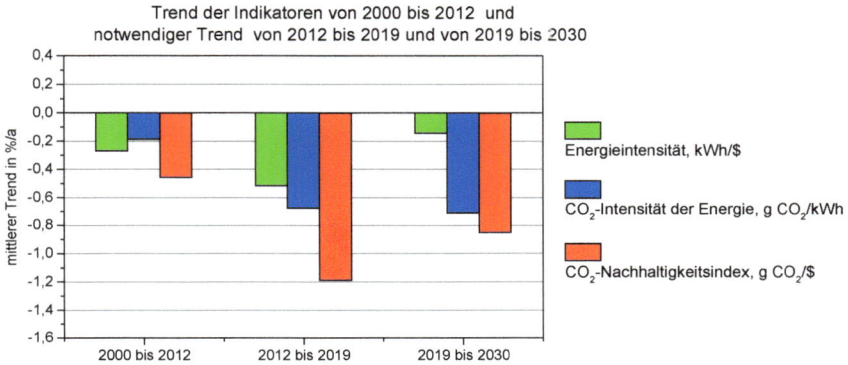

Bild 9.8. Indikatoren-Trend von 2000 bis 2012 und notwendige Trendänderung ab 2012 zur Einhaltung des   2-Grad-Ziels für die Variante *a*

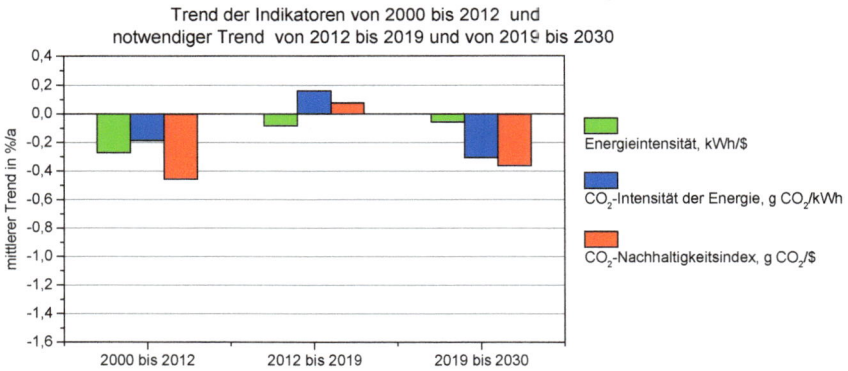

Bild 9.9. Indikatoren-Trend von 2000 bis 2012 und notwendige Trendänderung ab 2012 zur Einhaltung des 2- Grad-Ziels für die Variante *b*

9.5.2 CO₂-Emissionen bis 2050

Die tatsächlichen CO_2-Emissionswerte von Nicht–OECD-Amerika von 1970 bis 2012 und die zulässigen bis 2050 zur Einhaltung der 2-Grad-Grenze sind für beide Varianten *a* und *b* in Bild 9.10 dargestellt.

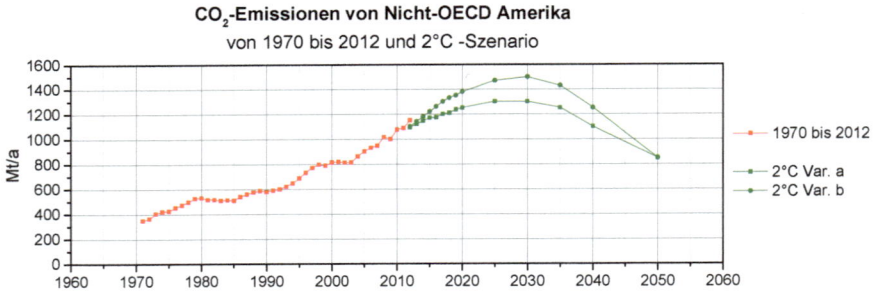

CO₂-Emissionen von Nicht-OECD Amerika
von 1970 bis 2012 und 2°C -Szenario

Bild 9.10. CO₂-Emissionen von Nicht-OECD-Amerika, 1970 bis 2012 und Klimaschutz-Szenario bis 2050

9.5.3 Pro-Kopf-Indikatoren bis 2030

Bild 9.11 zeigt die **pro-Kopf Indikatoren** Nicht-OECD Amerikas von 1980 bis 2012 sowie den sich aus den vorangegangenen Überlegungen ergebenden Verlauf bis 2030 bei Einhaltung des 2-Grad-Ziels für beide Varianten *a* und *b*. Die BIP(KKP)-Daten bis 2019 entsprechen den Statistiken und Voraussagen des IMF.

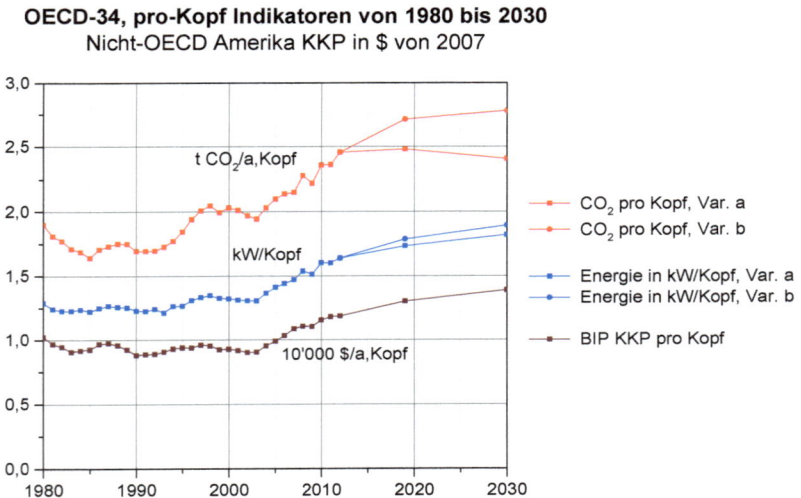

OECD-34, pro-Kopf Indikatoren von 1980 bis 2030
Nicht-OECD Amerika KKP in $ von 2007

Bild 9.11. Pro Kopf Indikatoren Nicht-OECD Amerikas von 1980 bis 2012 und 2-Grad-Szenario bis 2030

Im folgenden Bild 9.12 sind die CO_2-Emissionen pro Kopf der Wohnbevölkerung des Jahres 2012 und jene des 2-Grad-Szenarios für 2030 (Variante *a* und *b*) detaillierter pro **Verbrauchersektor** dargestellt.

Die 4 Verbrauchersektoren sind (totale spezifische CO_2-Emissionen 2012[1]: 2,5 t/Kopf):
- Industrie (0,6 t/Kopf)
- Verkehr (0,95 t/Kopf)
- Haushalte, Dienstleistungen, Landwirtschaft usw. (HDL), (0,35 t/Kopf)
- Verluste des Energiesektors (0,6 t/Kopf)

Die Energie- und Emissionsdaten 2012 entsprechen dem Nicht-OECD Amerika-Anhang A5.

End-Energieträger emittieren CO_2 direkt oder indirekt (über Elektrizität und Fernwärme). Die für 2030 angenommene Verteilung dieser Energieträger innerhalb der Sektoren, Varianten *a* und *b*, stellt *eine Möglichkeit unter mehreren dar*, die 2-Grad-Bedingung zu erfüllen..

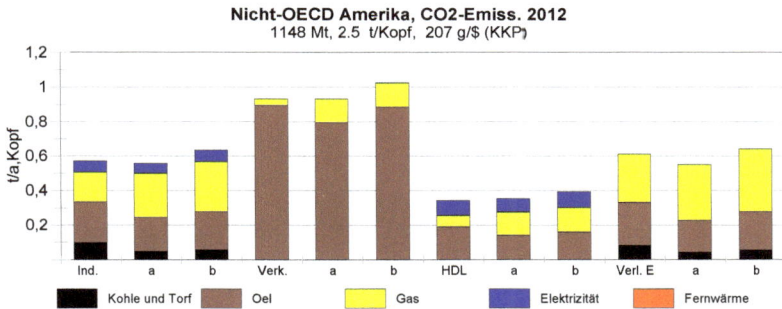

Nicht-OECD Amerika, CO2-Emiss. 2012
1148 Mt, 2.5 t/Kopf, 207 g/$ (KKP)

Bild 9.12. CO_2 Emissionen pro Kopf der 4 Sektoren : Industrie, Verkehr, HDL, Verluste Energiesektor (Definitionen s. Anhang), dargestellt jeweils mit drei Balken:
Erster Balken: **2012** (Daten in Text und Titel, gemäss Nicht-OECD Amerika-Anhang A5),
Zweiter Balken: mögliches 2°C-Szenario **a** für 2030, 1300 Mt, 2,4 t/Kopf, 173 g/$ (KKP)
Dritter Balken: mögliches 2°C-Szenario **b** für 2030, 1500 Mt, 2,8 t/Kopf, 200 g/$ (KKP)

Der Zielwert 2030 ist z.B. erreicht, wenn die pro Kopf Emissionen:

- **bei der Elektrizitäts- und Fernwärmeproduktion, einschliesslich Verluste im Energiesektor**, praktisch konstant bleiben (Variante a) bzw. höchstens um 14% (Variante b) zunehmen von 0,76 t/Kopf in 2012 auf 0,77 bis 0,87 t/Kopf (durch Verbesserung der Effizienz, durch den Ersatz von Kohle mit Gas, durch CCS, durch erneuerbare Energien, durch Kernenergie),

- **im Wärmebereich** (alle Endenergie-Bereiche; Industrie + HDL) unverändert bleiben (a) bzw. höchstens um 14% (b) ansteigen (von 0,8 t/Kopf in 2012 auf max. 0,9 t/Kopf), dank Effizienzverbesserungen, Reduktion des Kohleverbrauchs sowie den Einsatz von erneuerbaren Energien (Wärmepumpe, Abfallverwertung, Solarenergie, Geothermie),

- **im Verkehrsbereich** unverändert bleiben (a) bzw höchstens um 11% (b) ansteigen (von 0,93 t/Kopf in 2012 auf 1,03 t/Kopf), durch Effizienzverbesserungen, Gastreibstoffe, Biotreibstoffe und Elektromobilität.

Kapitel 10   Afrika

10.1   Bevölkerung und Bruttoinlandprodukt 2012

Afrika generiert mit 1083 Mio. Einwohner (Bild 10.1) ein BIP(KKP) von rund 4'090 Milliarden $ ($ von 2007). Die fünf Länder mit dem größten BIP, nämlich Südafrika, Ägypten, Algerien, Nigeria und Marokko erbringen zusammen, mit 34% der Bevölkerung, 64% des BIP.

Bevölkerung von Afrika
2012, Total 1083 Mio.

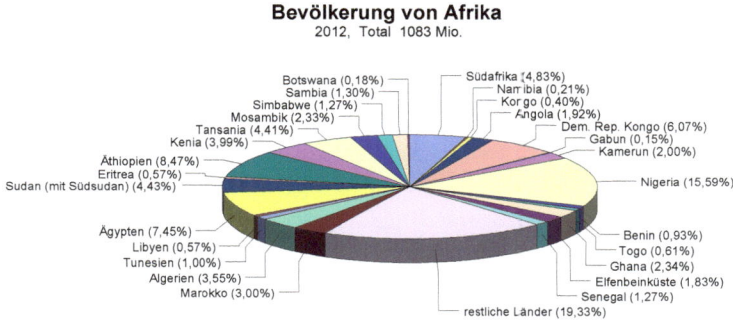

Bild 10.1. Prozentuale Aufteilung der Bevölkerung Afrikas

BIP/Kopf (KKP) in 10'000 $/a
Afrika, 2012

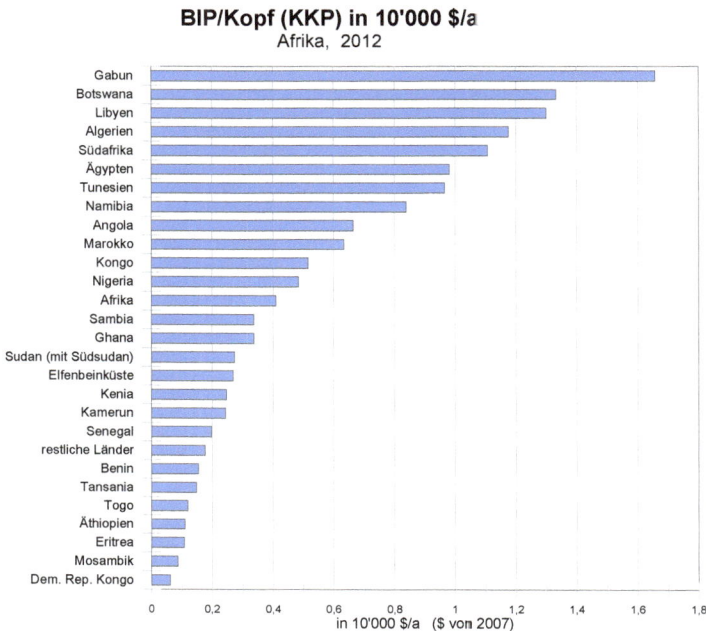

Bild 10.2. BIP (KKP) pro Kopf der Länder Afrikas

Das BIP(KKP) pro Kopf (Bild 10.2) ist im Mittel im weltweiten Vergleich sehr niedrig und beträgt knapp 4'100 $/a. Das BIP KKP ist im Oktober 2014 durch das IMF relativ zu Oktober 2013 höher geschätzt worden (um rund 40%, für die ganze Periode 1980 bis 2019). Nur fünf Länder (Gabun, Botswana, Südafrika, Libyen und Algerien) erreichen im Jahr 2012 oder überschreiten 11'000 $/a. Fünf weitere Länder (Tunesien, Namibia, Ägypten, Angola und Marokko) liegen im Bereich 6'000 - 10'000 $/a. Die meisten anderen Länder sind z.T. deutlich unter dem Kontinent-Durchschnitt.

10.2 Energieintensität 2012

Die mittlere Energieintensität von 1,9 kWh/$, etwas über dem Weltdurchschnitt von 1,66 kWh/$, weist auf einen eher ineffizienten Einsatz von Energie hin. Sie ist die Folge von Unterentwicklung aber auch vom relativen Reichtum an fossilen Energieträgern, die billig zur Verfügung gestellt werden (Kohle in Südafrika, Öl in Nigeria und Libyen, Erdgas in Algerien und Ägypten usw.). Von 2000 bis 2012 ist allgemein ein Fortschritt zu verzeichnen (Ausnahmen: Libyen, Elfenbeinküste, Benin und Togo)

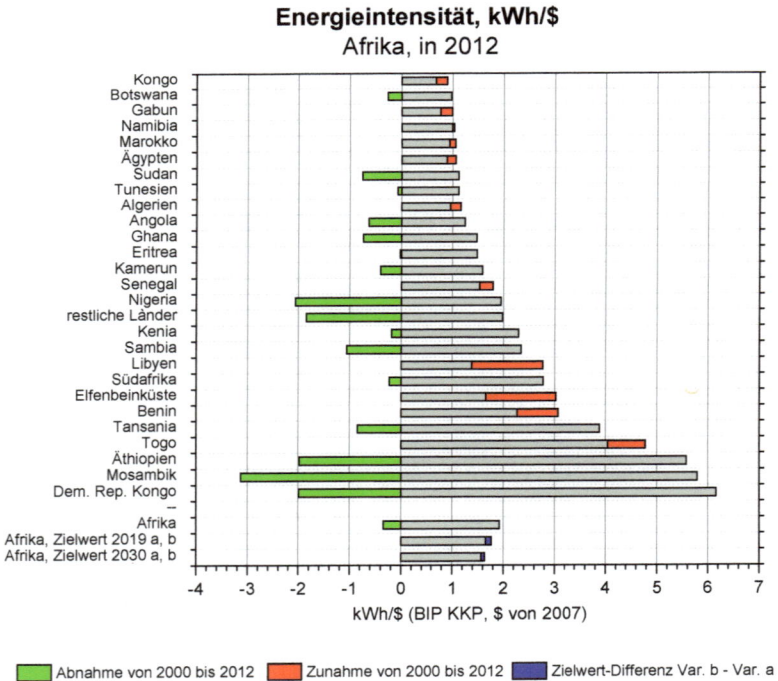

Bild 10.3. Energieintensität der Länder Afrikas und Änderungen von 2000 bis 2012

10.3   CO$_2$-Intensität der Energie 2012

Afrika weist im Mittel die weltweit niedrigste CO$_2$-Intensität von 124 g CO$_2$/kWh auf. Grund dafür ist der starke Einsatz von Biomasse, der auf Unterentwicklung zurückzuführen ist. Der sehr niedrige Wert in Mosambik, Äthiopien, Sambia und der Demokratischen Republik Kongo hat seine Ursache auch in der Elektrizitätsproduktion ausschliesslich mit Wasserkraft. Die stärker entwickelten Länder weisen eine CO$_2$-Intensität auf, die dem Weltdurchschnitt von 217 g CO$_2$/kWh nahe kommt oder diesen überschreitet.

CO$_2$- Intensität der Energie, g CO$_2$ /kWh
Afrika, in 2012

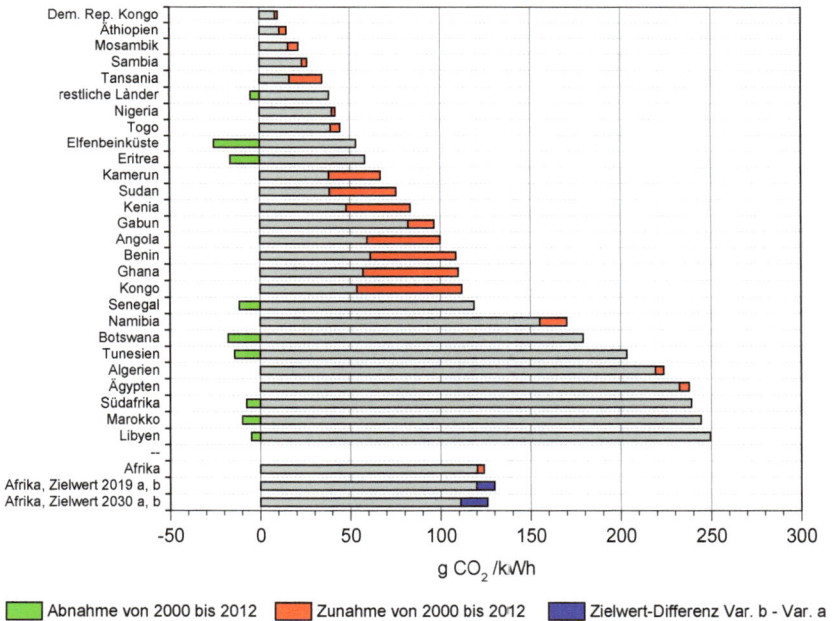

Bild 10.4. CO$_2$-Intensität der Länder Afrikas und Änderungen von 2000 bis 2012

10.4 Indikator der CO$_2$-Nachhaltigkeit 2012

Die sehr niedrige CO$_2$-Intensität kompensiert die hohe Energieintensität, so dass der resultierende CO$_2$-Indikator von rund 233 g CO$_2$/$ nahezu dem OECD-Mittel entspricht. Die Unterschiede sind jedoch von Land zu Land sehr groß: von weniger als 100 g CO$_2$/$ in wenig entwickelten Ländern bis 600 g CO$_2$/$ und mehr in Ländern mit starker Öl- oder Kohlewirtschaft. Von den entwickelteren Ländern liegen Gabun und Botswana (< 200 g CO$_2$/$) und Tunesien unter dem Kontinent-Durchschnitt. Alles andere als nachhaltig, mit nahezu 700 g CO$_2$/$, sind Libyen und Südafrika (letzteres trotz guter aber ungenügender Fortschritte).

CO$_2$- Nachhaltigkeits-Indikator, g CO$_2$ /$

Afrika, in 2012

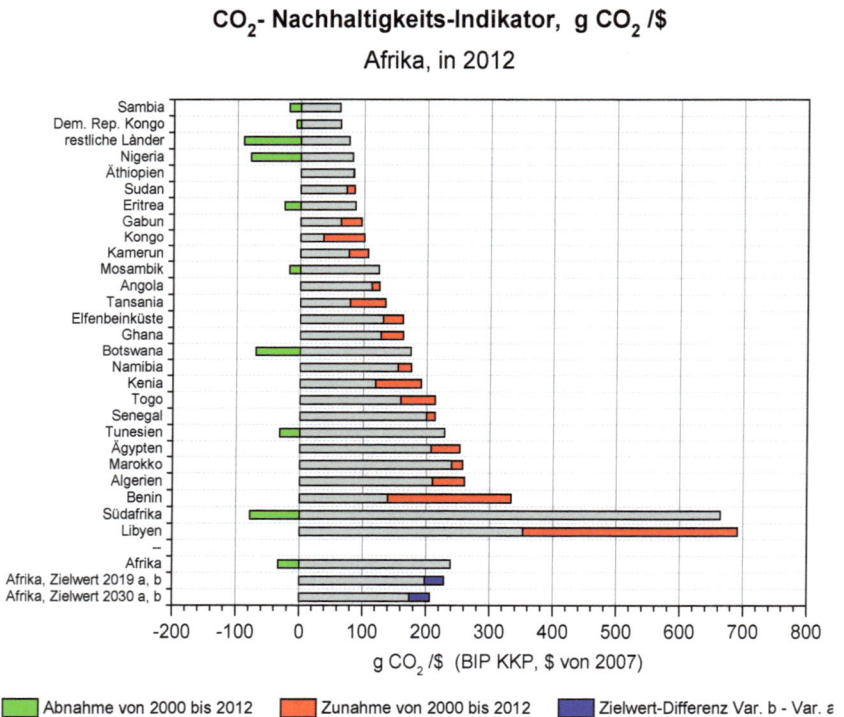

Bild 10.5. CO$_2$-Emissionsindikator der Länder Afrikas und Änderungen von 2000 bis 2012

Die Änderung des CO_2-Nachhaltigkeitsindexes ist in Bild 10.6 detaillierter dargestellt für die Periode 2000 bis 2008 und 2008 bis 2012. Das Bild ist zwar widersprüchlich lässt aber insgesamt und vor allem in bedeutenden Ländern wie Südafrika und Nigeria eine deutliche Tendenz zur Verbesserung erkennen. Ein negativer Sonderfall stellt Libyen als Folge des Kriegs dar.

Afrika, von 2000 bis 2012

Änderung des CO_2- Nachhaltigkeits-Indikators, g CO_2/$

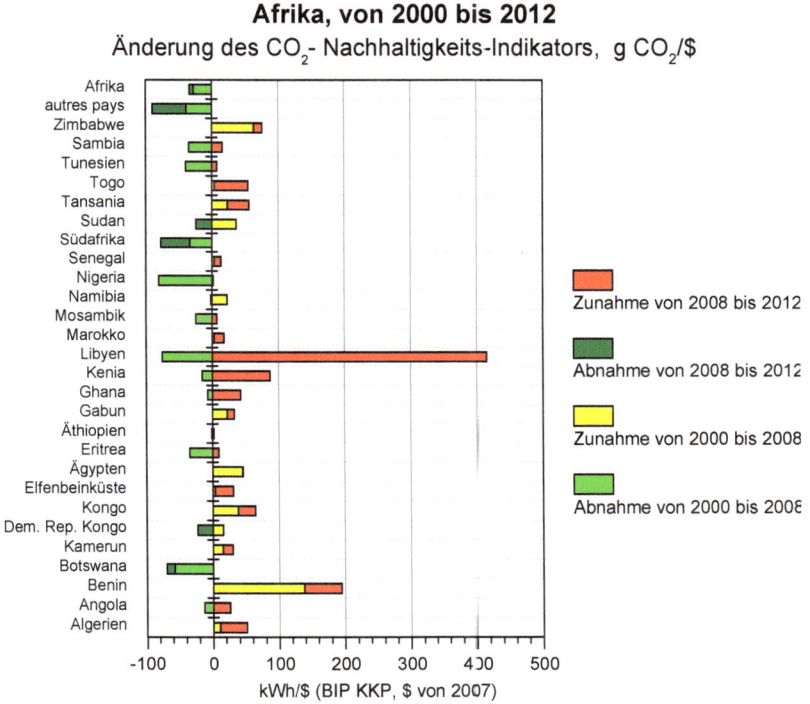

Bild 10.6. Änderung des CO_2-Nachhaltigkeitsindexes von 2000 - 2008 und 2008 – 2012 für die Länder Afrikas

10.5   CO$_2$-Emissionen und Indikatoren von 1980 bis 2012 und notwendige Werte ab 2012 zur Einhaltung des 2-Grad-Ziels

10.5.1   Energieintensität, CO$_2$-Intensität der Energie und CO$_2$-Nachhaltigkeit bis 2030

Afrika weist 2012, mit 335 g CO$_2$\$, angesichts des niedrigen Entwicklungsstandes, einen relativ schlechten CO$_2$-Nachhaltigkeitsindikator auf, was in erster Linie auf die niedrige Energieeffizienz zurückzuführen ist (s. Anhang).

Der tatsächliche Verlauf der Indikatoren von 1980 bis 2012 und der für das 2-Grad-Ziel bis 2030 notwendige Verlauf der Varianten *a* und *b* zeigt Bild 10.7

Der anzustrebende Klimaschutz-Zielwert für 2030 ist 174 bis 206 g CO$_2$/\$ bei einem Anteil von 1480 bis 1750 Mt am weltweiten CO$_2$-Ausstoss. Die Werte für 2019 berücksichtigen den vom Internationalen Währungsfond IMF prognostizierten Wert des BIP(KKP) von rund 6'100 Mrd. \$ (von 2007). Das BIP für 2030 ist auf 8'500 Mrd. \$ veranschlagt.

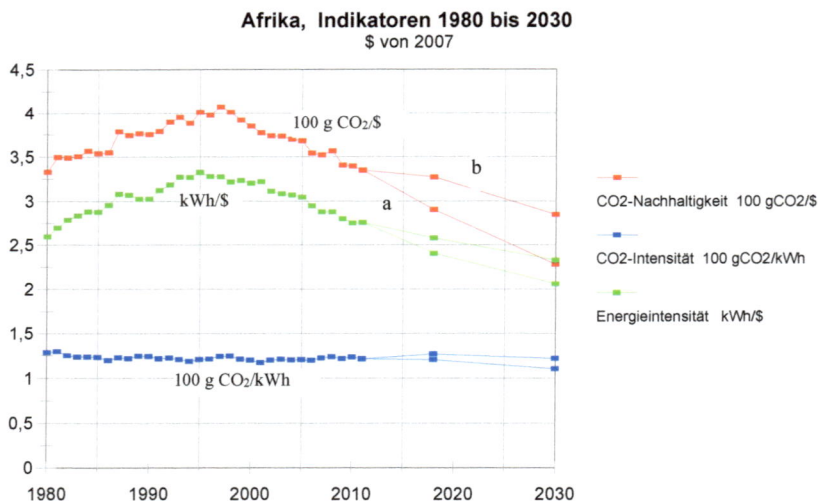

Afrika, Indikatoren 1980 bis 2030
\$ von 2007

Bild 10.7. Indikatoren von Afrika, 1980 bis 2011 und Klimaschutz-Szenarien bis 2030

Der Bruttoenergiebedarf 2030 wäre nach diesem Szenario 1150 bis 1200 Mtoe (nur energiebedingter Teil). Für die Pro-Kopf-Indikatoren für Energie und CO$_2$-Ausstoß ergäbe sich dann zu diesem Zeitpunkt etwa *e* = 0,96 bis 1,00 kW/Kopf (Zunahme um 9% bis 14% relativ zu 2012) und α = 0,93 bis 1,1 t CO$_2$/Kopf (Abnahme um 2% bis Zunahme um 15% relativ zu 2012).

Die notwendige Trendänderung der Indikatoren zur Einhaltung des 2-Grad-Ziels für Variante *a* ist in Bild 10.8 veranschaulicht. Der Trend der Energieintensität ist einzuhalten und rasch zu verstärken. Die leichte Zunahme –Tendenz der CO_2-Intensität der Energie ist zu überwinden und eine deutliche Abnahme ist einzuleiten.

Afrika,   2°C-Grad Ziel, Var. *a* : 1480 Mt CO_2 in 2030

Trend der Indikatoren von 2000 bis 2012 und
notwendiger Trend von 2012 bis 2019 und von 2019 bis 2030

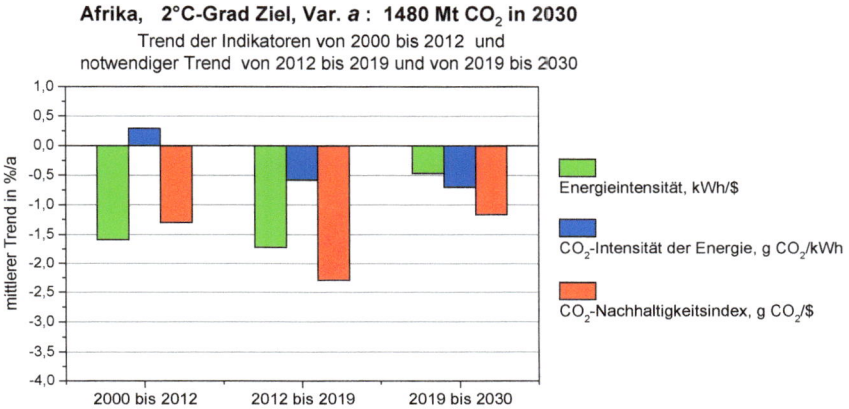

Bild 10.8. Indikatoren-Trend von 2000 bis 2012 und notwendige Trendänderung ab 2012 zur Einhaltung des 2- Grad-Ziels für die Variante *a*

Variante b, Bild 10.9, lässt eine leichte Abschwächung des Abnahmetrends der Energieintensität und zunächst sogar eine stärkere Zunahme der CO_2-Intensität zu, deren Trendumkehr erst nach 2019 stattfindet.

Afrika,   2°C-Grad Ziel, Var. *b* : 1750 Mt CO_2 in 2030

Trend der Indikatoren von 2000 bis 2012 und
notwendiger Trend von 2012 bis 2019 und von 2019 bis 2030

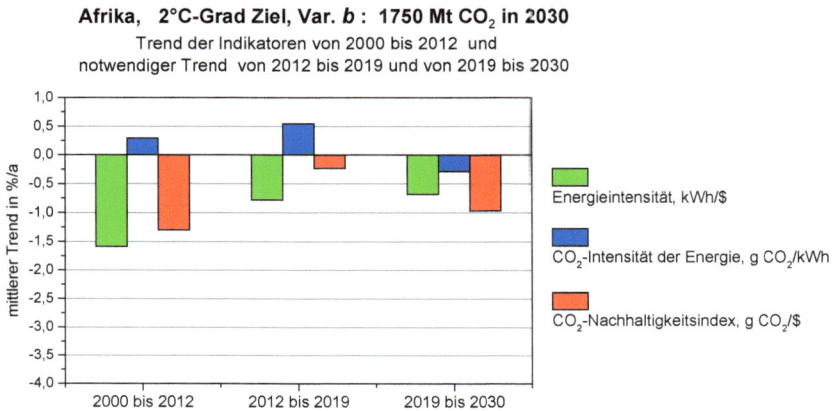

Bild 10.9. Indikatoren-Trend von 2000 bis 2012 und notwendige Trendänderung ab 2012 zur Einhaltung des 2- Grad-Ziels für die Variante *b*

10.5.2 CO₂-Emissionen bis 2050

Die tatsächlichen CO_2-Emissionenwerte Afrikas von 1970 bis 2012 und die zulässigen zur Einhaltung der 2-Grad-Grenze sind für beide Varianten in Bild 10.10 dargestellt.

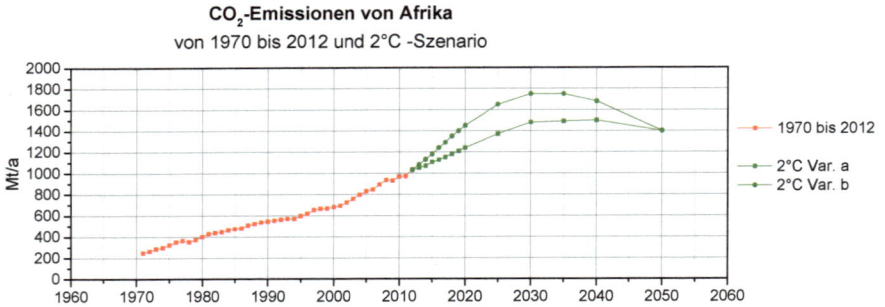

CO₂-Emissionen von Afrika
von 1970 bis 2012 und 2°C -Szenario

Bild 10.10. CO₂-Emissionen von Afrika, 1980 bis 2012 und Klimaschutz-Szenarien bis 2050

10.5.3 Pro-Kopf-Indikatoren bis 2030

Bild 10.11 zeigt die pro Kopf Indikatoren Afrikas von 1980 bis 2012 sowie den sich aus den vorangegangenen Überlegungen ergebenden Verlauf bis 2030 bei Einhaltung des 2-Grad-Ziels für beide Varianten a und b. Die BIP(KKP)-Daten bis 2019 entsprechen den Statistiken und Voraussagen des IMF.

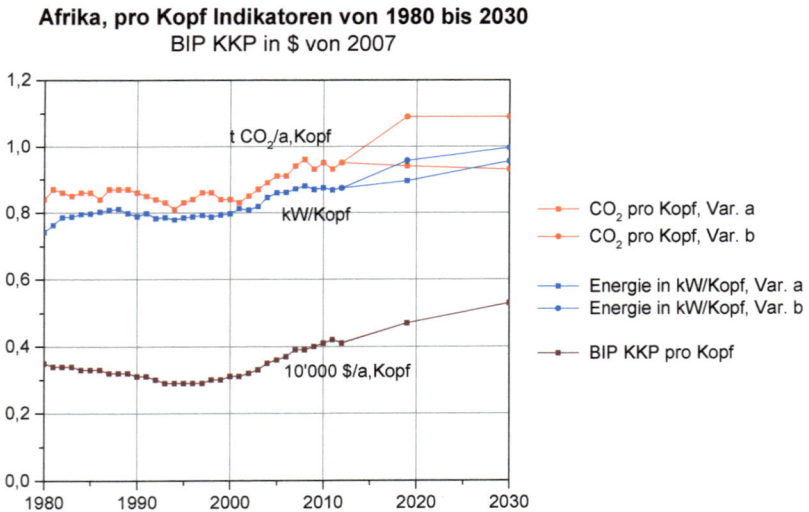

Afrika, pro Kopf Indikatoren von 1980 bis 2030
BIP KKP in $ von 2007

Bild 10.11. Pro Kopf Indikatoren Afrikas von 1980 bis 2012 und 2-Grad-Szenario bis 2030

Im folgenden Bild 10.12 sind die CO_2-Emissionen pro Kopf der Wohnbevölkerung des Jahres 2012 und jene des 2-Grad-Szenarios für 2030 (Variante *a* und *b*) detaillierter pro **Verbrauchersektor** dargestellt.

Die 4 Verbrauchersektoren sind (totale spezifische CO_2-Emissionen 2012: 0,93 t/Kopf) sind:

- Industrie (0,16 t/Kopf)
- Verkehr (0,22 t/Kopf)
- Haushalte, Dienstleistungen, Landwirtschaft usw. (HDL), (0,16 t/Kopf)
- Verluste des Energiesektors (0,38 t/Kopf)

Die Energie- und Emissionsdaten für 2012 entsprechen dem Afrika-Anhang A5.

End-Energieträger emittieren CO_2 direkt oder indirekt (über Elektrizität und Fernwärme). Die für 2030 angenommene Verteilung dieser Energieträger innerhalb der Sektoren, Varianten *a* und *b*, stellt *eine Möglichkeit unter mehreren dar*, die 2-Grad-Bedingung zu erfüllen.

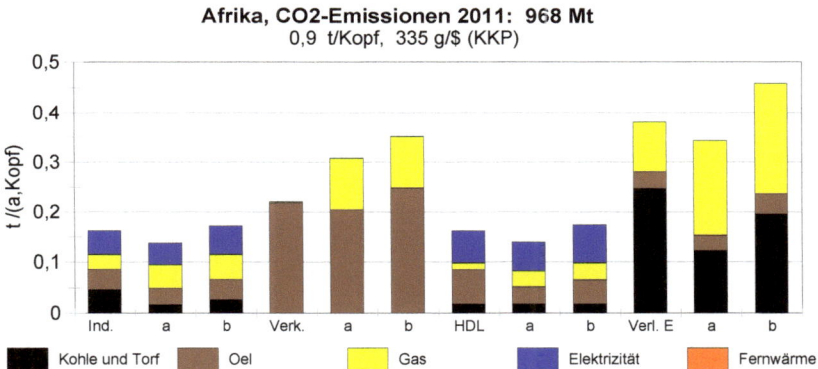

Afrika, CO2-Emissionen 2011: 968 Mt
0,9 t/Kopf, 335 g/$ (KKP)

Bild 10.1. CO_2 Emissionen pro Kopf der 4 Sektoren : Industrie, Verkehr, HDL, Verluste Energiesektor (Definitionen s. Anhang), dargestellt jeweils mit drei Balken:
Erster Balken: **2012** (Daten in Text und Titel, gemäss Afrika-Anhang A5),
Zweiter Balken: mögliches 2°C-Szenario **a** für **2030**, 1480 Mt, 0,93 t/Kopf, 174 g/$ (KKP)
Dritter Balken: mögliches 2°C-Szenario **b** für **2030**, 1750 Mt, 1,2 t/Kopf, 206 g/$ (KKP)

Der Zielwert 2030 ist z.B. erreicht, wenn die pro Kopf Emissionen:

- **bei der Elektrizitäts- und Fernwärmeproduktion, einschliesslich Verluste im Energiesektor**, um 10% (Variante a) reduziert werden bzw. höchstens um 20% (Variante b) zunehmen von 0,49 t/Kopf in 2011 auf 0,44 bis 0,59 t/Kopf (durch Verbesserung der Effizienz, durch CCS und/oder durch den Ersatz von Kohle mit Gas, durch erneuerbare Energien, durch Kernenergie),

- **im Wärmebereich** (Industrie + H.D.L) durch Effizienzverbesserungen, Reduktion des Kohleverbrauchs sowie den Einsatz von erneuerbaren Energien (Wärmepumpe, Abfallverwertung, Solarenergie, Geothermie), um 15% (*a*) abnehmen bzw. unverändert (*b*) bleiben, von 0,22 t/Kopf in 2012 auf 0.18 bis 0,22 t/Kopf,

- **im Verkehrsbereich** um 42% (*a*) bzw. höchstens um 63% (*b*) zunehmen (von 0,24 in 2012 auf 0,34 bis 0,39 t/Kopf), durch Effizienzverbesserungen, Gastreibstoffe und Biotreibstoffe und Elektromobilität.

Kapitel 11   G-20

11.1   Bevölkerung und Bruttoinlandprodukt 2012

Die G-20-Gruppe umfasst die G-8-Länder sowie Schwellenländer und die EU-27. Die Gruppe wies in 2012 eine Bevölkerung von 4'550 Mio. oder 65% der Weltbevölkerung auf (Bild 11.1). Sie generierte ein kaufkraftkorrigiertes Bruttoinlandprodukt BIP (KKP) von rund 71'000 Milliarden $ ($ von 2007), was 79% des weltweiten BIP(KKP) ausmacht. Unter den Schwellenländern weisen China, Indien und Indonesien zusammen 62% der Bevölkerung und 30% des BIP der G-20 auf.

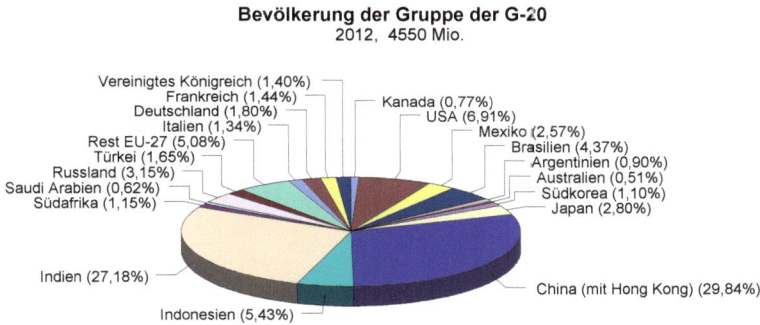

Bevölkerung der Gruppe der G-20
2012, 4550 Mio.

Vereinigtes Königreich (1,40%)
Frankreich (1,44%)
Deutschland (1,80%)
Italien (1,34%)
Rest EU-27 (5,08%)
Türkei (1,65%)
Russland (3,15%)
Saudi Arabien (0,62%)
Südafrika (1,15%)

Kanada (0,77%)
USA (6,91%)
Mexiko (2,57%)
Brasilien (4,37%)
Argentinien (0,90%)
Australien (0,51%)
Südkorea (1,10%)
Japan (2,80%)

Indien (27,18%)
Indonesien (5,43%)
China (mit Hong Kong) (29,84%)

Bild 11.1.   Prozentuale Aufteilung der Bevölkerung der G-20

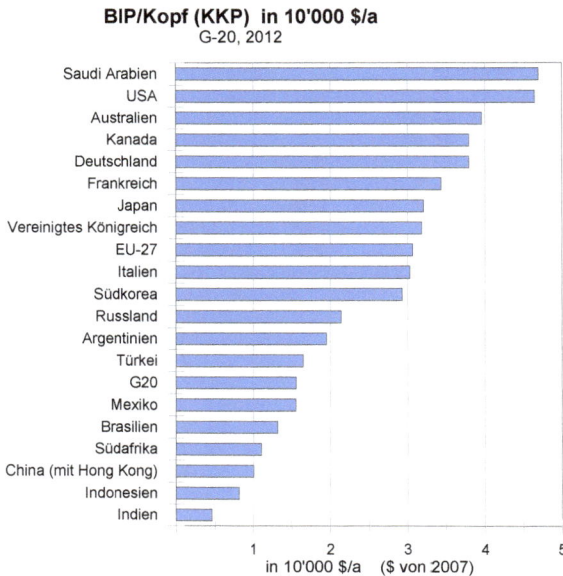

BIP/Kopf (KKP) in 10'000 $/a
G-20, 2012

Saudi Arabien
USA
Australien
Kanada
Deutschland
Frankreich
Japan
Vereinigtes Königreich
EU-27
Italien
Südkorea
Russland
Argentinien
Türkei
G20
Mexiko
Brasilien
Südafrika
China (mit Hong Kong)
Indonesien
Indien

1   2   3   4   5
in 10'000 $/a   ($ von 2007)

Bild 11.2.   BIP (KKP) pro Kopf der Mitglieder der G-20

Das BIP(KKP) pro Kopf (Bild 11.2) liegt 2012 im Mittel bei 15'500 $ und schwankt zwischen 47'000 $ in Saudi Arabien und 4'600 $ in Indien. Das BIP KKP von Saudi Arabien ist im Oktober 2014 durch das IMF relativ zu Oktober 2013 höher geschätzt worden (um rund 70%, für die ganze Periode 1980 bis 2019). Eine noch stärkere Erhöhung hat das BIP KKP von Indonesien erfahren (+80%). Die Position dieser beiden Länder bezüglich Energieeffizienz ist somit stark verbessert worden.

11.2   Energieintensität 2012

Die Energieintensität ist im Mittel der G-20 Gruppe 1.63 kWh/$ und somit leicht unter dem Weltmittel. Sehr mangelhaft ist die Energieeffizienz in Russland (trotz grosser Fortschritte), Südafrika, und China mit Werten von 2.4 bis 2,7 kWh/$. Der anzustrebende 2-Grad-Zielwert 2030 der G-20 Gruppe ist 1.0 bis 1,2 kWh/$ (Varianten *a* und *b*).

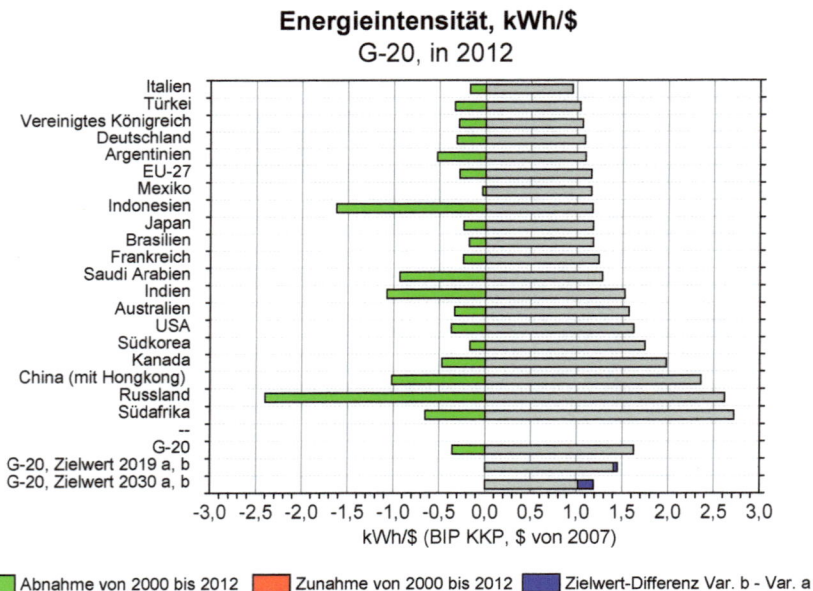

Bild 11.3. Energieintensität der G-20 Länder und Veränderungen von 2000 bis 2012

11.3 CO_2-Intensität der Energie 2012

2012 beträgt der Gesamtausstoss an CO_2 der G-20 Staaten 25'800 Mt. Die mittlere CO_2-Intensität ist 224 g CO_2/kWh und liegt leicht über dem Weltdurchschnitt. Eine niedrige CO_2-Intensität (< 150 g CO_2/kWh) weisen Frankreich und Brasilien auf: Frankreich dank der Elektrizitätsproduktion aus Kernenergie und Wasserkraft, Brasilien dank Wasserkraft und Bio-Treibstoffe. Eine sehr hohe und leider ansteigende CO_2-Intensität (> 250 g CO_2/kWh) erreichen China und Saudi-Arabien, deren Elektrizitätserzeugung fast ausschliesslich auf Kohle oder Öl basiert. Sie ist hoch auch in Australien, trotz Fortschritten, und in Japan (was dem Fukushima-Unfall zuzuschreiben ist). Von 2000 bis 2012 ist insgesamt für die G-20 Gruppe eine Stagnation bis leichte Zunahme der CO_2-Intensität zu verzeichnen. Der anzustrebende 2-Grad-Zielwert für 2030 ist 184 bis 200 g CO_2/kWh (Varianten a und b).

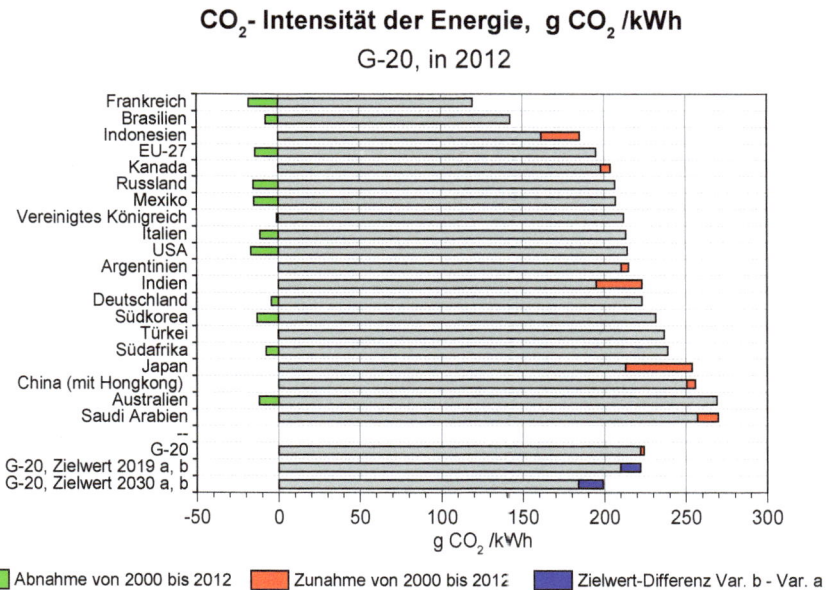

CO_2- Intensität der Energie, g CO_2 /kWh

G-20, in 2012

Bild 11.4. CO_2-Intensität der G-20 - Länder und Veränderungen von 2000 bis 2012

11.4 Indikator der CO_2-Nachhaltigkeit 2011

Nochmals sei daran erinnert, dass bezüglich Klimaschutz, die Nachhaltigkeit der Energieversorgung durch das Produkt von Energieintensität der Wirtschaft und CO_2-Intensität der Energie bestimmt wird. Für 2012 ergibt sich für die Gruppe der G-20 ein mittlerer Wert dieses CO_2-Indikators von 365 g CO_2/$, nahe dem Weltdurchschnitt. Werte die bereits heute unter dem für 2030 anzustrebenden Wert von 188 bis 236 g CO_2/$ (Varianten *a* und *b*) liegen, weisen lediglich Frankreich und Brasilien aus. Am anderen Ende der Skala mit mehr als 500 und bis über 600 g CO_2/$ liegen Länder mit schlechter Energieeffizienz (Russland) oder welche die Elektrizität fast ausschliesslich mit Kohle (China, Südafrika) erzeugen.

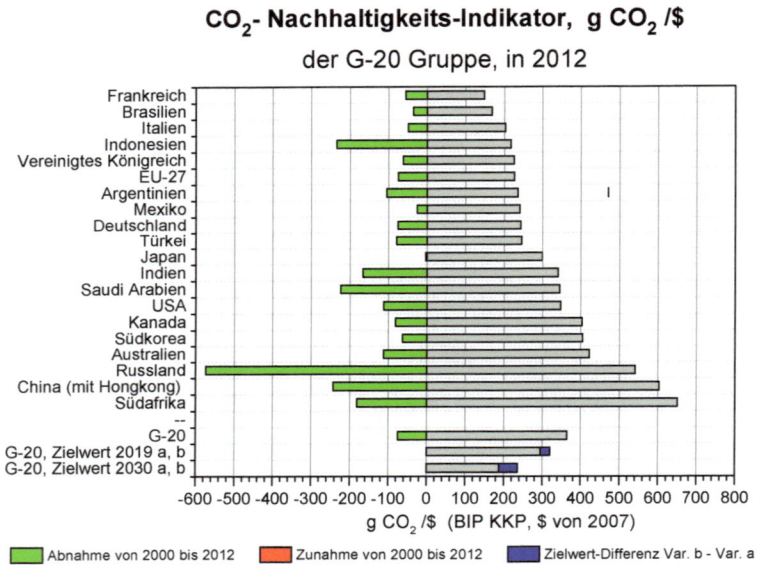

Bild 11.5. CO_2-Nachhaltigkeitsindikator der G-20- Länder und Fortschritte 2000 bis 2012

Die Änderung des CO_2-Nachhaltigkeitsindikators ist in Bild 11.6 detaillierter dargestellt für die Perioden 2000 bis 2008 und 2008 bis 2012. Insgesamt ist von 2000 bis 2012 eine Reduktion von rund 80 g CO_2/$ erzielt worden, was aber mittelfristig ungenügend ist. Bis 2030 ist für die G-20-Gruppe insgesamt eine Reduktion von rund 150 g CO_2/$ notwendig (s. Bild 11.5) was verstärkte Anstrengungen erfordert.

In den letzten vier Jahren ist die Entwicklung in den meisten wichtigen Ländern wie China, USA, EU-27, Kanada, Südafrika, Saudi Arabien und Russland eher als positiv zu bewerten und somit ermutigend. Lediglich in zwei Ländern ist ein Rückschritt zu verzeichnen: Südkorea und Japan (in letzterem wegen Fukushima).

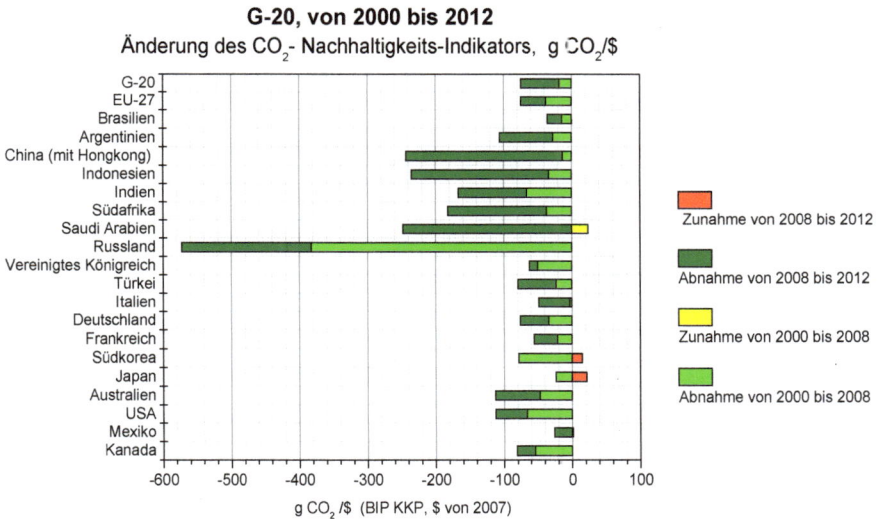

Bild 11.6. Änderung des CO_2 -Indexes 2000-2008 und 2008 -2012 für die G-20-Länder

11.5 CO_2-Emissionen und Indikatoren von 1990 bis 2012
und notwendige Werte ab 2012 zur Einhaltung des 2-Grad-Ziels

11.5.1   Energieintensität, CO_2-Intensität der Energie und CO_2-Nachhaltigkeit bis 2030

Die G-20-Gruppe weist 2012 insgesamt, mit 365 g CO_2\$, einen 25% über dem OECD-Durchschnitt (291 g CO_2/\$) liegenden CO_2-Nachaltigkeitsindikator auf. Dies trifft auch für beide Komponenten zu (Energieintensität +19% und CO_2-Intensität der Energie +6%). Zur Zusammensetzung der dazu beitragenden Energieträger s. den Anhang.

Der tatsächliche Verlauf der Indikatoren von 1990 bis 2012 und die für das 2-Grad-Ziel bis 2030 erforderliche Evolution gemäss Varianten *a* und *b* zeigt Bild 11.7.

Der Emissions-Anteil der G-20 Gruppe im Jahr 2030, zur Einhaltung der 2-Grad-Grenze, ergibt sich als Summe der Beiträge der Mitglieder gemäss Abschnitt 12 und beträgt 22'300 Mt (Variante *a*) bzw. 25800 Mt (Variante *b*). Der sich ebenfalls als Summe ergebende BIP(KKP) von 118'500 Mrd Dollar (\$ von 2007) führt zu einem notwendigen CO_2-Nachhaltigkeitsindikator von η = 188 bis 238 g CO_2/\$.
   Die Werte für 2019 berücksichtigen den vom Internationalen Währungsfond IMF für die G-20 prognostizierten Wert des BIP(KKP) von rund 90'100 Mrd. \$ (von 2007).

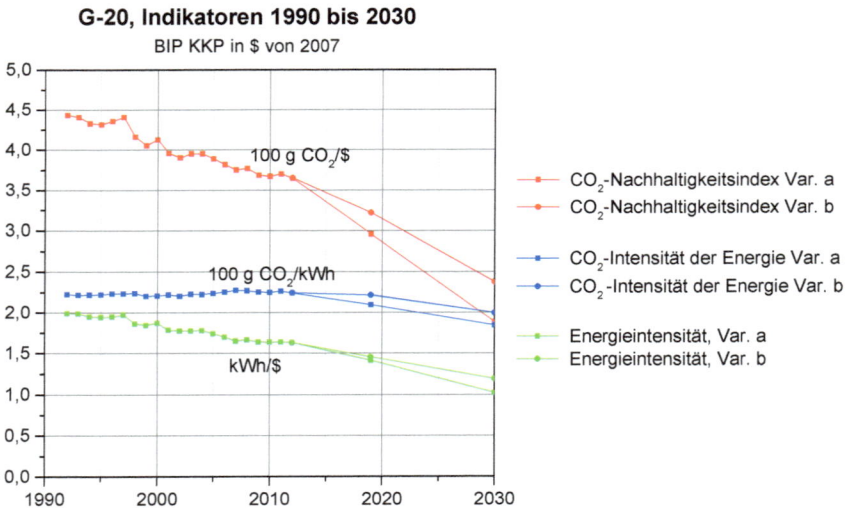

Bild 11.7. OECD-34-Indikatoren 1990 bis 2012 und Klimaschutz-Szenario bis 2030

Der Bruttoenergiebedarf 2030 ist nach diesem Szenario 10'400 bis 11'100 Mtoe (nur energiebedingter Teil ohne Bunker für Schiff- und Luftfahrt). Die Pro-Kopf-Indikatoren für Energie und CO_2-Ausstoß wären dann zu diesem Zeitpunkt: e = 2.7 bis 2,9 kW/Kopf (-6% bzw. unverändert relativ zu 2012) und α = 4.4 bis 5,1 t CO_2/Kopf (- 33% bis -11% relativ zu 2012).

Die anzustrebende Trendänderung der Indikatoren zur Einhaltung des 2-Grad-Ziels ist in Bild 11.8 für Variante *a* veranschaulicht. Eine wesentliche Verbesserung des Energieeffizienztrends und eine rasche Trendwende bei der CO_2-Intensität der Energie (-1.1%/a) sind notwendig. Sie können nur erreicht werden wenn alle Länder und besonders jene mit starkem CO_2-Ausstoss mitmachen. Dazu siehe die Beiträge der einzelnen Länder in Abschnitt 12.

G-20, 2°C-Grad Ziel, Var. *a* : 22'300 Mt CO₂ in 2030

Trend der Indikatoren von 2000 bis 2012 und
notwendiger Trend von 2012 bis 2019 und von 2019 bis 2030

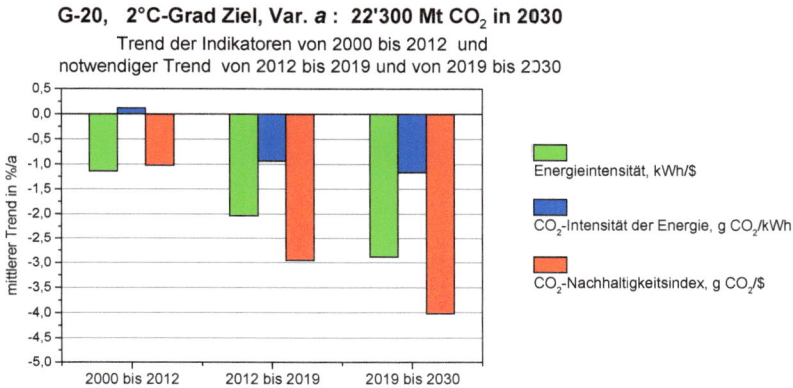

Bild 11.8. Indikatoren-Trend von 2000 bis 2012 und notwendige Trendänderung ab 2012 zur Einhaltung des 2- Grad-Ziels für die Variante *a*

Mit Variante b (Bild 11.9) sind die Trendwenden etwas sanfter und die Trendwende der CO_2-Intensität der Energie startet später, vor allem nach 2019.

G-20, 2°C-Grad Ziel, Var. *b* : 25'800 Mt CO₂ in 2030

Trend der Indikatoren von 2000 bis 2012 und
notwendiger Trend von 2012 bis 2019 und von 2019 bis 2030

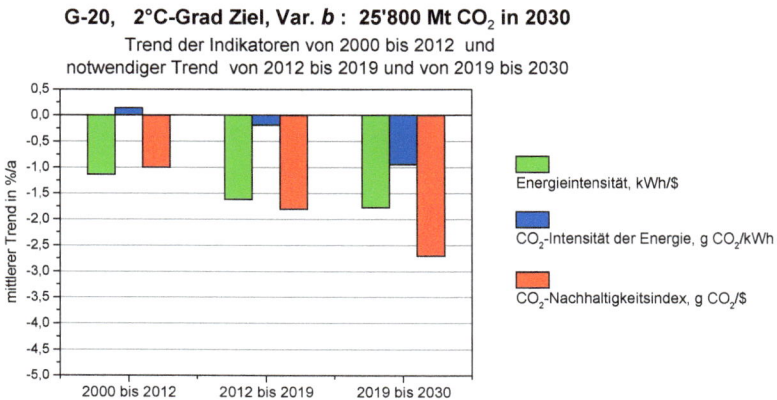

Bild 11.9. Indikatoren-Trend von 2000 bis 2012 und notwendige Trendänderung ab 2012 zur Einhaltung des 2- Grad-Ziels für die Variante *b*

11.5.2 CO_2-Emissionen bis 2050

Die Gesamt-Emissionswerte der G-20-Länder, erforderlich für die Einhaltung des 2-Grad-Klimaziels (Indikatoren gemäss Bild 11.7) sind in Bild 11.10 (Variante a und b) dargestellt.

CO_2-Emissionen der G-20 Gruppe
von 1990 bis 2012 und 2°C -Szenario

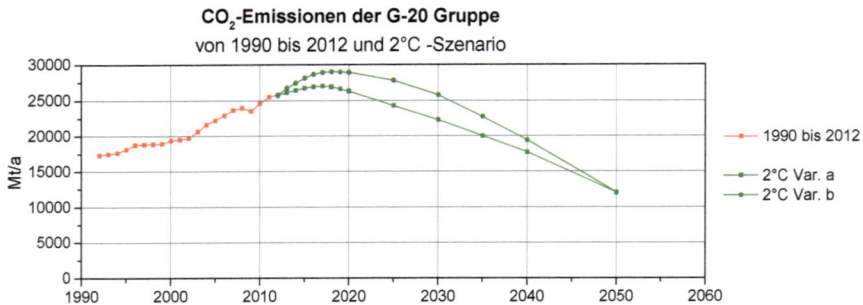

Bild 11.10. CO_2-Emissionen der G-20-Länder, 1990 bis 2012 und Klimaschutz-Szenario bis 2050

11.5.3 Pro-Kopf-Indikatoren bis 2030

Bild 11.11 zeigt die **pro-Kopf Indikatoren** der G-20 von 1990 bis 2011 sowie den sich aus den vorangegangenen Überlegungen ergebenden Verlauf bis 2030 bei Einhaltung des 2-Grad-Ziels für beide Varianten *a* und *b*. Die BIP(KKP)-Daten bis 2019 entsprechen den Statistiken und Voraussagen des IMF.

G-20, pro Kopf Indikatoren von 1990 bis 2030
BIP KKP in $ von 2007

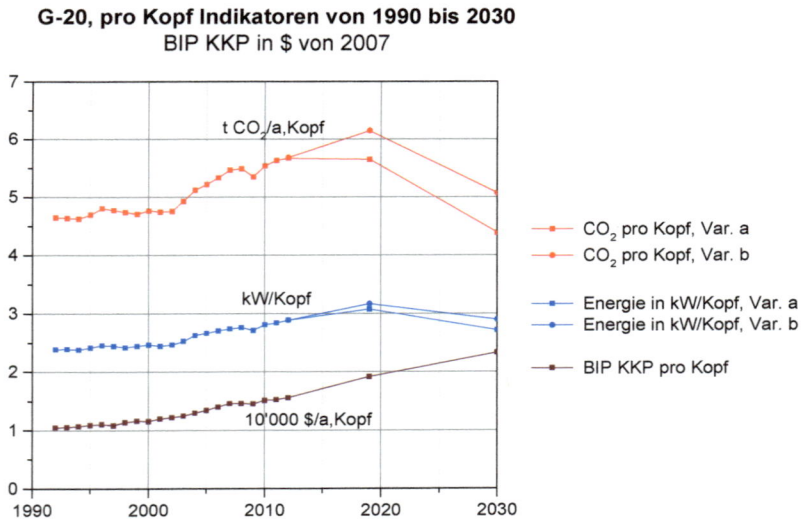

Bild 11.11 Pro Kopf Indikatoren der G-20 Gruppe von 1990 bis 2012 und 2-Grad-Szenario bis 2030

Im folgenden Bild 11.12 sind die CO_2-Emissionen pro Kopf der Wohnbevölkerung des Jahres 2012 und jene des 2-Grad-Szenarios für 2030 (Variante *a* und *b*) detaillierter pro **Verbrauchersektor** dargestellt.

Die 4 Verbrauchersektoren sind (totale spezifische CO_2-Emissionen 2012: 5,7 t/Kopf):

- Industrie (1,2 t/Kopf)
- Verkehr (1,1 t/Kopf)
- Haushalte, Dienstleistungen, Landwirtschaft usw. (HDL), (1,0 t/Kopf)
- Verluste des Energiesektors (2,4 t/Kopf)

Die Energie- und Emissionsdaten für 2012 entsprechen dem G-20-Anhang A5.

End-Energieträger emittieren CO_2 direkt oder indirekt (über Elektrizität und Fernwärme). Die für 2030 angenommene Verteilung dieser Energieträger innerhalb der Sektoren, Varianten *a* und *b*, stellt *eine Möglichkeit unter mehreren dar*, die 2-Grad-Bedingung zu erfüllen.

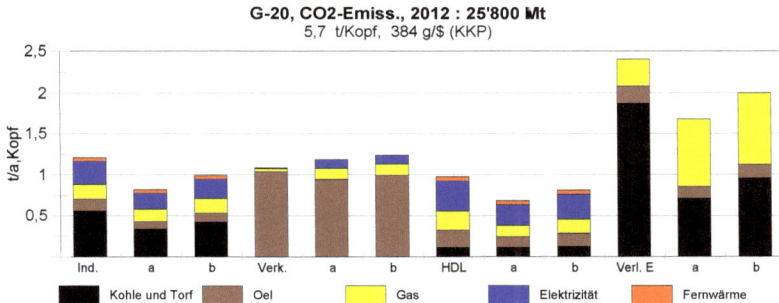

Bild 11.12. CO_2 Emissionen pro Kopf der 4 Sektoren : Industrie, Verkehr, HDL, Verluste Energiesektor (Definitionen s. Anhang), dargestellt jeweils mit drei Balken:
Erster Balken: **2012** (Daten in Text und Titel, gemäss G-20-Anhang A5),
Zweiter Balken: mögliches 2°C-Szenario **a** für **2030**, 22'300 Mt, 4,4 t/Kopf, 188 g/$ (KKP)
Dritter Balken: mögliches 2°C-Szenario **b** für **2030**, 25'800 Mt, 5,1 t/Kopf, 238 g/$ (KKP)

Der Zielwert 2030 ist z.B. erreicht, wenn die pro Kopf Emissionen:

- **bei der Elektrizitäts- und Fernwärmeproduktion, einschliesslich Verluste im Energiesektor**, um 26% (Variante *a*) bzw. 13% (Variante *b*) reduziert werden, von 3,2 t/Kopf in 2012 auf 2,3 bis 2,7 t/Kopf (Effizienzverbesserungen, Ersatz von Kohle durch Gas, CCS, erneuerbare Energien und Kernenergie),

- **im Wärmebereich** (alle Endenergie-Bereiche: Industrie + H.D.L) durch Effizienzverbesserungen, Reduktion des Kohleverbrauchs sowie den Einsatz von erneuerbaren Energien (Wärmepumpe, Abfallverwertung, Solarenergie, Geothermie), um 33% (*a*) bzw. um 19% (*b*) reduziert werden (von 1,44 t/Kopf in 2012 auf 1,0 bis 1,2 t/Kopf),

- **im Verkehrsbereich** um 9% bis max. 15% ansteigen (von 1,08 in 2012 auf 1,18 bis 1,24 t/Kopf), durch Effizienzverbesserungen, Gastreibstoffe, Biotreibstoffe und Elektromobilität.

Kapitel 12

G-20 Länder:
Indikatoren, 2°C-Szenario

Die G20-Mitglieder sind geordnet nach der Grösse des CO_2-Ausstosses in 2012. Angegeben ist in der folgenden Tabelle auch der jeweilige Indikator der CO_2-Nachhaltigkeit:

	Mt CO2	gCO2/$	
China	8250	603	
USA	5074	348	
EU-27	3488	224	
Indien	1954	340	
Russland	1659	541	
Japan	1223	299	
Deutschland	755	243	
Südkorea	593	404	
Kanada	534	403	
Saudi Arabien	459	345	
UK	457	225	
Brasilien	440	168	
Mexico	436	240	
Indonesien	435	217	
Australien	386	402	
Südafrika	376	650	
Italien	375	203	
Frankreich	334	148	
Türkei	303	245	
Argentinien	189	281	
G-20	25799	364	G-20: Zielwert 2030 : 188-238 g CO_2/$

Für die Einhaltung des Klimaziels ist es angemessen, den prozentualen Reduktionsfaktor bis 2030 umso grösser festzulegen desto grösser der Indikator im Jahr 2012 ist, grundsätzlich entsprechend der **grünen Linie** in Bild 12.1a. (Variante *a*) oder Bild 12.1b (Variante *b*).

Die **rote Linie** in Bild 12.1a (Variante *a*) bzw. in Bild 12.1b (Variante *b*) zeigt die in den folgenden Abschnitten angenommene effektive Reduktion der einzelnen Mitglieder, welche lokale Tendenzen und Faktoren berücksichtigt, insgesamt aber das gewünschte Resultat ergibt.

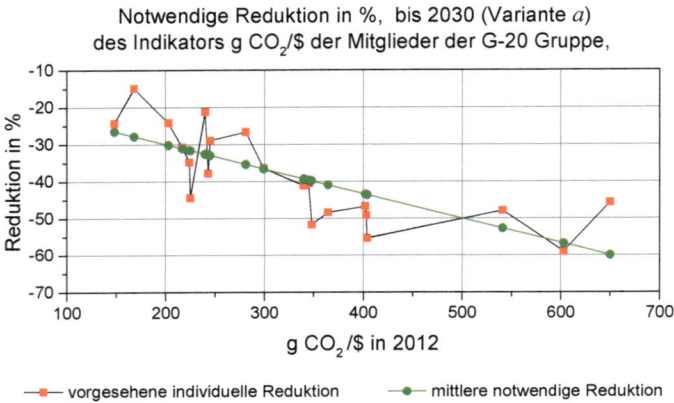

Bild 12.1a. Notwendige Abnahme des Indikators in % bis 2030, Variante *a*

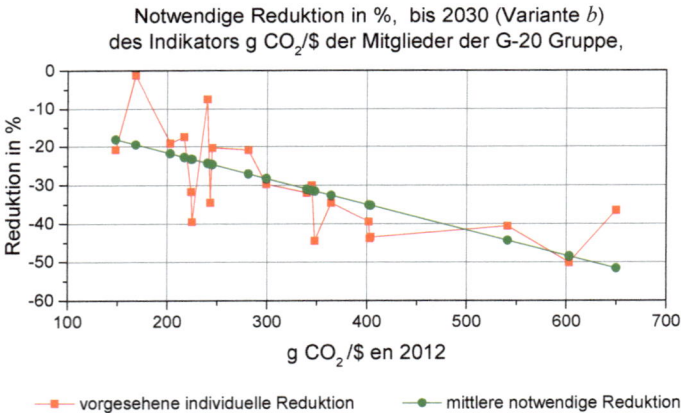

Bild 12.1b. Notwendige Abnahme des Indikators in % bis 2030, Variante *b*

Näheres über die einzelnen Mitglied-Länder folgt in den Abschnitten 12.1 bis 12.19. Die EU-27 ist bereits in Kapitel 5 analysiert worden.

Der Vergleich der **Pro-Kopf Emissionen** der G-20 Mitglieder im Jahr 2012 ist in Bild 12.1c veranschaulicht. Sie liegen zwischen 1,6 t CO_2/Kopf in Indien und 17,4 t CO_2/Kopf in Australien und betragen insgesamt im Mittel 5,7 t CO_2/Kopf.

Ebenfalls eingetragen sind die mit dem 2-Grad-Szenario von Kap. 11 kompatiblen Zielwerte für 2019 und 2030 (Varianten *a* und *b*). Bis 2019 ist insgesamt eine Zunahme der pro Kopf Emissionen auf rund 6 t CO_2/Kopf noch zulässig, danach sollte aber bis 2030 eine empfindliche Reduktion auf weniger als 5 t CO_2/Kopf angestrebt werden.

G-20 -Mitglieder, Tonnen CO_2 pro Kopf in 2012

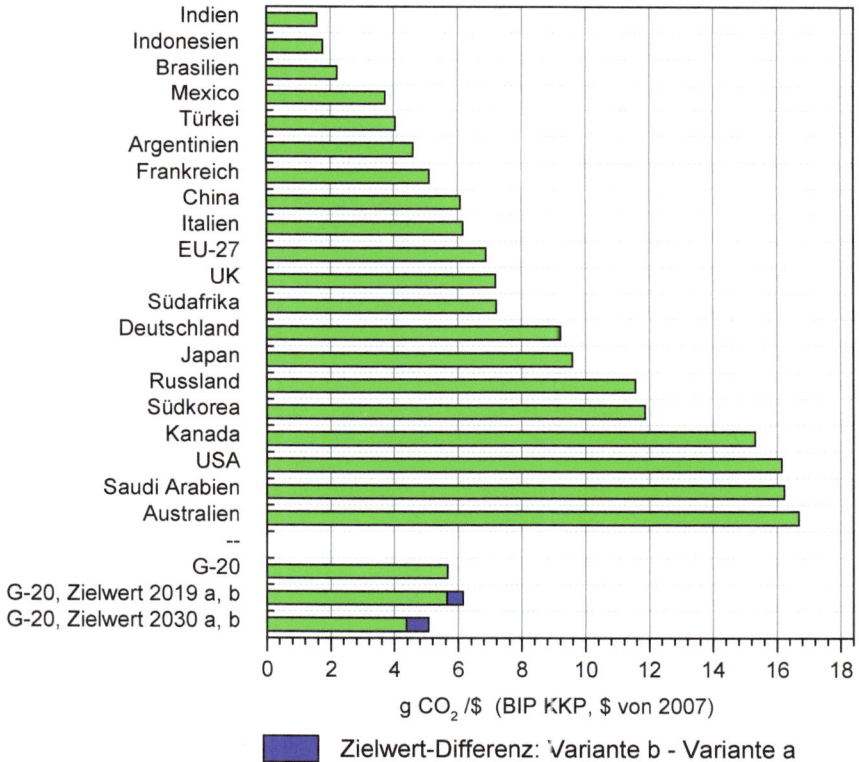

Bild 12.1c. Pro-Kopf Emissionen der G-20 -Mitglieder in 2012; 2-Grad-Zielwerte für 2019 und 2030 für die Varianten *a* und *b* gemäss Kapitel 11.

12.1 China (mit Hongkong)

12.1.1   Effektive Indikatoren (Energieintensität, CO_2-Intensität der Energie und CO_2-Nachhaltigkeit) von 1980 bis 2012 und für das 2-Grad Ziel bis 2030 erforderliche Werte

China liegt 2012, mit einem CO_2-Nachhaltigkeitsindikator von 603 g CO_2/$, an zweitletzter Stelle der Rangliste der G-20-Gruppe. Gründe sind die hauptsächlich auf Kohle basierende Elektrizitätsproduktion und die schlechte Energieeffizienz (s. Anhang). Der Verlauf der Indikatoren von 1990 bis 2012 und der für das 2-Grad-Ziel bis 2030 notwendige Verlauf der Varianten *a* und *b* zeigt Bild 12.1.1.

Der anzustrebende Klimaschutz-Zielwert für 2030 ist 247 bis 300 g CO_2/$ bei einem CO_2-Anteil Chinas von 7'400 bis 9'000 Mt am CO_2-Ausstoss der G-20 Gruppe von 22'300 bis 25'800 Mt. Die Werte für 2019 berücksichtigen den vom Internationalen Währungsfond IMF prognostizierten Wert des BIP(KKP) von rund 21'500 Mrd. $ (von 2007). Das BIP für 2030 ist auf 30'000 Mrd $ veranschlagt worden.

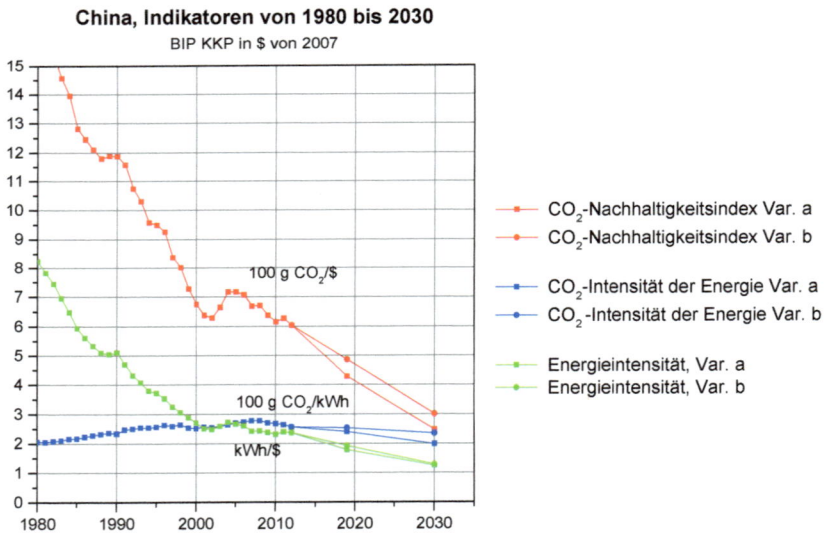

Bild 12.1.1. China-Indikatoren 1990 bis 2012 und Klimaschutz-Szenaro bis 2030

Der Bruttoenergiebedarf 2030 ist nach diesem Szenario 3200 bis 3300 Mtoe (nur energiebedingter Teil). Die Pro-Kopf-Indikatoren für Energie und CO_2-Ausstoß wären dann zu diesem Zeitpunkt: e = 3,1 bis 3,2 kW/Kopf (14% bis 17% höher als 2012) und α = 5,4 bis 6,2 t CO_2/Kopf (-9% bis Zunahme von 7% relativ zu 2012).

Die anzustrebende Trendänderung der Indikatoren relativ zur Periode 2000 bis 2012, zur Einhaltung des 2-Grad-Ziels, ist für Variante *a* in Bild 12.1.2 veranschaulicht. Eine wesentliche und rasche Verbesserung des Energieeffizienztrends und eine dezidierte Trendwende bei der CO_2-Intensität der Energie sind notwendig.

China,   2°C-Ziel, Var. *a* :   7400 Mt CO_2 in 2030

Trend der Indikatoren von 2000 bis 2012 und
notwendiger Trend von 2012 bis 2019 und von 2019 bis 2030

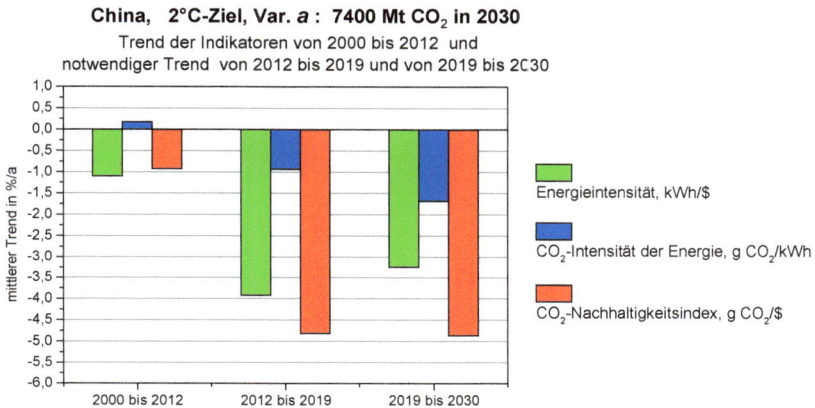

Bild 12.1.2.   Trend der Indikatoren von 2000 bis 2012 und notwendige Trendänderung ab 2012 zur Einhaltung der 2- Grad-Grenze, Variante *a*

Mit der grosszügigeren Variante *b* (Bild 12.1.3) sind die erwähnten Trendänderungen ebenfalls notwendig, verlaufen aber etwas sanfter sowohl für die Energieintensität (nur bis 2019) als auch für die CO_2-Intensität der Energie.

China,   2°C-Ziel, Var. *b* :   9000 Mt CO_2 in 2030

Trend der Indikatoren von 2000 bis 2012 und
notwendiger Trend von 2012 bis 2019 und von 2019 bis 2030

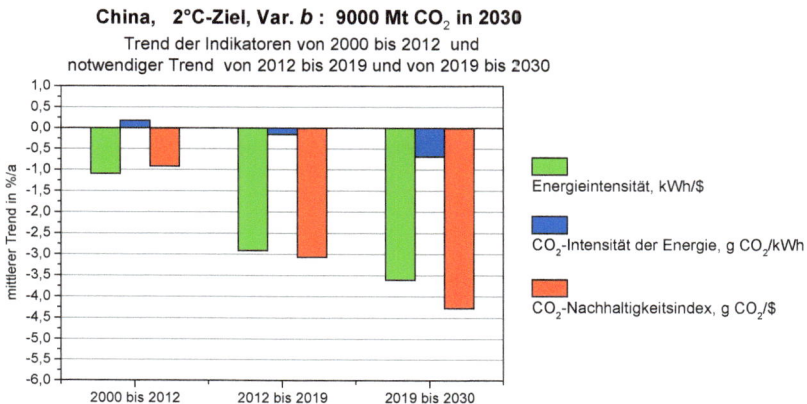

Bild 12.1.3.   Trend der Indikatoren von 2000 bis 2012 und notwendige Trendänderung ab 2012 zur Einhaltung der 2- Grad-Grenze, Variante *b*

12.1.2 CO₂-Emissionen bis 2050

Die tatsächlichen CO_2-Emissionswerte Chinas von 1970 bis 2012, und die für die Einhaltung des 2-Grad-Klimaziels bis 2050 zulässigen (entsprechend dem Indikatorenverlauf von Bild 12.1.1 bis 12.1.3), sind in Bild 12.1.4 dargestellt..

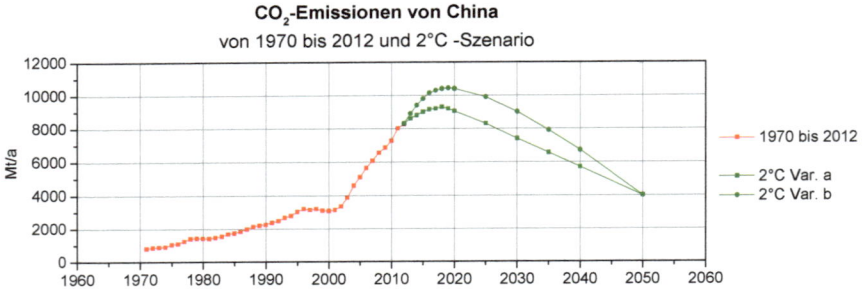

Bild 12.1.4. CO_2-Emissionen Chinas 1970 bis 2012und Klimaschutz-Szenari0 bis 2050

12.1.3 Pro-Kopf-Indikatoren bis 2030

Bild 12.1.5 zeigt die **pro Kopf Indikatoren** Chinas von 1980 bis 2012 sowie den sich aus den vorangegangenen Überlegungen ergebenden Verlauf bis 2030 bei Einhaltung des 2-Grad-Ziels für beide Varianten *a* und *b*. Die BIP(KKP)-Daten bis 2019 entsprechen den Statistiken und Voraussagen des IMF.

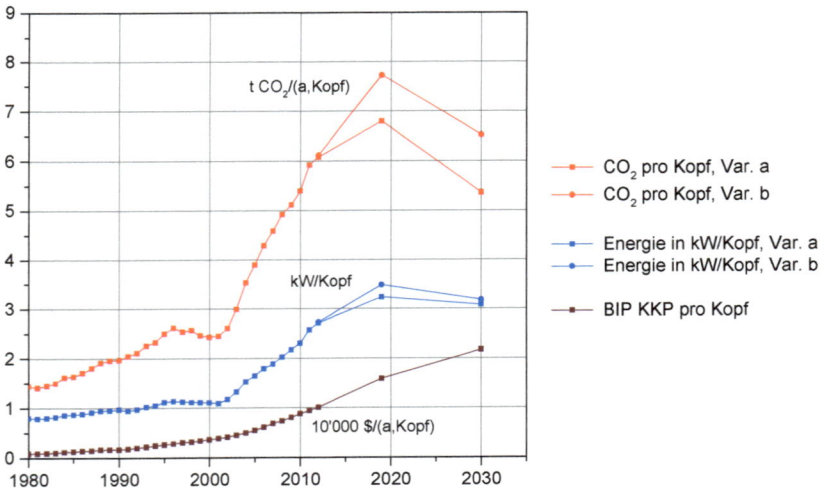

Bild 12.1.5. Pro Kopf Indikatoren Chinas 1980 bis 2011 und 2-Grad-Szenario bis 2030

Im folgenden Bild 12.1.6 sind die CO_2-Emissionen pro Kopf der Wohnbevölkerung des Jahres 2012 und jene des 2-Grad-Szenarios für 2030 (Variante *a* und *b*) detaillierter pro **Verbrauchersektor** dargestellt.

Die 4 Verbrauchersektoren sind (totale spezifische CO_2-Emissionen 2012: 6,1 t/Kopf):

- Industrie (1,9 t/Kopf)
- Verkehr (0,5 t/Kopf)
- Haushalte, Dienstleistungen, Landwirtschaft usw. (HDL), (0,7 t/Kopf)
- Verluste des Energiesektors (3,0 t/Kopf))

Die Energie- und Emissionsdaten für 2012 entsprechen dem China-Anhang A5.

End-Energieträger emittieren CO_2 direkt oder indirekt (über Elektrizität und Fernwärme). Die für 2030 angenommene Verteilung dieser Energieträger innerhalb der Sektoren, Varianten *a* und *b*, stellt *eine Möglichkeit unter mehreren dar*, die 2-Grad-Bedingung zu erfüllen.

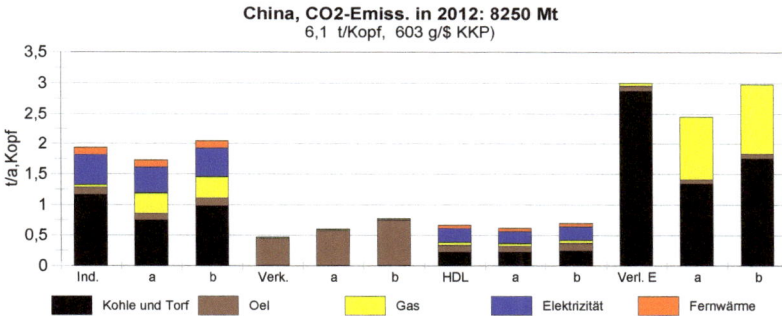

China, CO2-Emiss. in 2012: 8250 Mt
6,1 t/Kopf, 603 g/$ KKP)

Bild 12.1.6. CO_2 Emissionen pro Kopf der 4 Sektoren : Industrie, Verkehr, HDL, Verluste Energiesektor (Definitionen s. Anhang), dargestellt jeweils mit drei Balken:
Erster Balken: **2012** (Daten in Text und Titel, gemäss China-Anhang A5),
Zweiter Balken: mögliches 2°C-Szenario *a* für **2030**, 7400 Mt, 5,4 t/Kopf, 247 g/$ (KKP)
Dritter Balken: mögliches 2°C-Szenario *b* für **2030**, 9000 Mt, 6,5 t/Kopf, 300 g/$ (KKP)

Der Zielwert 2030 ist z.B. erreicht, wenn die pro Kopf Emissionen:

- **bei der Elektrizitäts- und Fernwärmeproduktion, einschliesslich Verluste im Energiesektor**, um 17% (Variante *a*) bzw. 1% (Variante *b*) reduziert werden, von 3,9 t/Kopf in 2012 auf 3,3 bis 3,9 t/Kopf (Effizienzverbesserungen, Ersatz von Kohle durch Gas, durch CCS, erneuerbare Energien und Kernenergie),

- **im Wärmebereich** (Industrie + H.D.L) durch Effizienzverbesserungen, Reduktion des Kohleverbrauchs sowie den Einsatz von erneuerbaren Energien (Wärmepumpe, Abfallverwertung, Solarenergie, Geothermie), um 9% (*a*) reduziert werden bzw. um höchstens 10% (*b*) zunehmen (von 1,7 t/Kopf in 2012 auf 1,55 bis 1,9 t/Kopf),

- **im Verkehrsbereich** um 28% bis max. 66% ansteigen (von 0,5 t/Kopf in 2012 auf 0,6 bis 0,8 t/Kopf), durch Effizienzverbesserungen, Gastreibstoffe, Biotreibstoffe und als ferneres Ziel Elektromobilität.

Der Beitrag Chinas, zusammen mit jenen der USA, Indiens und Russlands, dürfte vorentscheidend sein für die Erreichung der Klimaziele.

12.2   USA

12.2.1   Effektive Indikatoren (Energieintensität, CO_2-Intensität der Energie und CO_2-Nachhaltigkeit) von 1980 bis 2012 und für das 2-Grad Ziel bis 2030 erforderliche

Der CO_2-Nachhaltigkeitsindikator 2012 der Vereinigten Staaten von Amerika ist, mit 348 g CO_2/$, im Rahmen der OECD eher als schlecht einzustufen. Gründe sind die stark auf Kohle basierende Elektrizitätsproduktion und der hohe CO_2-Ausstoss pro Kopf im Verkehrsbereich (s. Anhang und Bild 12.2.6). Der tatsächliche Verlauf der Indikatoren von 1990 bis 2011 und der für das 2-Grad-Ziel bis 2030 notwendige Verlauf der Varianten a und b zeigt Bild 12.2.1.

Der anzustrebende Klimaschutz-Zielwert für 2030 ist 168 bis 193 g CO_2/$ bei einem CO_2-Anteil der USA von 3700 bis 4250 Mt (Varianten *a* und *b*). Die Werte für 2019 berücksichtigen den vom Internationalen Währungsfond IMF prognostizierten Wert des BIP(KKP) von rund 17'410 Mrd. $ (von 2007). Das BIP für 2030 ist auf 22'000 Mrd $ veranschlagt worden.

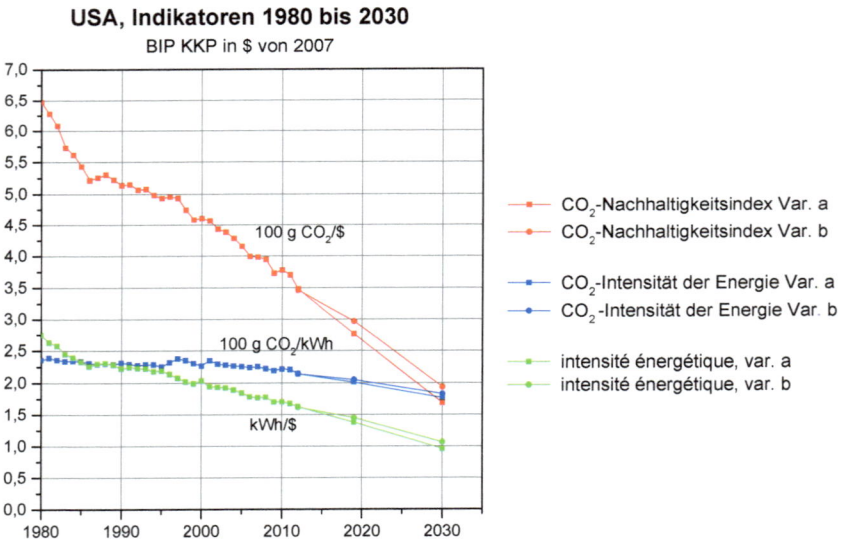

Bild 12.2.1. USA-Indikatoren 1980 bis 2012 und Klimaschutz-Szenario bis 2030

Der Bruttoenergiebedarf 2030 ist nach diesem Szenario 1800 bis 2000 Mtoe (nur energiebedingter Teil). Die Pro-Kopf-Indikatoren für Energie und CO_2-Ausstoß wären dann zu diesem Zeitpunkt: e = 6,5 bis 7,2 kW/Kopf (-25 bis -17%) und α = 10,0 bis 11,5 t CO_2/Kopf (-38% bis -29%) relativ zu 2012.

Die anzustrebende Trendänderung der Indikatoren relativ zur Periode 2000 bis 2012, zur Einhaltung des 2-Grad-Ziels, ist in Bild 12.2.2 für Variante *a* veranschaulicht. Eine wesentliche Verbesserung des Energieeffizienztrends und eine stärkere Abnahme der CO_2-Intensität der Energie (rund -1%/a) sind notwendig.

Mit der grosszügigeren Variante *b* (Bild 12.2.3) sind die erwähnten Trendänderungen ähnlich, setzen aber etwas später ein und verlaufen dementsprechend etwas sanfter.

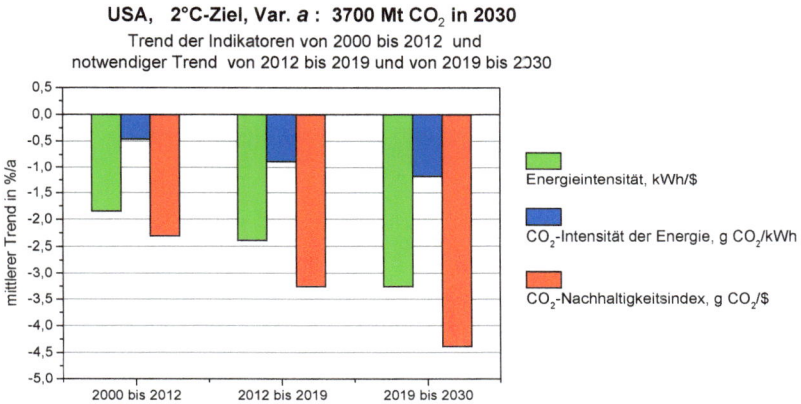

USA,   2°C-Ziel, Var. *a* : 3700 Mt CO_2 in 2030
Trend der Indikatoren von 2000 bis 2012 und
notwendiger Trend von 2012 bis 2019 und von 2019 bis 2030

Bild 12.2.2.   Trend der Indikatoren von 2000 bis 2012 und notwendige Trendänderung ab 2012 zur Einhaltung der 2- Grad-Grenze, Variante *a*

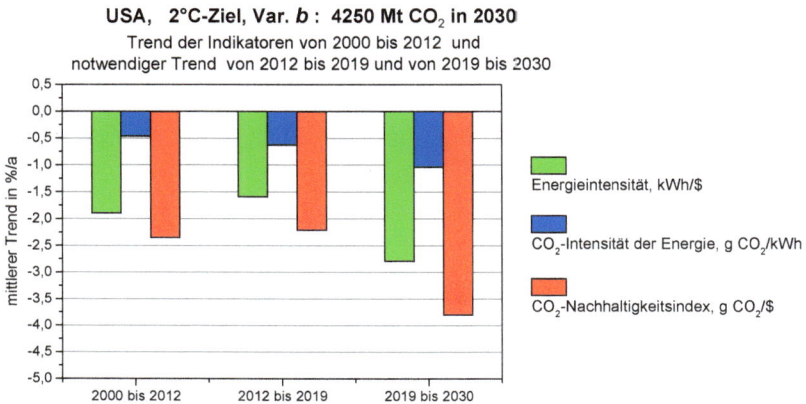

USA,   2°C-Ziel, Var. *b* : 4250 Mt CO_2 in 2030
Trend der Indikatoren von 2000 bis 2012 und
notwendiger Trend von 2012 bis 2019 und von 2019 bis 2030

Bild 12.2.3.   Trend der Indikatoren von 2000 bis 2012 und notwendige Trendänderung ab 2012 zur Einhaltung der 2- Grad-Grenze, Variante *b*

12.2.2   CO$_2$-Emissionen bis 2050

Die CO$_2$-Emissionswerte der USA von 1970 bis 2012, und die für die Einhaltung des 2-Grad-Klimaziels bis 2050 zulässigen (entsprechend dem Indikatorenverlauf von Bild 12.2.1 bis 12.2.3), sind in Bild 12.2.4 dargestellt.

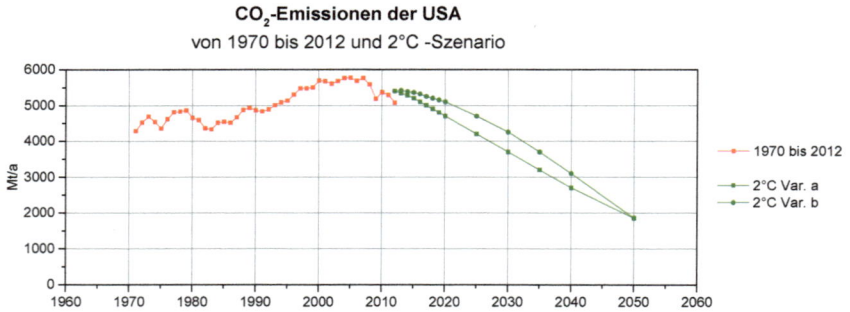

Bild 12.2.4. CO$_2$-Emissionen der USA 1970 bis 2012 und Klimaschutz-Szenario bis 2050

12.2.3   Pro-Kopf-Indikatoren bis 2030

Bild 12.2.5 zeigt die pro Kopf Indikatoren der USA von 1980 bis 2012 sowie den sich aus den vorangegangenen Überlegungen ergebenden Verlauf bis 2030 bei Einhaltung des 2-Grad-Ziels für beide Varianten *a* und *b*. Die BIP(KKP)-Daten bis 2019 entsprechen den Statistiken und Voraussagen des IMF.

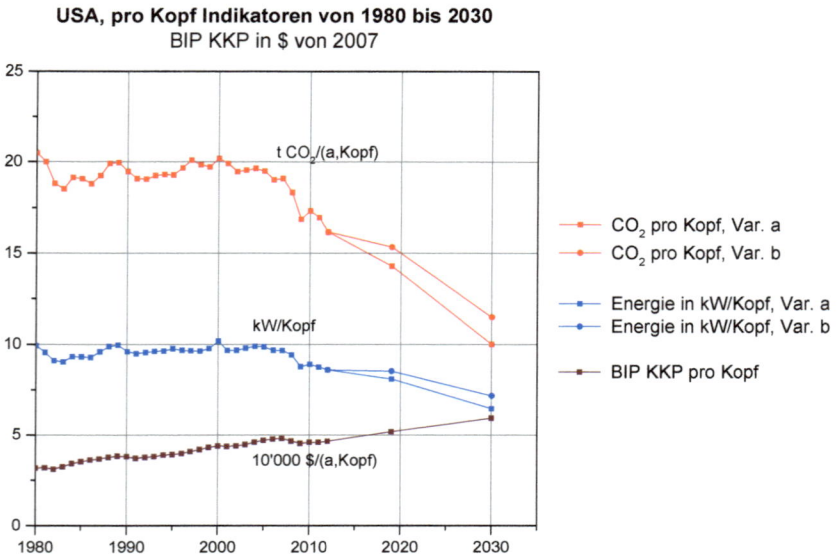

Bild 12.2.5. Pro Kopf Indikatoren der USA von 2000 bis 2012 und 2-Grad-Szenario bis 2030

Im folgenden Bild 12.1.6 sind die CO_2-Emissionen pro Kopf der Wohnbevölkerung des Jahres 2012 und jene des 2-Grad-Szenarios für 2030 (Variante *a* und *b*) detaillierter pro **Verbrauchersektor** dargestellt.

Die 4 Verbrauchersektoren sind (totale spezifische CO_2-Emissionen 2012: 16,2 t/Kopf):
-   Industrie (1,8 t/Kopf)
-   Verkehr (5,4 t/Kopf)
-   Haushalte, Dienstleistungen, Landwirtschaft usw. (HDL), (3,5 t/Kopf)
-   Verluste Energiesektor (5,5 t/Kopf))

Die Energie- und Emissionsdaten für 2012 entsprechen dem USA-Anhang A5.

Die angenommene Verteilung der, direkt oder indirekt (über Elektrizität und Fernwärme), CO_2 emittierenden Energieträger innerhalb der Sektoren, für die beiden Varianten 2030 in Bld 12.2.6, stellt ***Möglichkeit unter mehreren dar***, die 2-Grad-Bedingung zu erfüllen.

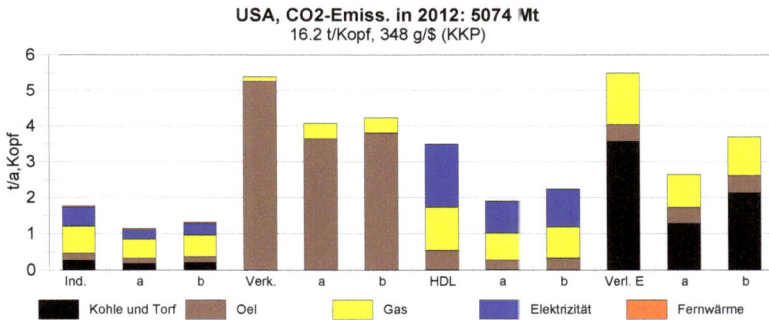

Bild 12.2.6. CO_2 Emissionen pro Kopf der 4 Sektoren : Industrie, Verkehr, H.D.L., Verluste Energiesektor (Definitionen s. Anhang), dargestellt jeweils mit drei Balken:
Erster Balken: **2012** (Daten in Text und Titel, gemäss USA-Anhang A4),
Zweiter Balken: mögliches 2°C -Szenario *a* für **2030**, 3700 Mt, 10,0 t/capita, 168 g/$ (KKP)
Dritter Balken: mögliches 2°C-Szenario *b* für **2030**, 4250 Mt, 11,5 t/capita, 193 g/$ (KKP)

Der Zielwert 2030 ist z.B. erreicht, wenn die pro Kopf Emissionen:

- **bei der Elektrizitäts- und Fernwärmeproduktion, einschliesslich Verluste im Energiesektor**, um 48% (Variante *a*) bzw. 35% (Variante *b*) reduziert werden, von 7,8 t/Kopf in 2012 auf 4,1 bis 5,1 t/Kopf (Effizienzverbesserungen, Ersatz von Kohle durch Gas, durch CCS, erneuerbare Energien und Kernenergie),

- **im Wärmebereich** (Industrie + HDL) durch Effizienzverbesserungen, Reduktion des Kohleverbrauchs sowie den Einsatz von erneuerbaren Energien (Wärmepumpe, Abfallverwertung, Solarenergie, Geothermie), um rund 37% *(a)* bzw. 27% *(b)* reduziert werden (von 2,9 t/Kopf in 2012 auf 1,9 bis 2,1 t/Kopf),

- **im Verkehrsbereich** um 25% *(a)* bzw. 22% *(b)* reduziert werden (von 5,4 in 2012 auf 4,1 bis 4,2 t/Kopf), durch Effizienzverbesserungen, Gastreibstoffe, Biotreibstoffe und Elektromobilität.

12.3 Indien

12.3.1 Effektive Indikatoren (Energieintensität, CO_2-Intensität der Energie und CO_2-Nachhaltigkeit) von 1980 bis 2012 und für das 2-Grad Ziel bis 2030 erforderliche

Indien liegt 2012, mit einem CO_2-Nachhaltigkeitsindikator von 340 g CO2/$ im Mittelfeld der G-20-Gruppe . Belastend ist vor allem die auf Kohle basierende Elektrizitätsproduktion (s. Anhang). Der tatsächliche Verlauf der Indikatoren von 1980 bis 2012 und der für das 2-Grad-Ziel bis 2030 wünschbare Verlauf der Varianten *a* und *b* zeigt Bild 12.3.1.

Der anzustrebende Klimaschutz-Zielwert für 2030 wäre 200 bis 231 g CO_2/$ was CO_2-Emissionen von 2600 bis 3000 Mt (Varianten *a* und *b*) entspricht Die Werte für 2019 berücksichtigen den vom Internationalen Währungsfond IMF prognostizierten Wert des BIP(KKP) von 8'680 Mrd. $ (von 2007). Das BIP für 2030 ist auf 13'000 Mrd $ veranschlagt.

Indien, Indikatoren 1980 bis 2030
BIP KKP in $ von 2007

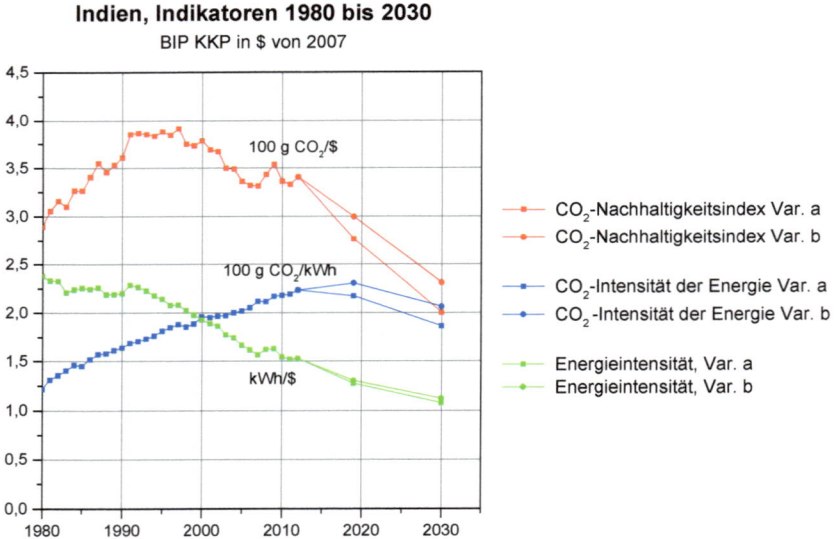

Bild 12.3.1. Indien-Indikatoren 1980 bis 2012 und Klimaschutz-Szenario bis 2030

Der Bruttoenergiebedarf 2030 ist nach diesem Szenario 1200 bis 1250 Mtoe (nur energiebedingter Teil). Die Pro-Kopf-Indikatoren für Energie und CO_2-Ausstoß wären dann zu diesem Zeitpunkt: e = 1,0 bis 1.15 kW/Kopf (+34 bis +40%) und α = 1,5 bis 1,9 t CO_2/Kopf (+9% bis +33%) relativ zu 2012.

Die anzustrebende Trendänderung der Indikatoren relativ zur Periode 2000 bis 2012, zur Einhaltung des 2-Grad-Ziels, ist in Bild 12.3.2 für Variante *a* veranschaulicht. Die Beibehaltung des guten Energieeffizienztrends von 2000 bis 2012 (der aber in den letzten Jahren eher nachlässt) und eine Stabilisierung und dann deutliche Trendwende bei der CO_2-Intensität der Energie nach 2019, sind notwendig.

Indien, 2°C-Ziel, Var. *a* : 2600 Mt CO_2 in 2030

Trend der Indikatoren von 2000 bis 2012 und
notwendiger Trend von 2012 bis 2019 und von 2019 bis 2030

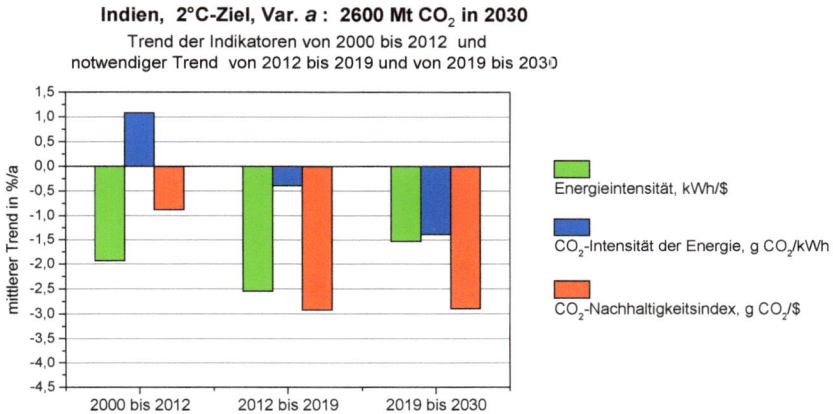

Bild 12.3.2. Trend der Indikatoren von 2000 bis 2012 und notwendige Trendänderung ab 2012 zur Einhaltung der 2- Grad-Grenze, Variante *a*

Mit der zunächst sanfteren Variante *b* (Bild 12.3.3), die dem Entwicklungsrückstand Indiens möglicherweise besser Rechnung trägt, setzt vor allem die Trendwende bei der CO_2-Intensität später ein.

Indien, 2°C-Ziel, Var. *b* : 3000 Mt CO_2 in 2030

Trend der Indikatoren von 2000 bis 2012 und
notwendiger Trend von 2012 bis 2019 und von 2019 bis 2030

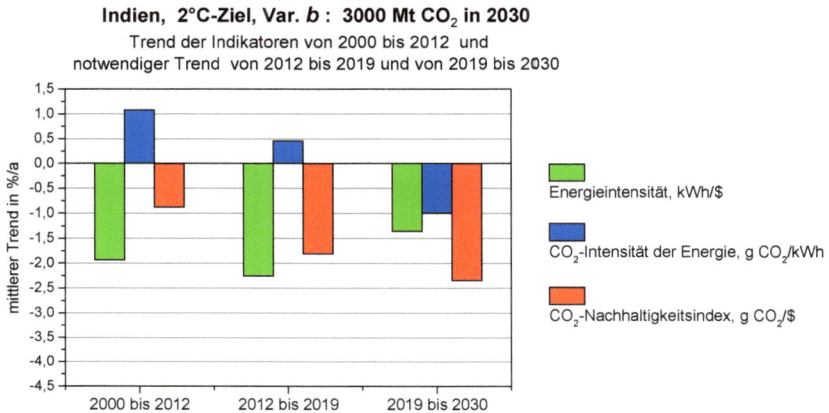

Bild 12.3.3. Trend der Indikatoren von 2000 bis 2012 und notwendige Trendänderung ab 2012 zur Einhaltung der 2- Grad-Grenze, Variante *b*

12.3.2   CO$_2$-Emissionen bis 2050

Die CO$_2$-Emissionswerte von Indien sind in Bild 12.3.4 von 1970 bis 2012 und für die Einhaltung der 2-Grad-Grenze für beide Varianten *a* und *b* (entsprechend dem Indikatorenverlauf von Bild 12.3.1 bis 12.3.3), bis 2050 dargestellt. Die Variante *b* erfordert eine deutlich härtere Gangart nach 2040.

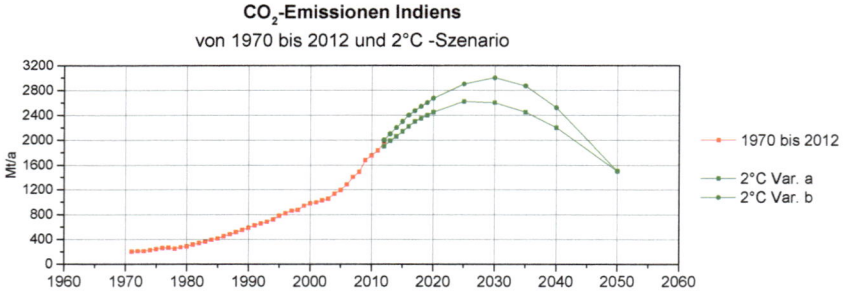

Bild 12.3.4. CO$_2$-Emissionen Indiens 1970 bis 2012 und Klimaschutz-Szenarien bis 2050

12.3.3   Pro-Kopf-Indikatoren bis 2030

Bild 12.3.5 zeigt die pro Kopf Indikatoren Indiens von 1980 bis 2012 sowie den sich aus den vorangegangenen Überlegungen ergebenden Verlauf bis 2030 bei Einhaltung des 2-Grad-Ziels für beide Varianten *a* und *b*. Die BIP(KKP)-Daten bis 2019 entsprechen den Statistiken und Voraussagen des IMF.

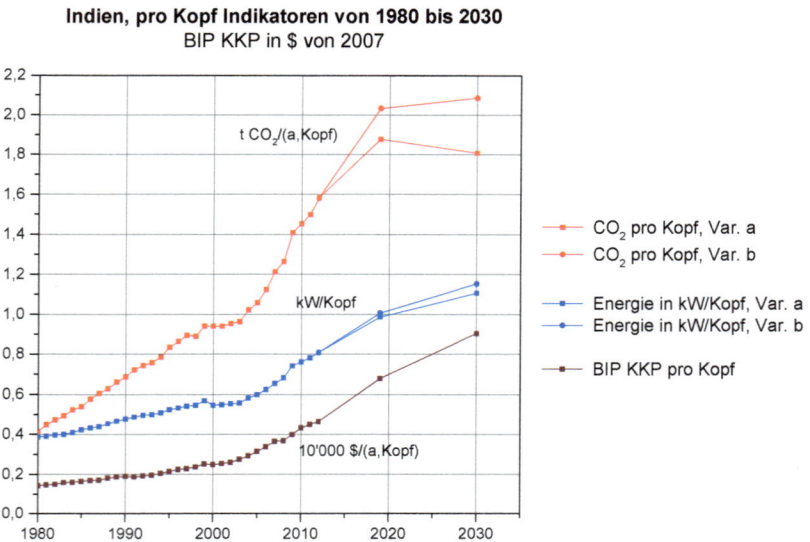

Bild 12.3.5. Pro Kopf Indikatoren Indiens von 2000 bis 2012 und 2-Grad-Szenario bis 2030

Im folgenden Bild 12.3.6 sind die CO_2-Emissionen pro Kopf der Wohnbevölkerung des Jahres 2012 und jene des 2-Grad-Szenarios für 2030 (Variante *a* und *b*) detaillierter **pro Verbrauchersektor** dargestellt.

Die 4 Verbrauchersektoren sind (total spezifische CO_2-Emissionen 2012: 1,6 t/Kopf):

- Industrie (0,39 t/Kopf)
- Verkehr (0,18 t/Kopf)
- Haushalte, Dienstleistungen, Landwirtschaft usw. (HDL), (0,23 t/Kopf)
- Verluste Energiesektor (0,78 t/Kopf))

Die Energie- und Emissionsdaten für 2012 entsprechen dem Indien-Anhang A5.

Die angenommene Verteilung der, direkt oder indirekt (über Elektrizität und Fernwärme), CO_2 emittierenden Energieträger innerhalb der Sektoren, für die beiden Varianten 2030 in Bild 12.3.6, *stellt eine Möglichkeit unter mehreren dar*, die 2-Grad-Bedingung zu erfüllen

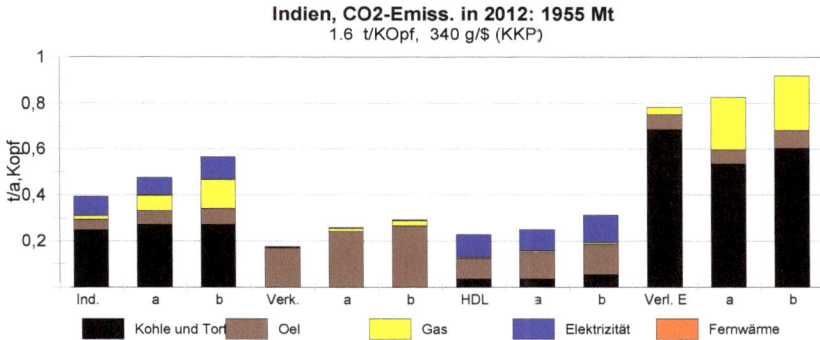

Indien, CO2-Emiss. in 2012: 1955 Mt
1.6 t/KOpf, 340 g/$ (KKP)

Bild 12.36. CO_2 Emissionen pro Kopf der 4 Sektoren : Industrie, Verkehr, HDL, Verluste Energiesektor (Definitionen s. Anhang), dargestellt jeweils mit drei Balken:
Erster Balken: 2012 (Daten in Text und Titel, gemäss Indien-Anhang A5),
Zweiter Balken: 2°C-Szenario *a* für **2030**, 2600 Mt, 1,81 t/capita, 200 g/$ (KKP)
Dritter Balken: 2°C-Szenario *b* für **2030**, 3000 Mt, 2,08 t/capita, 231 g/$ (KKP)

Der Zielwert 2030 ist z.B. erreicht, wenn die pro Kopf Emissionen:

- **bei der Elektrizitäts- und Fernwärmeproduktion, einschliesslich Verluste im Energiesektor**, um 3% (Variante *a*) bzw. höchstens um 18% (Variante *b*) zunehmen, von 0,97 t/Kopf in 2012 auf 1,0 bis 1,14 t/Kopf (Effizienzverbesserungen, Ersatz von Kohle durch Gas, CCS, erneuerbare Energien und Kernenergie),

- **im Wärmebereich** um 25% (*a*) bzw. höchstens um 50% (*b*) zunehmen, von 0,44 t/Kopf in 2012 auf 0,55 bis 0,66 t/Kopf durch Effizienzverbesserungen (Isolation), Reduktion des Kohleverbrauchs sowie den Einsatz von (in Industrie + H.D.L) erneuerbaren Energien (Wärmepumpe, Abfallverwertung, Solarenergie, Geothermie),

- **im Verkehrsbereich** um 44% bis max. 60% ansteigen (von 0,18 t/Kopf in 2012 auf 0,26 bis 0,29 t/Kopf), durch Effizienzverbesserungen, Gastreibstoffe, Biotreibstoffe und als ferneres Ziel Elektromobilität.

12.4 Russland

12.4.1 Effektive Indikatoren (Energieintensität, CO_2-Intensität der Energie und CO_2-Nachhaltigkeit) von 1990 bis 2012 und für das 2-Grad Ziel bis 2030 erforderliche

Russland liegt, mit 541 g CO_2/\$, auf dem zweitletzten Platz der G-20 Rangliste. Dies vor allem wegen sehr schlechter Energieeffizienz (2,62 kWh/\$, hohe Verluste im Energiesektor, s. Anhang). Der tatsächliche Verlauf der Indikatoren von 1990 bis 2012 und der für das 2-Grad-Ziel bis 2030 notwendige Verlauf der Varianten *a* und *b* zeigt Bild 12.4.1.

Der anzustrebende Nachhaltigkeitsindikator für 2030 ist 282 bis 321 g CO_2/\$ (-48% bis -41% relativ zu 2012) bei einem CO_2-Anteil Russlands von 1100 bis 1250 Mt (-34% bis -25% relativ zu 2012). Die Werte für 2019 berücksichtigen den vom Internationalen Währungsfond IMF prognostizierten Wert des BIP(KKP) von 3'300 Mrd. \$ (von 2007). Das BIP für 2030 ist auf 3'900 Mrd \$ veranschlagt.

Russland, Indikatoren 1990 bis 2030

BIP KKP in \$ von 2007

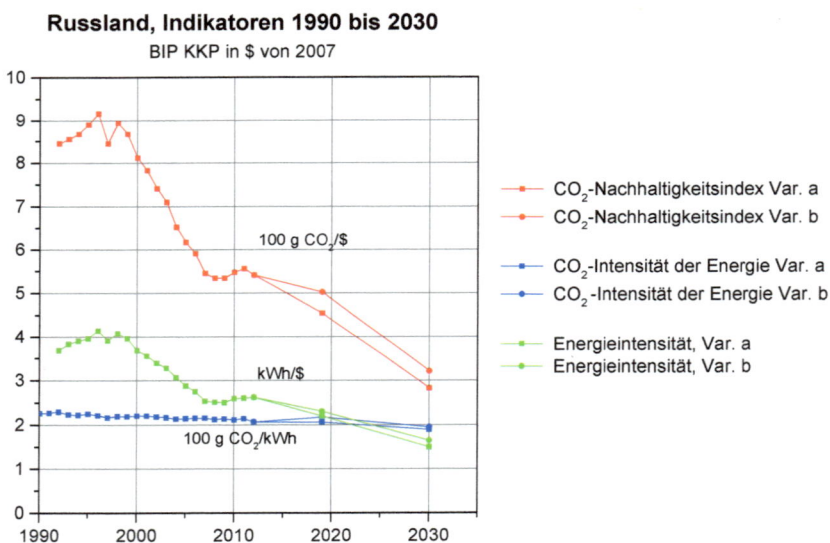

Bild 12.4.1. Indikatoren Russlands, 1990 bis 2011 und Klimaschutz-Szenario bis 2030

Der Bruttoenergiebedarf 2030 wäre nach diesem Szenario 500-550 Mtoe (nur energiebedingter Teil). Für die Pro-Kopf-Indikatoren für Energie und CO_2-Ausstoß folgt dann zu diesem Zeitpunkt *e* = 5.0 bis 5,5 kW/Kopf und α = 8.3 bis 9,4 t CO_2/Kopf (beide rund 30% bzw. 20% niedriger als 2012).

Die anzustrebende Trendänderung der Indikatoren relativ zur Periode 2000 bis 2011, zur Einhaltung des 2-Grad-Ziels, ist in Bild 12.4.2 für Variante *a* veranschaulicht. Der gute Trend der Energieintensität ist einzuhalten und zu verstärken. Der Trend der CO_2-Intensität muss etwas verbessert werden, vor allem nach 2019.

Bedenklich ist allerdings die Trend-Entwicklung der Energieintensität in den letzten vier Jahre (Bild 12.4.1), die rasch überwunden werden müsste

Die Variante *b* (Bild 12.4.3) lässt eine Verlangsamung der Tendenzen und sogar eine Inversion des Trends der CO_2-Intensität der Energie bis 2019 zu. Nach diesem Datum muss die Trendwende allerdings etwa so kräftig wie in Variante *a* sein.

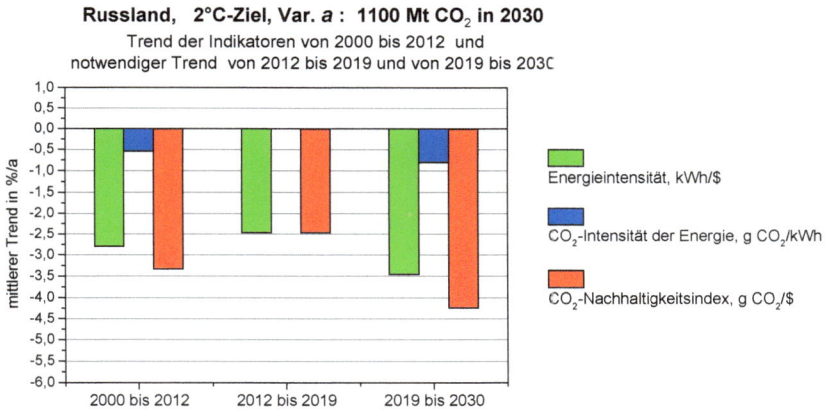

Bild 12.4.2.   Trend der Indikatoren von 2000 bis 2012 und notwendige Trendänderung ab 2012 zur Einhaltung der 2- Grad-Grenze, Variante *a*

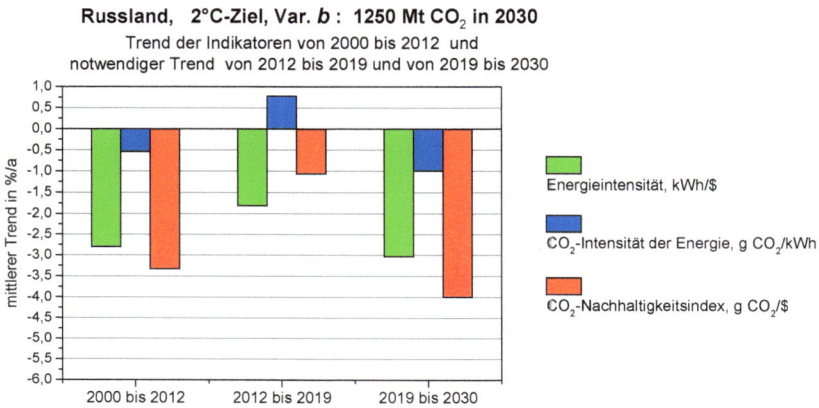

Bild 12.4.3.   Trend der Indikatoren von 2000 bis 2012 und notwendige Trendänderung ab 2012 zur Einhaltung der 2- Grad-Grenze, Variante *b*

12.4.2   CO$_2$-Emissionen bis 2050

Die tatsächlichen CO$_2$-Emissionswerte von Russland von 1990 bis 2012 und die für die Einhaltung des 2-Grad-Klimaziels bis 2050 zulässigen (entsprechend dem Indikatorenverlauf von Bild 12.4.1 bis 12.4.3), sind in Bild 12.4.4 dargestellt.

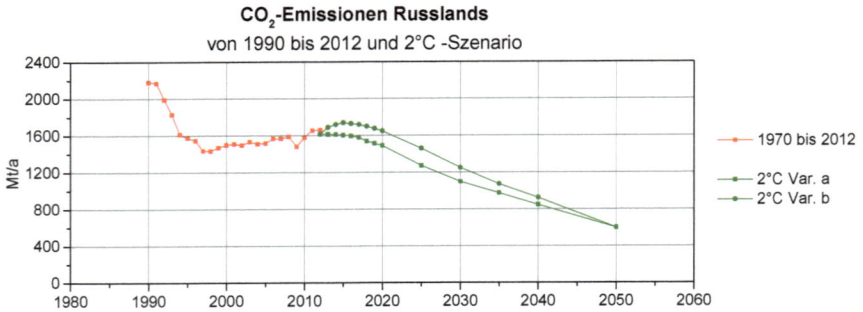

Bild 12.4.4. CO$_2$-Emissionen von Russland, 1990 bis 2012 und Klimaschutz-Szenario bis 2050

12.1.3   Pro-Kopf-Indikatoren bis 2030

Bild 12.4.5 zeigt die pro Kopf Indikatoren Russlands von 1980 bis 2012 sowie den sich aus den vorangegangenen Überlegungen ergebenden Verlauf bis 2030 bei Einhaltung des 2-Grad-Ziels für beide Varianten *a* und *b*. Die BIP(KKP)-Daten bis 2019 entsprechen den Statistiken und Voraussagen des IMF (Internationaler Währungsfond).

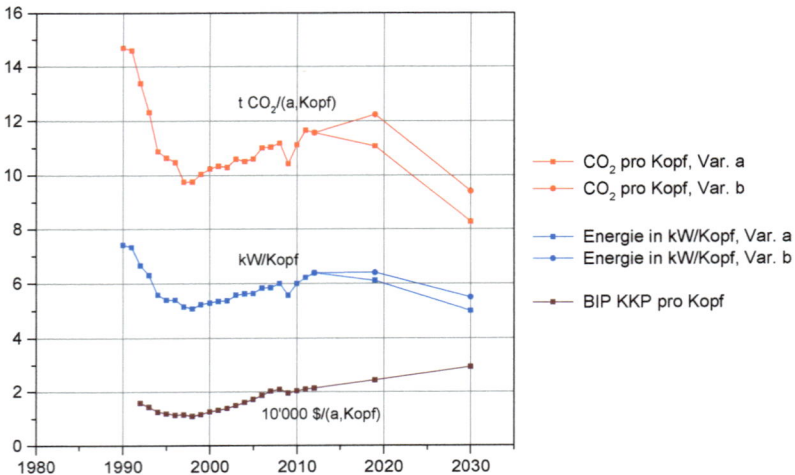

Bild 12.4.5. Pro Kopf Indikatoren Russlands von 1990 bis 2012 und 2-Grad-Szenario bis 2030

Im folgenden Bild 12.4.6 sind die CO_2-Emissionen pro Kopf der Wohnbevölkerung des Jahres 2012 und jene des 2-Grad-Szenarios für 2030 (Variante *a* und *b*) detaillierter **pro Verbrauchersektor** dargestellt.

Die 4 Verbrauchersektoren sind (totale spezifische CO_2-Emissionen 2012: 11,6 t/Kopf):

- Industrie (2,4 t/Kopf)
- Verkehr (1,7 t/Kopf)
- Haushalte, Dienstleistungen, Landwirtschaft usw. (HDL), (2,5 t/Kopf)
- Verluste des Energiesektors (5,0 t/Kopf))

Die Energie- und Emissionsdaten für 2012 entsprechen dem Russland-Anhang A5.

End-Energieträger emittieren CO_2 direkt oder indirekt (über Elektrizität und Fernwärme). Die für 2030 angenommene Verteilung der CO_2-Emissionen innerhalb der Sektoren, Varianten *a* und *b*, stellt *eine Möglichkeit unter mehreren dar*, die 2-Grad-Bedingung zu erfüllen.

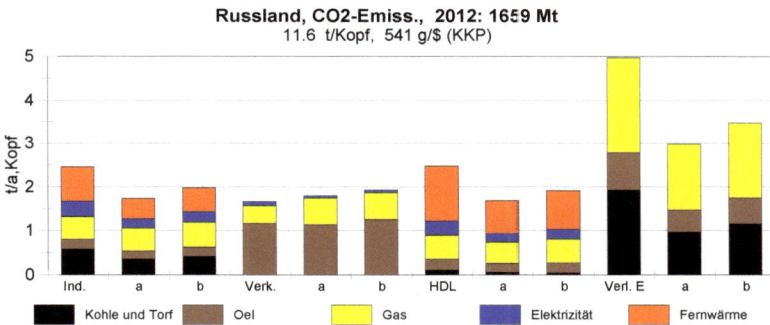

Russland, CO2-Emiss., 2012: 1659 Mt
11.6 t/Kopf, 541 g/$ (KKP)

Kohle und Torf   Oel   Gas   Elektrizität   Fernwärme

Bild 12.4.6. CO_2 Emissionen pro Kopf der 4 Sektoren : Industrie, Verkehr, HDL, Verluste Energiesektor (Definitionen s. Anhang), dargestellt jeweils mit drei Balken:
Erster Balken: **2012** (Daten in Text und Titel, gemäss Russland-Anhang A5),
Zweiter Balken: mögliches 2°C-Szenario *a* für **2030**, 1100 Mt, 8,3 t/cap.ta, 282 g/$ (KKP)
Dritter Balken: mögliches 2°C-Szenario *b* für **2030**, 1250 Mt, 9,4 t/capita, 321 g/$ (KKP)

Der Zielwert 2030 ist z.B. erreicht, wenn die pro Kopf Emissionen:

- **bei der Elektrizitäts- und Fernwärmeproduktion, einschliesslich Verluste im Energiesektor**, um 40% (Variante *a*) bzw. 30% (Variante *b*) reduziert werden, von 7,8 t/Kopf in 2012 auf 4,7 bis 5,5 t/Kopf (Effizienzverbesserungen, Ersatz von Kohle durch Gas, CCS, erneuerbare Energien und Kernenergie),

- **im Wärmebereich** (Industrie von erneuerbaren Energien (Wärmepumpe, Abfallverwertung, Solarenergie, Geothermie), um 19% (a) bzw. um 10% (b) reduziert werden (von 2,2 t/Kopf in2013 auf 1,8 bis 2,0 t/Kopf),

- **im Verkehrsbereich** um 8% bis max. 16% ansteigen (von 1,66 in 2012 auf 1,8 bis 1,93 t/Kopf), durch Effizienzverbesserungen, Gastreibstoffe, Biotreibstoffe und Elektromobilität.

12.5 Japan

12.5.1 Effektive Indikatoren (Energieintensität, CO$_2$-Intensität der Energie und CO$_2$-Nachhaltigkeit) von 1980 bis 2012 und für das 2-Grad Ziel bis 2030 erforderliche

Japan weist 2012, mit 299 g CO$_2$/$, einen im Rahmen der G-20-Gruppe recht guten CO$_2$-Nachhaltigkeitsindikator auf. Der tatsächliche Verlauf der Indikatoren von 1980 bis 2012 und der für das 2-Grad-Ziel bis 2030 notwendige Verlauf der Varianten *a* und *b* zeigt Bild 12.5.1. Auffallend ist die empfindliche Verschlechterung der CO$_2$-Intensität der Energie in 2011 als Folge des Fukushima-Unfalls.

Der anzustrebende Klimaschutz-Zielwert für 2030 ist 183 bis 202 g CO$_2$/$ (-39% bis -33% relativ zu 2012) was CO$_2$-EmissionenAnteil von 950-1050 Mt entspricht. Die Werte für 2019 berücksichtigen den vom Internationalen Währungsfond IMF prognostizierten Wert des BIP(KKP) von rund 4'340 Mrd. $ (von 2007). Das BIP für 2030 ist auf 5'200 Mrd $ veranschlagt.

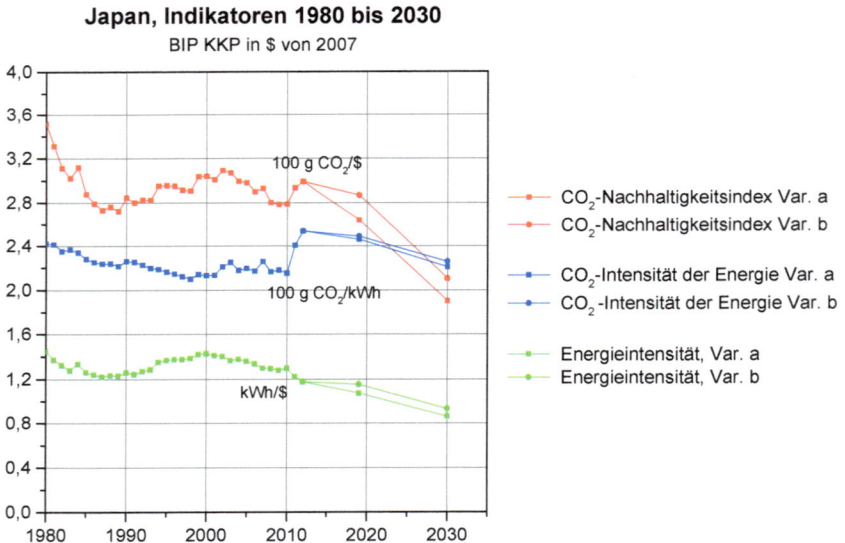

Bild 12.5.1. Japan-Indikatoren 1990 bis 2012 und Klimaschutz-Szenario bis 2030 (deutliche Verschlechterung ab 2011 wegen Fukushima)

Der Bruttoenergiebedarf 2030 ist nach diesem Szenario 370 - 400 Mtoe (nur energiebedingter Teil). Die Pro-Kopf-Indikatoren für Energie und CO$_2$-Ausstoß wären dann zu diesem Zeitpunkt: e = 3,9 bis 4,2 kW/Kopf (-10% (Var. a) bis -3% (Var. b) relativ zu 2012) und α = 7,5 bis 8,3 t CO$_2$/Kopf (-22% bis -14%) relativ zu 2012.

Die anzustrebende Trendänderung der Indikatoren relativ zur Periode 2000 bis 2012, zur Einhaltung des 2-Grad-Ziels, ist in Bild 12.5.2 veranschaulicht. Eine Verbesserung des Energieeffizienztrends und Anstrengungen bei der CO_2-Intensität der Energie (-1%/a nach 2019) sind notwendig, trotz Fukushima.

Japan,   2°C-Ziel, Var. *a* : 950 Mt CO_2 in 2030

Trend der Indikatoren von 2000 bis 2012 und
notwendiger Trend von 2012 bis 2019 und von 2019 bis 2030

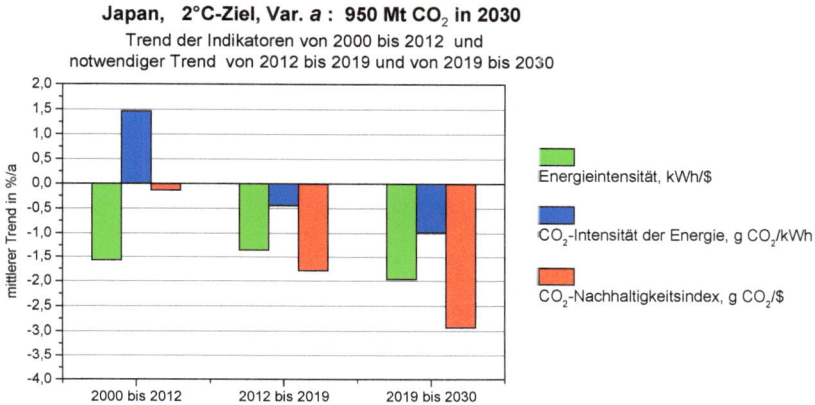

Energieintensität, kWh/$

CO_2-Intensität der Energie, g CO_2/kWh

CO_2-Nachhaltigkeitsindex, g CO_2/$

Bild 12.5.2.   Trend der Indikatoren von 2000 bis 2012 und notwendige Trendänderung ab 2012 zur Einhaltung der 2- Grad-Grenze, Variante *a*

Die Variante b (Bild 12.5.3) ist deutlich sanfter bis 2019, erfordert aber, um das 2-Grad-Ziel zu erreichen, grössere Anstrengungen nach 2030 (s. dazu auch Bild 12.5.4).

Japan,   2°C-Ziel, Var. *b* : 1050 Mt CO_2 in 2030

Trend der Indikatoren von 2000 bis 2012 und
notwendiger Trend von 2012 bis 2019 und von 2019 bis 2030

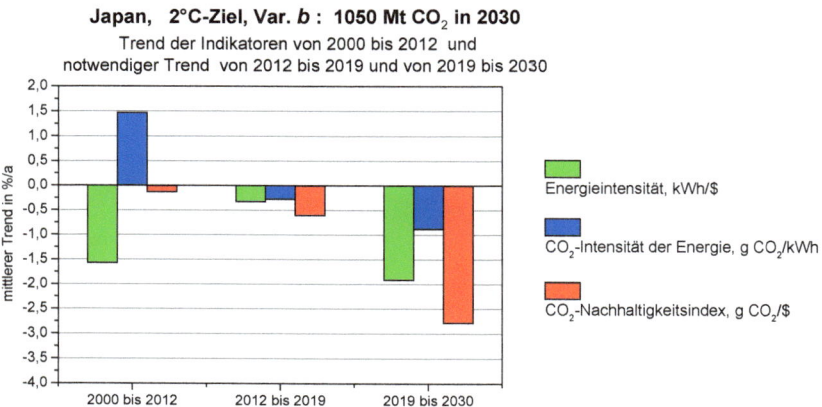

Energieintensität, kWh/$

CO_2-Intensität der Energie, g CO_2/kWh

CO_2-Nachhaltigkeitsindex, g CO_2/$

Bild 12.5.3.   Trend der Indikatoren von 2000 bis 2012 und notwendige Trendänderung ab 2012 zur Einhaltung der 2- Grad-Grenze, Variante *b*

12.5.2 CO₂-Emissionen bis 2050

Die tatsächlichen CO_2-Emissionswerte Japans von 1970 bis 2012, und die für die Einhaltung des 2-Grad-Klimaziels bis 2050 zulässigen, sind für beide Varianten *a* und *b* in Bild 12.5.4 dargestellt (entsprechend dem Indikatoren-Verlauf in Bild 12.5.1 bis 12.5.3).

CO₂-Emissionen Japans
von 1970 bis 2012 und 2°C -Szenario

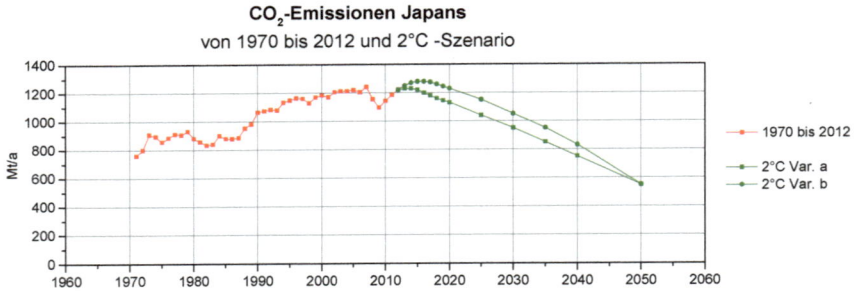

Bild 12.5.4. CO_2-Emissionen Japans 1970 bis 2012 und Klimaschutz-Szenario bis 2050

12.5.3 Pro-Kopf-Indikatoren bis 2030

Bild 12.5.5 zeigt die **pro Kopf Indikatoren** Japans von 1980 bis 2012 sowie den sich aus den vorangegangenen Überlegungen ergebenden Verlauf bis 2030 bei Einhaltung des 2-Grad-Ziels für beide Varianten a und b. Die BIP(KKP)-Daten bis 2019 entsprechen den Statistiken und Voraussagen des IMF.

Japan, pro Kopf Indikatoren von 1980 bis 2030
BIP KKP in $ von 2007

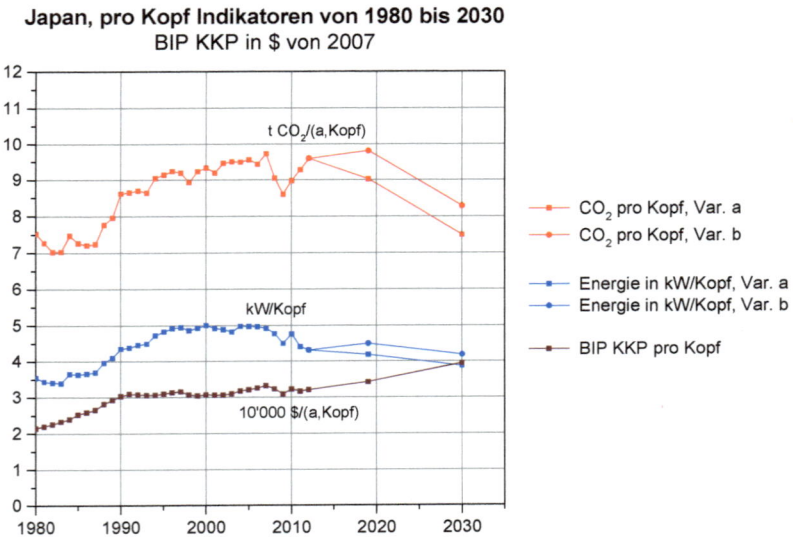

Bild 12.5.5. Pro Kopf Indikatoren Japans von 1990 bis 2012 und 2-Grad-Szenario bis 2030

Im folgenden Bild 12.5.6 sind die CO_2-Emissionen pro Kopf der Wohnbevölkerung des Jahres 2012 und jene des 2-Grad-Szenarios für 2030 (Variante *a* und *b*) detaillierter **pro Verbrauchersektor** dargestellt.

Die 4 Verbrauchersektoren sind (totale spezifische CO_2-Emissionen 2012: 9,6 t/Kopf):

- Industrie (2,0 t/Kopf)
- Verkehr (1,8 t/Kopf)
- Haushalte, Dienstleistungen, Landwirtschaft usw. (HDL), (2,4 t/Kopf)
- Verluste des Energiesektors (3,5 t/Kopf))

Die Energie- und Emissionsdaten für 2012 entsprechen dem Japan-Anhang A5.

End-Energieträger emittieren CO_2 direkt oder indirekt (über Elektrizität und Fernwärme). Die für 2030 angenommene Verteilung der CO_2-Emissionen innerhalb der Sektoren, Varianten *a* und *b*, stellt *eine Möglichkeit unter mehreren dar*, die 2-Grad-Bedingung zu erfüllen.

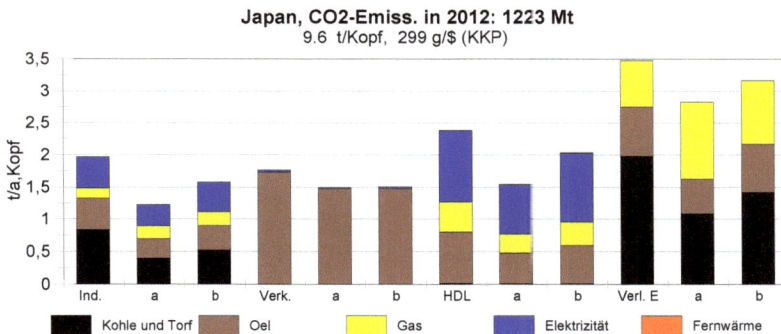

Japan, CO2-Emiss. in 2012: 1223 Mt
9.6 t/Kopf, 299 g/$ (KKP)

Bild 12.5.6. CO_2 Emissionen pro Kopf der 4 Sektoren : Industrie, Verkehr, HDL, Verluste Energiesektor (Definitionen s. Anhang), dargestellt jeweils mit drei Balken:
Erster Balken: **2012** (Daten in Text und Titel, gemäss Japan-Anhang A5),
Zweiter Balken: mögliches 2°C-Szenario *a* für **2030**, 950 Mt, 7,5 t/capita, 183 g/$ (KKP)
Dritter Balken: mögliches 2°C-Szenario *b* für **2030**, 1050 Mt, 8,3 t/capita, 202 g/$ (KKP)

Der Zielwert 2030 ist z.B. erreicht, wenn die pro Kopf Emissionen:

- **bei der Elektrizitäts- und Fernwärmeproduktion, einschliesslich Verluste im Energiesektor**, um 15% (Variante a) bzw. 7% (Variante b) reduziert, von 5,1 t/Kopf in 2012 auf 4,3 bis 4,8 t/Kopf (Effizienzverbesserungen, Ersatz von Kohle durch Gas, CCS, erneuerbare Energien und Kernenergie),

- **im Wärmebereich** (Industrie + HDL) durch Effizienzverbesserungen, Reduktion des Kohleverbrauchs sowie den Einsatz von erneuerbaren Energien (Wärmepumpe, Abfallverwertung, Solarenergie, Geothermie), um 40% (*a*) bzw. um 25% (*b*) reduziert werden (von 2,8 t/Kopf in 2012 auf 1,7 bis 2,1 t/Kopf),

- **im Verkehrsbereich** um 15% reduziert werden (*a* und *b*, von 1,8 t/Kopf in 2012 auf 1,5 t/Kopf), durch Effizienzverbesserungen, Gastreibstoffe, Biotreibstoffe und Elektromobilität.

12.6 Deutschland

12.6.1 Effektive Indikatoren (Energieintensität, CO_2-Intensität der Energie und CO_2-Nachhaltigkeit) von 1980 bis 2012 und für das 2-Grad Ziel bis 2030 erforderliche

Der CO_2-Nachhaltigkeitsindikator Deutschlands ist mit 243 g CO_2/$ recht gut im Rahmen der G-20, liegt aber über dem Durschnitt der EU-27. Grund ist die noch zu stark auf Kohle basie-rende Elektrizitätsproduktion (s. Anhang). Der tatsächliche Verlauf der Indikatoren von 1980 bis 2012 und der für das 2-Grad-Ziel bis 2030 notwendige Verlauf, der sich für Deutschland wenig unterscheidenden Varianten *a* und *b*, zeigt Bild 12.6.1.

Der anzustrebende Klimaschutz-Zielwert für 2030 ist 151-159 g CO_2/$ (-38% bis-35% relativ zu 2012) was einem CO_2-Ausstoss Deutschlands von 560-590 Mt entspricht. Die Werte für 2019 berücksichtigen den vom Internationalen Währungsfond IMF prognostizierten Wert des BIP(KKP) von rund 3'440 Mrd. $ (von 2007). Das BIP für 2030 ist auf 3'700 Mrd $ veran-schlagt.

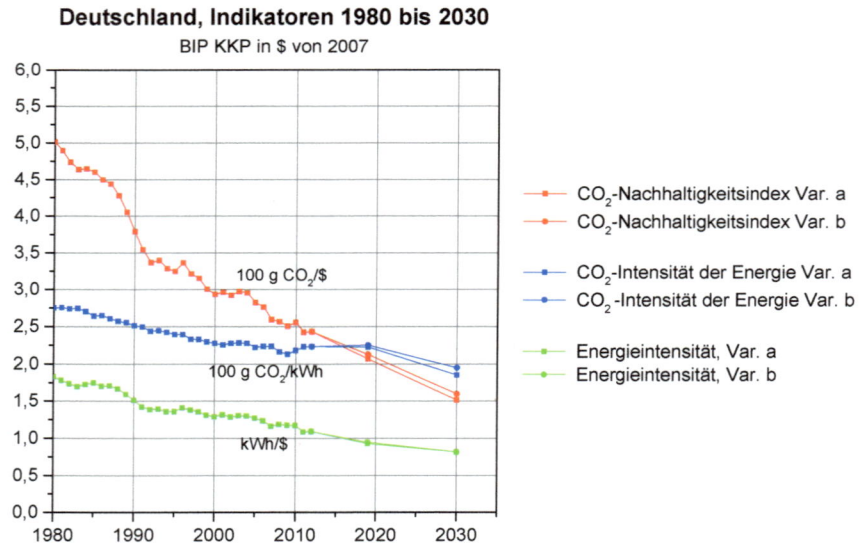

Bild 12.6.1. Deutschland-Indikatoren 1980 bis 2012 und Klimaschutz-Szenario bis 2030

Der Bruttoenergiebedarf 2030 ist nach diesem Szenario 260 Mtoe (nur energiebedingter Teil) Die Pro-Kopf-Indikatoren für Energie und CO_2-Ausstoß wären dann zu diesem Zeitpunkt: e = 4,3 kW/Kopf (-8,5%) und α = 6,8 bis 7,4 t CO_2/Kopf (-26% bis -20%) relativ zu 2012.

Die anzustrebende Trendänderung der Indikatoren relativ zur Periode 2000 bis 2012, zur Einhaltung des 2-Grad-Ziels, ist in Bild 12.6.2 für Variante *a* veranschaulicht. Eine Beibehaltung und leichte Verbesserung des Energieeffizienztrends und eine deutliche Verbesserung des Trends der CO_2-Intensität der Energie ab 2019 (-1.6%/a) sind notwendig.

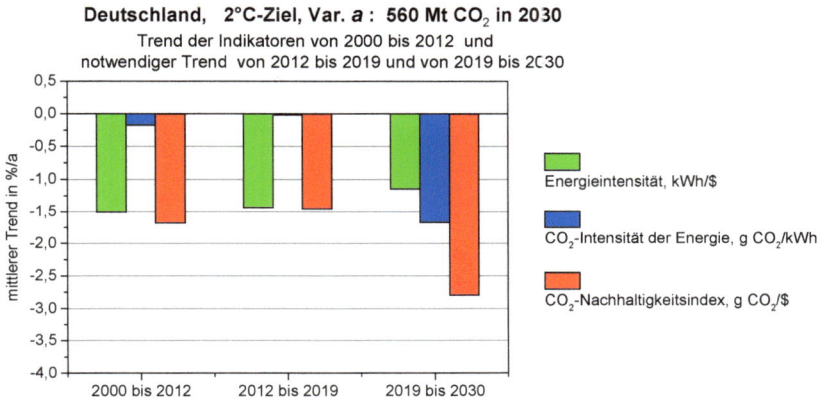

Bild 12.6.2.   Trend der Indikatoren von 2000 bis 2012 und notwendige Trendänderung ab 2012 zur Einhaltung der 2- Grad-Grenze, Variante *a*

Mit Variante *b* (Bild 12.6.3) nimmt die Verbesserung des Trends der CO_2-Intensität mehr Zeit in Anspruch.

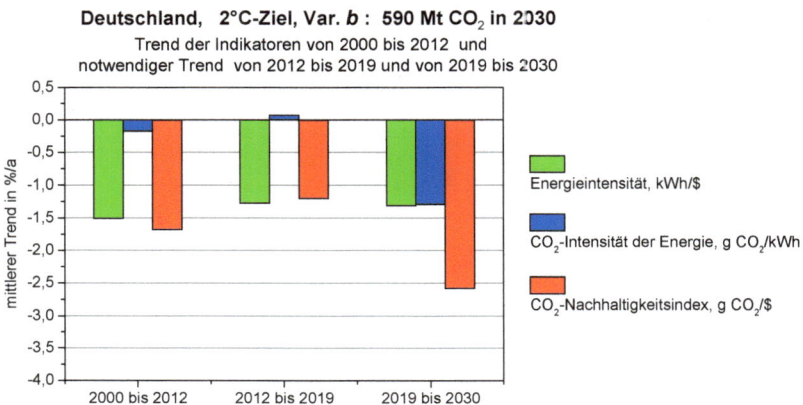

Bild 12.6.3.   Trend der Indikatoren von 2000 bis 2012 und notwendige Trendänderung ab 2012 zur Einhaltung der 2- Grad-Grenze, Variante *b*

12.6.2 CO_2-Emissionen bis 2050

In Bild 12.6.4 sind für Deutschland die effektiven CO_2-Emissionswerte von 1970 bis 2012, und die für die Einhaltung des 2-Grad-Klimaziels bis 2050 zulässigen, dargestellt (entsprechend dem Indikatoren-Verlauf in Bild 12.6.1 bis 12.6.3).

Bild 12.6.4. CO_2-Emissionen Deutschlands 1970 bis 2012 und Klimaschutz-Szenario bis 2050

12.6.3 Pro-Kopf-Indikatoren bis 2030

Bild 12.6.5 zeigt die **pro Kopf Indikatoren** Deutschlands von 1980 bis 2011 sowie den sich aus den vorangegangenen Überlegungen ergebenden Verlauf bis 2030 bei Einhaltung des 2-Grad-Ziels für beide Varianten a und b. Die BIP(KKP)-Daten bis 2018 entsprechen den Statistiken und Voraussagen des IMF.

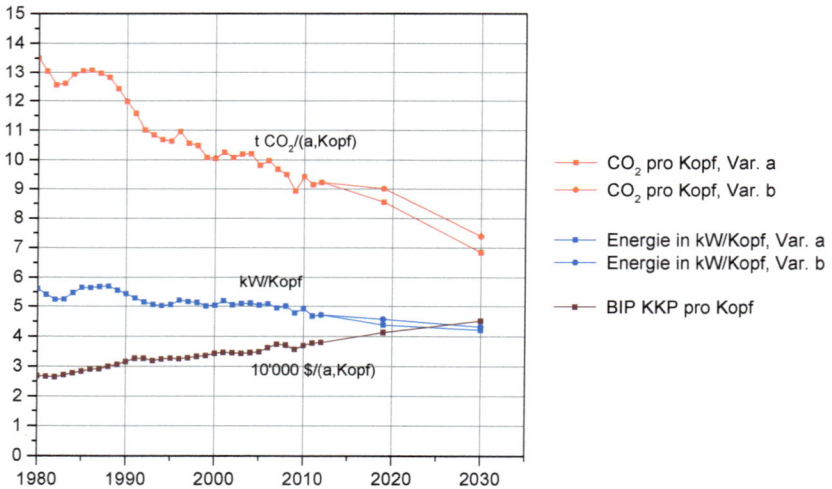

Deutschland, pro Kopf Indikatoren von 1980 bis 2030
BIP KKP in $ von 2007

Bild 12.6.5. Pro Kopf Indikatoren Deutschlands 1980 bis 2012 und 2-Grad-Szenario bis 2030
Im folgenden Bild 12.6.6 sind die CO_2-Emissionen pro Kopf der Wohnbevölkerung des Jahres 2011 und jene des 2-Grad-Szenarios für 2030 (Variante *a* und *b*) detaillierter **pro Verbrauchersektor** dargestellt.

Die 4 Verbrauchersektoren sind (totale spezifische CO_2-Emissionen 2011: 9,2 t/Kopf):

- Industrie (1,7 t/Kopf)
- Verkehr (1,9 t/Kopf)
- Haushalte, Dienstleistungen, Landwirtschaft usw. (2,6 t/Kopf)
- Verluste Energiesektor (3,1 t/Kopf))

Die Energie- und Emissionsdaten für 2012 entsprechen dem Deutschland-Anhang A5.

Die angenommene Verteilung der, direkt oder indirekt (über Elektrizität und Fernwärme), CO_2 emittierenden Energieträger innerhalb der Sektoren, für die beiden Varianten 2030 in Bild 12.6.6, stellt *eine Möglichkeit unter mehreren dar*, die 2-Grad-Bedingung zu erfüllen.

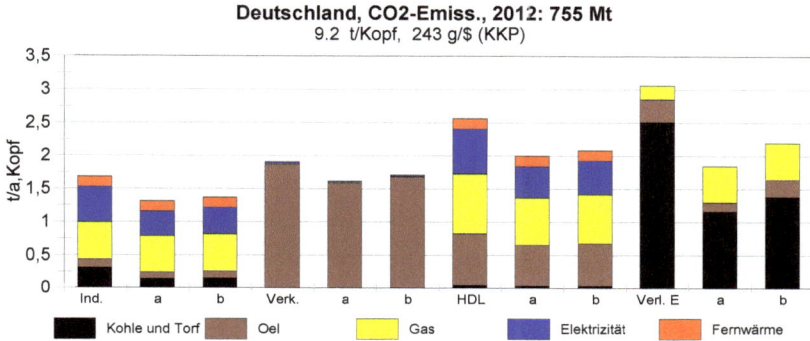

Deutschland, CO2-Emiss., 2012: 755 Mt
9.2 t/Kopf, 243 g/$ (KKP)

Bild 12.6.6. CO_2 Emissionen pro Kopf der 4 Sektoren : Industrie, Verkehr, H.D.L., Verluste Energiesektor (Definitionen s. Anhang), dargestellt jeweils mit drei Balken:
Erster Balken: **2012** (Daten in Text und Titel, gemäss Deutschland-Anhang A5),
Zweiter Balken: mögliches 2°C-Szenario *a* für **2030**, 560 Mt, 7,0 t/capita, 151 g/$ (KKP)
Dritter Balken: mögliches 2°C-Szenario *b* für **2030**, 590 Mt, 7,4, t/capita, 159 g/$ (KKP)

Der Zielwert 2030 ist z. B. erreicht, wenn die pro Kopf Emissionen:

- **bei der Elektrizitäts- und Fernwärmeproduktion, einschliesslich Verluste im Energie-sektor,** um 44% (Variante *a*) bzw. 25% (Variante *b*) reduziert werden, von 4,6 t/Kopf in 2011 auf 3,1 bis 3,5 t/Kopf (Effizienzverbesserungen, Ersatz von Kohle durch Gas, CCS, erneuerbare Energien: Sonne und Wind),
- **im Wärmebereich** (Industrie + H.D.L) durch Effizienzverbesserungen, Reduktion des Kohleverbrauchs sowie den Einsatz von erneuerbaren Energien (Wärmepumpe, Abfall-verwertung, Solarenergie, Geothermie), um 21% (*a*) bzw. um 18% (*b*) reduziert werden (von 2,7 t/Kopf in 2011 auf 2,1 bis 2,2 t/Kopf),
- **im Verkehrsbereich** um 15% (*a*) bzw. 10% (*b*) reduziert werden (von 1,9 t/Kopf in 2011 auf 1,6 bis 1,7 t/Kopf), durch Effizienzverbesserungen, Gastreibstoffe, Biotreibstoffe und Elektromobilität.

12. 7 Südkorea

12.7.1 Effektive Indikatoren (Energieintensität, CO_2-Intensität der Energie und CO_2-Nachhaltigkeit) von 1980 bis 2012 und für das 2-Grad Ziel bis 2030 erforderliche

Südkorea weist 2012, mit 404 g CO_2/\$, als OECD-Mitglied einen relativ schlechten CO_2-Nachaltigkeitsindikator auf. Hauptgrund ist die stark auf Kohle basierende Elektrizitätsproduktion (s. Anhang). Der tatsächliche Verlauf der Indikatoren von 1980 bis 2012 und der für das 2-Grad-Ziel bis 2030 notwendige Verlauf der Varianten *a* und *b* zeigt Bild 12.7.1.

Der anzustrebende Klimaschutz-Zielwert für 2030 ist 180 bis 228 g CO_2/\$ (-55% bis -44% relativ zu 2011) bei einem CO_2-Anteil Südkoreas von 450 bis 570 Mt am CO_2-Ausstoss der G-20 Gruppe von 22'300 bis 25'800 Mt. Die Werte für 2019 berücksichtigen den vom Internationalen Währungsfond IMF prognostizierten Wert des BIP(KKP) von rund 1'880 Mrd. \$ (von 2007). Das BIP für 2030 ist auf 2'500 Mrd \$ veranschlagt.

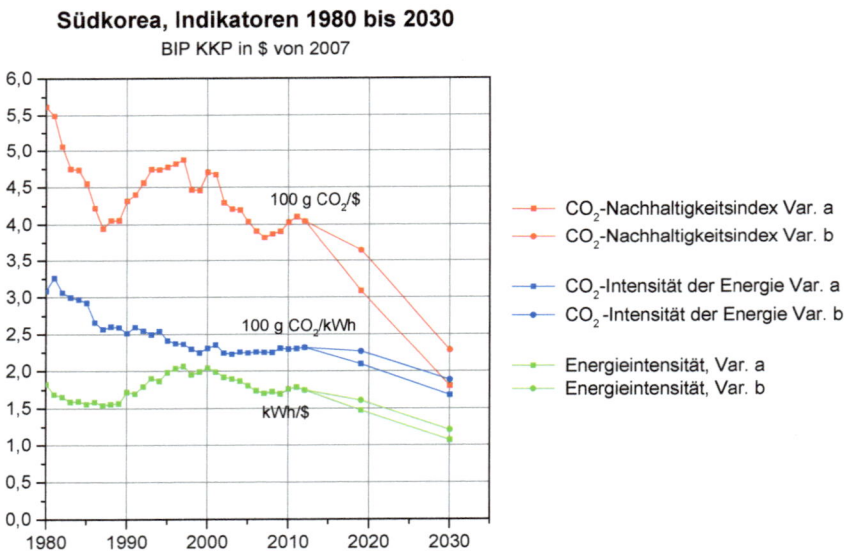

Südkorea, Indikatoren 1980 bis 2030
BIP KKP in \$ von 2007

Bild 12.7.1. Südkorea-Indikatoren 1980 bis 2012 und Klimaschutz-Szenario bis 2030

Der Bruttoenergiebedarf 2030 ist nach diesem Szenario 230 bis 260 Mtoe (nur energiebedingter Teil) Die Pro-Kopf-Indikatoren für Energie und CO_2-Ausstoß wären dann zu diesem Zeitpunkt: e = 5,9 bis 6,6 kW/Kopf (unverändert bis +14% relativ zu 2012) und α = 8,7 bis 11,0 t CO_2/Kopf (-27% (*a*) bis -8% (*b*) relativ zu 2012).

Die anzustrebende Trendänderung der Indikatoren relativ zur Periode 2000 bis 2012, zur Einhaltung des 2-Grad-Ziels, ist in Bild 12.7.2 für Variante *a* veranschaulicht. Eine deutliche Verbesserung des Energieeffizienztrends (vor allem im Vergleich zu den letzten vier Jahren, Bild 12.7.1) und eine Überwindung der Stagnation und markante Verbesserung des Trends der CO_2-Intensität der Energie sind notwendig.

Mit Variante *b* (Bild 12.7.3) beginnt die Verbesserung des Trends der Energieintensität und z.T. auch der CO_2-Intensität der Energie erst nach 2019.

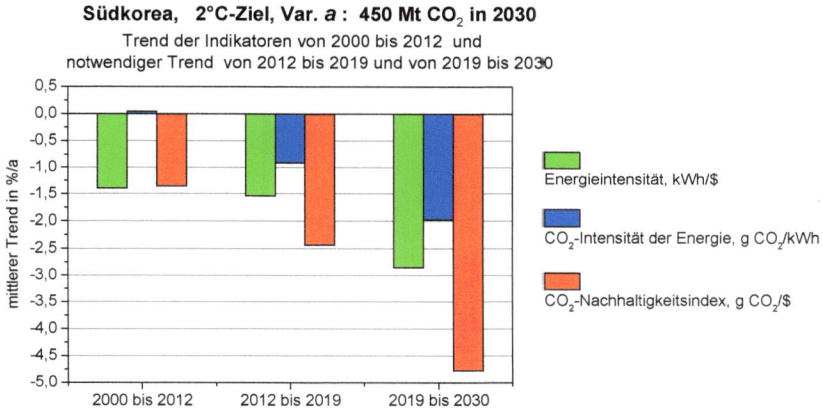

Bild 12.7.2.   Trend der Indikatoren von 2000 bis 2012 und notwendige Trendänderung ab 2012 zur Einhaltung der 2- Grad-Grenze, Variante *a*

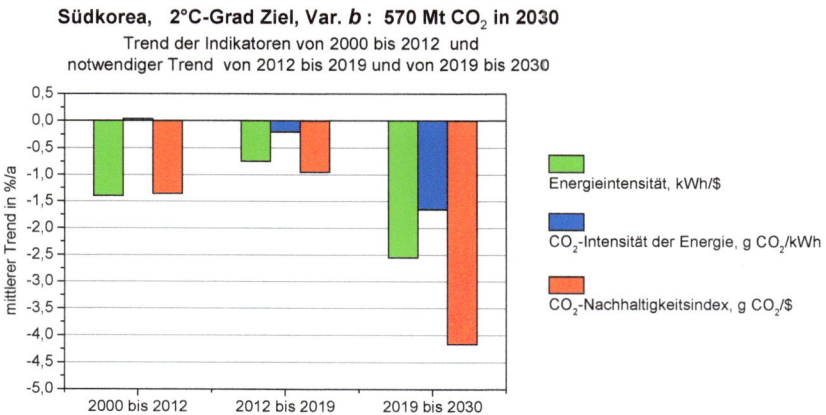

Bild 12.7.3.   Trend der Indikatoren von 2000 bis 2012 und notwendige Trendänderung ab 2012 zur Einhaltung der 2- Grad-Grenze, Variante *b*

12.7.2   CO$_2$-Emissionen bis 2050

In Bild 12.7.4 sind für Südkorea die effektiven CO$_2$-Emissionswerte von 1970 bis 2012, und die für die Einhaltung des 2-Grad-Klimaziels bis 2050 zulässigen, dargestellt (entsprechend dem Indikatoren-Verlauf in Bild 12.7.1 bis 12.7.3).

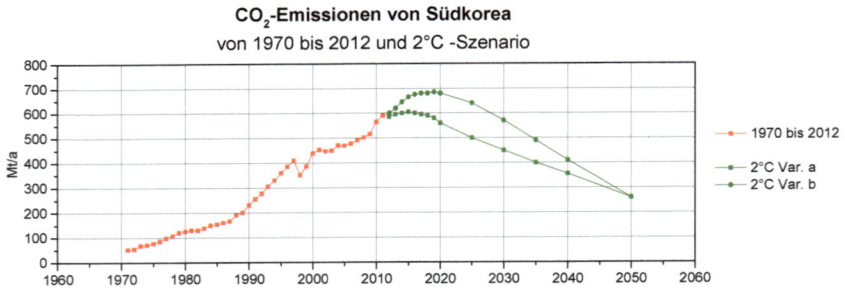

Bild 12.7.4. CO$_2$-Emissionen Südkoreas 1970 bis 2012 und Klimaschutz-Szenario bis 2050

12.7.3   Pro-Kopf-Indikatoren bis 2030

Bild 12.7.5 zeigt die **pro Kopf Indikatoren** Südkoreas von 1980 bis 2012 sowie den sich aus den vorangegangenen Überlegungen ergebenden Verlauf bis 2030 bei Einhaltung des 2-Grad-Ziels für beide Varianten *a* und *b*. Die BIP(KKP)-Daten bis 2019 entsprechen den Statistiken und Voraussagen des IMF.

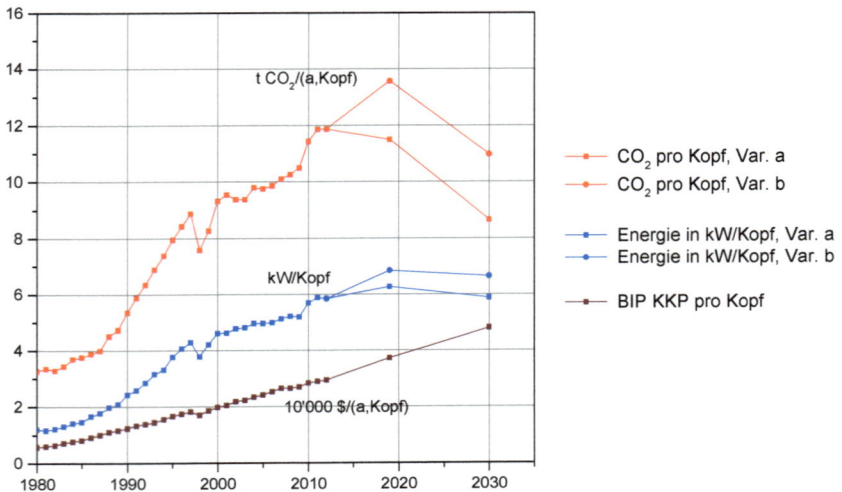

Bild 12.7.5. Pro Kopf Indikatoren Südkoreas 1980 bis 2012 und 2-Grad-Szenario bis 2030

Im folgenden Bild 12.7.6 sind die CO_2-Emissionen pro Kopf der Wohnbevölkerung des Jahres 2012 und jene des 2-Grad-Szenarios für 2030 (Variante *a* und *b*) dargestellt, detailliert **pro Verbrauchersektor.**

Die 4 Verbrauchersektoren sind (totale spezifische CO_2-Emissionen 2011: 11,9 t/Kopf):
-    Industrie (2,6 t/Kopf)
-    Verkehr (1,8 t/Kopf)
-    Haushalte, Dienstleistungen, Landwirtschaft usw. (HDL), (2,3 t/Kopf)
-    Verluste des Energiesektors (5,1 t/Kopf))

Die Energie- und Emissionsdaten für 2012 entsprechen dem Südkorea-Anhang A5.

Die angenommene Verteilung der, direkt oder indirekt (über Elektrizität und Fernwärme), CO_2 emittierenden Energieträger innerhalb der Sektoren, für die beiden Varianten 2030 in Bild 12.7.6, stellt *eine Möglichkeit unter mehreren dar*, die 2-Grad-Bedingung zu erfüllen.

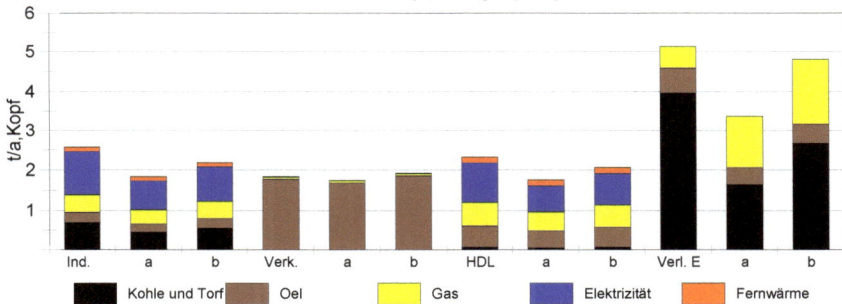

Bild 12.7.6. CO_2 Emissionen pro Kopf der 4 Sektoren : Industrie, Verkehr, H.D.L., Verluste Energiesektor (Definitionen s. Anhang), dargestellt jeweils mit drei Balken:
Erster Balken: **2012** (Daten in Text und Titel, gemäss Südkorea-Anhang A5),
Zweiter Balken: 2°C-Szenario **a** für **2030**, 450 Mt, 8,7 t/capita, 180 g/$ (KKP)
Dritter Balken: 2°C-Szenario **b** für **2030**, 570 Mt, 11,0 t/capita, 229 g/$ (KKP)

Der Zielwert 2030 ist z. B. erreicht, wenn die pro Kopf Emissionen:

-   **bei der Elektrizitäts- und Fernwärmeproduktion, einschliesslich Verluste im Energiesektor**, um 32% (Variante *a*) bzw. 19% (Variante *b*) reduziert werden, von 7,45 t/Kopf in 2012 auf 5,0 bis 6,7 t/Kopf (Effizienzverbesserungen, Ersatz von Kohle durch Gas, CCS, erneuerbare Energien, Kernenergie),

-   **im Wärmebereich** (Industrie + H.D.L) durch Effizienzverbesserungen, Reduktion des Kohleverbrauchs sowie den Einsatz von erneuerbaren Energien (Wärmepumpe, Abfallverwertung, Solarenergie, Geothermie), um 24% (*a*) bzw. um 9% (*b*) reduziert werden (von 2,6 t/Kopf in 2012 auf 2,0 bis 2,4 t/Kopf),

-   **im Verkehrsbereich** um 5% (*a*) reduziert werden bzw. höchstens um 5% (*b*) zunehmen (von 1,8 in 2012 auf 1,7 bis 1,9 t/Kopf), durch Effizienzverbesserungen, Gastreibstoffe, Biotreibstoffe und Elektromobilität.

12.8 Kanada

12.8.1 Effektive Indikatoren (Energieintensität, CO_2-Intensität der Energie und CO_2-Nachhaltigkeit) von 1980 bis 2012 und für das 2-Grad Ziel bis 2030 erforderliche

Kanada liegt 2012, mit einem CO_2-Nachhaltigkeitsindikator von 403 g CO_2/\$, unter dem Mittelwert der G-20-Länder. Besonders hoch ist der CO_2-Ausstoss des Verkehrsbereichs (s. Anhang). Der tatsächliche Verlauf der Indikatoren von 1980 bis 2012 und der für das 2-Grad-Ziel bis 2030 notwendige Verlauf der Varianten *a* und *b* zeigt Bild 12.8.1.

Der anzustrebende Klimaschutz-Zielwert für 2030 ist 205 bis 226 g CO_2/\$ was einem CO_2-Ausstoss von 390 bis 430 Mt entspricht. Die Werte für 2019 berücksichtigen den vom Internationalen Währungsfond IMF prognostizierten Wert des BIP(KKP) von rund 1'530 Mrd. \$ (von 2007). Das BIP für 2030 ist auf 1'900 Mrd \$ veranschlagt.

Kanada, Indikatoren von 1980 bis 2030
BIP KKP in \$ von 2007

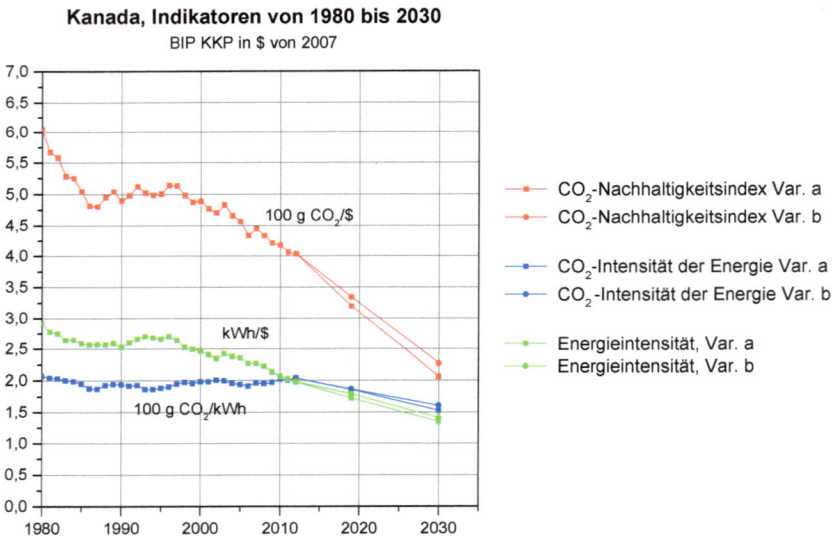

Bild 12.8.1. Kanada-Indikatoren 1980 bis 2012 und Klimaschutz-Szenario bis 2030

Der Bruttoenergiebedarf 2030 ist nach diesem Szenario 220 bis 230 Mtoe (nur energiebedingter Teil). Die Pro-Kopf-Indikatoren für Energie und CO_2-Ausstoß wären dann zu diesem Zeitpunkt: e = 7,0 bis 7,3 kW/Kopf (- 19% (a) bis -15% (b) relativ zu 2012) und α = 9,3 bis 10,2 t CO_2/Kopf (-39% bis -33%) relativ zu 2012.

Die anzustrebende Trendänderung der Indikatoren relativ zur Periode 2000 bis 2012, zur Einhaltung des 2-Grad-Ziels, ist in Bild 12.8.2 für Variante *a* veranschaulicht. Der gute Energieeffizienztrend muss beibehalten und leicht verstärkt werden. Die Überwindung der Stagnation und eine markante Verbesserung des Trends der CO_2-Intensität der Energie ist notwendig.

In Variante *b* (Bild 12.8.3) sind die Trendänderungen leicht sanfter und setzen etwas später ein.

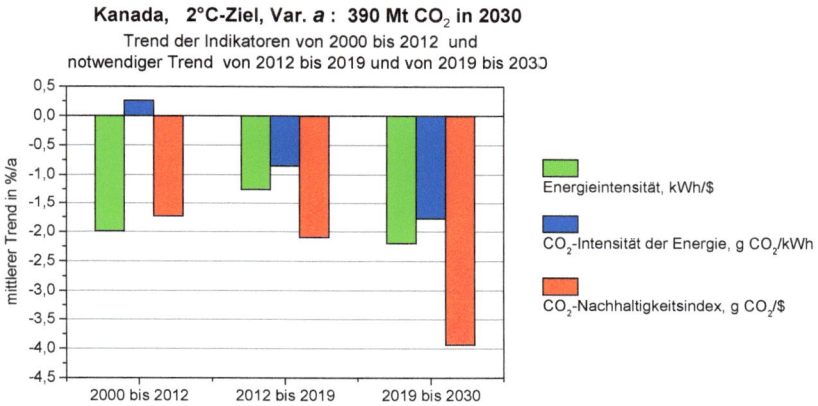

Bild 12.8.2. Trend der Indikatoren von 2000 bis 2012 und notwendige Trendänderung ab 2012 zur Einhaltung der 2- Grad-Grenze, Variante *a*

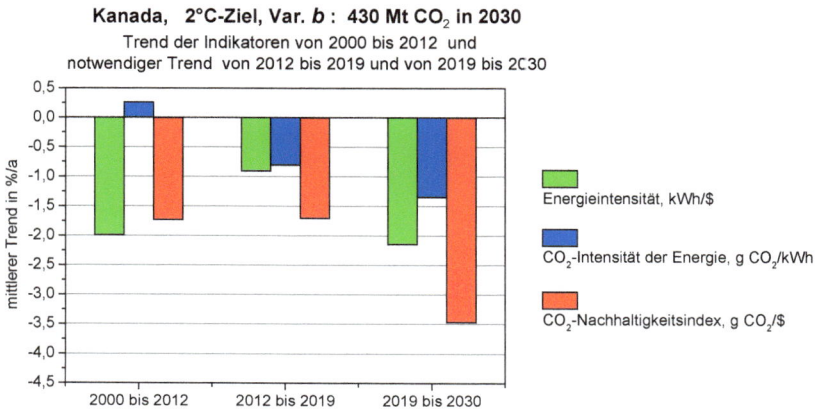

Bild 12.8.3. Trend der Indikatoren von 2000 bis 2012 und notwendige Trendänderung ab 2012 zur Einhaltung der 2- Grad-Grenze, Variante *b*

12.8.2 CO₂-Emissionen bis 2050

In Bild 12.8.4 sind für Kanada die effektiven CO_2-Emissionswerte von 1970 bis 2012 und die für die Einhaltung des 2-Grad-Klimaziels bis 2050 zulässigen dargestellt (entsprechend dem Indikatoren-Verlauf in Bild 12.8.1 bis 12.8.3).

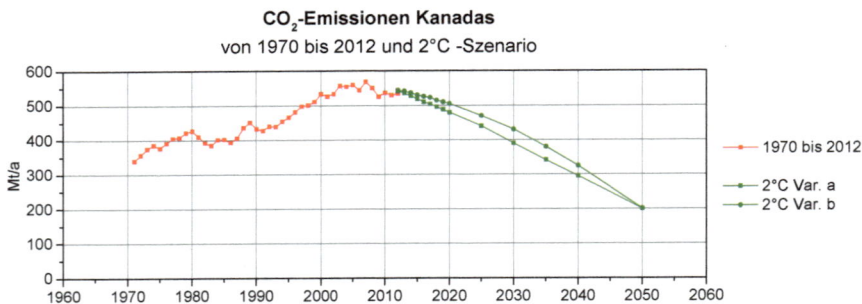

Bild 12.8.4. CO₂-Emissionen Kanadas 1970 bis 2012 und Klimaschutz-Szenario bis 2050

12.8.3 Pro-Kopf-Indikatoren bis 2030

Bild 12.8.5 zeigt die **pro Kopf Indikatoren** Kanadas von 1980 bis 2012 sowie den sich aus den vorangegangenen Überlegungen ergebenden Verlauf bis 2030 bei Einhaltung des 2-Grad-Ziels für beide Varianten *a* und *b*. Die BIP(KKP)-Daten bis 2019 entsprechen den Statistiken und Voraussagen des IMF.

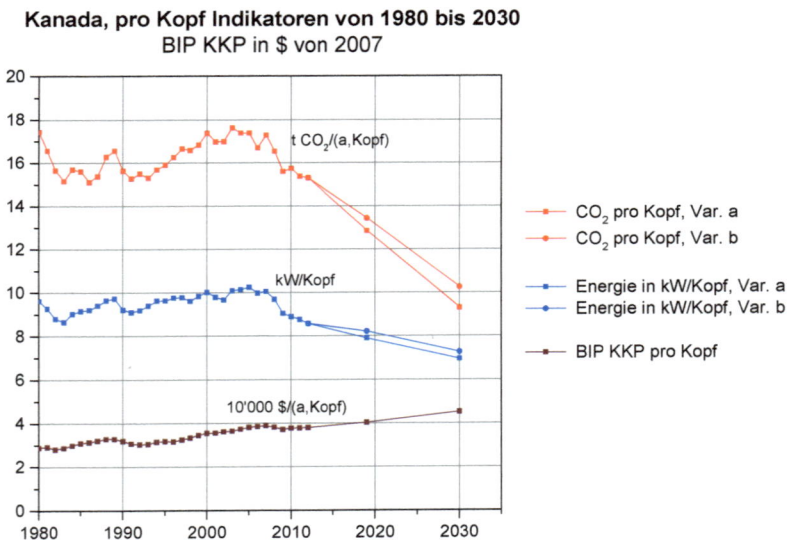

Bild 12.8.5. Pro Kopf Indikatoren Kanadas 1980 bis 2012 und 2-Grad-Szenario bis 2030

Im folgenden Bild 12.8.6 sind die CO_2-Emissionen pro Kopf der Wohnbevölkerung des Jahres 2012 und jene des 2-Grad-Szenarios für 2030 (Variante a und b) dargestellt, detailliert **pro Verbrauchersektor**.

Die 4 Verbrauchersektoren sind (Total spezifische. CO_2-Emissionen 2012: 15,3 t/Kopf):

- Industrie (3,6 t/Kopf)
- Verkehr (6,0 t/Kopf)
- Haushalte, Dienstleistungen, Landwirtschaft usw. (3,4 t/Kopf)
- Verluste Energiesektor (2,3 t/Kopf)

Die Energie- und Emissionsdaten für 2012 entsprechen dem Kanada-Anhang A5.

Die angenommene Verteilung der, direkt oder indirekt (über Elektrizität und Fernwärme), CO_2 emittierenden Energieträger innerhalb der Sektoren, für die beiden Varianten 2030 in Bild 12.8.6, stellt *eine Möglichkeit unter mehreren dar*, die 2-Grad-Bedingung zu erfüllen.

Kanada, CO2-Emiss. in 2012 534 Mt
15.3 t/Kopf, 403 g/$ (KKF)

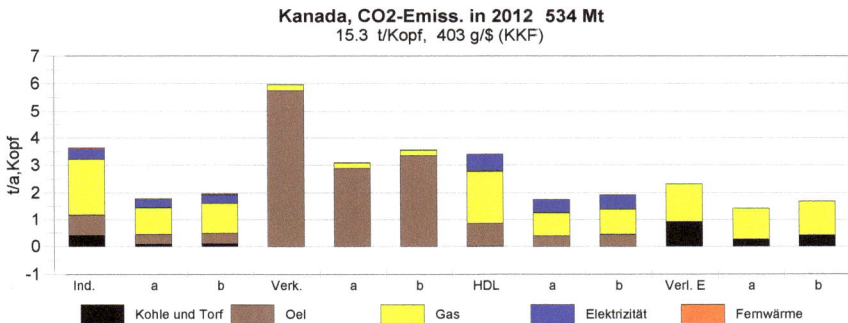

Bild 12.8.6. CO_2 Emissionen pro Kopf der 4 Sektoren : Industrie, Verkehr, H.D.L., Verluste Energiesektor (Definitionen s. Anhang), dargestellt jeweils mit drei Balken:
Erster Balken: **2012** (Daten in Text und Titel, gemäss Kanada-Anhang A5),
Zweiter Balken: 2°C-Szenario *a* für **2030**, 390 Mt, 9,3 t/capita, 205 g/$ (KKP)
Dritter Balken: 2°C-Szenario *b* für **2030**, 430 Mt, 10,2 t/capita, 226 g/$ (KKP)

Der Zielwert 2030 ist z. B. erreicht, wenn die CO_2-Emissionen pro Kopf:

- **bei der Elektrizitäts- und Fernwärmeproduktion, einschliesslich Verluste im Energiesektor**, um 32% (Variante *a*) bzw. 23% (Variante *b*) reduziert werden, von 3,4 t/Kopf in 2012 auf 2,3 bis 2,6 t/Kopf (Effizienzverbesserungen, Ersatz von Kohle durch Gas, CCS, erneuerbare Energien, Kernenergie),

- **im Wärmebereich** (Industrie + H.D.L) durch Effizienzverbesserungen (Isolierung), Erdgas statt Kohle, Einsatz von erneuerbaren Energien (Wärmepumpe, Abfallverwertung, Solarenergie, Geothermie), um 55% (*a*) bzw. um 50% (b) reduziert werden (von 6,0 t/Kopf in 2012 auf 2,7 bis 3,0 t/Kopf),

- **im Verkehrsbereich** um 48% (*a*) bzw. 41% (*b*) reduziert werden (von 6,0 t/Kopf in 2012 auf 3,1 bis 3,6 t/Kopf), durch Effizienzverbesserungen, Gastreibstoffe, Biotreibstoffe und Elektromobilität.

12.9 Saudi Arabien

12.9.1 Effektive Indikatoren (Energieintensität, CO_2-Intensität der Energie und CO_2-Nachhaltigkeit) von 1980 bis 2012 und für das 2-Grad Ziel bis 2030 erforderliche

Saudi-Arabien liegt 2012, mit 345 g CO_2/$, leicht unter dem Durchschnitt der G-20-Gruppe. Dies dank der starken Korrektur nach oben des Bruttoinlandproduktes bei Kaufkraftparität durch das IMF im Oktober 2014 relativ zu Oktober 2013 (um rund 70%, für die ganze Periode 1980 bis 2019). Der tatsächliche Verlauf der Indikatoren von 1990 bis 2012 und der für das 2-Grad-Ziel bis 2030 notwendige Verlauf der Varianten *a* und *b* zeigt Bild 12.9.1.

Der anzustrebende Klimaschutz-Zielwert für 2030 ist 205 bis 241 g CO_2/$ (-41% bis -30% relativ zu 2012) bei einem CO_2-Anteil Saudi-Arabiens von 450 bis 530 Mt (-2% (*a*) bis +16% (*b*) relativ zu 2011) am CO_2-Ausstoss der G-20 Gruppe. Die Werte für 2019 berücksichtigen den vom Internationalen Währungsfond IMF prognostizierten Wert des BIP(KKP) von rund 1'780 Mrd. $ (von 2007). Das BIP für 2030 ist auf 2'200 Mrd. $ veranschlagt.

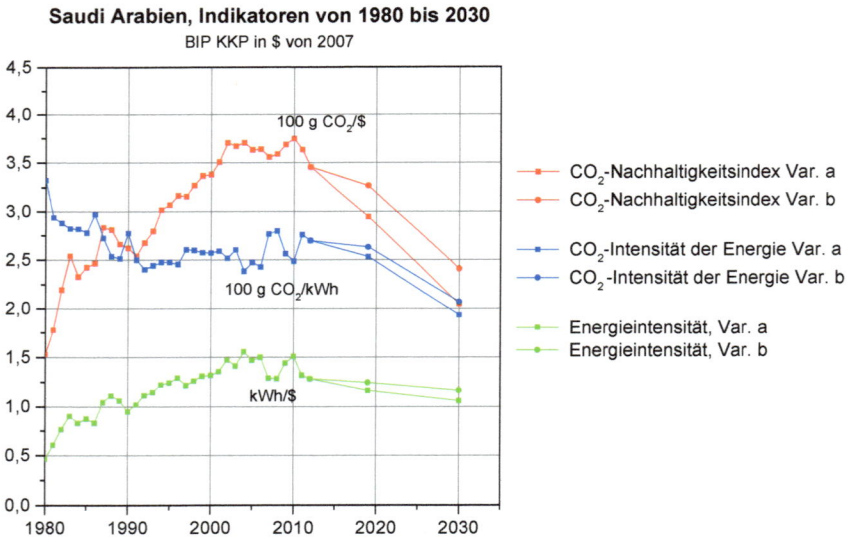

Bild 12.9.1. Indikatoren von Saudi Arabien 1990 bis 2012 und Klimaschutz-Szenario bis 2030

Der Bruttoenergiebedarf 2030 ist nach diesem Szenario 200 bis 220 Mtoe (nur energiebedingter Teil). Die Pro-Kopf-Indikatoren für Energie und CO_2-Ausstoß wären dann zu diesem Zeitpunkt: e = 7,6 bis 8,3 kW/Kopf (+ 11% bis +22%) und α = 12,9 bis 15,1 t CO_2/Kopf (-21% (Var. *a*) bis -7% (Var. *b*) relativ zu 2012.

Die anzustrebende Trendänderung der Indikatoren relativ zur Periode 2000 bis 2013, zur Einhaltung des 2-Grad-Ziels, ist in Bild 12.9.2 für Variante *a* veranschaulicht. Eine wesentliche Verbesserung des Energieeffizienztrends und eine deutliche Trendwende bei der CO_2-Intensität der Energie) sind dringend notwendig.

Saudi Arabien,   2°C-Ziel, Var. *a* :   450 Mt CO_2 in 2030

Trend der Indikatoren von 2000 bis 2012 und
notwendiger Trend von 2012 bis 2019 und von 2019 bis 2030

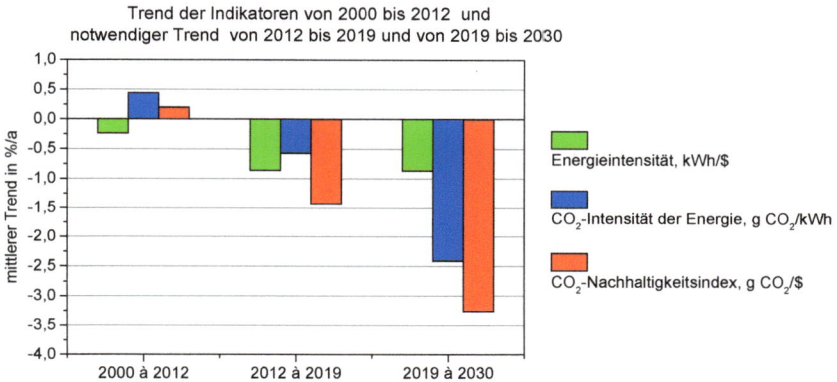

Bild 12.9.2. Trend der Indikatoren von 2000 bis 2012 und notwendige Trendänderung ab 2012 zur Einhaltung der 2- Grad-Grenze, Variante *a*

Mit Variante b (Bild 12.9.3) genügt bis 2019 eine etwas sanftere Trendverbesserung.

Saudi Arabien,   2°C-Ziel, Var. *b* :   530 Mt CO_2 in 2030

Trend der Indikatoren von 2000 bis 2012 und
notwendiger Trend von 2012 bis 2019 und von 2019 bis 2030

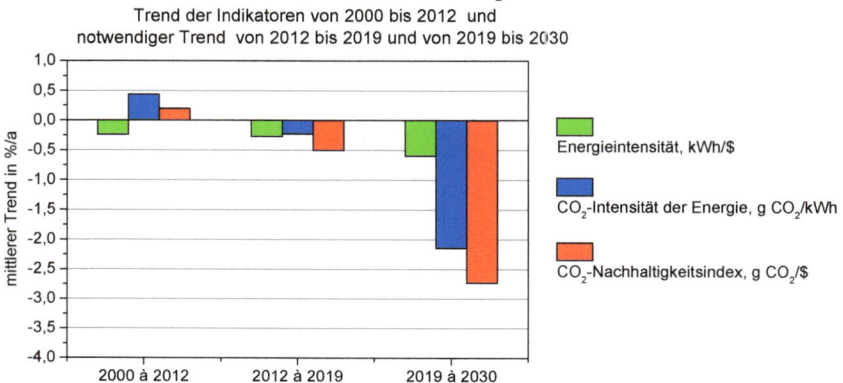

Bild 12.9.3. Trend der Indikatoren von 2000 bis 2012 und notwendige Trendänderung ab 2012 zur Einhaltung der 2- Grad-Grenze, Variante *b*

12.9.2 CO$_2$-Emissionen bis 2050

Die tatsächlichen CO$_2$-Emissionswerte Saudi Arabiens von 1970 bis 2012, und die für die Einhaltung des 2-Grad-Klimaziels bis 2050 zulässigen, sind für beide Varianten *a* und *b* in Bild 12.9.4 dargestellt (entsprechend dem Indikatoren-Verlauf in Bild 12.9.1 bis 12.9.3).

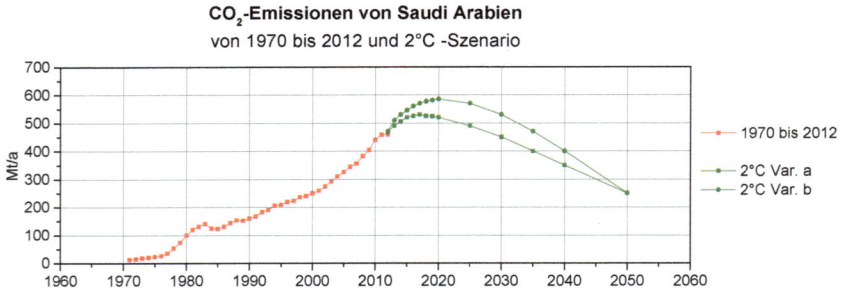

CO$_2$-Emissionen von Saudi Arabien
von 1970 bis 2012 und 2°C -Szenario

Bild 12.9.4 CO$_2$-Emissionen Saudi Arabiens von 1980 bis 2012 und Klimaschutz-Szenario bis 2050

12.9.3 Pro-Kopf-Indikatoren bis 2030

Bild 12.9.5 zeigt die pro Kopf Indikatoren Saudi Arabiens von 1980 bis 2012 sowie den sich aus den vorangegangenen Überlegungen ergebenden Verlauf bis 2030 bei Einhaltung des 2-Grad-Ziels für beide Varianten *a* und *b*. Die BIP(KKP)-Daten bis 2019 entsprechen den Statistiken und Voraussagen des IMF.

Saudi Arabien, pro Kopf Indikatoren von 1980 bis 2030
BIP KKP in $ von 2007

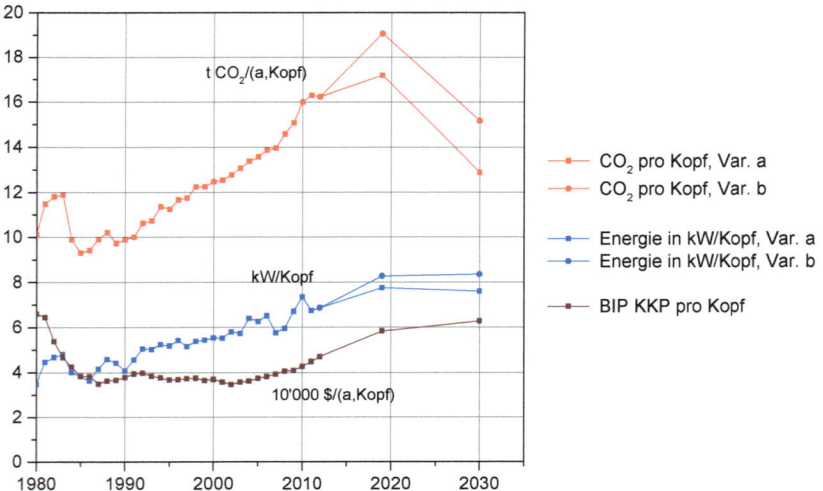

Bild 12.9.5. Pro Kopf Indikatoren Saudi Arabiens 1980 bis 2012 und 2-Grad-Szenario bis 2030

Im folgenden Bild 12.9.6 sind die CO_2-Emissionen pro Kopf der Wohnbevölkerung des Jahres 2012 und jene des 2-Grad-Szenarios für 2030 (Variante *a* und *b*) dargestellt, detailliert **pro Verbrauchersektor**.

Die 4 Verbrauchersektoren sind (totale spezifische CO_2-Emissionen 2011: 16,2 t/Kopf):
-   Industrie (2,3 t/Kopf)
-   Verkehr (4,7 t/Kopf)
-   Haushalte, Dienstleistungen, Landwirtschaft usw. (HDL), (2,0 t/Kopf)
-   Verluste des Energiesektors (7,2 t/Kopf)

Die Energie- und Emissionsdaten für 2012 entsprechen dem Saudi Arabien-Anhang A5.

Die angenommene Verteilung der, direkt oder indirekt (über Elektrizität und Fernwärme), CO_2 emittierenden Energieträger innerhalb der Sektoren, für die beiden Varianten 2030 in Bild 12.9.6, stellt *eine Möglichkeit unter mehreren dar*, die 2-Grad-Bedingung zu erfüllen.

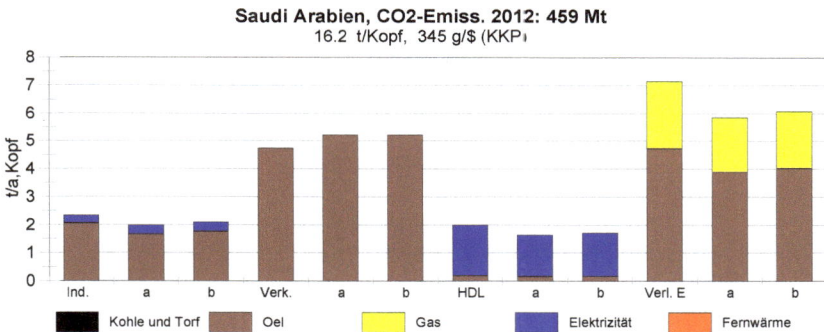

Bild 12.9.6. CO_2 Emissionen pro Kopf der 4 Sektoren : Industrie, Verkehr, HDL, Verluste Energiesektor (Definitionen s. Anhang), dargestellt jeweils mit drei Balken:
Erster Balken: **2012** (Daten in Text und Titel, gemäss Saudi-Arabien-Anhang A5),
Zweiter Balken: 2°C-Szenario **a** für **2030**, 450 Mt, 12,9 t/capita, 205 g/$ (KKP)
Dritter Balken: 2°C-Szenario **b** für **2030**, 530 Mt, 15,1 t/capita, 251 g/$ (KKP)

Der Zielwert 2030 ist z. B. erreicht, wenn die CO_2-Emissionen pro Kopf:

- **bei der Elektrizitäts- und Fernwärmeproduktion, einschliesslich Verluste im Energiesektor**, um 46% (Variante *a*) bzw. 12% (Variante b) reduziert werden, von 9,2 t/Kopf in 2012 auf 5,9 bis 8,0 t/Kopf (Effizienzverbesserungen, Ersatz von Erdöl durch Gas, CCS, erneuerbare Energien, Kernenergie),

- **im Wärmebereich** (Industrie + HDL) durch Effizienzverbesserungen (bessere Isolierungen), Erdgas statt Kohle, Einsatz von erneuerbaren Energien (Wärmepumpe, Abfallverwertung, Solarenergie, Geothermie), um 20% (*a*) bzw. um 14% (*b*) reduziert werden (von 2,2 t/Kopf in 2012 auf 1,8 bis 1,9 t/Kopf),

- **im Verkehrsbereich** höchstens um 5% (*a* und *b*) zunehmen (von 4,75 in 2012 auf 5,2 t/Kopf durch Effizienzverbesserungen, Gastreibstoffe, Biotreibstoffe und Elektromobilität.

12.10   Vereinigtes Königreich

12.10.1   Effektive Indikatoren (Energieintensität, CO₂-Intensität der Energie und CO₂-Nachhaltigkeit) von 1980 bis 2012 und für das 2-Grad Ziel bis 2030 erforderliche

Das Vereinigte Königreich belegt 2012, mit 214 g CO_2/\$, den viertbbesten Rang der G-20-Gruppe, dies vor allem dank der guten Energieeffizienz. Der tatsächliche Verlauf der Indikatoren von 1980 bis 2012 und der für das 2-Grad-Ziel bis 2030 notwendige Verlauf der Varianten *a* und *b* zeigt Bild 12.10.1.

Der anzustrebende Klimaschutz-Zielwert für 2030 ist 125 bis 136 g CO_2/\$ (-44% (Var. *a*) bis -39% (Var. *b*) relativ zu 2012) bei einem CO_2-Anteil des Vereinigten Königreichs von 350 bis 380 Mt (-23% bis -19% relativ zu 2012) am CO_2-Ausstoss der G-20 Gruppe. Die Werte für 2018 berücksichtigen den vom Internationalen Währungsfond IMF prognostizierten Wert des BIP(KKP) von rund 2'390 Mrd. \$ (von 2007). Das BIP für 2030 ist auf 2'800 Mrd \$ veranschlagt.

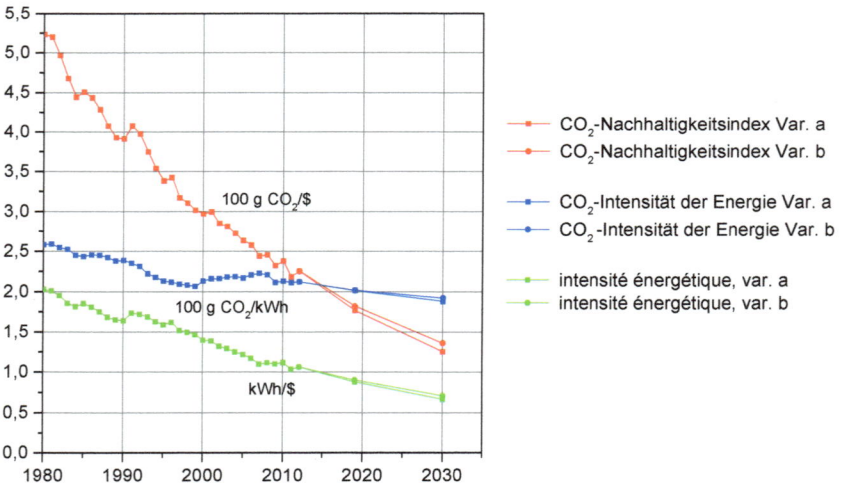

Bild 12.10.1. U.K.-Indikatoren 1980 bis 2012 und Klimaschutz-Szenario bis 2030

Der Bruttoenergiebedarf 2030 ist nach diesem Szenario 160 bis 170 Mtoe (nur energiebedingter Teil). Die Pro-Kopf-Indikatoren für Energie und CO_2-Ausstoß wären dann zu diesem Zeitpunkt: *e* = 3,0 bis 3,2 kW/Kopf (-23,0% bis -18%) und α = 4,9 bis 5,4 t CO_2/Kopf (-31% bis -25%) relativ zu 2012.

Die anzustrebende Trendänderung der Indikatoren relativ zur Periode 2000 bis 2012, zur Einhaltung des 2-Grad-Ziels, ist in Bild 12.10.2 für Variante *a* veranschaulicht. Notwendig ist die Beibehaltung des guten Energieeffizienztrends und ab 2018 die Überwindung der Stagnation im Trend der CO_2-Intensität der Energie.

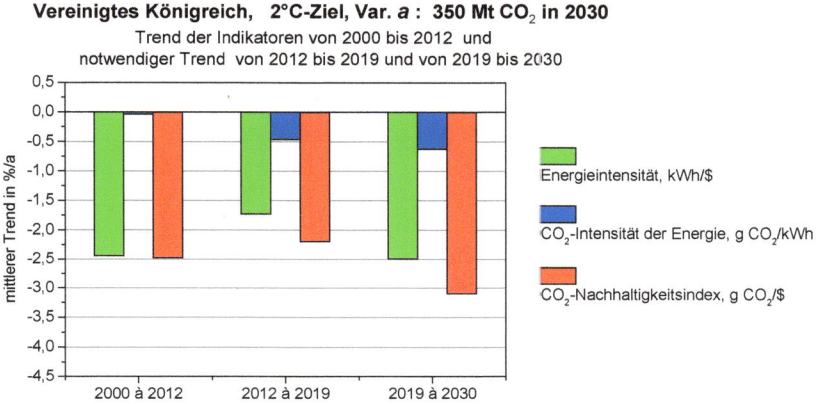

Bild 12.10.2.   Trend der Indikatoren von 2000 bis 2012 und notwendige Trendänderung ab 2012 zur Einhaltung der 2- Grad-Grenze, Variante *a*

In Variante b (Bild 12.10.3) ist die Trendänderung bezüglich Energieintensität schwächer und nach 2019 ebenso jene der CO_2-Intensität der Energie.

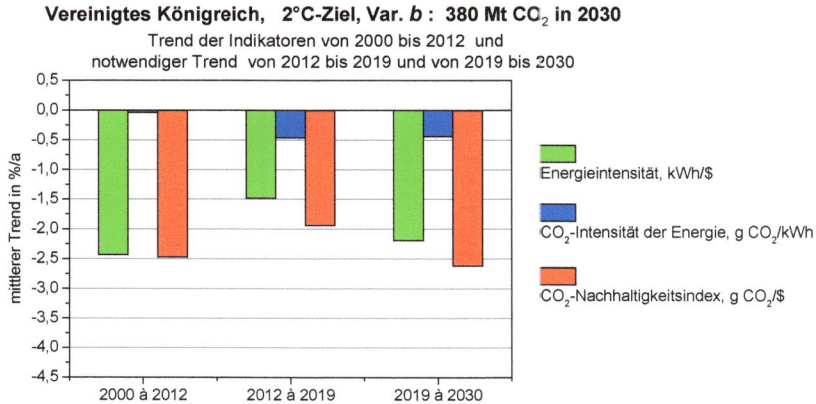

Bild 12.10.3.   Trend der Indikatoren von 2000 bis 2012 und notwendige Trendänderung ab 2012 zur Einhaltung der 2- Grad-Grenze, Variante *b*

12.10.2 CO_2-Emissionen bis 2050

In Bild 12.10.4 sind für das Vereinigte Königreich die effektiven CO_2-Emissionswerte von 1970 bis 2012 und die für die Einhaltung des 2-Grad-Klimaziels bis 2050 zulässigen, dargestellt, für beide Varianten *a* und *b* entsprechend dem Indikatoren-Verlauf in Bild 12.10.1 bis 12.10.3).

CO_2-Emissionen des Vereinigten Königreichs
von 1970 bis 2012 und 2°C -Szenario

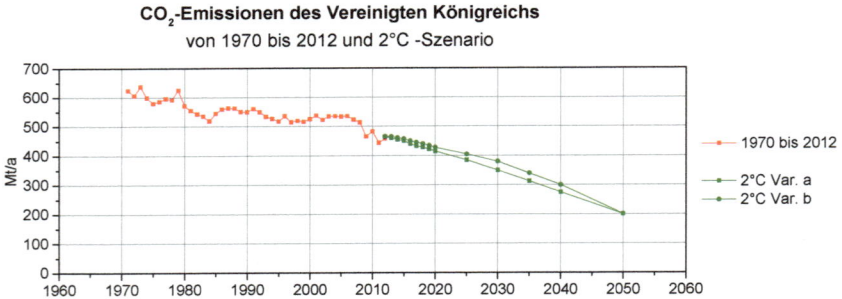

Bild 12.10.4. CO_2-Emissionen des Vereinigten Königreichs 1970 bis 2012 und Klimaschutz-Szenario bis 2050

12.10.3 Pro-Kopf-Indikatoren bis 2030

Bild 12.10.5 zeigt die **pro Kopf Indikatoren** des Vereinigten Königreichs von 1980 bis 2012 sowie den sich aus den vorangegangenen Überlegungen ergebenden Verlauf bis 2030 bei Einhaltung des 2-Grad-Ziels für beide Varianten *a* und *b*. Die BIP(KKP)-Daten bis 2019 entsprechen den Statistiken und Voraussagen des IMF.

Vereinigtes Königreich, pro Kopf Indikatoren von 1980 bis 2030
BIP KKP in $ von 2007

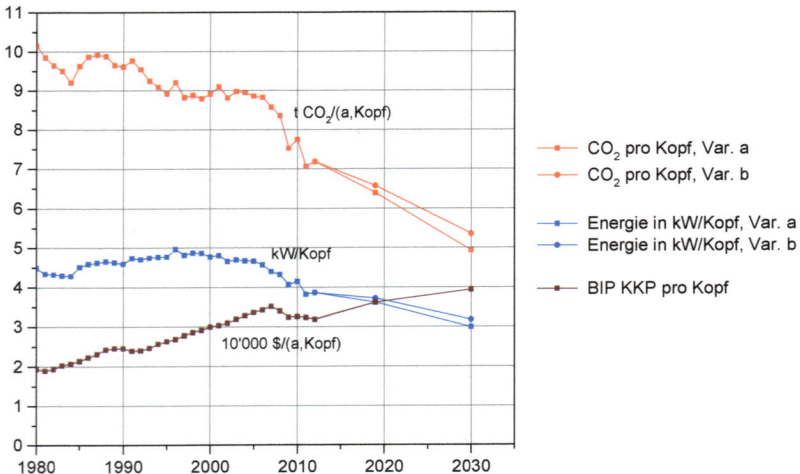

Bild 12.10.5. Pro Kopf Indikatoren des Vereinigten Königreichs von 1980 bis 2012 und 2-Grad-Szenario bis 2030

Im folgenden Bild 12.10.6 sind für das Vereinigte Königreich (U.K.) die CO_2-Emissionen pro Kopf der Wohnbevölkerung des Jahres 2012 und jene des 2-Grad-Szenarios für 2030 (Variante *a* und *b*) dargestellt, detailliert **pro Verbrauchersektor**.

Die 4 Verbrauchersektoren sind (totale spezifische. CO_2-Emissionen 2011: 7,2 t/Kopf):

- Industrie (0,9 t/Kopf)
- Verkehr (1,8 t/Kopf)
- Haushalte, Dienstleistungen, Landwirtschaft usw. (HDL), (2,1 t/Kopf)
- Verluste des Energiesektors (2,4 t/Kopf)

Die Energie- und Emissionsdaten für 2012 entsprechen dem U.K.-Anhang A5.

Die angenommene Verteilung der, direkt oder indirekt (über Elektrizität und Fernwärme), CO_2 emittierenden Energieträger innerhalb der Sektoren, für die beiden Varianten 2030 in Bild 12.10.6, stellt *eine Möglichkeit unter mehreren dar*, die 2-Grad-Bedingung zu erfüllen.

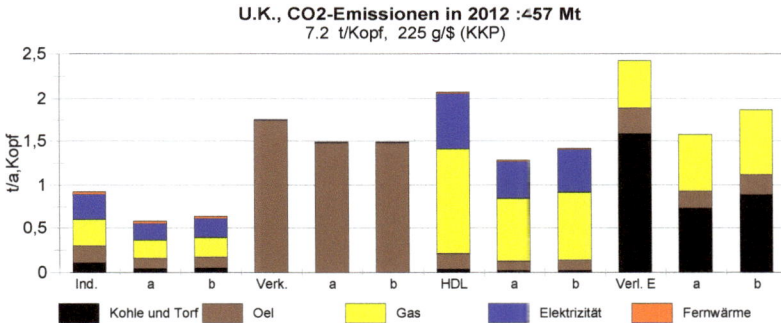

Bild 12.10.6. CO_2 Emissionen pro Kopf der 4 Sektoren : Industrie, Verkehr, HDL, Verluste Energiesektor (Definitionen s. Anhang), dargestellt jeweils mit drei Balken:
Erster Balken: **2012** (Daten in Text und Titel, gemäss U.K.-Anhang A5),
Zweiter Balken: 2°C-Szenario **a** für **2030**, 330 Mt, 4,9 t/capita, 125 g/$ (KKP)
Dritter Balken: 2°C-Szenario **b** für **2030**, 380 Mt, 5,4 t/capita, 136 g/$ (KKP)

Der Zielwert 2030 ist z. B. erreicht, wenn die CO_2-Emissionen pro Kopf:

- **bei der Elektrizitäts- und Fernwärmeproduktion, einschliesslich Verluste im Energie-sektor**, um 36% (Variante *a*) bzw. 23% (Variante *b*) reduziert werden, von 3,4 t/Kopf in 2012 auf 2,2 bis 2,6 t/Kopf (Effizienzverbesserungen, Ersatz von Kohle durch Gas, CCS, erneuerbare Energien, Kernenergie),

- **im Wärmebereich** (Industrie + HDL) durch Effizienzverbesserungen (Isolierung), Erdgas statt Kohle, Einsatz von erneuerbaren Energien (Wärmepumpe, Abfallverwertung, Solar-energie, Geothermie), um 40% (a) bzw. um 38% (b) reduziert werden (von 2,0 t/Kopf in 2012 auf 1,2 bis 1,3 t/Kopf),

- **im Verkehrsbereich** um 15% (a und b) reduziert werden (von 1,8 in 2012 auf 1,5 t/Kopf), durch Effizienzverbesserungen, Gastreibstoffe, Biotreibstoffe und Elektromobilität.

12.11   Mexiko

12.11.1   Effektive Indikatoren (Energieintensität, CO_2-Intensität der Energie und CO_2-Nachhaltigkeit) von 1980 bis 2012 und für das 2-Grad Ziel bis 2030 erforderliche

Mexiko weist 2012, mit 204 g CO_2/$, einen CO_2-Nachhaltigkeitsindikator unter dem OECD-Durchschnitt, dank der stark auf Gas ausgerichteten Elektrizitätsproduktion. Der tatsächliche Verlauf der Indikatoren von 1980 bis 2012 und der für das 2-Grad-Ziel bis 2030 notwendige Verlauf der Varianten *a* und *b* zeigt Bild 12.11.1.

Der anzustrebende Klimaschutz-Zielwert für 2030 ist 189 bis 222 g CO_2/$ (-21% (*a*) bis -7% (*b*) relativ zu 2012) was CO_2-Emissionen von 510 bis 600 Mt entspricht (+17% bis +38% relativ zu 2012). Die Werte für 2019 berücksichtigen den vom Internationalen Währungsfond IMF prognostizierten Wert des BIP(KKP) von rund 2'230 Mrd. $ (von 2007). Das BIP für 2030 ist auf 2'700 Mrd $ veranschlagt.

Mexiko, Indikatoren von 1980 bis 2030

BIP KKP in $ von 2007

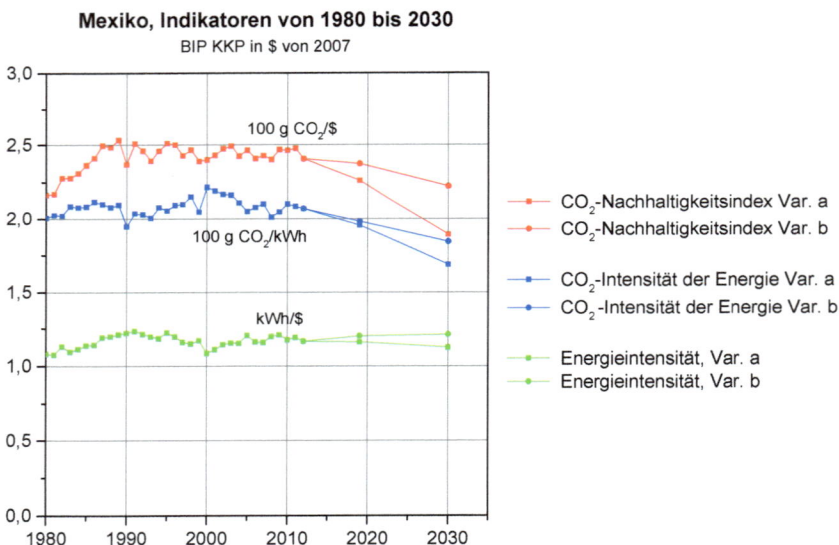

Bild 12.11.1. Mexiko-Indikatoren von 1980 bis 2012 und Klimaschutz-Szenario bis 2030

Der Bruttoenergiebedarf 2030 ist nach diesem Szenario 260 bis 280 Mtoe (nur energiebedingter Teil). Die Pro-Kopf-Indikatoren für Energie und CO_2-Ausstoß wären dann zu diesem Zeitpunkt: e = 2,8 bis 3,0 kW/Kopf (+35% bis +45%) und α = 4,1 bis 5,0 t CO_2/Kopf (+ 10% bis +29%) relativ zu 2012.

Die anzustrebende Trendänderung der Indikatoren relativ zur Periode 2000 bis 2012, zur Einhaltung des 2-Grad-Ziels ist in Bild 12.11.2 für Variante a veranschaulicht. Eine deutliche Trendumkehr bei der Energieintensität und die Verstärkung des Trends der CO_2-Intensität der Energie (-1.3%/a ab 2019) sind notwendig.

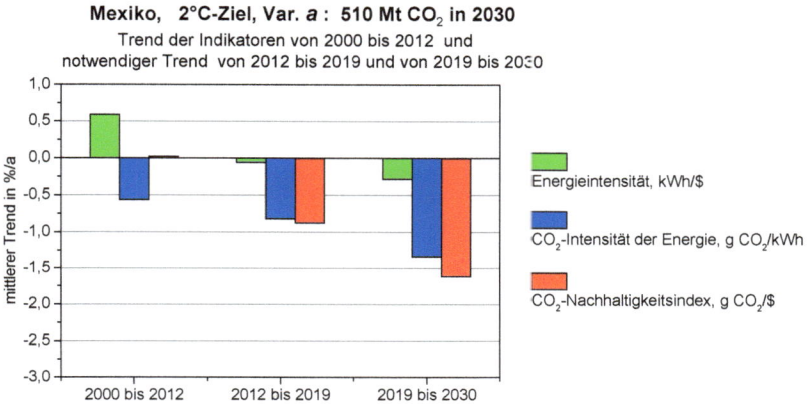

Bild 12.11.2.   Trend der Indikatoren von 2000 bis 2012 und notwendige Trendänderung ab 2012 zur Einhaltung der 2- Grad-Grenze, Variante a

Mit Variante b (Bild 12.11.3) ist die Trendumkehr der Energieintensität zwar weiterhin notwendig aber sanfter, und die Beibehaltung des Trends der CO_2-Intensität der Energie genügt.

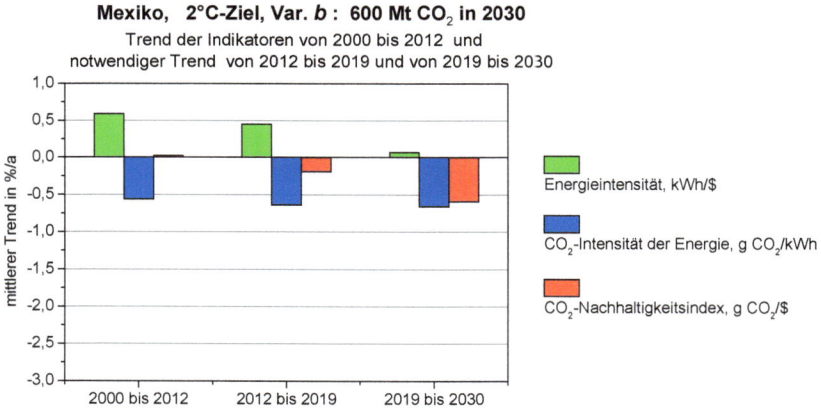

Bild 12.11.3.   Trend der Indikatoren von 2000 bis 2012 und notwendige Trendänderung ab 2012 zur Einhaltung der 2- Grad-Grenze, Variante b

12.11.2 CO$_2$-Emissionen bis 2050

In Bild 12.11.4 sind für Mexiko die effektiven CO$_2$-Emissionswerte von 1970 bis 2012 und die für die Einhaltung des 2-Grad-Klimaziels bis 2050 zulässigen dargestellt (für beide Varianten *a* und *b* entsprechend dem Indikatoren-Verlauf in Bild 12.11.1 bis 12.11.3).

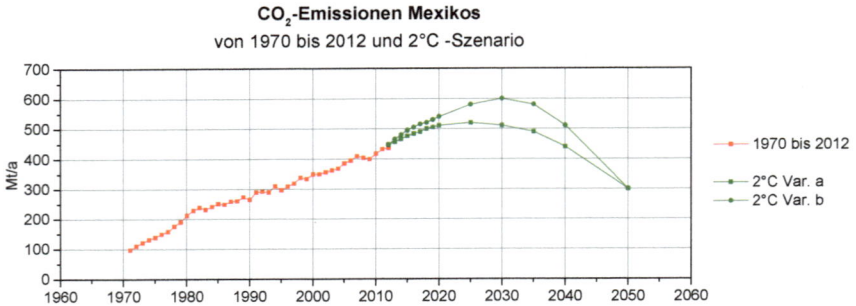

Bild 12.11.4. CO$_2$-Emissionen Mexikos von 1970 bis 2012 und Klimaschutz-Szenario bis 2050

12.11.3 Pro-Kopf-Indikatoren bis 2030

Bild 12.11.5 zeigt die **pro Kopf Indikatoren** Mexikos von 1980 bis 2011 sowie den sich aus den vorangegangenen Überlegungen ergebenden Verlauf bis 2030 bei Einhaltung des 2-Grad-Ziels für beide Varianten a und b. Die BIP(KKP)-Daten bis 2018 entsprechen den Statistiken und Voraussagen des IMF.

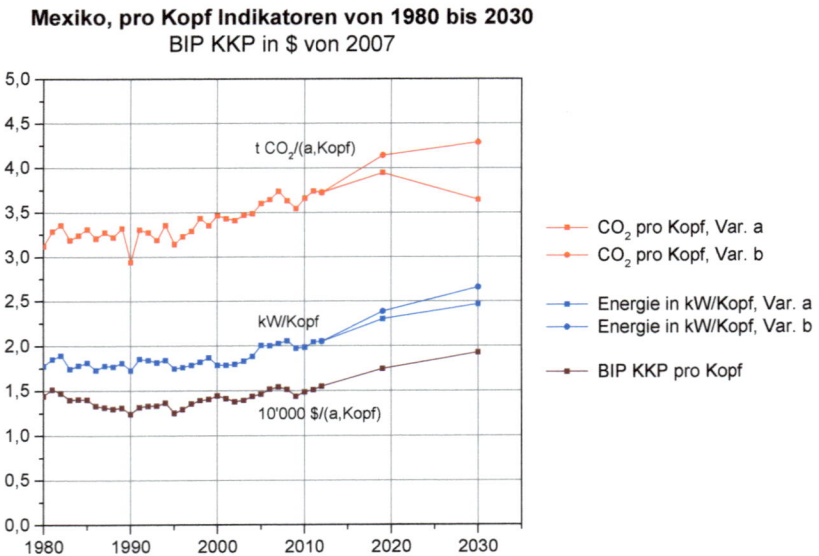

Bild 12.11.5. Pro Kopf Indikatoren Mexikos 1980 bis 2012 und 2-Grad-Szenario bis 2030

Im folgenden Bild 12.11.6 sind die CO_2-Emissionen pro Kopf der Wohnbevölkerung des Jahres 2012 und jene des 2-Grad-Szenarios für 2030 (Variante *a* und *b*) dargestellt, detailliert **pro Verbrauchersektor**.

Die 4 Verbrauchersektoren sind (totale spezifische CO_2-Emissionen 2012: 3,7 t/Kopf):

- Industrie (0,6 t/Kopf)
- Verkehr (1,3 t/Kopf)
- Haushalte, Dienstleistungen, Landwirtschaft usw. (HDL), (0,4 t/Kopf)
- Verluste des Energiesektors (1,4 t/Kopf)

Die Energie- und Emissionsdaten für 2012 entsprechen dem Mexiko-Anhang A5.

Die angenommene Verteilung der, direkt oder indirekt (über Elektrizität und Fernwärme), CO_2 emittierenden Energieträger innerhalb der Sektoren, für die beiden Varianten 2030 in Bild 12.11.6, stellt *eine Möglichkeit unter mehreren dar*, die 2-Grad-Bedingung zu erfüllen.

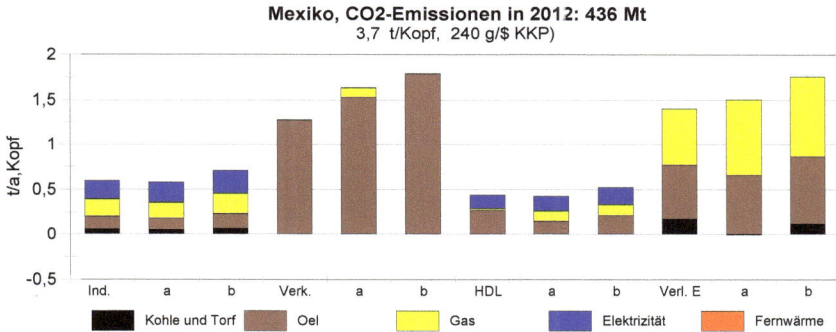

Mexiko, CO2-Emissionen in 2012: 436 Mt
(3,7 t/Kopf, 240 g/$ KKP)

Bild 12.11.6. CO_2 Emissionen pro Kopf der 4 Sektoren : Industrie, Verkehr, HDL, Verluste Energiesektor (Definitionen s. Anhang), dargestellt jeweils mit drei Balken:
Erster Balken: **2012** (Daten in Text und Titel, gemäss Mexiko-Anhang A5),
Zweiter Balken: 2°C-Szenario **a** für **2030**, 510 Mt, 4,1 t/capita, 189 g/$ (KKP)
Dritter Balken: 2°C-Szenario **b** für **2030**, 600 Mt, 4,8 t/capita, 222 g/$ (KKP)

Der Zielwert 2030 ist z. B. erreicht, wenn die CO_2-Emissionen pro Kopf:

- **bei der Elektrizitäts- und Fernwärmeproduktion, einschliesslich Verluste im Energiesektor**, um 7% (Variante *a*) bis. höchstens 25% (Variante *b*) zunehmen, von 1,8 t/Kopf in 2012 auf 1,9 bis 2,2 t/Kopf (Effizienzverbesserungen, Ersatz von Kohle durch Gas, CCS, erneuerbare Energien, Kernenergie),

- **im Wärmebereich** (Industrie + HDL) durch Effizienzverbesserungen (Isolierungen), Erdgas statt Erdöl, Einsatz von erneuerbaren Energien (Wärmepumpe, Abfallverwertung, Solarenergie, Geothermie), um 9% (*a*) abnehmen bzw. höchstens 16% *(b)* zunehmen (von 0,68 t/Kopf in 2012 auf 0,62 bis 0,79 t/Kopf),

- **im Verkehrsbereich** um 27% (*a*) bis höchstens 40% (*b*) zunehmen (von 1,3 in 2012 auf 1,6 bis 1,8 t/Kopf), durch Effizienzverbesserungen, Gastreibstoffe, Biotreibstoffe und Elektromobilität.

12.12   Indonesien

12.12.1   Effektive Indikatoren (Energieintensität, CO_2-Intensität der Energie und CO_2-Nachhaltigkeit) von 1980 bis 2012 und für das 2-Grad Ziel bis 2030 erforderliche

Der CO_2-Nachhaltigkeitsindikator Indonesiens liegt 2012 mit 217 g CO_2/$ eindeutig unter dem Mittelwert der G-20-Gruppe. Die starke Korrektur nach oben des Bruttoinlandproduktes bei Kaufkraftparität durch das IMF im Oktober 2014 relativ zu Oktober 2013 (um rund 80%, für die ganze Periode 1980 bis 2019) verbessert deutlich die Position dieses Landes. Dies trotz hohem Verbrauch fossiler Energien für die Elektrizitätsproduktion, aber auch dank Geothermie und hohem Biomasse-Anteil im Wärmebereich (s. Anhang). Der tatsächliche Verlauf der Indikatoren von 1980 bis 2012 und der für das 2-Grad-Ziel bis 2030 notwendige Verlauf der Varianten *a* und *b* zeigt Bild 12.12.1.

Der anzustrebende Klimaschutz-Zielwert für 2030 ist 150 bis 179 g CO_2/$ (-31% bis -18% relativ zu 2012) bei einem CO_2-Anteil Indonesiens von 630 bis 750 Mt (+45% bis +72% relativ zu 2012) am CO_2-Ausstoss der G-20 Gruppe. Die Werte für 2019 berücksichtigen den vom Internationalen Währungsfond IMF prognostizierten Wert des BIP(KKP) von rund 2'950 Mrd. $ (von 2007). Das BIP für 2030 ist auf 4'200 Mrd $ veranschlagt.

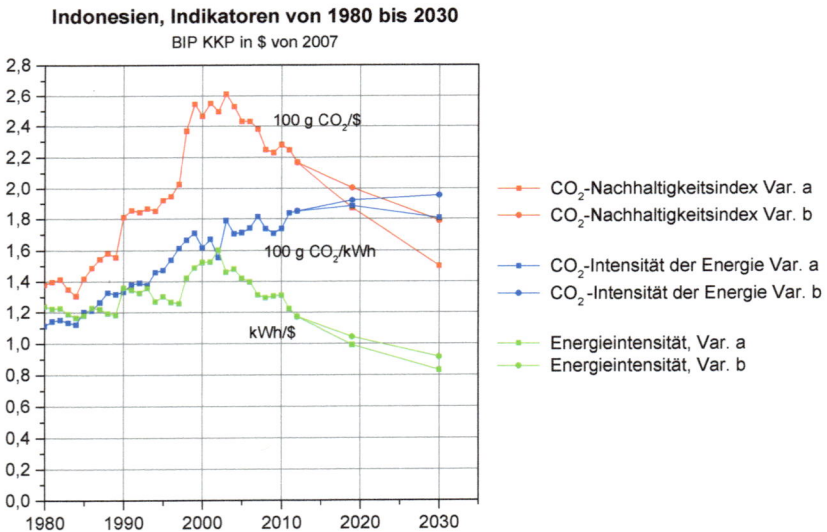

Bild 12.12.1. Indonesien-Indikatoren von 1980 bis 2012 und Klimaschutz-Szenario bis 2030

Der Bruttoenergiebedarf 2030 ist nach diesem Szenario 300 bis 330 Mtoe (nur energiebedingter Teil). Die Pro-Kopf-Indikatoren für Energie und CO_2-Ausstoß wären dann zu diesem Zeitpunkt: e = 1,3 bis 1,5 kW/Kopf (+22% bis +34% relativ zu 2012) und α = 1,8 bis 2,5 t CO_2/Kopf (+19% bis +42% relativ zu 2012).

Die anzustrebende Trendänderung der Indikatoren relativ zur Periode 2000 bis 2012, zur Einhaltung des 2-Grad-Ziels, ist für Variante *a* in Bild 12.12.2 veranschaulicht. Die Erhaltung des guten Energieeffizienztrends und eine deutliche Trendwende bei der CO_2-Intensität der Energie sind unerlässlich.

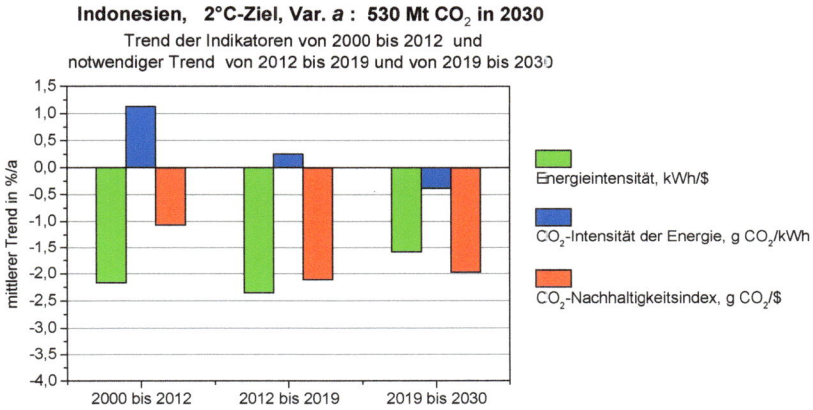

Bild 12.12.2.   Trend der Indikatoren von 2000 bis 2012 und notwendige Trendänderung ab 2012 zur Einhaltung der 2- Grad-Grenze, Variante *a*

Mit Variante *b* (Bild 12.12.3) ist die Verbesserung der Energieintensität gemächlicher und die Trendwende bei der CO_2-Intensität der Energie kann später einsetzen.

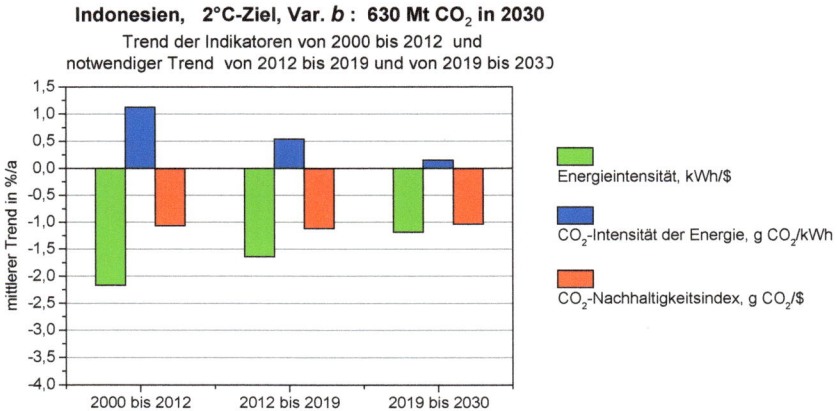

Bild 12.12.3.   Trend der Indikatoren von 2000 bis 2012 und notwendige Trendänderung ab 2012 zur Einhaltung der 2- Grad-Grenze, Variante *b*

12.12.2 CO₂-Emissionen bis 2050

In Bild 12.12.4 sind für Indonesien die effektiven CO_2-Emissionswerte von 1970 bis 2012 und die für die Einhaltung des 2-Grad-Klimaziels bis 2050 zulässigen dargestellt (für beide Varianten *a* und *b* entsprechend dem Indikatoren-Verlauf in Bild 12.12.1 bis 12.12.3).

CO₂-Emissionen Indonesiens
von 1970 bis 2012 und 2°C -Szenario

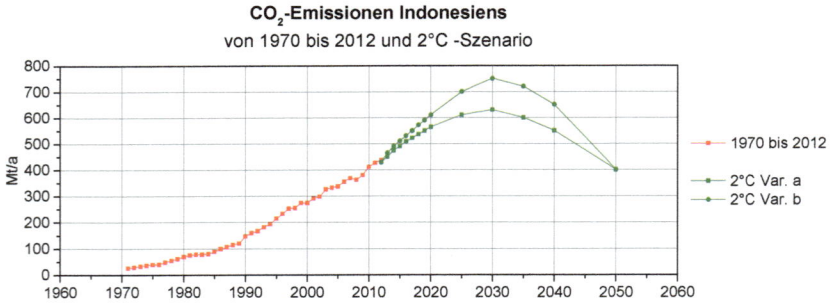

Bild 12.12.4. CO_2-Emissionen Indonesiens von 1970 bis 2012 und Klimaschutz-Szenario bis 2050

12.12.3 Pro-Kopf-Indikatoren bis 2030

Bild 12.12.5 zeigt die **pro Kopf Indikatoren** Indonesiens von 1980 bis 2012 sowie den sich aus den vorangegangenen Überlegungen ergebenden Verlauf bis 2030 bei Einhaltung des 2-Grad-Ziels für beide Varianten *a* und *b*. Die BIP(KKP)-Daten bis 2019 entsprechen den Statistiken und Voraussagen des IMF.

Indonesien, pro Kopf Indikatoren von 1980 bis 2030
BIP KKP in $ von 2007

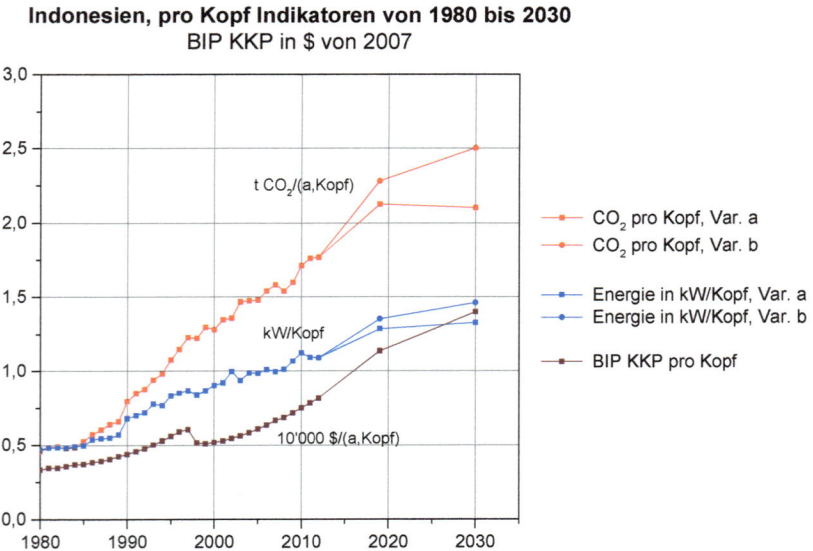

Bild 12.1.5. Pro Kopf Indikatoren Indonesiens 1980 bis 2012 und 2-Grad-Szenario bis 2030

Im folgenden Bild 12.12.6 sind die CO_2-Emissionen pro Kopf der Wohnbevölkerung des Jahres 2012 und jene des 2-Grad-Szenarios für 2030 (Variante *a* und *b*) dargestellt, detailliert **pro Verbrauchersekto**r.

Die 4 Verbrauchersektoren sind (totale spezifische CO_2-Emissionen 2012: 1,8 t/Kopf):

- Industrie (0,4 t/Kopf)
- Verkehr (0,6 t/Kopf)
- Haushalte, Dienstleistungen, Landwirtschaft usw. (HDL), (0,3 t/Kopf)
- Verluste Energiesektor (0,5 t/Kopf)

Die Energie- und Emissionsdaten für 2012 entsprechen dem Indonesien-Anhang A5.

Die angenommene Verteilung der, direkt oder indirekt (über Elektrizität und Fernwärme), CO_2 emittierenden Energieträger innerhalb der Sektoren, für die beiden Varianten 2030 in Bild 12.12.6, stellt *eine Möglichkeit unter mehreren dar*, die 2-Grad-Bedingung zu erfüllen.

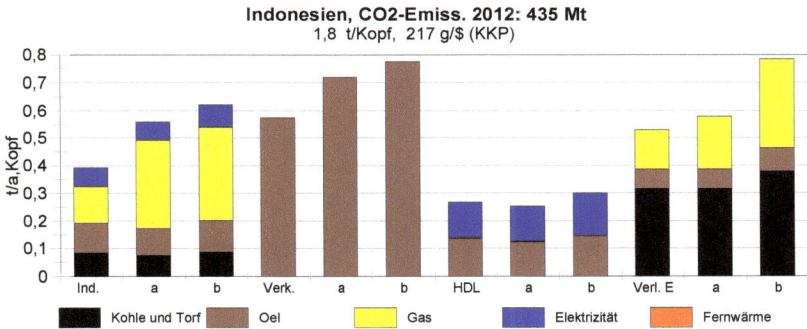

Indonesien, CO2-Emiss. 2012: 435 Mt
1,8 t/Kopf, 217 g/\$ (KKP)

Bild 12.12.6. CO_2 Emissionen pro Kopf der 4 Sektoren : Industrie, Verkehr, HDL, Verluste Energiesektor (Definitionen s. Anhang), dargestellt jeweils mit drei Balken:
Erster Balken: **2012** (Daten in Text und Titel, gemäss Indonesien-Anhang A5),
Zweiter Balken: 2°C-Szenario **a** für **2030**, 630 Mt, 2,1 t/capita, 150 g/\$ (KKP)
Dritter Balken: 2°C-Szenario **b** für **2030**, 730 Mt, 2,5 t/capita, 279 g/\$ (KKP)

Der Zielwert 2030 ist z. B. erreicht, wenn die CO_2-Emissionen pro Kopf:

- **bei der Elektrizitäts- und Fernwärmeproduktion, einschliesslich Verluste im Energiesektor**, um 7% (Variante a) bis höchstens 40% (variante b) zunehmen, von 0,73 t/Kopf in 2012 auf 0,78 bis 1,0 t/Kopf (Effizienzverbesserungen, Ersatz von Kohle durch Gas, Tiefengeothermie und andere erneuerbare Energien, CCS und. Kernenergie),

- **im Wärmebereich** (Industrie + HDL) durch Effizienzverbesserungen (Isolierung), Reduktion des Kohleverbrauchs, Einsatz von erneuerbaren Energien (Wärmepumpe, Abfallverwertung, Solarenergie, Geothermie), um 35% (*a*) bis höchstens 48% (*b*) zunehmen (von 0,46 t/Kopf in 2012 auf 0,62 bis 0,68 t/Kopf),

- **im Verkehrsbereich** um 24% (a) bis höchstens 34% (b) zunehmen (von 0,58 in 2012 auf 0,72 bis 0,78 t/Kopf), durch Effizienzverbesserungen, Gastreibstoffe, Biotreibstoffe und Elektromobilität.

12.13 Brasilien

12.13.1 Effektive Indikatoren (Energieintensität, CO_2-Intensität der Energie und CO_2-Nachhaltigkeit) von 1980 bis 2012 und für das 2-Grad Ziel bis 2030 erforderliche

Brasilien hat 2012, mit 168 g CO_2/$, hinter Frankreich den zweitbesten CO_2-Nachaltigkeitsindikator der G-20-Gruppe. Dies dank der weitgehend auf Wasserkraft ausgerichteten Elektrizitätsproduktion. Der tatsächliche Verlauf der Indikatoren von 1980 bis 2012 und der für das 2-Grad-Ziel bis 2030 notwendige Verlauf der Varianten *a* und *b* zeigt Bild 12.13.1.

Der anzustrebende Klimaschutz-Zielwert für 2030 ist 143 bis 171 g CO_2/$ (-15% bis -1% relativ zu 2011) was CO_2-Emissionen von 500 bis 580 Mt entspricht (2012: 440 Mt). Die Werte für 2019 berücksichtigen den vom Internationalen Währungsfond IMF prognostizierten Wert des BIP(KKP) von rund 3'010 Mrd. $ (von 2007). Das BIP für 2030 ist auf 3'500 Mrd $ veranschlagt.

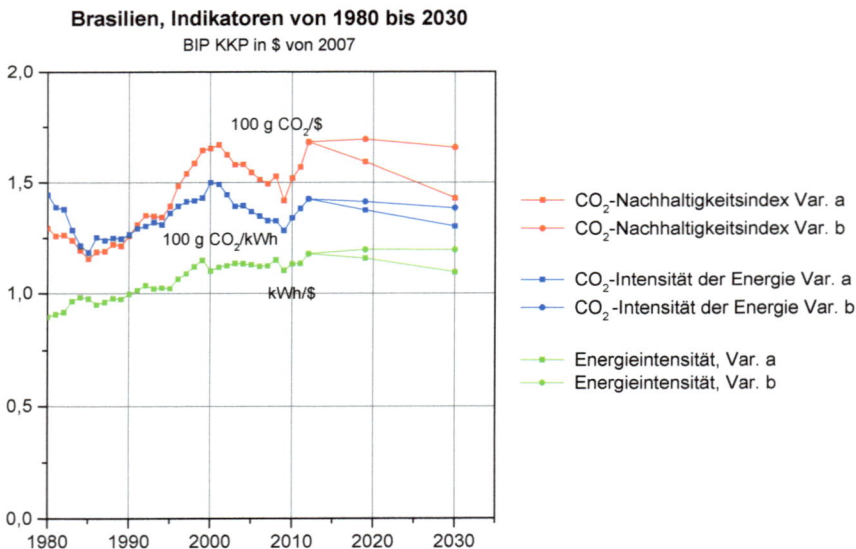

Bild 12.13.1. Brasilien-Indikatoren von 1980 bis 2012 und Klimaschutz-Szenario bis 2030

Der Bruttoenergiebedarf 2030 ist nach diesem Szenario 330 bis 360 Mtoe (nur energiebedingter Teil). Die Pro-Kopf-Indikatoren für Energie und CO_2-Ausstoß wären dann zu diesem Zeitpunkt: e = 1,9 bis 2,1 kW/Kopf (+7% bis +17% relativ zu 2012) und α = 2,2 bis 2,5 t CO_2/Kopf (-2% (Var. *a*) bis +14% (Var. *b*) relativ zu 2011).

Die anzustrebende Trendänderung der Indikatoren relativ zur Periode 2000 bis 2012, zur Einhaltung des 2-Grad-Ziels, ist in Bild 12.13.2 für Variante *a* veranschaulicht. Eine Trendwende bei der Energieeffizienz und eine leichte Verbesserung des Trends der CO_2-Intensität der Energie, vor allem im Vergleich zu den letzten vier Jahren, s. Bild 12.13..1 aber ebenso ab 2019 (-0,5%/a), sind notwendig.

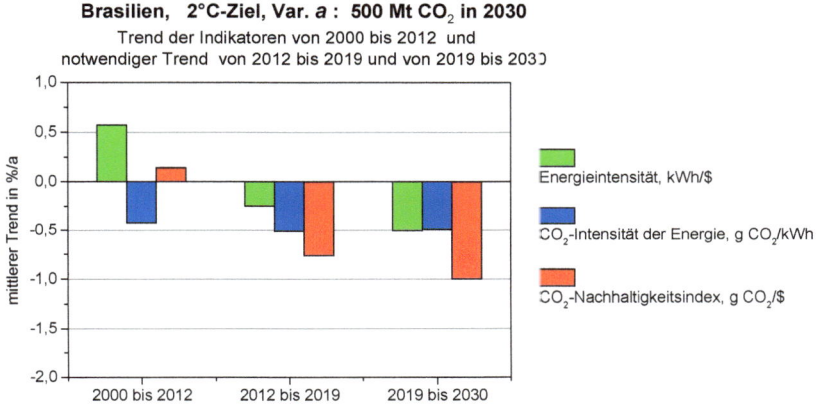

Bild 12.13.2. Trend der Indikatoren von 2000 bis 2012 und notwendige Trendänderung ab 2012 zur Einhaltung der 2- Grad-Grenze, Variante *a*

Mit Variante *b* (Bild 12.13.3) strebt man in erster Linie eine Stabilisierung der Indikatoren an.

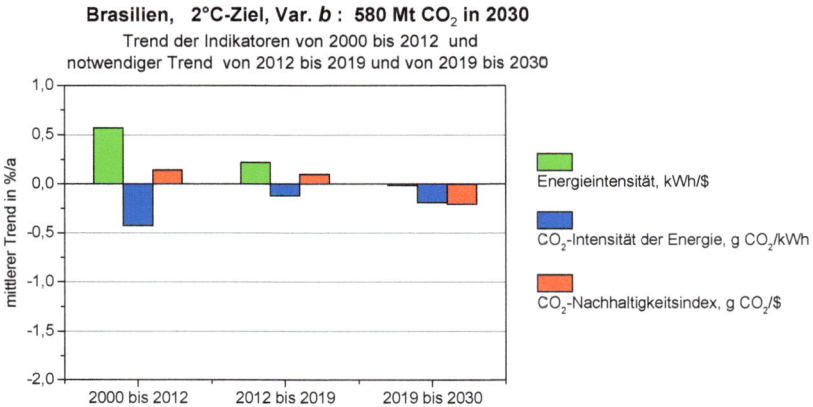

Bild 12.13.3. Trend der Indikatoren von 2000 bis 2012 und notwendige Trendänderung ab 2012 zur Einhaltung der 2- Grad-Grenze, Variante *b*

12.13.2 CO$_2$-Emissionen bis 2050

In Bild 12.13.4 sind für Brasilien die effektiven CO$_2$-Emissionswerte von 1970 bis 2012, und die für die Einhaltung des 2-Grad-Klimaziels bis 2050 zulässigen dargestellt (für beide Varianten *a* und *b* entsprechend dem Indikatoren-Verlauf in Bild 12.13.1 bis 12.13.3).

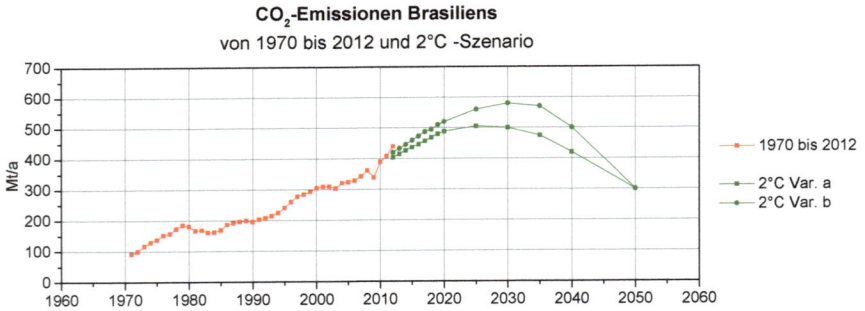

Bild 12.13.4. CO$_2$-Emissionen Brasiliens von 1970 bis 2012 und Klimaschutz-Szenario bis 2050

12.13.3 Pro-Kopf-Indikatoren bis 2030

Bild 12.13.5 zeigt die pro Kopf Indikatoren Brasiliens von 1980 bis 2012 sowie den sich aus den vorangegangenen Überlegungen ergebenden Verlauf bis 2030 bei Einhaltung des 2-Grad-Ziels für beide Varianten *a* und *b*. Die Zahlen bis 2019 berücksichtigen die entsprechenden Statistiken und Voraussagen des IMF.

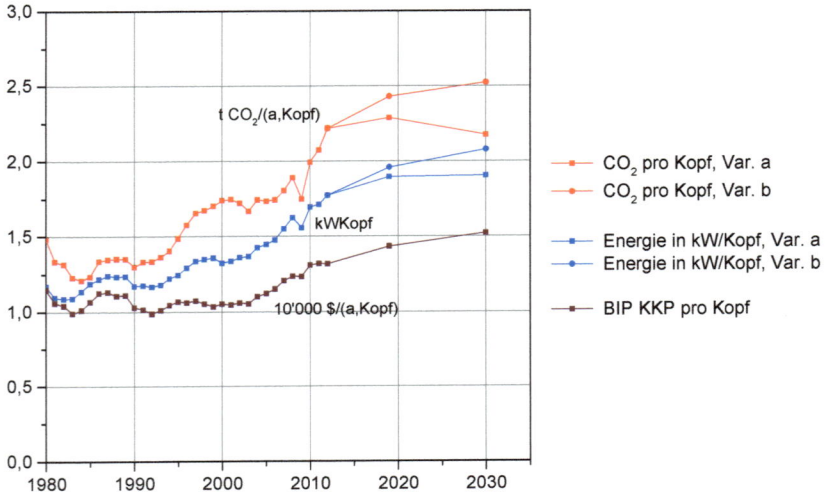

Bild 12.13.5. Pro Kopf Indikatoren Brasiliens 1980 bis 20121 und 2-Grad-Szenario bis 2030

Im folgenden Bild 12.13.6 sind die CO_2-Emissionen pro Kopf der Wohnbevölkerung des Jahres 2012 und jene des 2-Grad-Szenarios für 2030 (Variante a und b) dargestellt, detailliert **pro Verbrauchersektor**.

Die 4 Verbrauchersektoren sind (totale spezifische CO_2-Emissionen 2011: 2,2 t/Kopf):

- Industrie (0,5 t/Kopf)
- Verkehr (1,0 t/Kopf)
- Haushalte, Dienstleistungen, Landwirtschaft usw. (HDL), (0,3 t/Kopf)
- Verluste des Energiesektors (0,4 t/Kopf)

Die Energie- und Emissionsdaten für 2012 entsprechen dem Brasilien-Anhang A5.

Die angenommene Verteilung der, direkt oder indirekt (über Elektrizität und Fernwärme), CO_2 emittierenden Energieträger innerhalb der Sektoren, für die beiden Varianten 2030 in Bild 12.13.6, stellt *eine Möglichkeit unter mehreren dar*, die 2-Grad-Bedingung zu erfüllen.

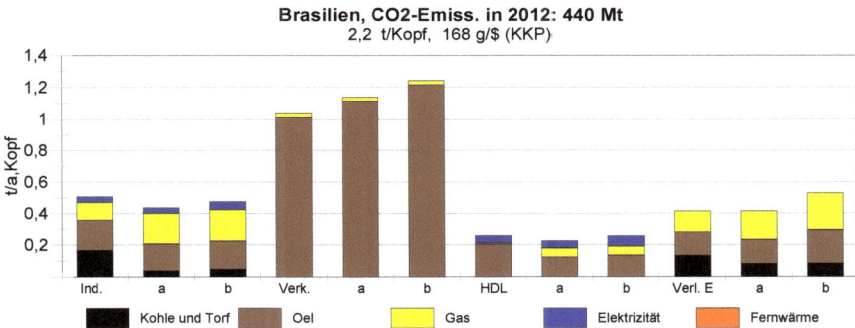

Bild 12.13.6. CO_2 Emissionen pro Kopf der 4 Sektoren : Industrie, Verkehr, HDL, Verluste Energiesektor (Definitionen s. Anhang), dargestellt jeweils mit drei Balken:
Erster Balken: **2012** (Daten in Text und Titel, gemäss Brasilien-Anhang A5),
Zweiter Balken: 2°C-Szenario **a** für **2030**, 500 Mt, 2,2 t/capita, 143 g/$ (KKP)
Dritter Balken: 2°C-Szenario **b** für **2030**, 580 Mt, 2,5 t/capita, 166 g/$ (KKP)

Der Zielwert 2030 ist z. B. erreicht, wenn die CO_2-Emissionen pro Kopf:

- **bei der Elektrizitäts- und Fernwärmeproduktion, einschliesslich Verluste im Energiesektor**, konstant bleiben (Variante a) bzw. höchstens um 32% (Variante b) zunehmen, von 0,41 t/Kopf in 2012 auf 0,50 bis 0,68 t/Kopf (Effizienzverbesserungen, Ersatz von Kohle durch Gas, erneuerbare Energien, CCS und. Kernenergie).

- **im Wärmebereich** (Industrie + HDL) durch Effizienzverbesserungen (Isolierung), Erdgas statt Kohle und Erdöl, Einsatz von erneuerbaren Energien (Wärmepumpe, Abfallverwertung, Solarenergie, Geothermie), um 15% (a) bzw. um 10% (b) abnehmen (von 0,68 t/Kopf in 2012 auf 0,59 bis 0,61 t/Kopf),

- **im Verkehrsbereich** um 10% (a) bis höchstens 19% (b) zunehmen (von 1,04 t/Kopf in 2012 auf 1,14 bis 1,24 t/Kopf), durch Effizienzverbesserungen, Gastreibstoffe, Biotreibstoffe und Elektromobilität.

12.14 Australien

12.14.1 Effektive Indikatoren (Energieintensität, CO₂-Intensität der Energie und CO₂-Nachhaltigkeit) von 1980 bis 2012 und für das 2-Grad Ziel bis 2030 erforderliche

Australien weist 2012, mit 422 g CO_2/\$, einen der schlechtesten CO_2-Nachaltigkeits-indikatoren der OECD-Gruppe auf, was in erster Linie auf die ausschliesslich auf Kohle basierenden Elektrizitätsproduktion zurückzuführen ist (s. Anhang). Der tatsächliche Verlauf der Indikatoren von 1980 bis 2012 und der für das 2-Grad-Ziel bis 2030 notwendige Verlauf der Varianten *a* und *b* zeigt Bild 12.14.1.

Der anzustrebende Klimaschutz-Zielwert für 2030 ist 214 bis 243 g CO_2/\$ (-47% bis -40% relativ zu 2012) was einem CO_2-Ausstoss Australiens von 300 bis 340 Mt (-22% bis -12% relativ zu 2012). Die Werte für 2019 berücksichtigen den vom Internationalen Währungsfond IMF prognostizierten Wert des BIP(KKP) von rund 1'100 Mrd. \$ (von 2007). Das BIP für 2030 ist auf 1'400 Mrd \$ veranschlagt.

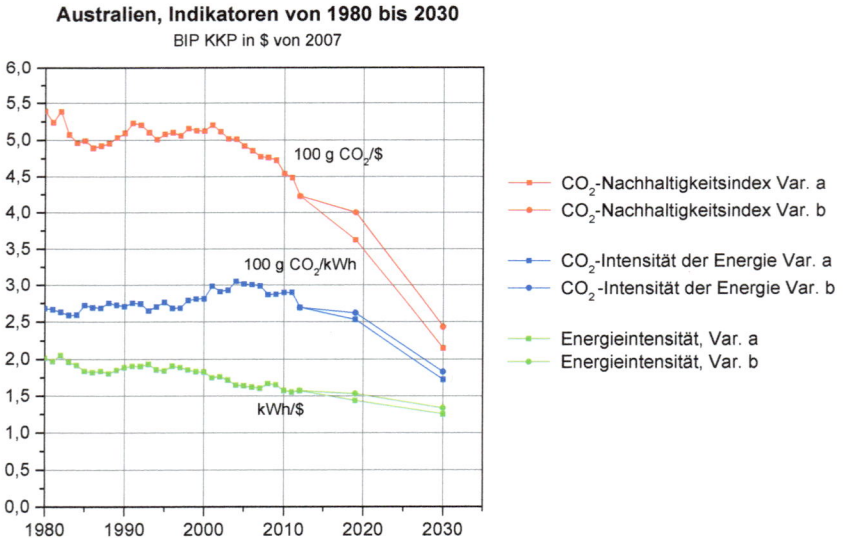

Bild 12.14.1. Australien-Indikatoren von 1980 bis 2012 und Klimaschutz-Szenario bis 2030

Der Bruttoenergiebedarf 2030 ist nach diesem Szenario 150 bis 160 Mtoe (nur energiebedingter Teil). Die Pro-Kopf-Indikatoren für Energie und CO_2-Ausstoß wären dann zu diesem Zeitpunkt: e = 6,6 bis 7,1 kW/Kopf (-6% bis unverändert, relativ zu 2012) und α = 10,0 bis 11,3 t CO_2/Kopf (-40% (*a*) bis -32% (*b*) relativ zu 2012).

Die anzustrebende Trendänderung der Indikatoren zur Einhaltung des 2-Grad-Ziels ist in Bild 12.14.2 für Variante *a* veranschaulicht. Notwendig sind die Beibehaltung des guten Energie-effizienztrends von 2000 bis 2012 und eine Trendverbesserung, besonders stark nach 2019, bei der CO_2-Intensität der Energie (-3,4%/a).

Australien,   2°C-Ziel, Var. *a* : 300 Mt CO_2 in 2030

Trend der Indikatoren von 2000 bis 2012 und notwendiger Trend von 2012 bis 2019 und von 2019 bis 2030

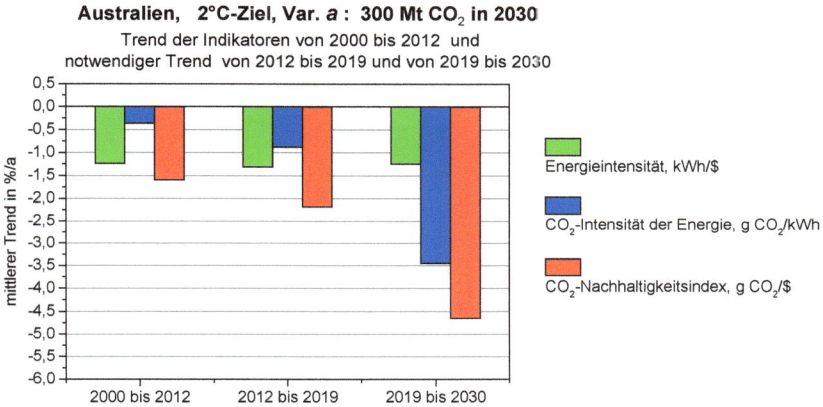

Energieintensität, kWh/$

CO_2-Intensität der Energie, g CO_2/kWh

CO_2-Nachhaltigkeitsindex, g CO_2/$

Bild 12.14.2. Trend der Indikatoren von 2000 bis 2012 und notwendige Trendänderung ab 2012 zur Einhaltung der 2- Grad-Grenze, Variante *a*

Mit Variante *b* (Bild 12.14.3) setzt die Trendverbesserung der CO_2-Intensität etwas später ein, muss aber nach 2019 fast ebenso stark sein.

Australien,   2°C-Ziel, Var. *b*: 340 Mt CO_2 in 2030

Trend der Indikatoren von 2000 bi 2012 und notwendiger Trend von 2012 bis 2019 und von 2019 bis 2030

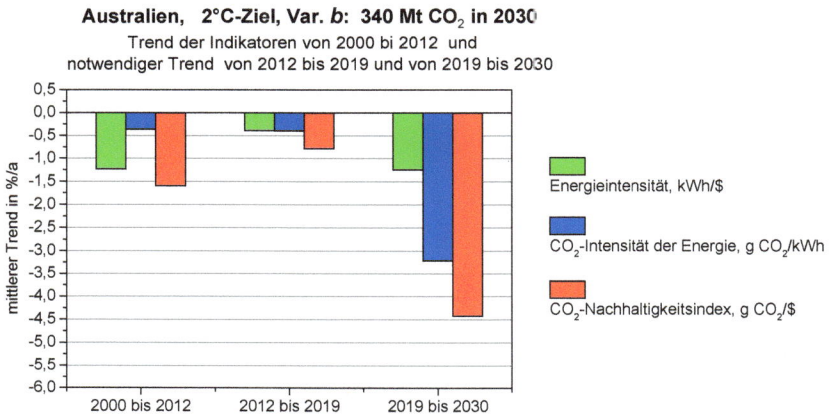

Energieintensität, kWh/$

CO_2-Intensität der Energie, g CO_2/kWh

CO_2-Nachhaltigkeitsindex, g CO_2/$

Bild 12.14.3. Trend der Indikatoren von 2000 bis 2012 und notwendige Trendänderung ab 2012 zur Einhaltung der 2- Grad-Grenze, Variante *b*

12.14.2 CO$_2$-Emissionen bis 2050

In Bild 12.14.4 sind für Australien die effektiven CO$_2$-Emissionswerte von 1970 bis 2012 und die für die Einhaltung des 2-Grad-Klimaziels bis 2050 zulässigen dargestellt (für beide Varianten *a* und *b* entsprechend dem Indikatoren-Verlauf in Bild 12.14.1 bis 12.14.3). .

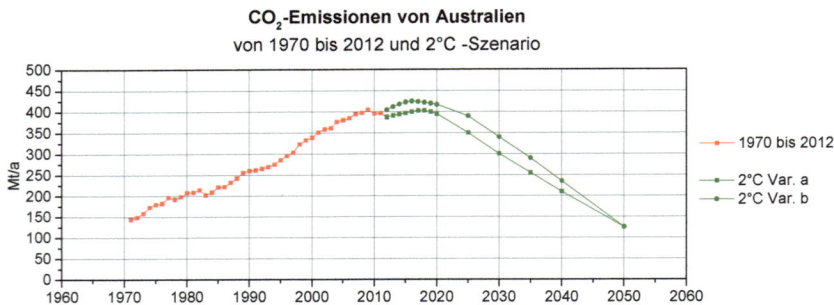

Bild 12.14.4. CO$_2$-Emissionen Australiens von 1970 bis 2012 und Klimaschutz-Szenario bis 2050

12.14.3 Pro-Kopf-Indikatoren bis 2030

Bild 12.14.5 zeigt die pro Kopf Indikatoren Australiens von 1980 bis 2011 sowie den sich aus den vorangegangenen Überlegungen ergebenden Verlauf bis 2030 bei Einhaltung des 2-Grad-Ziels für beide Varianten *a* und *b*. Die BIP(KKP)-Daten bis 2019 entsprechen den Statistiken und Voraussagen des IMF.

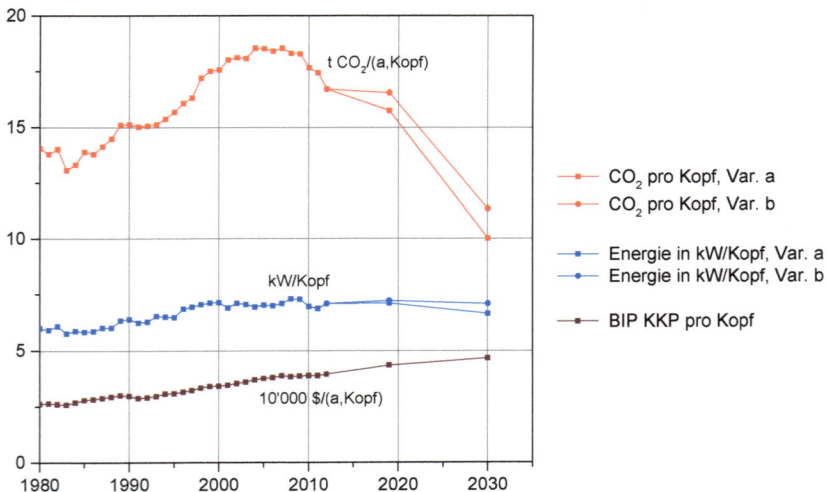

Bild 12.14.5. Pro Kopf Indikatoren Australiens 1980 bis 2012 und 2-Grad-Szenario bis 2030

Im folgenden Bild 12.14.6 sind die CO_2-Emissionen pro Kopf der Wohnbevölkerung des Jahres 2012 und jene des 2-Grad-Szenarios für 2030 (Variante *a* und *b*) dargestellt, detailliert **pro Verbrauchersektor**.

Die 4 Verbrauchersektoren sind (totale spezifische CO_2-Emissionen 2011: 16,7 t/Kopf):

- Industrie (2,8 t/Kopf)
- Verkehr (4,1 t/Kopf)
- Haushalte, Dienstleistungen, Landwirtschaft usw. (HDL), (2,4 t/Kopf)
- Verluste des Energiesektors (7,4 t/Kopf)

Die Energie- und Emissionsdaten für 2012 entsprechen dem Australien-Anhang A5.

Die in Bild 12.4.6 angenommene Verteilung der, direkt oder indirekt (über Elektrizität und Fernwärme), CO_2 emittierenden Energieträger innerhalb der Sektoren, für die beiden Varianten 2030, stellt *eine Möglichkeit unter mehreren dar*, die 2-Grad-Bedingung zu erfüllen.

Australien, CO2-Emiss. in 2012: 386 Mt
16,7 t/Kopf, 422 g/$ KKP)

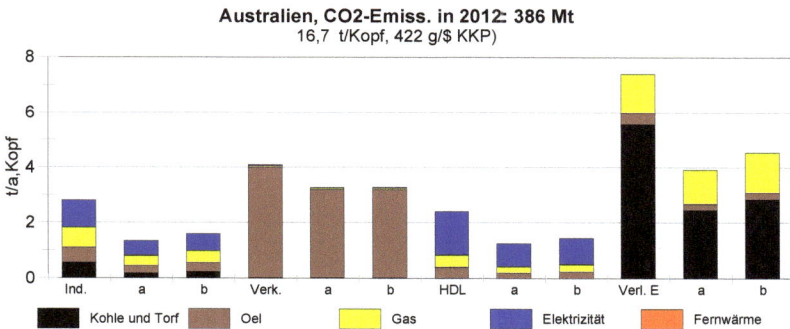

Bild 12.14.6. CO_2 Emissionen pro Kopf der 4 Sektoren : Industrie, Verkehr, HDL, Verluste Energiesektor (Definitionen s. Anhang), dargestellt jeweils mit drei Balken:
Erster Balken: **2012** (Daten in Text und Titel, gemäss Australien-Anhang A5),
Zweiter Balken: 2°C-Szenario **a** für **2030**, 300 Mt, 10,0 t/capita, 214 g/$ (KKP)
Dritter Balken: 2°C-Szenario **b** für **2030**, 340 Mt, 11,3 t/capita, 243 g/$ (KKP)

Der Zielwert 2030 ist z. B. erreicht, wenn die CO_2-Emissionen pro Kopf:

- **bei der Elektrizitäts- und Fernwärmeproduktion, einschliesslich Verluste im Energiesektor,** um 48% (Variante *a*) bzw. 38% (Variante *b*) reduziert werden, von 10,2 t/Kopf in 2012 auf 5,3 bis 6,3 t/Kopf (Effizienzverbesserungen, Ersatz von Kohle durch Gas, erneuerbare Energien, CCS und. Kernenergie),

- **im Wärmebereich** (Industrie + HDL) durch Effizienzverbesserungen, Erdgas statt Kohle, Einsatz von erneuerbaren Energien (Wärmepumpe, Abfallverwertung, Solarenergie, Geothermie), um 50% (*a*) bzw. um 39% (*b*) abnehmen (von 2,6 t/Kopf in 2012 auf 1,3 bis 1,6 t/Kopf),

- **im Verkehrsbereich** um 18% (*a* und *b*) abnehmen (von 4,2 in 2012 auf 3,4 t/Kopf), durch Effizienzverbesserungen, Gastreibstoffe, Biotreibstoffe und Elektromobilität.

12.15   Italien

12.15.1   Effektive Indikatoren (Energieintensität, CO_2-Intensität der Energie und CO_2-Nachhaltigkeit) von 1980 bis 2012 und für das 2-Grad Ziel bis 2030 erforderliche

Italien weist 2012, mit 203 g CO_2/$, den drittbesten CO_2-Nachhaltigkeitsindikator der G-20 Gruppe auf, und liegt somit auch leicht unter dem Durchschnitt der EU-27. Dies vor allem dank einer auf Gas, Wasserkraft und andere erneuerbaren Energien basierenden Elektrizitäts-wirtschaft (s. Anhang). Der tatsächliche Verlauf der Indikatoren von 1980 bis 2012 und der für das 2-Grad-Ziel bis 2030 notwendige Verlauf der Varianten *a* und *b* zeigt Bild 12.15.1.

Der anzustrebende Klimaschutz-Zielwert für 2030 ist 154 bis 164 g CO_2/$ (-24% bis -19% re-lativ zu 2012) was einem CO_2-Austoss Italiens von 300 bis 320 Mt (-24% bis -15% relativ zu 2012) entspricht. Die Werte für 2019 berücksichtigen den vom Internationalen Währungs-fond IMF prognostizierten Wert des BIP(KKP) von rund 1'890 Mrd. $ (von 2007). Das BIP für 2030 ist auf 1'950 Mrd. $ veranschlagt.

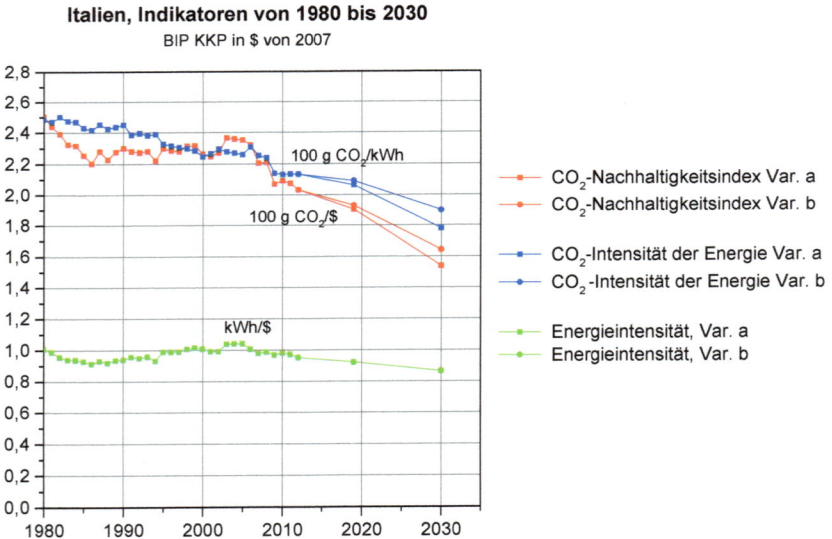

Bild 12.15.1. Italien-Indikatoren von 1980 bis 2012 und Klimaschutz-Szenario bis 2030

Der Bruttoenergiebedarf 2030 ist nach diesem Szenario 145 Mtoe (nur energiebedingter Teil). Die Pro-Kopf-Indikatoren für Energie und CO_2-Ausstoß wären dann zu diesem Zeitpunkt: e = 3,1 kW/Kopf (-6%) und α = 4,8 bis 5,1 t CO_2/Kopf (-23% (Var. a) bis -14% (Var. b) relativ zu 2012).

Die anzustrebende Trendänderung der Indikatoren zur Einhaltung des 2-Grad-Ziels ist in Bild 12.15.2 für die Variante *a* veranschaulicht. Notwendig sind die Erhaltung des Energieeffizienztrends und die Beibehaltung und deutliche Verstärkung ab 2019 des Trends der CO_2-Intensität der Energie (-1,8%/a).

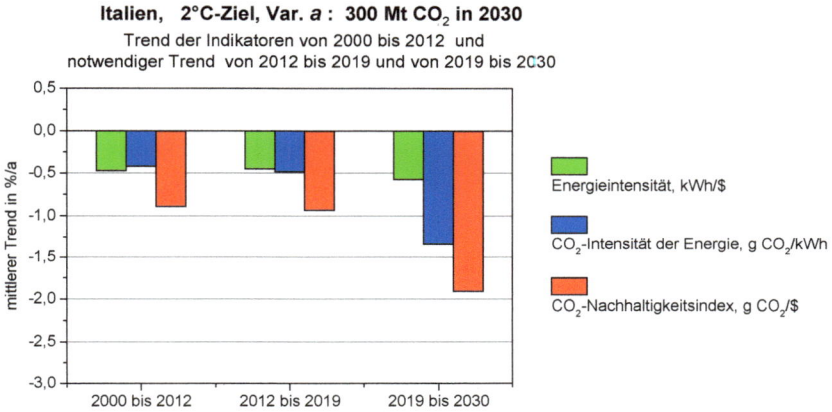

Bild 12.15.2. Trend der Indikatoren von 2000 bis 2012 und notwendige Trendänderung ab 2012 zur Einhaltung der 2- Grad-Grenze, Variante *a*

Mit Variante *b* (Bild 12.15.3) setzt die Verbesserung des Trends de CO_2-Intensität der Energie später ein und ist weniger stark.

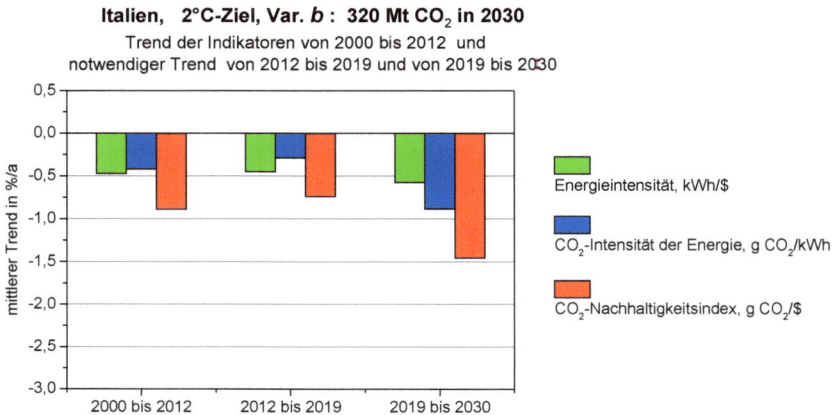

Bild 12.15.3. Trend der Indikatoren von 2000 bis 2012 und notwendige Trendänderung ab 2012 zur Einhaltung der 2- Grad-Grenze, Variante *b*

12.15.2   CO$_2$-Emissionen bis 2050

In Bild 12.15.4 sind für Italien die effektiven CO$_2$-Emissionswerte von 1970 bis 2012 und die für die Einhaltung des 2-Grad-Klimaziels bis 2050 zulässigen dargestellt (für beide Varianten *a* und *b* entsprechend dem Indikatoren-Verlauf in Bild 12.15.1 bis 12.15.3).

CO$_2$-Emissionen Italiens
von 1970 bis 2012 und 2°C -Szenario

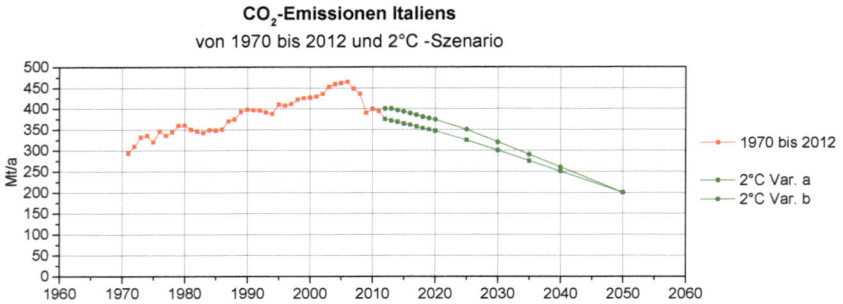

Bild 12.15.4. CO$_2$-Emissionen Italiens von 1970 bis 2012 und Klimaschutz-Szenario bis 2050

12.15.3   Pro-Kopf-Indikatoren bis 2030

Bild 12.15.5 zeigt die pro Kopf Indikatoren Italiens von 1980 bis 2012 sowie den sich aus den vorangegangenen Überlegungen ergebenden Verlauf bis 2030 bei Einhaltung des 2-Grad-Ziels für beide Varianten *a* und *b*. Die BIP(KKP)-Daten bis 2019 entsprechen den Statistiken und Voraussagen des IMF.

Italien, pro Kopf Indikatoren von 1980 bis 2030
BIP KKP in $ von 2007

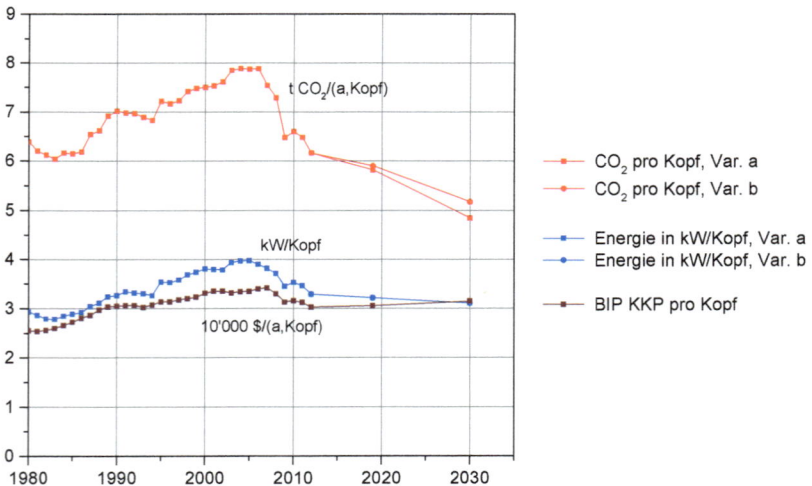

Bild 12.15.5. Pro Kopf Indikatoren Italiens 1980 bis 2012 und 2-Grad-Szenario bis 2030

Im folgenden Bild 12.15.6 sind die CO_2-Emissionen pro Kopf der Wohnbevölkerung des Jahres 2012 und jene des 2-Grad-Szenarios für 2030 (Variante a und b) dargestellt, detailliert **pro Verbrauchersektor**.

Die 4 Verbrauchersektoren sind (totale spezifische CO_2-Emissionen 2012: 6,2 t/Kopf):
- Industrie (1,2 t/Kopf)
- Verkehr (1,8 t/Kopf)
- Haushalte, Dienstleistungen, Landwirtschaft usw. (HDL), (1,8 t/Kopf)
- Verluste des Energiesektors (1,3 t/Kopf)

Die Energie- und Emissionsdaten für 2012 entsprechen dem Italien-Anhang A5.

Die angenommene Verteilung der, direkt oder indirekt (über Elektrizität und Fernwärme), CO_2 emittierenden Energieträger innerhalb der Sektoren, für die beiden Varianten 2030 in Bild 12.15.6, stellt *eine Möglichkeit unter mehreren dar*, die 2-Grad-Bedingung zu erfüllen.

mehreren

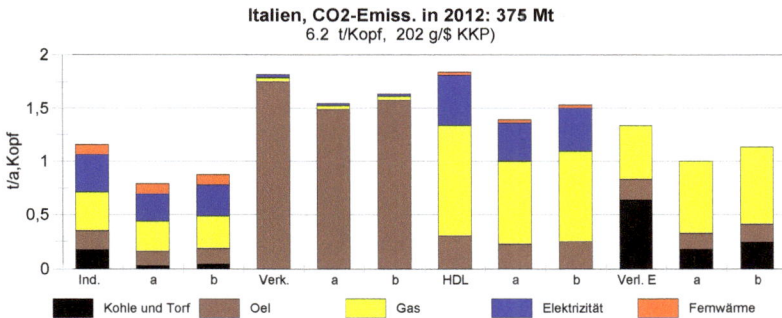

Bild 12.15.6. CO_2 Emissionen pro Kopf der 4 Sektoren : Industrie, Verkehr, H.D.L., Verluste Energiesektor (Definitionen s. Anhang), dargestellt jeweils mit drei Balken:
Erster Balken: **2012** (Daten in Text und Titel, gemäss Italien-Anhang A5),
Zweiter Balken: 2°C-Szenario **a** für **2030**, 300 Mt, 4,8 t/capita, 154 g/$ (KKP)
Dritter Balken: 2°C-Szenario **b** für **2030**, 320 Mt, 5,2 t/capita, 164 g/$ (KKP)

Der Zielwert 2030 ist z. B. erreicht, wenn die CO_2-Emissionen pro Kopf:

- **bei der Elektrizitäts- und Fernwärmeproduktion, einschliesslich Verluste im Energiesektor**, um 22% (Variante a) bzw. 14% (Variante b) reduziert werden, von 2,3 t/Kopf in 2012 auf 1,8 bis 2,0 t/Kopf (Effizienzverbesserungen, Ersatz von Kohle durch Gas, erneuerbare Energien, CCS),

- **im Wärmebereich** (Industrie + H.D.L) durch Effizienzverbesserungen, Erdgas statt Kohle, Einsatz von erneuerbaren Energien (Wärmepumpe, Abfallverwertung, Solarenergie, Geothermie), um 30% (a) bzw. um 23% (b) abnehmen (von 2,0 t/Kopf in 2012 auf 1,4 bis 1,6 t/Kopf),

- **im Verkehrsbereich** um 15% (a) bzw. 10% (b) abnehmen (von 1,8 in 2012 auf etwa 1,6 t/Kopf), durch Effizienzverbesserungen, Gastreibstoffe, Biotreibstoffe und Elektromobilität.

12.16 Südafrika

12.16.1 Effektive Indikatoren (Energieintensität, CO₂-Intensität der Energie und CO₂-Nachhaltigkeit) von 1980 bis 2012 und für das 2-Grad Ziel bis 2030 erforderliche

Südafrika hat 2012 einen sehr schlechten CO_2-Nachaltigkeitsindikator von 650 g CO_2/\$ und liegt somit an der letzten Stelle der G-20 Rangliste. Dies ist auf die stark auf Kohle basierende Energiewirtschaft aber auch auf schlechte Energieeffizienz zurückzuführen (s. Anhang). Der tatsächliche Verlauf der Indikatoren von 1980 bis 2012 und der für das 2-Grad-Ziel bis 2030 notwendige Verlauf der Varianten *a* und *b* zeigt Bild 12.16.1.

Der anzustrebende Klimaschutz-Zielwert für 2030 ist 353 bis 412 g CO_2/\$ (-46% bis -37% relativ zu 2012) bei einem CO_2-Anteil Südafrikas von 300 bis 350 Mt (-20% bis -7% relativ zu 2012) am CO_2-Ausstoss der G-20 Gruppe. Die Werte für 2019 berücksichtigen den vom Internationalen Währungsfond IMF prognostizierten Wert des BIP(KKP) von rund 675 Mrd. \$ (von 2007). Das BIP für 2030 ist auf 850 Mrd. \$ veranschlagt.

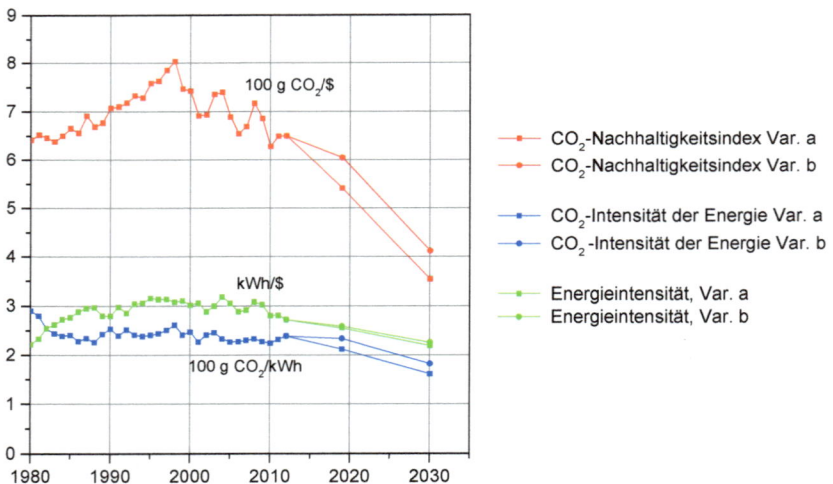

Bild 12.16.1. Südafrika-Indikatoren von 1980 bis 2012 und Klimaschutz-Szenario bis 2030

Der Bruttoenergiebedarf 2030 ist nach diesem Klimaschutz-Szenario 160 bis 165 Mtoe (nur energiebedingter Teil). Die Pro-Kopf-Indikatoren für Energie und CO_2-Ausstoß wären dann zu diesem Zeitpunkt: e = 3,3 bis 3,4 kW/Kopf (beinahe unverändert relativ zu 2012) und α = 4,7 bis 5,5 t CO_2/Kopf (-35% (*a*) bis -24% (*b*) relativ zu 2012).

Die anzustrebende Trendänderung der Indikatoren zur Einhaltung des 2-Grad-Ziels ist für Variante a in Bild 12.16.2 veranschaulicht. Eine Verstärkung des Energieeffizienztrends und vor allem des Trends der CO_2-Intensität der Energie bereits vor 2019 sind unerlässlich.

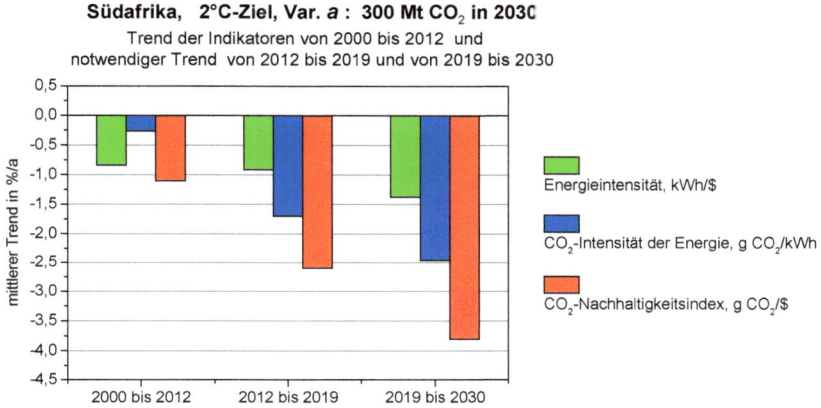

Südafrika,   2°C-Ziel, Var. a : 300 Mt CO_2 in 2030
Trend der Indikatoren von 2000 bis 2012 und
notwendiger Trend von 2012 bis 2019 und von 2019 bis 2030

Legend:
Energieintensität, kWh/$
CO_2-Intensität der Energie, g CO_2/kWh
CO_2-Nachhaltigkeitsindex, g CO_2/$

Bild 12.16.2. Trend der Indikatoren von 2000 bis 2012 und notwendige Trendänderung ab 2012 zur Einhaltung der 2- Grad-Grenze, Variante *a*

Mit Variante b (Bild 12.16.3) ist die starke Trendänderung erst nach 2019 notwendig.

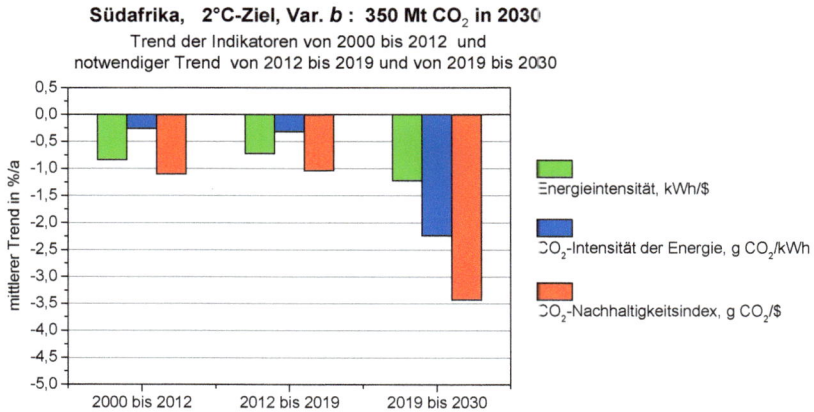

Südafrika,   2°C-Ziel, Var. b : 350 Mt CO_2 in 2030
Trend der Indikatoren von 2000 bis 2012 und
notwendiger Trend von 2012 bis 2019 und von 2019 bis 2030

Legend:
Energieintensität, kWh/$
CO_2-Intensität der Energie, g CO_2/kWh
CO_2-Nachhaltigkeitsindex, g CO_2/$

Bild 12.16.3. Trend der Indikatoren von 2000 bis 2012 und notwendige Trendänderung ab 2012 zur Einhaltung der 2- Grad-Grenze, Variante *b*

12.16.2 CO_2-Emissionen bis 2050

In Bild 12.16.4 sind für Südafrika die effektiven CO_2-Emissionswerte von 1970 bis 2012, und die für die Einhaltung des 2-Grad-Klimaziels bis 2050 zulässigen dargestellt (für beide Varianten *a* und *b* entsprechend dem Indikatoren-Verlauf in Bild 12.16.1 bis 12.16.3).

CO_2-Emissionen von Südafrika
von 1970 bis 2012 und 2°C -Szenario

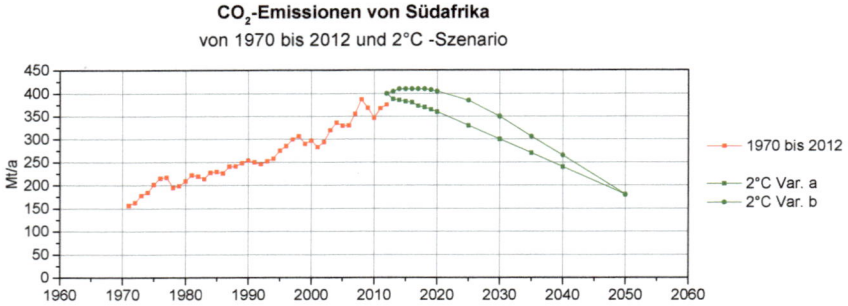

Bild 12.16.4. CO_2-Emissionen Südafrikas von 1970 bis 2012 und Klimaschutz-Szenario bis 2050

12.16.3 Pro-Kopf-Indikatoren bis 2030

Bild 12.16.5 zeigt die **pro Kopf Indikatoren** Südafrikas von 1980 bis 2012 sowie den sich aus den vorangegangenen Überlegungen ergebenden Verlauf bis 2030 bei Einhaltung des 2-Grad-Ziels für beide Varianten *a* und *b*. Die BIP(KKP)-Daten bis 2019 entsprechen den Statistiken und Voraussagen des IMF.

Südafrika, pro Kopf Indikatoren von 1980 bis 2030
BIP KKP in $ von 2007

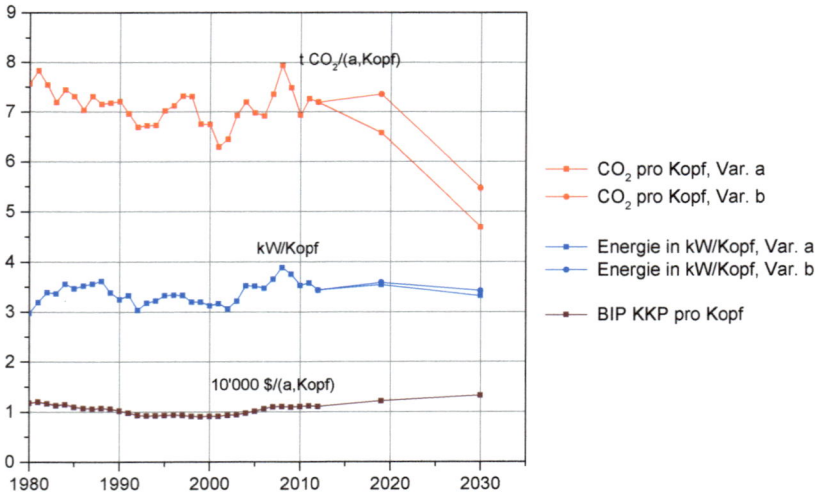

Bild 12.16.5. Pro Kopf Indikatoren Südafrikas 1980 bis 2012 und 2-Grad-Szenario bis 2030

Im folgenden Bild 12.16.6 sind die CO_2-Emissionen pro Kopf der Wohnbevölkerung des Jahres 2012 und jene des 2-Grad-Szenarios für 2030 (Variante *a* und *b*) dargestellt, detailliert **pro Verbrauchersektor.**

Die 4 Verbrauchersektoren sind (totale spezifische CO_2-Emissionen 2012: 7,2 t/Kopf):

- Industrie (1,4 t/Kopf)
- Verkehr (0,8 t/Kopf)
- Haushalte, Dienstleistungen, Landwirtschaft usw. (0,9 t/Kopf)
- Verluste Energiesektor (4,1 t/Kopf)

Die Energie- und Emissionsdaten für 2012 entsprechen dem Südafrika-Anhang A5.

End-Energieträger emittieren CO_2 direkt oder indirekt (über Elektrizität und Fernwärme). Die für 2030 angenommene Verteilung der CO_2-Emissionen innerhalb der Sektoren, Varianten *a* und *b*, stellt *eine Möglichkeit unter mehreren dar,* die 2-Grad-Bedingung zu erfüllen.

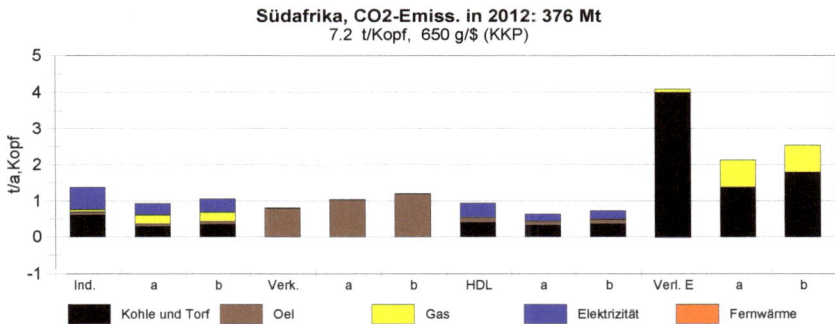

Südafrika, CO2-Emiss. in 2012: 376 Mt
7.2 t/Kopf, 650 g/$ (KKP)

Bild 12.16.6. CO_2 Emissionen pro Kopf der 4 Sektoren : Industrie, Verkehr, H.D.L., Verluste Energiesektor (Definitionen s. Anhang), dargestellt jeweils mit drei Balken:
Erster Balken: **2012** (Daten in Text und Titel, gemäss Südafrika-Anhang A5),
Zweiter Balken: 2°C-Szenario **a** für **2030**, 300 Mt, 4,7 t/capita, 353 g/$ (KKP)
Dritter Balken: 2°C-Szenario **b** für **2030**, 350 Mt, 5,5 t/capita, 412 g/$ (KKP)

Der Zielwert 2030 ist z. B. erreicht, wenn die CO_2-Emissionen pro Kopf:

- **bei der Elektrizitäts- und Fernwärmeproduktion, einschliesslich Verluste im Energiesektor**, um 48% (Variante *a*) bzw. 39% (Variante *b*) reduziert werden, von 5,1 t/Kopf in 2012 auf 2,6 bis 3,1 t/Kopf (Effizienzverbesserungen, Ersatz von Kohle durch Gas, erneuerbare Energien, CCS, Kernenergie),

- **im Wärmebereich** (Industrie + H.D.L) durch Effizienzverbesserungen, Erdgas statt Kohle, Einsatz von erneuerbaren Energien (Wärmepumpe, Abfallverwertung, Solarenergie, Geothermie), um 20% (*a*) bzw. um 10% (*b*) abnehmen (von 1,3 t/Kopf in 2012 auf 1,0 bis 1,2 t/Kopf),

- **im Verkehrsbereich** um höchstens 28% (*a*) bzw. 48% (*b*) zunehmen (von 0,8 in 2012 auf 1,1 bis 1,2 t/Kopf), durch Effizienzverbesserungen, Gastreibstoffe, Biotreibstoffe und Elektromobilität

12.17 Frankreich

12.17.1 Effektive Indikatoren (Energieintensität, CO_2-Intensität der Energie und CO_2-Nachhaltigkeit) von 1980 bis 2011 und für das 2-Grad Ziel bis 2030 erforderliche

Frankreich liegt 2012, mit einem CO_2-Nachhaltigkeitsindikator von 148 g CO_2/\$, dank ihrer CO_2-armen Elektrizitätswirtschaft (s. Anhang) an erster Stelle der G20- Länder. Der tatsächliche Verlauf der Indikatoren von 1980 bis 2012 und der für das 2-Grad-Ziel bis 2030 notwendige Verlauf der Varianten *a* und *b* zeigt Bild 12.17.1.

Der anzustrebende Klimaschutz-Zielwert für 2030 ist 112 bis 117 g CO_2/\$ (-24% bis -21% relativ zu 2012) was CO_2-Emissionen von 290 bis 305 Mt (-13% bis -9% relativ zu 2012) entspricht. Die Werte für 2019 berücksichtigen den vom Internationalen Währungsfond IMF prognostizierten Wert des BIP(KKP) von rund 2430 Mrd. \$ (von 2007). Das BIP für 2030 ist auf 2600 Mrd. \$ veranschlagt.

Frankreich, Indikatoren von 1980 bis 2030
BIP KKP in \$ von 2007

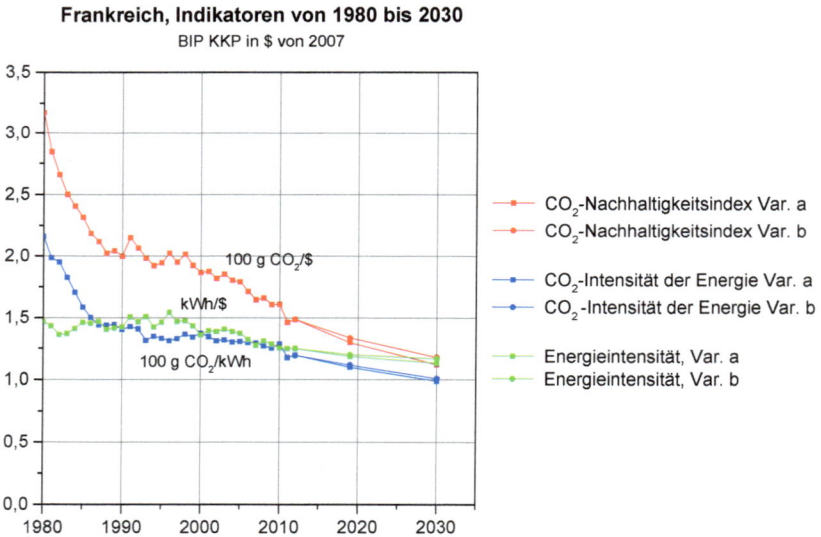

Bild 12.17.1. Frankreich-Indikatoren von 1980 bis 2012 und Klimaschutz-Szenario bis 2030

Der Bruttoenergiebedarf 2030 ist nach diesem Szenario 252 bis 260 Mtoe (nur energiebedingter Teil). Die Pro-Kopf-Indikatoren für Energie und CO_2-Ausstoß wären dann zu diesem Zeitpunkt: $e = 4,5$ bis 4,6 kW/Kopf (-9% bis -6%) und $\alpha = 3,9$ bis 4,1 t CO_2/Kopf (-24% (Var. *a*) bis -20% (Var. *b*) relativ zu 2012).

Die anzustrebende Trendänderung der Indikatoren zur Einhaltung des 2-Grad-Ziels ist in Bild 12.17.2 veranschaulicht. Die Beibehaltung des Gesamt-Trends sichert die Einhaltung des 2-Grad-Ziels.

Dies gilt, umso mehr, auch für die sich wenig unterscheidende Variante b (Bild 12.17.3).

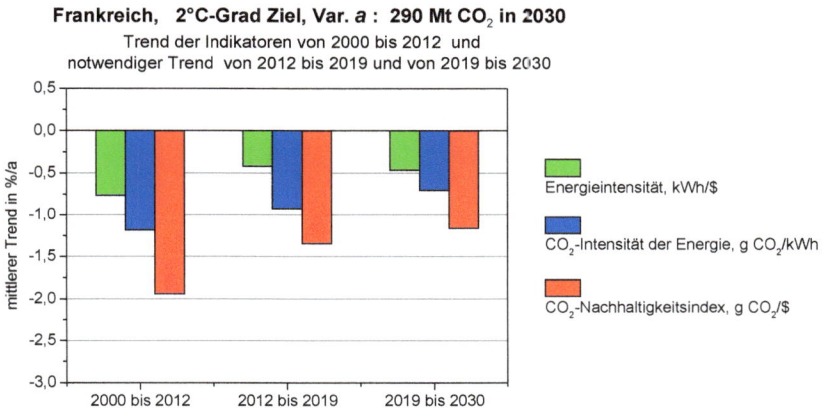

Bild 12.17.2.   Trend der Indikatoren von 2000 bis 2012 und notwendige Trendänderung ab 2012 zur Einhaltung der 2- Grad-Grenze, Variante *a*

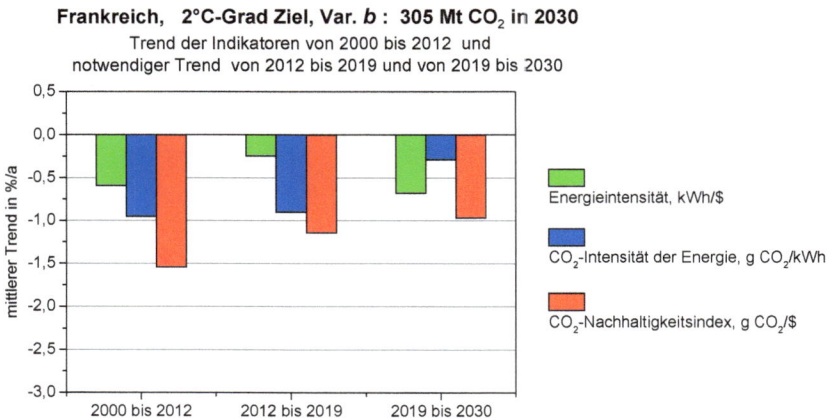

Bild 12.17.3.   Trend der Indikatoren von 2000 bis 2012 und notwendige Trendänderung ab 2012 zur Einhaltung der 2- Grad-Grenze, Variante *b*

12.17.2 CO$_2$-Emissionen bis 2050

In Bild 12.17.4 sind für Frankreich die effektiven CO$_2$-Emissionswerte von 1970 bis 2012 und die für die Einhaltung des 2-Grad-Klimaziels bis 2050 zulässigen dargestellt (für beide Varianten *a* und *b* entsprechend dem Indikatoren-Verlauf in Bild 12.17.1 bis 12.17.3).

CO$_2$-Emissionen Frankreichs
von 1970 bis 2012 und 2°C -Szenario

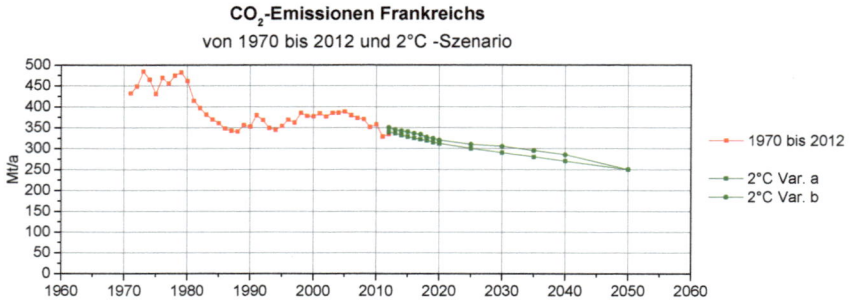

Bild 12.17.4. CO$_2$-Emissionen Frankreichs von 1970 bis 2012 und Klimaschutz-Szenario bis 2050

12.17.3 Pro-Kopf-Indikatoren bis 2030

Bild 12.17.5 zeigt die **pro Kopf Indikatoren** Frankreichs von 1980 bis 2012 sowie den sich aus den vorangegangenen Überlegungen ergebenden Verlauf bis 2030 bei Einhaltung des 2-Grad-Ziels für beide Varianten *a* und *b*. Die BIP(KKP)-Daten bis 2019 entsprechen den Statistiken und Voraussagen des IMF.

Frankreich, pro Kopf Indikatoren von 1980 bis 2030
BIP KKP in $ von 2007

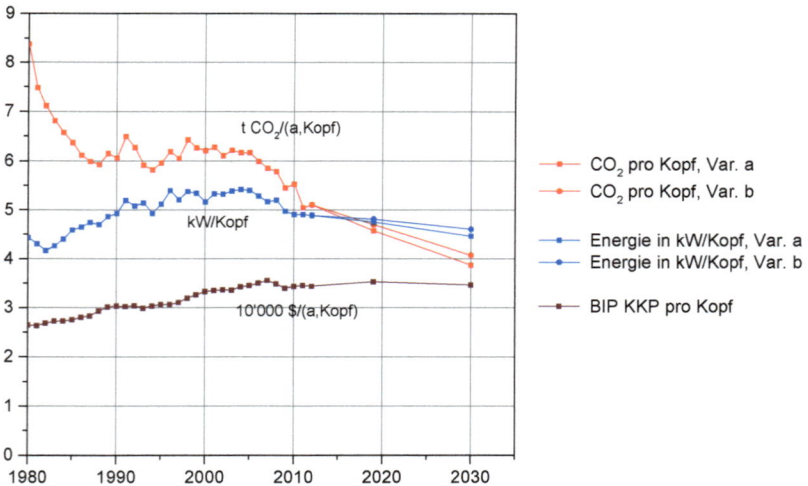

Bild 12.1.5. Pro Kopf Indikatoren Frankreichs 1980 bis 2012 und 2-Grad-Szenario bis 2030

Im folgenden Bild 12.17.6 sind die CO_2-Emissionen pro Kopf der Wohnbevölkerung des Jahres 2012 und jene des 2-Grad-Szenarios für 2030 (Variante c und b) dargestellt, detailliert **pro Verbrauchersektor**.

Die 4 Verbrauchersektoren sind (totale spezifische CO_2-Emissionen 2012: 5,1 t/Kopf):

-   Industrie (0,8 t/Kopf)
-   Verkehr (1,9 t/Kopf)
-   Haushalte, Dienstleistungen, Landwirtschaft usw. (1,5 t/Kopf)
-   Verluste Energiesektor (0,8 t/Kopf)

Die Energie- und Emissionsdaten für 20211 entsprechen dem Frankreich-Anhang A5.

Die angenommene Verteilung der, direkt oder indirekt (über Elektrizität und Fernwärme), CO_2 emittierenden Energieträger innerhalb der Sektoren, für die beiden Varianten 2030 in Bild 12.17.6, *stellt eine Möglichkeit unter mehreren dar* die 2-Grad-Bedingung zu erfüllen.

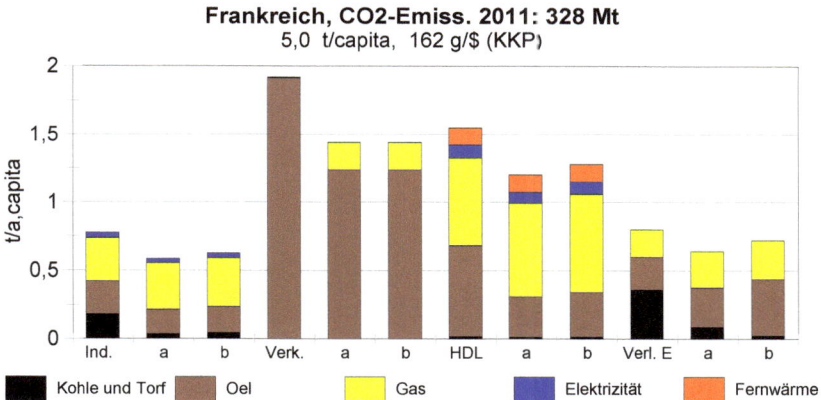

Bild 12.17.6. CO_2 Emissionen pro Kopf der 4 Sektoren : Industrie, Verkehr, H.D.L., Verluste Energiesektor (Definitionen s. Anhang), dargestellt jeweils mit drei Balken:
Erster Balken: **2012** (Daten in Text und Titel, gemäss Frankreich-Anhang A5),
Zweiter Balken: 2°C-Szenario *a* für **2030**, 290 Mt, 3,9 t/capita, 112 g/$ (KKP)
Dritter Balken: 2°C-Szenario *b* für **2030**, 305 Mt, 4,1 t/capita, 117 g/$ (KKP)

Der Zielwert 2030 ist z. B. erreicht, wenn die CO_2-Emissionen pro Kopf:

-   **bei der Elektrizitäts- und Fernwärmeproduktion, einschliesslich Verluste im Energiesektor**, um 40% (Variante *a*) bzw. 8% (Variante *b*) abnehmen, von 1,07 t/Kopf in 2012 auf 0,64 bis 0,98 t/Kopf (Effizienzverbesserungen, Ersatz von Kohle durch Gas, erneuerbare Energien, Kernenergie,

-   **im Wärmebereich** (Industrie + H.D.L) durch Effizienzverbesserungen, Erdgas statt Kohle, Einsatz von erneuerbaren Energien (Wärmepumpe, Abfallverwertung, Solarenergie, Geothermie), um 25% (*a* und *b*)) abnehmen (von 2,1 t/Kopf in 2012 auf 1,54 t/Kopf),

-   **im Verkehrsbereich** um 25% (*a* und *b*) reduziert werden (von 1,9 in 2012 auf 1,4 t/Kopf), durch Effizienzverbesserungen, Gastreibstoffe, Biotreibstoffe und Elektromobilität.

12.18   Türkei

12.18.1   Effektive Indikatoren (Energieintensität, CO_2-Intensität der Energie und CO_2-Nachhaltigkeit) von 1980 bis 2012 und für das 2-Grad Ziel bis 2030 erforderliche

Die Türkei weist 2012 einen CO_2-Nachhaltigkeitsindikator von 245 g CO2/$ auf, der nicht weit vom Weltdurchschnitt liegt. Elektrizitäts- und Wärmeproduktion sind stark fossil ausgerichtet (s. Anhang). Der tatsächliche Verlauf der Indikatoren von 1980 bis 2012 und der für das 2-Grad-Ziel bis 2030 notwendige Verlauf der Varianten *a* und *b* zeigt Bild 12.18.1.

Der anzustrebende Klimaschutz-Zielwert für 2030 ist 174 bis 195 g CO_2/$ (-29% bis -20% relativ zu 2012) was einem CO_2-Anteil der Türkei von 330 bis 370 Mt (+15% bis +22% relativ zu 2012) entspricht. Die Werte für 2019 berücksichtigen den vom Internationalen Währungsfond IMF prognostizierten Wert des BIP(KKP) von 1550 Mrd. $ (von 2007). Das BIP für 2030 ist auf 1900 Mrd. $ veranschlagt.

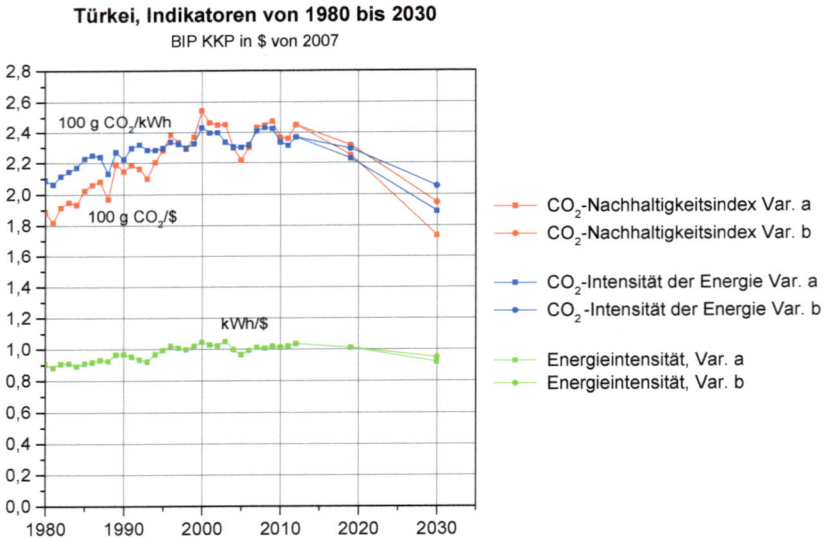

Türkei, Indikatoren von 1980 bis 2030
BIP KKP in $ von 2007

Bild 12.18.1. Türkei-Indikatoren von 1980 bis 2012 und Klimaschutz-Szenario bis 2030

Der Bruttoenergiebedarf 2030 ist nach diesem Szenario 150 bis 155 Mtoe (nur energiebedingter Teil). Die Pro-Kopf-Indikatoren für Energie und CO_2-Ausstoß wären dann zu diesem Zeitpunkt: e = 2,5 bis 2,7 kW/Kopf (+ 28% bis +36%) und α = 4,1 bis 4,6 t CO_2/Kopf (+ 2% (Var. *a*) bis +15% (Var. *b*) relativ zu 2012).

Die anzustrebende Trendänderung der Indikatoren zur Einhaltung des 2-Grad-Ziels ist in Bild 12.18.2 für die Variante *a* veranschaulicht. Eine rasche und starke Verstärkung des Energieeffizienztrends und des Trends der CO_2-Intensität der Energie sind unerlässlich.

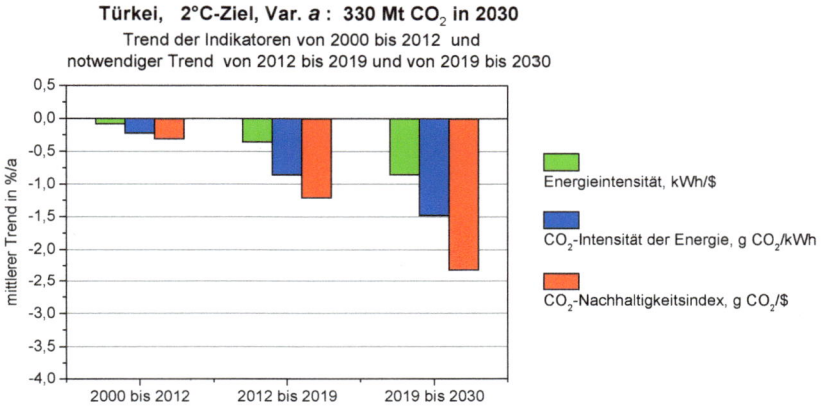

Bild 12.18.2.   Trend der Indikatoren von 2000 bis 2012 und notwendige Trendänderung ab 2012 zur Einhaltung der 2- Grad-Grenze, Variante *a*

Mit Variante b (Bild 12.18.3) tritt die notwendige Trendverstärkung verzögert und leicht abgeschwächt ein.

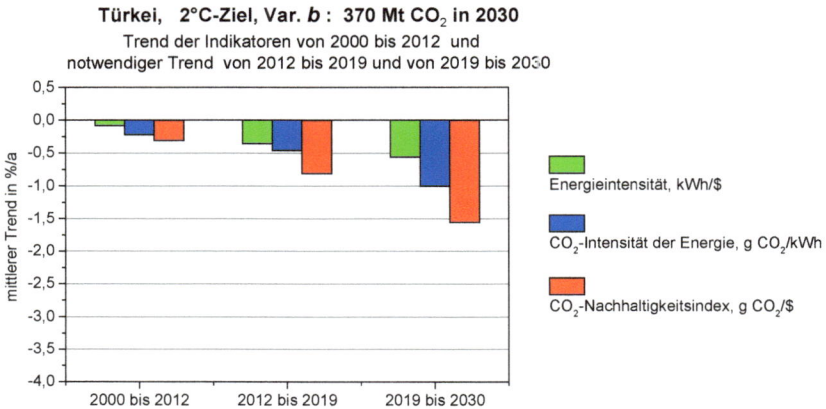

Bild 12.18.3.   Trend der Indikatoren von 2000 bis 2012 und notwendige Trendänderung ab 2012 zur Einhaltung der 2- Grad-Grenze, Variante *b*

12.18.2 CO_2-Emissionen bis 2050

In Bild 12.18.4 sind für die Türkei die effektiven CO_2-Emissionswerte von 1970 bis 2012, und die für die Einhaltung des 2-Grad-Klimaziels bis 2050 zulässigen, dargestellt (für beide Varianten *a* und *b* entsprechend dem Indikatoren-Verlauf in Bild 12.18.1 bis 12.18.3).

CO_2-Emissionen der Türkei
von 1970 bis 2012 und 2°C -Szenario

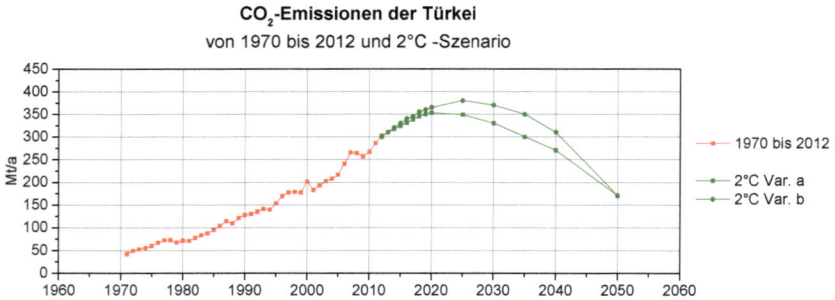

Bild 12.18.4. CO_2-Emissionen der Türkei von 1970 bis 2012 und Klimaschutz-Szenario bis 2050

12.18.3   Pro-Kopf-Indikatoren bis 2030

Bild 12.18.5 zeigt die pro Kopf Indikatoren der Türkei von 1980 bis 2011 sowie den sich aus den vorangegangenen Überlegungen ergebenden Verlauf bis 2030 bei Einhaltung des 2-Grad-Ziels für beide Varianten *a* und *b*. Die BIP(KKP)-Daten bis 2019 entsprechen den Statistiken und Voraussagen des IMF.

Türkei, pro Kopf Indikatoren von 1980 bis 2030
BIP KKP in $ von 2007

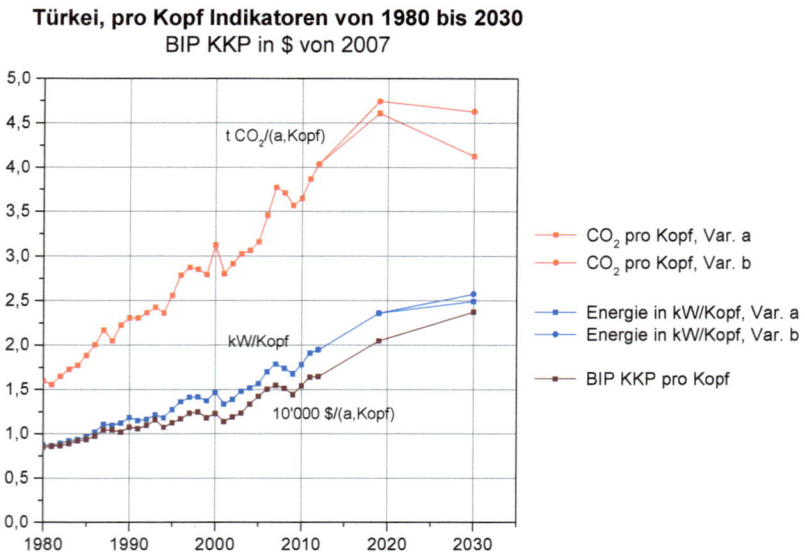

Bild 12.18.5. Pro Kopf Indikatoren der Türkei 1980 bis 2012 und 2-Grad-Szenario bis 2030

Im folgenden Bild 12.18.6 sind die CO_2-Emissionen pro Kopf der Wohnbevölkerung des Jahres 2012 und jene des 2-Grad-Szenarios für 2030 (Variante *a* und *b*) dargestellt, detailliert **pro Verbrauchersektor**.

Die 4 Verbrauchersektoren sind (totale spezifische CO_2-Emissionen 2012: 4,0 t/Kopf):

-   Industrie (0,9 t/Kopf)
-   Verkehr (0,7 t/Kopf)
-   Haushalte, Dienstleistungen, Landwirtschaft usw. 1,2 t/Kopf)
-   Verluste Energiesektor (1,2 t/Kopf)

Die Energie- und Emissionsdaten für 2012 entsprechen dem Türkei-Anhang A5.

Die angenommene Verteilung der, direkt oder indirekt (über Elektrizität und Fernwärme), CO_2 emittierenden Energieträger innerhalb der Sektoren, für die beiden Varianten 2030 in Bild 12.18.6, stellt *eine Möglichkeit unter mehreren dar* die 2-Grad-Bedingung zu erfüllen.

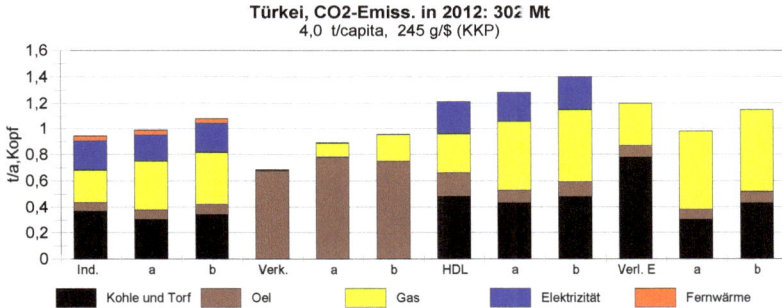

Türkei, CO2-Emiss. in 2012: 302 Mt
4,0 t/capita, 245 g/$ (KKP)

Bild 12.18.6. CO_2 Emissionen pro Kopf der 4 Sektoren : Industrie, Verkehr, H.D.L., Verluste Energiesektor (Definitionen s. Anhang), dargestellt jeweils mit drei Balken:
Erster Balken: **2012** (Daten in Text und Titel, gemäss Türkei-Anhang A5),
Zweiter Balken: 2°C-Szenario *a* für **2030**, 330 Mt, 4,1 t/capita, 174 g/$ (KKP)
Dritter Balken: 2°C-Szenario *b* für **2030**, 370 Mt, 4,6 t/capita, 195 g/$ (KKP)

Der Zielwert 2030 ist z. B. erreicht, wenn die CO_2-Emissionen pro Kopf:

-   **bei der Elektrizitäts- und Fernwärmeproduktion, einschliesslich Verluste im Energiesektor**, um 15% (Variante *a*) abnehmen bzw. unverändert bleiben (Variante *b*), von 1,72 t/Kopf in 2012 auf 1,5 bis 1,7 t/Kopf (Effizienzverbesserungen, Ersatz von Kohle durch Gas, erneuerbare Energien, CCS, Kernenergie),

-   **im Wärmebereich** (Industrie + H.D.L) durch Effizienzverbesserungen (Isolierungen), Reduktion des Kohleverbrauchs, Erdgas statt Kohle, Einsatz von erneuerbaren Energien (Wärmepumpe, Abfallverwertung, Solarenergie, Geothermie), um 10% (*a*) bzw. höchstens um 20% (*b*) zunehmen (von 1,6 t/Kopf in 2012 auf 1,8 bis 2,0 t/Kopf),

-   **im Verkehrsbereich** um 25% (*a*) bis höchstens 39% (*b*) zunehmen (von 0,69 t/Kopf in 2012 auf 0,86 bis 0,96 t/Kopf), durch Effizienzverbesserungen, Gastreibstoffe, Biotreibstoffe und Elektromobilität.

12.19   Argentinien

12.19.1   Effektive Indikatoren (Energieintensität, CO_2-Intensität der Energie und CO_2-Nachhaltigkeit) von 1980 bis 2012 und für das 2-Grad Ziel bis 2030 erforderliche

Argentinien weist 2012 einen CO_2-Nachhaltigkeitsindikator von 235 g CO_2/$ auf, der dank Wasserkraft und Gas deutlich unter dem Weltdurchschnitt liegt (s. Anhang). Der tatsächliche Verlauf der Indikatoren von 1990 bis 2012 und der für das 2-Grad-Ziel bis 2030 notwendige Verlauf der Varianten *a* und *b* zeigt Bild 12.19.1.

Der anzustrebende Klimaschutz-Zielwert für 2030 ist 206 bis 222 g CO_2/$ (-12% bis -6% relativ zu 2012) bei einem CO_2-Ausstoss Argentiniens von 180 bis 200 Mt (-2% bis +6% relativ zu 2012) am CO_2-Ausstoss der G-20 Gruppe. Die Werte für 2019 berücksichtigen den vom Internationalen Währungsfond IMF prognostizierten Wert des BIP(KKP) von rund 792 Mrd. $ (von 2007). Das BIP für 2030 ist auf 900 Mrd $ veranschlagt..

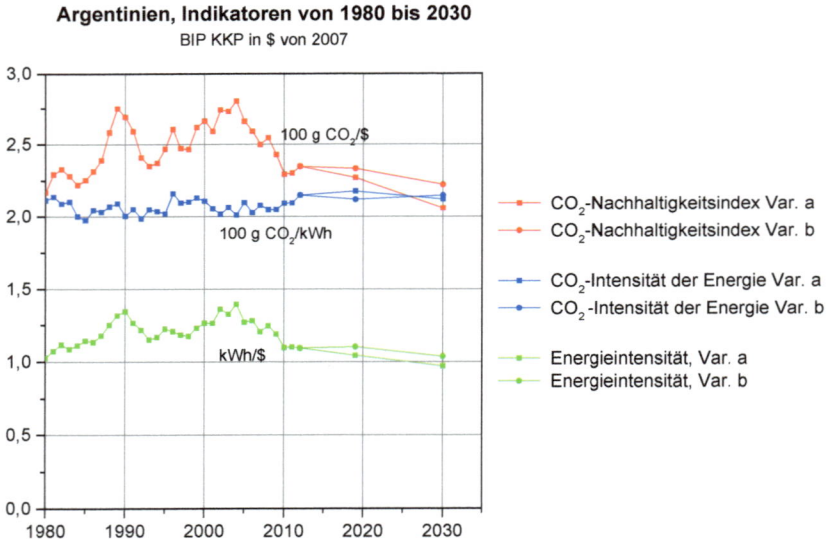

Bild 12.19.1. Argentinien-Indikatoren von 1980 bis 2011 und Klimaschutz-Szenario bis 2030

Der Bruttoenergiebedarf 2030 ist nach diesem Szenario 75 bis 80 Mtoe (nur energiebedingter Teil). Die Pro-Kopf-Indikatoren für Energie und CO_2-Ausstoß wären dann zu diesem Zeitpunkt: e = 2,4 bis 2,5 kW/Kopf (- 2% bis unverändert) und α = 3,7 bis 4,0 t CO_2/Kopf (- 19% bis -5%) relativ zu 2012, s. auch Abschnitt 12.9.3.

Die anzustrebende Trendänderung der Indikatoren zur Einhaltung des 2-Grad-Ziels ist in Bild 12.19.2 für Variante *a* veranschaulicht. Notwendig ist möglichst die Beibehaltung des guten Energieeffizienztrends und ab 2019 eine Trendwende in der CO_2-Intensität der Energie.

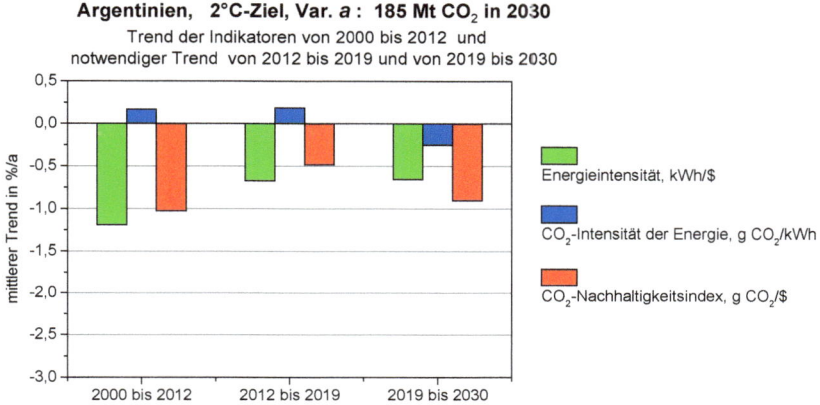

Bild 12.19.2. Trend der Indikatoren von 2000 bis 2012 und notwendige Trendänderung ab 2012 zur Einhaltung der 2- Grad-Grenze, Variante *a*

Variante *b* (Bild 12.19.3) erlaubt bis 2019 sogar eine leicht rückläufige Entwicklung der Energieintensität (als Folge der ökonomischen Rezession, s. Abb. 12.9.5) und eine Stagnation der CO_2-Intensität der Energie.

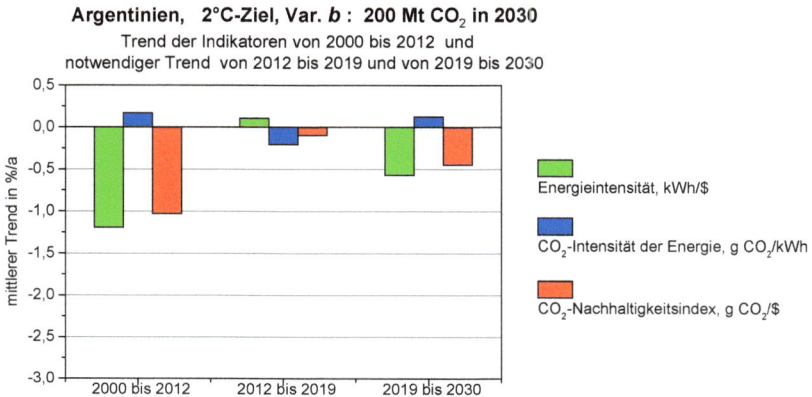

Bild 12.19.3. Trend der Indikatoren von 2000 bis 2012 und notwendige Trendänderung ab 2012 zur Einhaltung der 2- Grad-Grenze, Variante *b*

12.19.2 CO_2-Emissionen bis 2050

In Bild 12.19.4 sind für Argentinien die effektiven CO_2-Emissionswerte von 1970 bis 2012, und die für die Einhaltung des 2-Grad-Klimaziels bis 2050 zulässigen, dargestellt (für beide Varianten *a* und *b* entsprechend dem Indikatoren-Verlauf in Bild 12.18.1 bis 12.18.3).

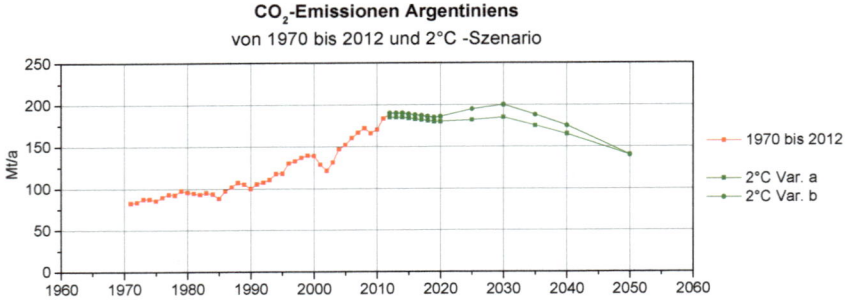

Bild 12.19.4. CO_2-Emissionen Argentiniens von 1970 bis 2012 und Klimaschutz-Szenario bis 2050

12.19.3 Pro-Kopf-Indikatoren bis 2030

Bild 12.19.5 zeigt die pro Kopf Indikatoren Argentiniens von 1980 bis 2012 und den sich aus den vorangegangenen Überlegungen ergebenden Verlauf bis 2030 bei Einhaltung des 2-Grad-Ziels für beide Varianten *a* und *b*. Die BIP(KKP)-Daten bis 2019 entsprechen den Statistiken und Voraussagen des IMF.

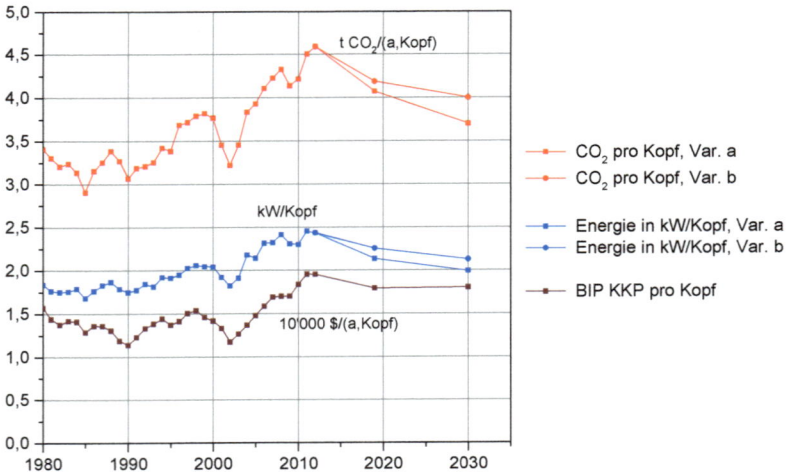

Bild 12.19.5. Pro Kopf Indikatoren Argentiniens von 2000 bis 2012 und 2-Grad-Szenario bis 2030

Im folgenden Bild 12.19.6 sind die CO_2-Emissionen pro Kopf der Wohnbevölkerung des Jahres 2012 und jene des 2-Grad-Szenarios für 2030 (Variante *a* und *b*) dargestellt, detailliert **pro Verbrauchersektor**.

Die 4 Verbrauchersektoren sind (totale spezifische CO_2-Emissionen 2012: 4,5 t/Kopf):

- Industrie (1,0 t/Kopf)
- Verkehr (1,2 t/Kopf)
- Haushalte, Dienstleistungen, Landwirtschaft usw. (1,1 t/Kopf)
- Verluste Energiesektor (1,2 t/Kopf)

Die Energie- und Emissionsdaten für 2012 entsprechen dem Argentinien-Anhang A5.

Die angenommene Verteilung der, direkt oder indirekt (über Elektrizität und Fernwärme), CO_2 emittierenden Energieträger innerhalb der Sektoren, für die beiden Varianten 2030 in Bild 12.19.6, stellt *eine Möglichkeit unter mehreren dar* die 2-Grad-Bedingung zu erfüllen.

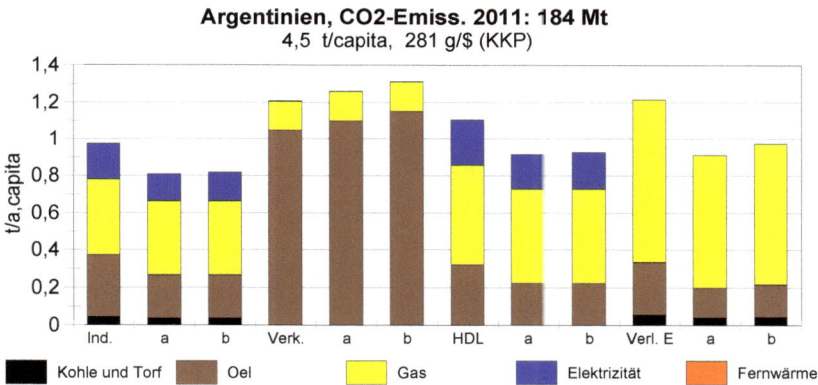

Argentinien, CO2-Emiss. 2011: 184 Mt
4,5 t/capita, 281 g/$ (KKP)

Bild 12.19.6. CO_2 Emissionen pro Kopf der 4 Sektoren : Industrie, Verkehr, H.D.L., Verluste Energiesektor (Definitionen s. Anhang), dargestellt jeweils mit drei Balken:
Erster Balken: **2012** (Daten in Text und Titel, gemäss Argentinien-Anhang A5),
Zweiter Balken: 2°C-Szenario **a** für **2030**, 185 Mt, 3,7 t/capita, 206 g/$ (KKP)
Dritter Balken: 2°C-Szenario **b** für **2030**, 200 Mt, 4,0 t/capita, 222 g/$ (KKP)

Der Zielwert 2030 ist z. B. erreicht, wenn die CO_2-Emissionen pro Kopf:

- **bei der Elektrizitäts- und Fernwärmeproduktion, einschliesslich Verluste im Energiesektor**, um 31% (Variante *a*) bzw. um 20% (Variante *b*) abnehmen, von 1,66 t/Kopf in 2012 auf 1,15 bis 1,33 t/Kopf (Effizienzverbesserungen, Ersatz von Erdöl durch Gas, erneuerbare Energien, CCS, Kernenergie),

- **im Wärmebereich** (Industrie + H.D.L) durch Effizienzverbesserungen (Isolierungen), Erdgas statt Erdöl, Einsatz von erneuerbaren Energien (Wärmepumpe, Abfallverwertung, Solarenergie, Geothermie), um 20% (*a*) bzw. 15% (*b*) abnehmen (von 1,64 t/Kopf in 2012 auf 1,3 bis 1,4 t/Kopf),

- **im Verkehrsbereich** unverändert bleiben (*a*) bis höchstens 8% (*b*) zunehmen (von 1,21 t/Kopf in 2011 auf 1,21 bis 1,31 t/Kopf), durch Effizienzverbesserungen, Gastreibstoffe, Biotreibstoffe und Elektromobilität.

Kapitel 13

Bevölkerung, BIP, Energiebedarf und CO_2-Emissionen in Welt, OECD, Nicht-OECD, G-20

Die folgenden Diagramme leiten sich von den Ausführungen und insbesondere von den in den Kapiteln 3 bis 12 dargelegten Indikatoren ab.

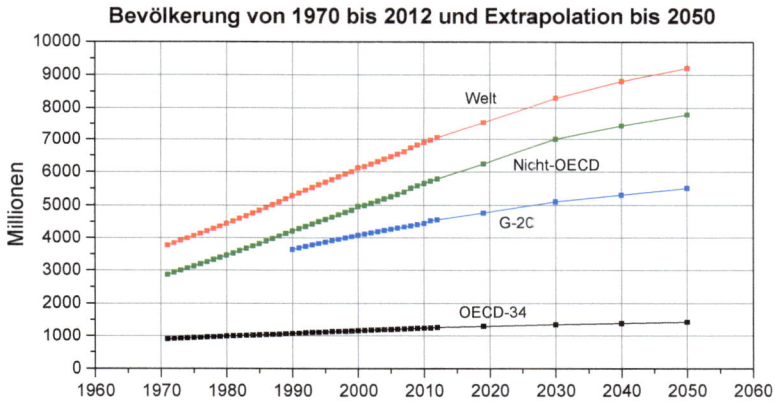

Bild 13.1. Weltweite Bevölkerung 1970 bis 2012 und Extrapolation bis 2050

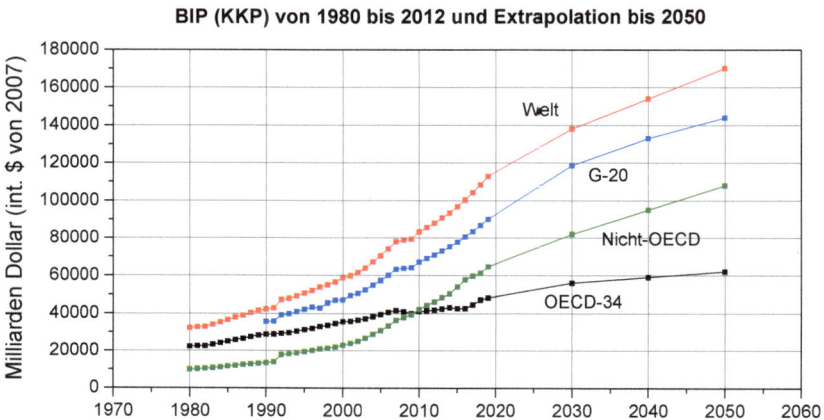

Bild 13.2. Weltweites kaufkraftbereinigtes Bruttoinlandprodukt, in Dollar von 2007, von 1980 bis 2012 und Extrapolation bis 2050. Die Werte bis 2019 entsprechen den Prognosen des IMF

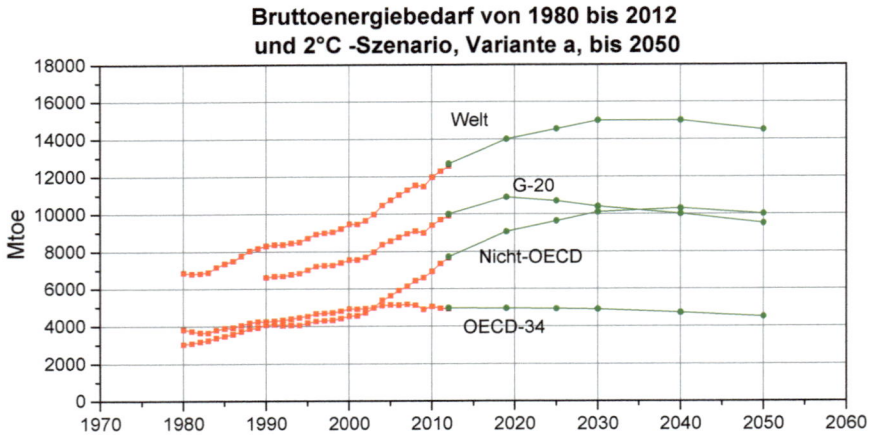

**Bruttoenergiebedarf von 1980 bis 2012
und 2°C -Szenario, Variante a, bis 2050**

Bild 13.3. Effektiver energiebedingter Bruttoinlandverbrauch in Mtoe von 1980-2012 und Klimaschutz-Szenario bis 2050, Variante *a*

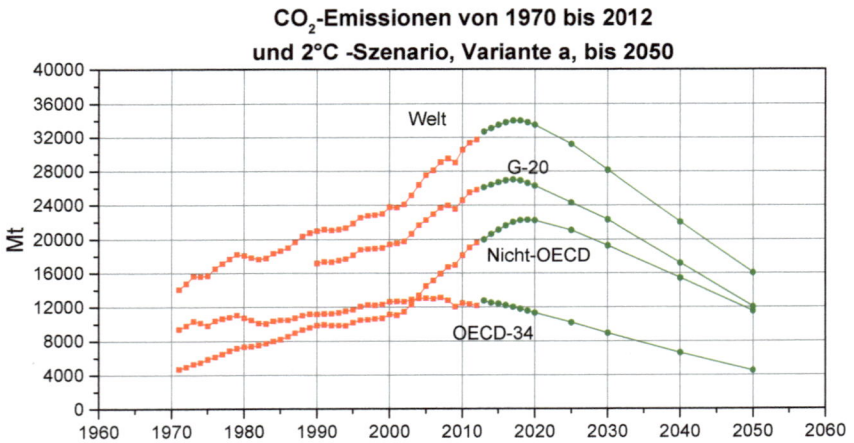

**CO$_2$-Emissionen von 1970 bis 2012
und 2°C -Szenario, Variante a, bis 2050**

Bild 13.4. Effektive energiebedingte CO$_2$-Emissionen von 1970 bis 2012 und Klimaschutz-Szenario bis 2050, Variante *a* (Welt inklusive Schiff- und Luftfahrt-Bunker)

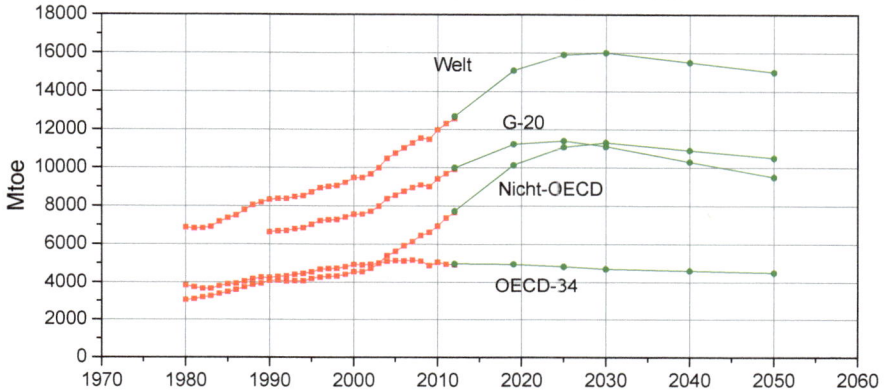

Bild 13.5. Effektiver energiebedingter Bruttoinlandverbrauch in Mtoe von 1980-2012 und Klimaschutz-Szenario bis 2050, Variante *b*

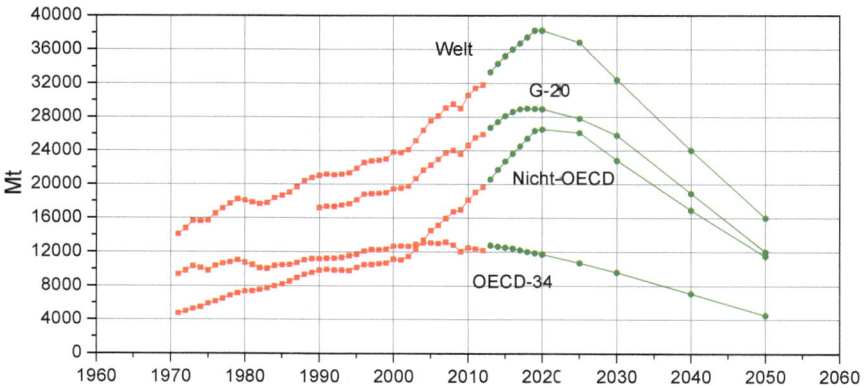

Bild 13.6. Effektive energiebedingte CO₂-Emissionen von 1970 bis 2012 und Klimaschutz-Szenario bis 2050, Variante *b* (Welt inklusive Schiff- und Luftfahrt-Bunker)

Literaturverzeichnis

[1]   IPCC (Intergovernmental Panels on Climate Change):
      5. Bericht, Working Group I, September 2013
[2]   IPCC, 5. Bericht, Working Group II, März 2014
[3]   IPCC, 5. Bericht, Working Group III, April 2014
[4]   Steinacher M., Joos F., Stocker T.F. Allowable carbon emissions lowered by multiple
      climate targets. Nature 499, 2013
[5]   IEA, International Energy Agency. Statistics & Balances, www.iea.org 2014
[6]   IEA: World Energy Outlook, 2013, www.iea.org
[7]   Oliver Geden, SWP-Studie, Berlin, Die Modifikation des 2-Grad-Ziels, 2012
[8]   IMF International Monetary Fund, World Economic Databases, Oktober 2013
      und April 2014
[9]   AIE : World Energy Outlooks, 2004- 2012
[10] Crastan V.: Elektrische Energieversorgung 2, 3. Auflage, Springer-Verlag, 2012
[11] IEA : CO_2-Emissions from Fuel Combustion, Highlights 2011
[12] IEA Key World Energy Statistics, 2006- 2014
[13] IMF International Monetary Fund, World Economic Databases, Oktober 2014

Anhang

Energiefluss, Energieverbrauch und CO_2-Ausstoss der Weltregionen und der G-20 Länder im Jahr 2012

Inhalt

Bilder:

A1 Energiefluss im Energiesektor
A2 Anteile der Energieträger für die Endenergiearten
A3 Verluste des Energiesektors
A4 Energiefluss der Endenergie zu den Endverbrauchern
A5 CO_2-Emissionen und verursachende Energieträger
A6 Elektrizitätsproduktion und Verbrauch

Bilderbeschreibung

Der Energieverbrauch wird für die Welt als Ganzes, für die einzelnen Weltregionen und für alle G-20 Staaten durch 6 Diagramme A1…..A6 veranschaulicht, die nachstehend beschrieben sind (Datenbasis: Energiestatistik der IEA, Internationale Energie Agentur [3])

Bild A1: Energiefluss im Energiesektor

Bild A1 beschreibt den Energiefluss im Energiesektor von der Primärenergie über die Bruttoenergie (oder Bruttoinlandverbrauch) zur Endenergie. Primärenergie und Bruttoenergie werden durch die verwendeten **Energieträger** veranschaulicht. Alle Energien werden in Mtoe angegeben.

Die **Primärenergie** ist die Summe aus einheimischer Produktion und, für Regionen, Netto-Importe abzüglich Netto-Exporte von Energieträgern (für Länder effektive Importe/Exporte statt nur Netto-Importe/Exporte pro Energieträger).

Die **Bruttoenergie** ergibt sich aus der Primärenergie nach Abzug des nichtenergetischen Bedarfs (z. B. für die chemische Industrie) und eventueller Lagerveränderungen. Abgezogen werden für die Weltregionen auch die für die internationale Schiff- und Luftfahrt-Bunker benötigten Energiemengen. Die entsprechenden CO_2-Emissionen werden nur weltweit erfasst.

Es ist die Aufgabe des **Energiesektors** den Verbrauchern Energie in Form von **Endenergie** zur Verfügung zu stellen. Wir unterscheiden in diesem Diagramm 4 Formen von Endenergie: **Elektrizität, Fernwärme, Treibstoffe** und „**Wärme**". Letztere besteht hauptsächlich aus nichtelektrische Heizungs- und Prozesswärme (aus fossilen oder erneuerbaren Energien) und ohne Fernwärme. Stationäre Arbeit nichtelektrischen Ursprungs kann ebenfalls enthalten sein (z.B. stationäre Gas- Benzin- oder Dieselmotoren sowie Pumpen); zumindest in Industrieländern ist dieser Anteil jedoch minim. Mit der Umwandlung von Bruttoenergie in Endenergie sind Verluste verbunden, die wir gesamthaft als **Verluste des Energiesektors** bezeichnen.

Diese Verluste setzen sich zusammen aus den **thermischen Verlusten** in Kraftwerken (thermodynamisch bedingt) sowie in Wärme-Kraft-Kopplungsanlagen und in Heizwerken, ferner aus den **elektrischen Verlusten** im Transport- und Verteilungsnetz, einschliesslich elektrischer Eigenbedarf des Energiesektors und schliesslich aus den **Restverlusten** des Energiesektors (in Raffinerien, Verflüssigungs- und Vergasungsanlagen, Wärmeübertragungsverluste, Wärme-Eigenbedarf usw.) .

Das Schema zeigt ferner die mit den Verlusten des Energiesektors und dem Verbrauch der Endenergien verbundenen, also vom Bruttoinlandverbrauch verursachten **CO_2-Emissionen in Mt**. Der grösste Teil der Verluste des Energiesektors ist in der Regel mit der Elektrizitäts- und Fernwärmeproduktion gekoppelt, weshalb die CO_2-Emissionen dieser drei Faktoren zusammengefasst werden. Eine Trennung kann mit Hilfe von Diagramm A4 vorgenommen werden.

Bild A2: Anteile der Energieträger für die Endenergiearten

Bild A2 gibt die Anteile der Energieträger, in % des totalen Endenergiebedarfs, die zur Gewinnung der 4 Endenergiearten und zur Deckung der Verluste des Energiesektors benötigt werden.

Das Diagramm ergänzt somit Bild A1 bezüglich der Energieträgerverteilung im Endenergiebereich. Die Energieträger-Farben sind aus der Legende zu entnehmen und gelten auch für das Energieflussdiagramm A1.

Bild A3:   Verluste des Energiesektors

Die Verluste des Energiesektors stellen einen erheblichen Anteil des Bruttoenergiebedarfs dar. Weltweit betrugen sie 2011 etwa 54% des Endenergiebedarfs. In einigen Ländern haben sie sogar 100% des Endenergiebedarfs überschritten. Auch für die CO_2-Emissionen sind sie deshalb von grossem Gewicht.

Bild A3 zeigt die prozentuale Zusammensetzung dieser Verluste und die sich daraus ergebenden CO_2-Emissionen. Charakteristische Kenngrösse und Index der CO_2-Effizienz des Energiesektors der Weltregion oder des Landes ist das Verhältnis M: CO_2 zu Mtoe Verluste.

Bild A4:   Energiefluss der Endenergie zu den Endverbrauchern

Das Diagramm zeigt wie sich die 4 Endenergiearten auf die drei Endverbraucherkategorien verteilen. Ebenso werden die CO_2-Emissionen diesen Verbrauchergruppen zugeordnet.

Die Endverbraucher sind (gemäss IEA-Statistik)

-   Industrie
-   Haushalt, Dienstleistungen, Landwirtschaft etc.
-   Verkehr

Zur Bildung der Gesamt-Emissionen werden noch die CO_2-Emissionen des Energiesektors (bzw. der dort entstehenden Verluste) hinzugefügt.

Bild A5: CO_2-Emissionen und verursachende End-Energieträger

Angegeben sind die totalen Emissionen in Mt, die Emissionen pro Kopf und ihre Verteilung auf die Verbrauchergruppen, detailliert pro End-Energieträger.

Zudem wird der Indikator der CO_2-Nachhaltigkeit des Landes oder der Region angegeben.

Die Ursachen der Emissionen der End-Energieträger Elektrizität und Fernwärme können aus den Diagrammen A2 und A6 entnommen werden.

Bild A6:   Elektrizitätsproduktion und Verbrauch

Die grosse, oft entscheidende Bedeutung des Elektrizitätsverbrauchs und von dessen Produktionsart für die Höhe der CO_2-Emissionen, geht aus den Flussdiagrammen A1 und A4 aber auch aus A5 klar hervor, wobei der Anteil der Verluste des Energiesektors (mehrheitlich mit der Elektrizitätsproduktion gekoppelt) mit zu berücksichtigen ist.

Diagramm A6 zeigt im Detail die prozentuale Zusammensetzung der für die Produktion der Elektrizität verwendeten Energieträger.

Ebenso werden die Importe und Exporte angegeben in % des Endverbrauchs.

Der Endverbrauch folgt nach Abzug der Verluste (Netzverluste und Eigenbedarf des Energiesektors).

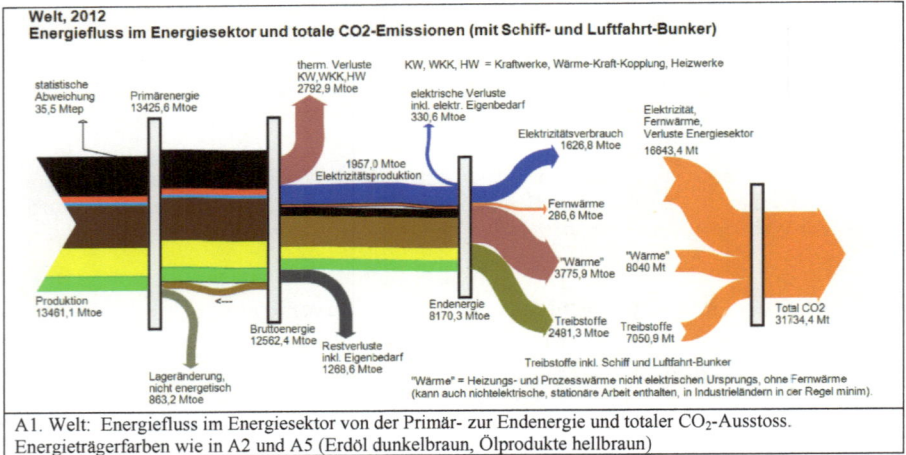

A1. Welt: Energiefluss im Energiesektor von der Primär- zur Endenergie und totaler CO$_2$-Ausstoss.
Energieträgerfarben wie in A2 und A5 (Erdöl dunkelbraun, Ölprodukte hellbraun)

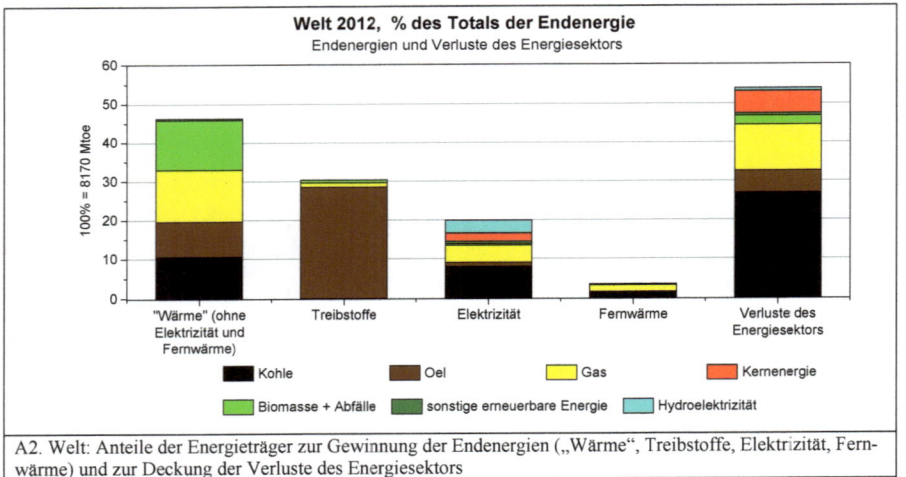

A2. Welt: Anteile der Energieträger zur Gewinnung der Endenergien („Wärme", Treibstoffe, Elektrizität, Fernwärme) und zur Deckung der Verluste des Energiesektors

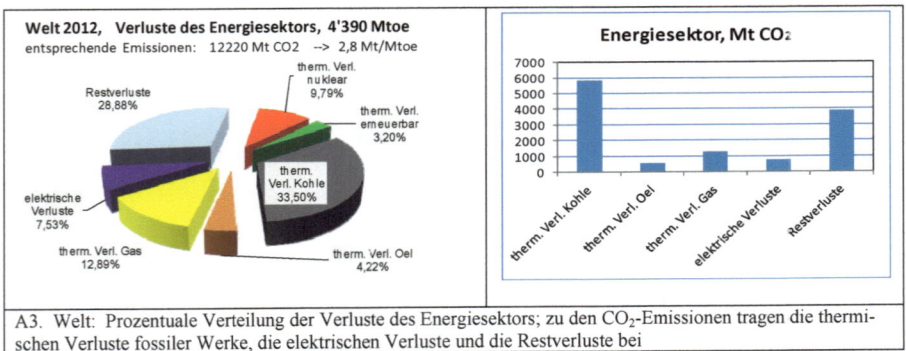

A3. Welt: Prozentuale Verteilung der Verluste des Energiesektors; zu den CO$_2$-Emissionen tragen die thermischen Verluste fossiler Werke, die elektrischen Verluste und die Restverluste bei

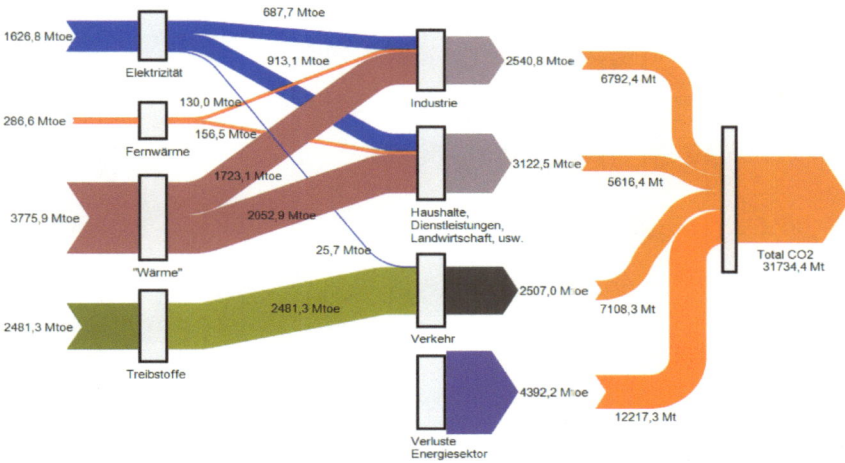

A4. Welt: Flussdiagramm der Endenergie und CO_2- Emissionen der Wirtschaftssektoren

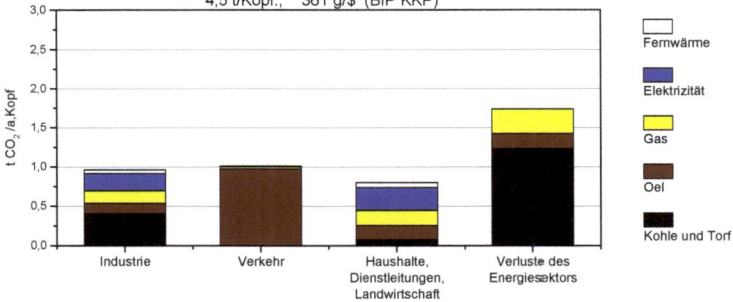

A5. Welt: für die CO_2-Emissionen der Wirtschaftssektoren verantwortlichen Energieträger
(für den Elektrizitätsanteil s. auch A2 oder A6 und für den Fernwärmeanteil s. A2)

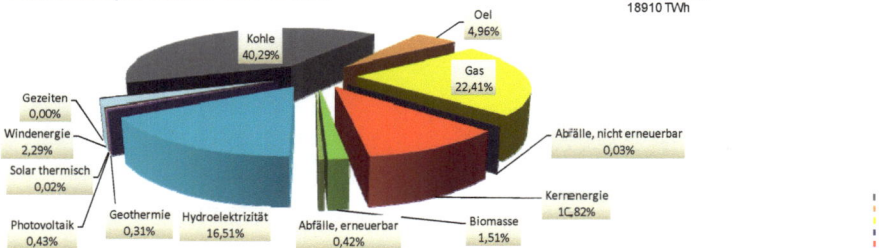

A6. Welt: Erzeugung elektrischer Energie, Endverbrauch = Produktion - Netzverluste

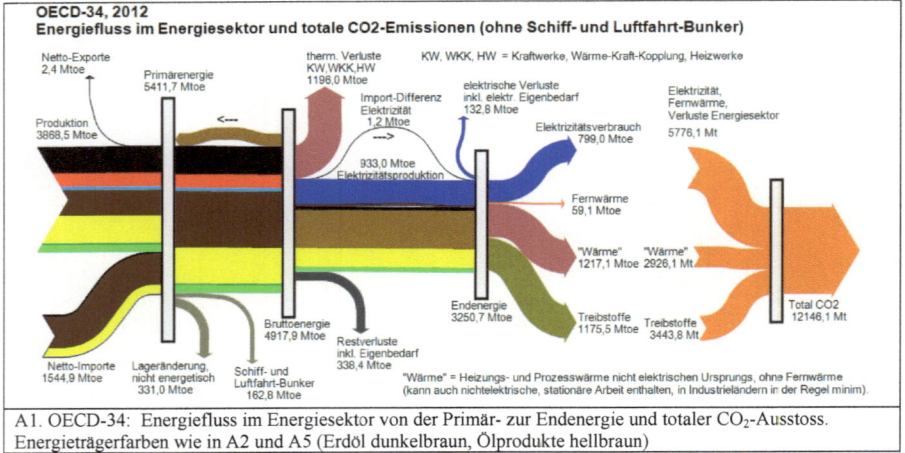

OECD-34, 2012
Energiefluss im Energiesektor und totale CO2-Emissionen (ohne Schiff- und Luftfahrt-Bunker)

A1. OECD-34: Energiefluss im Energiesektor von der Primär- zur Endenergie und totaler CO₂-Ausstoss. Energieträgerfarben wie in A2 und A5 (Erdöl dunkelbraun, Ölprodukte hellbraun)

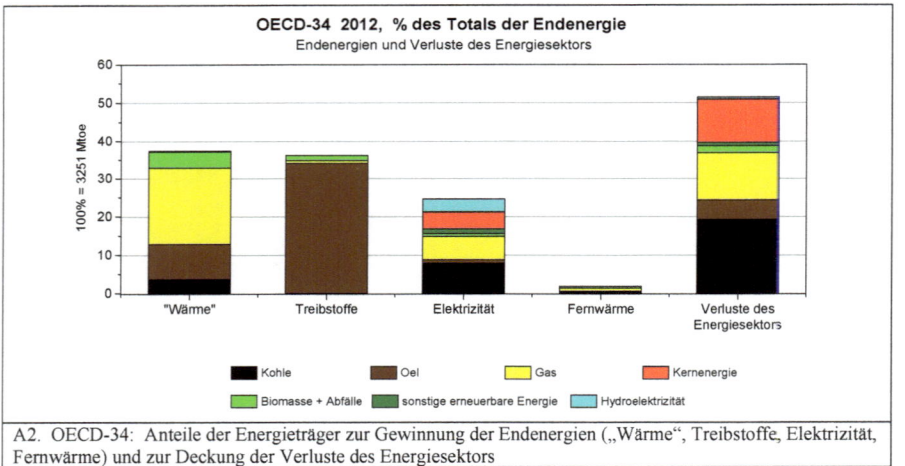

OECD-34 2012, % des Totals der Endenergie
Endenergien und Verluste des Energiesektors

A2. OECD-34: Anteile der Energieträger zur Gewinnung der Endenergien („Wärme", Treibstoffe, Elektrizität, Fernwärme) und zur Deckung der Verluste des Energiesektors

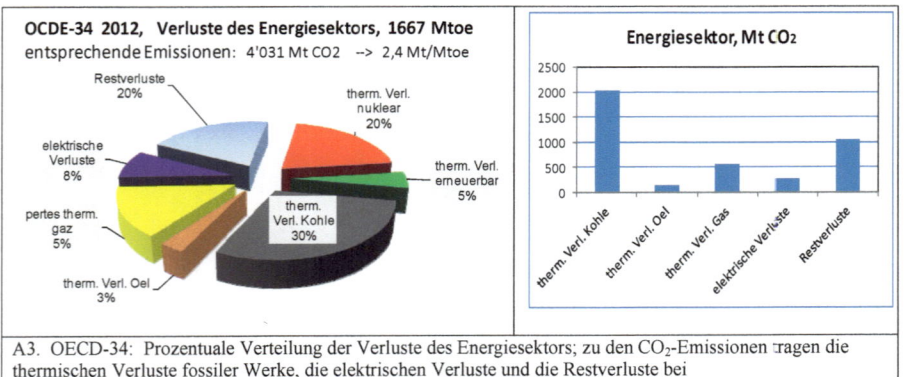

OCDE-34 2012, Verluste des Energiesektors, 1667 Mtoe
entsprechende Emissionen: 4'031 Mt CO2 --> 2,4 Mt/Mtoe

Energiesektor, Mt CO₂

A3. OECD-34: Prozentuale Verteilung der Verluste des Energiesektors; zu den CO₂-Emissionen tragen die thermischen Verluste fossiler Werke, die elektrischen Verluste und die Restverluste bei

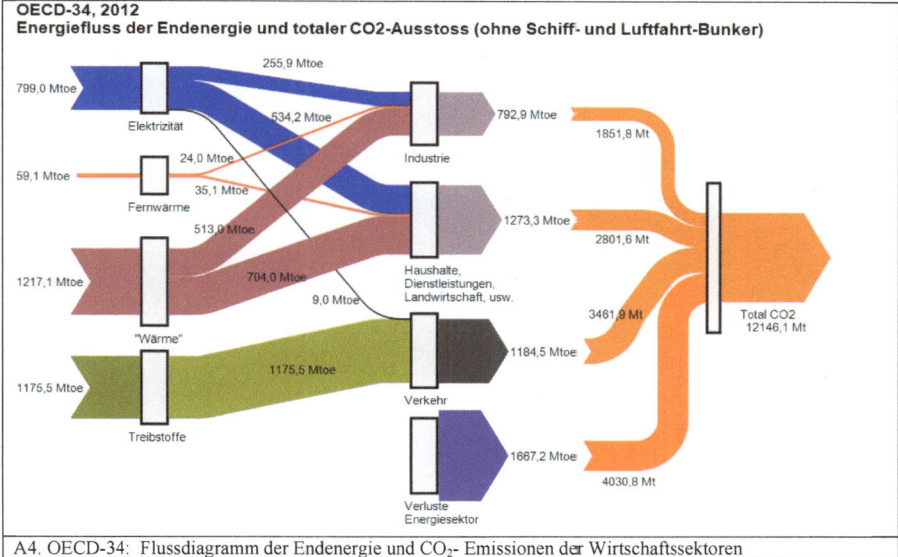

OECD-34, 2012
Energiefluss der Endenergie und totaler CO2-Ausstoss (ohne Schiff- und Luftfahrt-Bunker)

799,0 Mtoe — Elektrizität
255,9 Mtoe
534,2 Mtoe
59,1 Mtoe — Fernwärme
24,0 Mtoe
35,1 Mtoe
513,0 Mtoe
1217,1 Mtoe — "Wärme"
704,0 Mtoe
9,0 Mtoe
1175,5 Mtoe — Treibstoffe
1175,5 Mtoe

Industrie — 792,9 Mtoe — 1851,8 Mt
Haushalte, Dienstleistungen, Landwirtschaft, usw. — 1273,3 Mtoe — 2801,6 Mt
Verkehr — 1184,5 Mtoe — 3461,9 Mt
Verluste Energiesektor — 1667,2 Mtoe — 4030,8 Mt

Total CO2 12146,1 Mt

A4. OECD-34: Flussdiagramm der Endenergie und CO_2- Emissionen der Wirtschaftssektoren

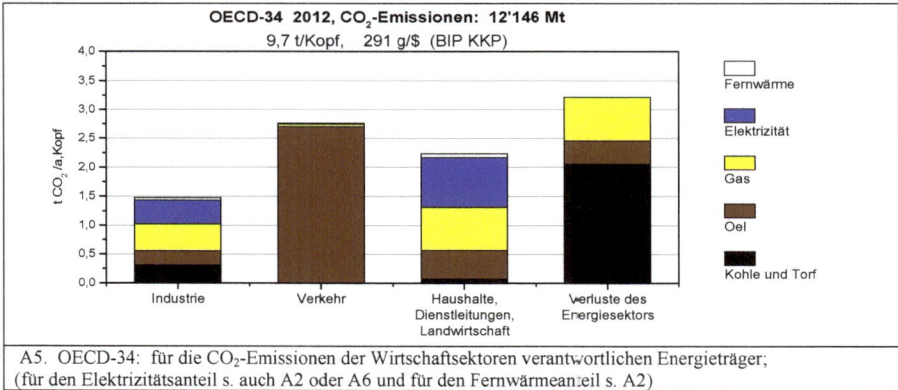

OECD-34 2012, CO_2-Emissionen: 12'146 Mt
9,7 t/Kopf, 291 g/$ (BIP KKP)

t CO_2 /a,Kopf

Fernwärme
Elektrizität
Gas
Oel
Kohle und Torf

Industrie — Verkehr — Haushalte, Dienstleitungen, Landwirtschaft — Verluste des Energiesektors

A5. OECD-34: für die CO_2-Emissionen der Wirtschaftssektoren verantwortlichen Energieträger;
(für den Elektrizitätsanteil s. auch A2 oder A6 und für den Fernwärmeanteil s. A2)

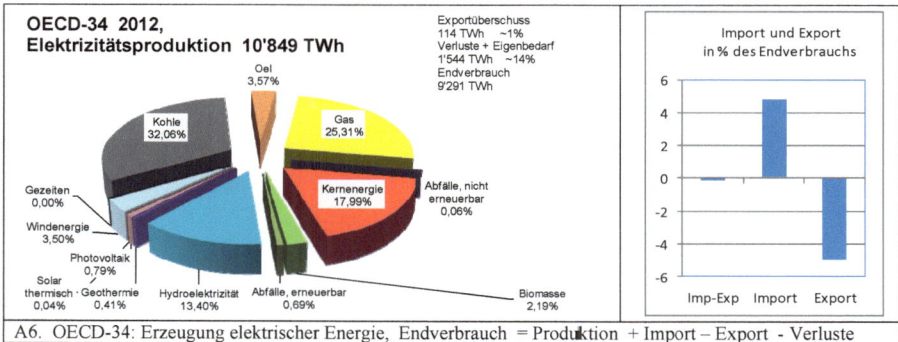

OECD-34 2012,
Elektrizitätsproduktion 10'849 TWh

Exportüberschuss 114 TWh ~1%
Verluste + Eigenbedarf 1'544 TWh ~14%
Endverbrauch 9'291 TWh

Oel 3,57%
Kohle 32,06%
Gas 25,31%
Kernenergie 17,99%
Abfälle, nicht erneuerbar 0,06%
Gezeiten 0,00%
Windenergie 3,50%
Photovoltaik 0,79%
Solar thermisch 0,04%
Geothermie 0,41%
Hydroelektrizität 13,40%
Abfälle, erneuerbar 0,69%
Biomasse 2,19%

Import und Export in % des Endverbrauchs

Imp-Exp — Import — Export

A6. OECD-34: Erzeugung elektrischer Energie, Endverbrauch = Produktion + Import – Export - Verluste

EU-27, 2012
Energiefluss im Energiesektor und totale CO2-Emissionen (ohne Schiff- und Luftfahrt-Bunker)

A1. EU-27: Energiefluss im Energiesektor von der Primär- zur Endenergie und totaler CO$_2$-Ausstoss. Energieträgerfarben wie in A2 und A5 (Erdöl dunkelbraun, Ölprodukte hellbraun)

EU-27 2012, % des Totals der Endenergie
Endenergien und Verluste des Energiesektors

A2. EU-27: Anteile der Energieträger zur Gewinnung der Endenergien („Wärme", Treibstoffe, Elektrizität, Fernwärme) und zur Deckung der Verluste des Energiesektors

UE-27 2012, Verluste des Energiesektors, 504 Mtoe
entsprechende Emissionen: 1'050 Mt CO2 --> 2,1 Mt/Mtoe

Energiesektor, Mt CO2

A3. EU-27: Prozentuale Verteilung der Verluste des Energiesektors; zu den CO$_2$-Emissionen tragen die thermischen Verluste fossiler Werke, die elektrischen Verluste und die Restverluste bei

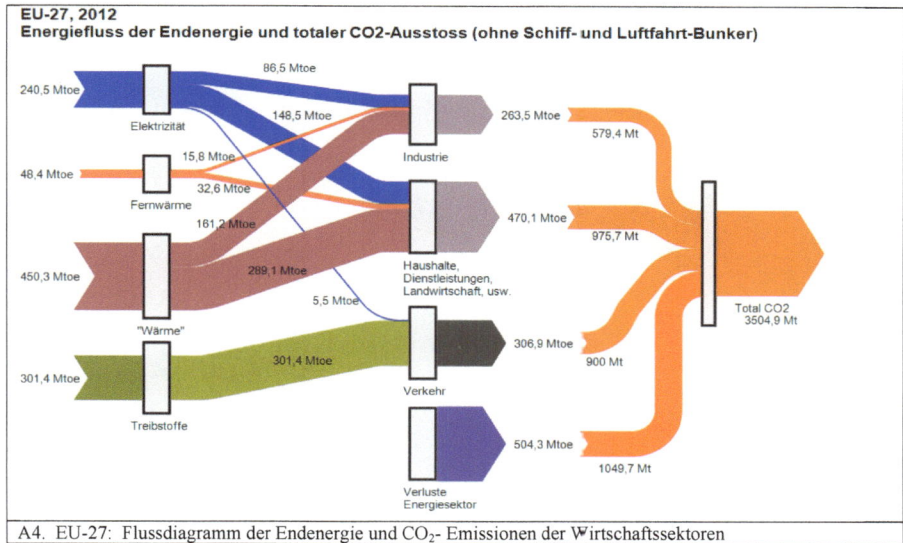

A4. EU-27: Flussdiagramm der Endenergie und CO_2- Emissionen der Wirtschaftssektoren

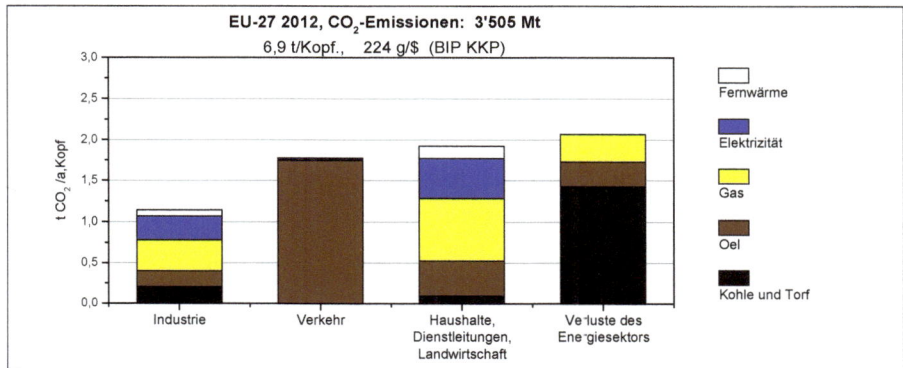

A5. EU-27: für die CO_2-Emissionen der Wirtschaftssektoren verantwortlichen Energieträger;
(für den Elektrizitätsanteil s. auch A2 oder A6 und für den Fernwärmeanteil s. A2)

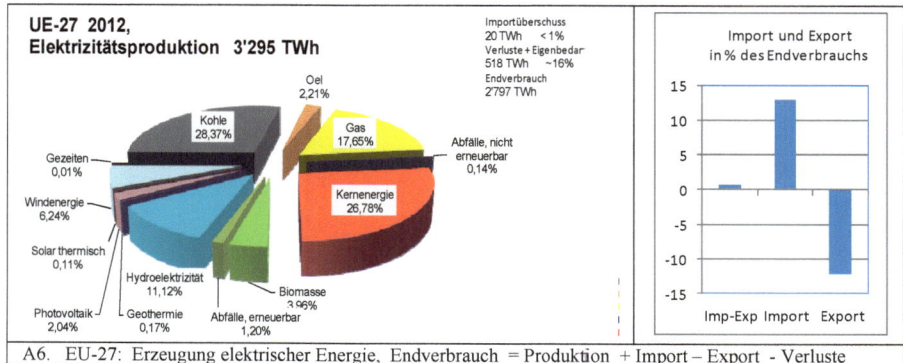

A6. EU-27: Erzeugung elektrischer Energie, Endverbrauch = Produktion + Import – Export - Verluste

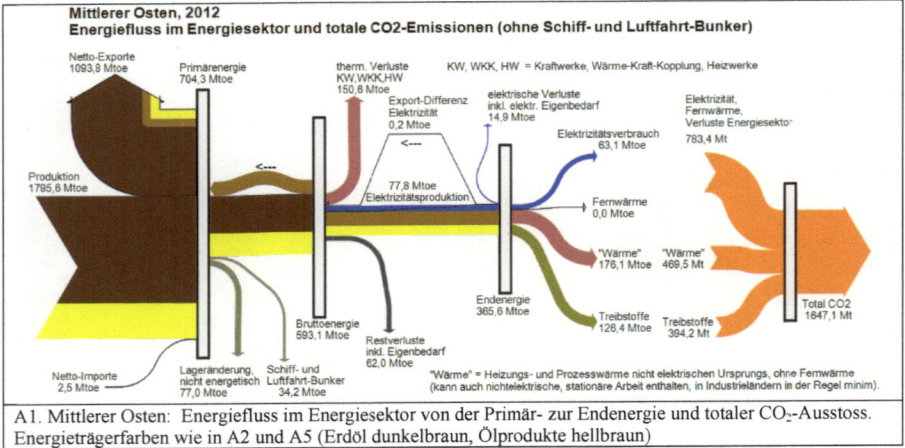

A1. Mittlerer Osten: Energiefluss im Energiesektor von der Primär- zur Endenergie und totaler CO_2-Ausstoss. Energieträgerfarben wie in A2 und A5 (Erdöl dunkelbraun, Ölprodukte hellbraun)

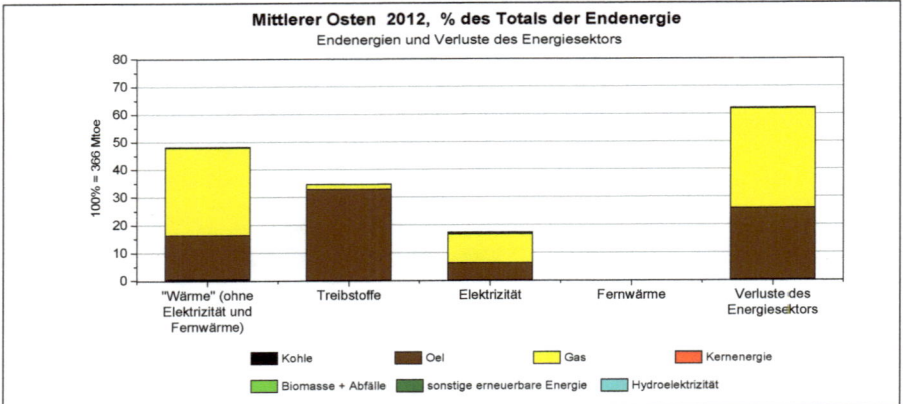

A2. Mittlerer Osten: Anteile der Energieträger zur Gewinnung der Endenergien („Wärme", Treibstoffe, Elektrizität, Fernwärme) und zur Deckung der Verluste des Energiesektors

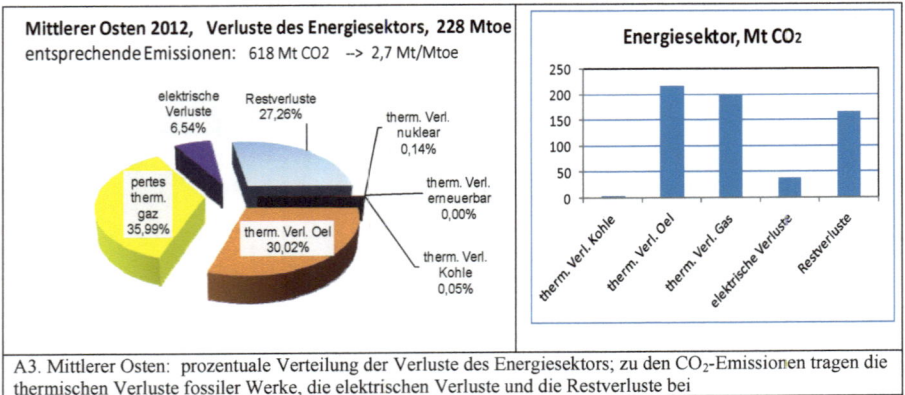

A3. Mittlerer Osten: prozentuale Verteilung der Verluste des Energiesektors; zu den CO_2-Emissionen tragen die thermischen Verluste fossiler Werke, die elektrischen Verluste und die Restverluste bei

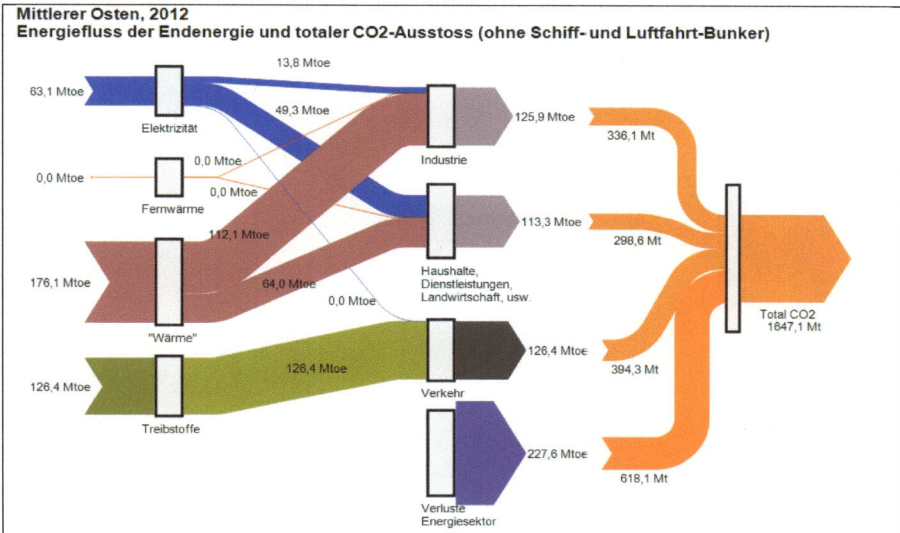

Mittlerer Osten, 2012
Energiefluss der Endenergie und totaler CO2-Ausstoss (ohne Schiff- und Luftfahrt-Bunker)

A4. Mittlerer Osten: Flussdiagramm der Endenergie und CO_2- Emissionen der Wirtschaftssektoren

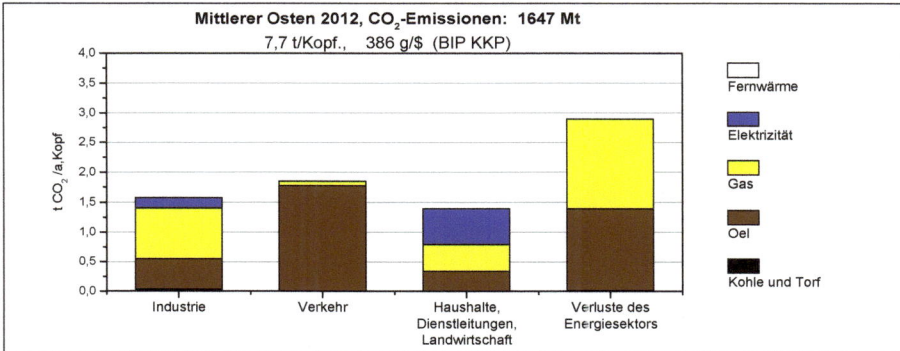

Mittlerer Osten 2012, CO_2-Emissionen: 1647 Mt
7,7 t/Kopf., 386 g/$ (BIP KKP)

A5. Mittlerer Osten: für die CO_2-Emissionen der Wirtschaftssektoren verantwortlichen Energieträger;
(für den Elektrizitätsanteil s. auch A2 oder A6 und für den Fernwärmeanteil s. A2)

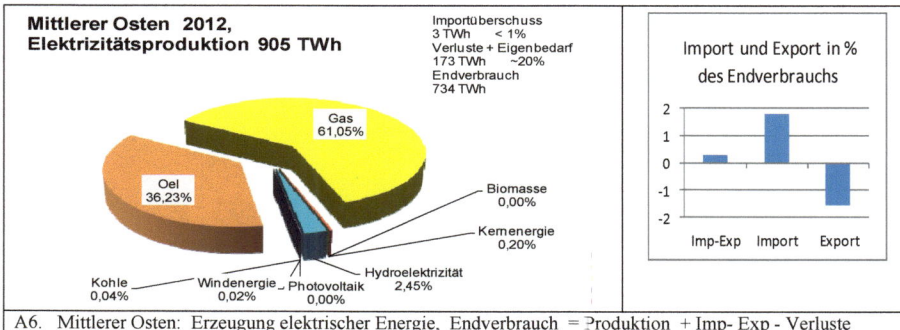

Mittlerer Osten 2012,
Elektrizitätsproduktion 905 TWh

Importüberschuss
3 TWh   < 1%
Verluste + Eigenbedarf
173 TWh   ~20%
Endverbrauch
734 TWh

Import und Export in %
des Endverbrauchs

A6. Mittlerer Osten: Erzeugung elektrischer Energie, Endverbrauch = Produktion + Imp- Exp - Verluste

Eurasien+ (inkl. Nicht-OECD Europa), 2012
Energiefluss im Energiesektor und totale CO2-Emissionen (ohne Schiff- und Luftfahrt-Bunker)

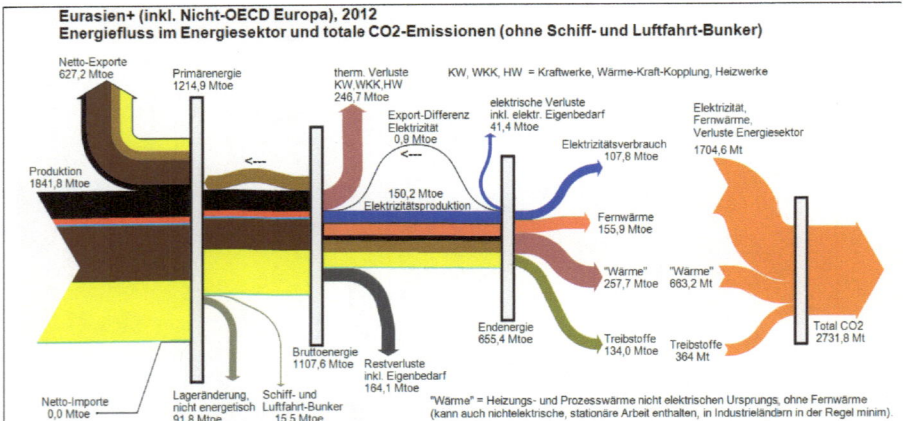

A1. Eurasien+: Energiefluss im Energiesektor von der Primär- zur Endenergie und totaler CO₂-Ausstoss. Energieträgerfarben wie in A2 und A5 (Erdöl dunkelbraun, Ölprodukte hellbraun)

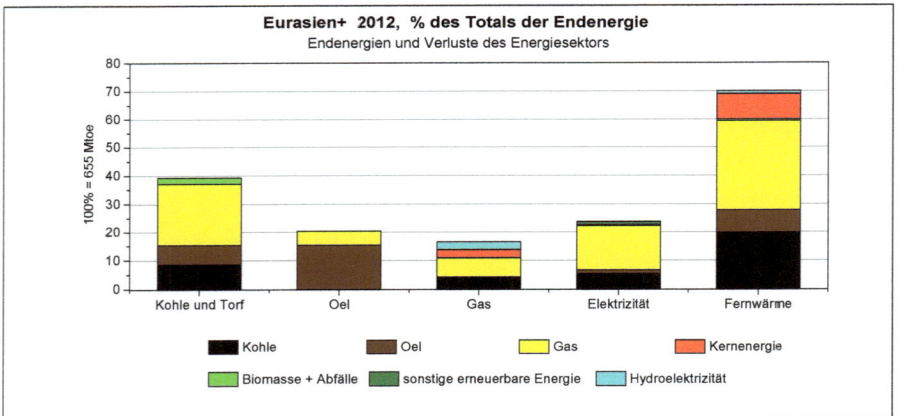

A2. Eurasien+: Anteile der Energieträger zur Gewinnung der Endenergien („Wärme", Treibstoffe, Elektrizität, Fernwärme) und zur Deckung der Verluste des Energiesektors

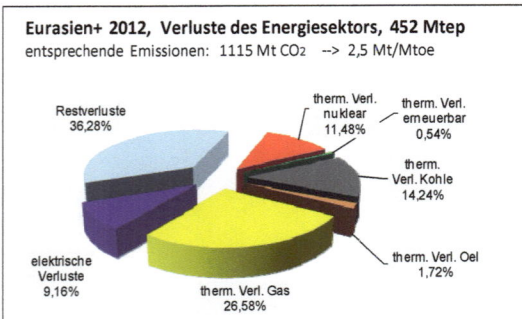

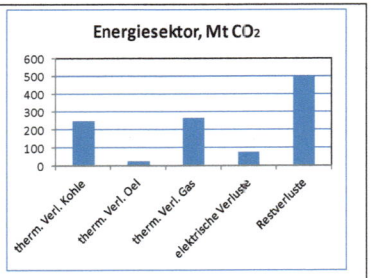

A3. Eurasien+: prozentuale Verteilung der Verluste des Energiesektors; zu den CO₂-Emissionen tragen die thermischen Verluste fossiler Werke, die elektrischen Verluste und die Restverluste bei

Eurasien+

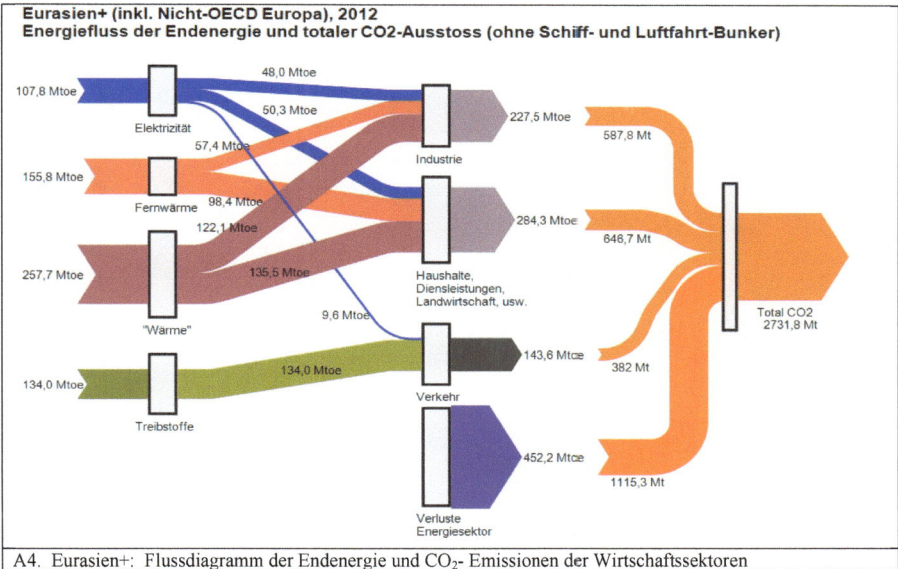

A4. Eurasien+: Flussdiagramm der Endenergie und CO_2- Emissionen der Wirtschaftssektoren

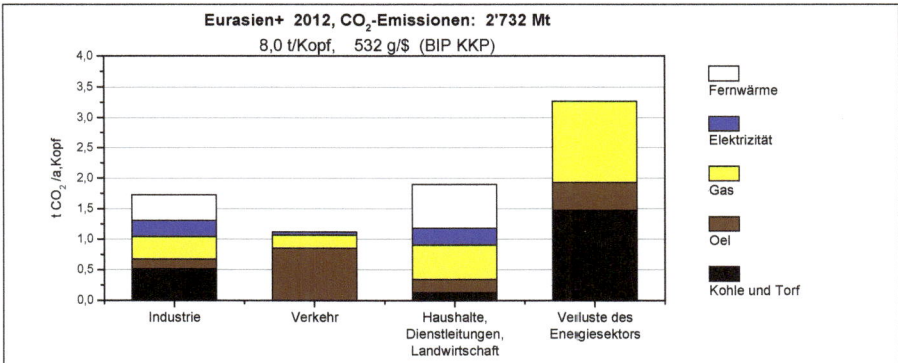

A5. Eurasien+: für die CO_2-Emissionen der Wirtschaftssektoren verantwortlichen Energieträger
(für den Elektrizitätsanteil s. auch A2 oder A6, und für den Fernwärmeanteil s. A2)

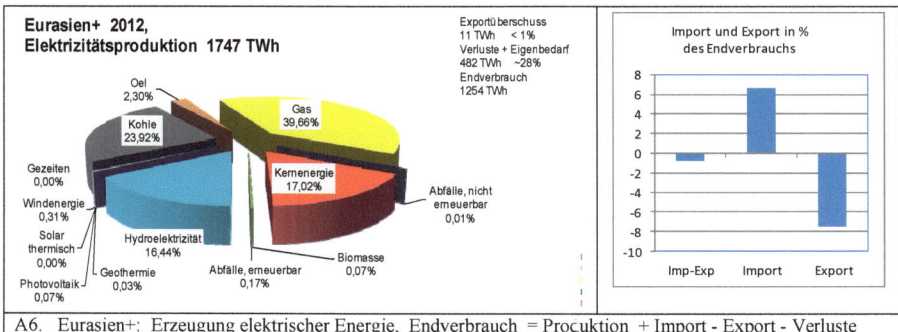

A6. Eurasien+: Erzeugung elektrischer Energie, Endverbrauch = Procuktion + Import - Export - Verluste

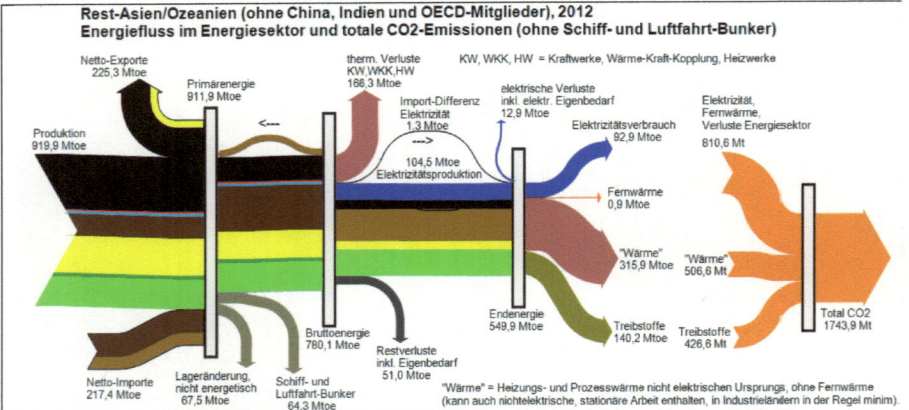

A1. Rest-Asien/Ozeanien: Energiefluss im Energiesektor von der Primär- zur Endenergie und totaler CO$_2$-Ausstoss. Energieträgerfarben wie in A2 und A5 (Erdöl dunkelbraun, Ölprodukte hellbraun)

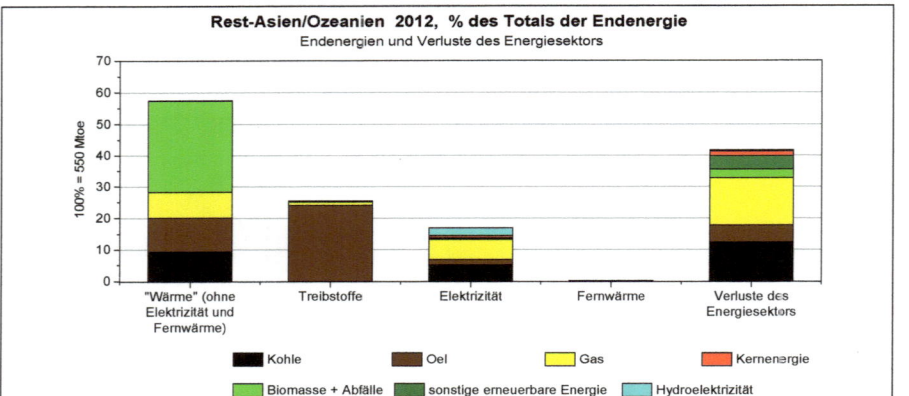

A2. Rest-Asien/Ozeanien: Anteile der Energieträger zur Gewinnung der Endenergien („Wärme", Treibstoffe, Elektrizität, Fernwärme) und zur Deckung der Verluste des Energiesektors

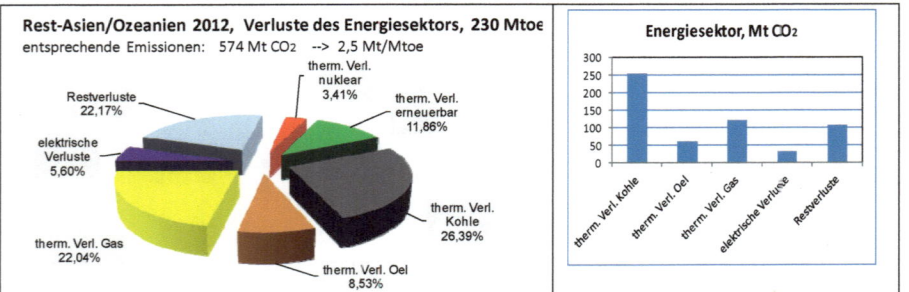

A3. Rest-Asien/Ozeanien: Prozentuale Verteilung der Verluste des Energiesektors; zu den CO$_2$-Emissionen tragen die thermischen Verluste fossiler Werke, die elektrischen Verluste und die Restverluste bei

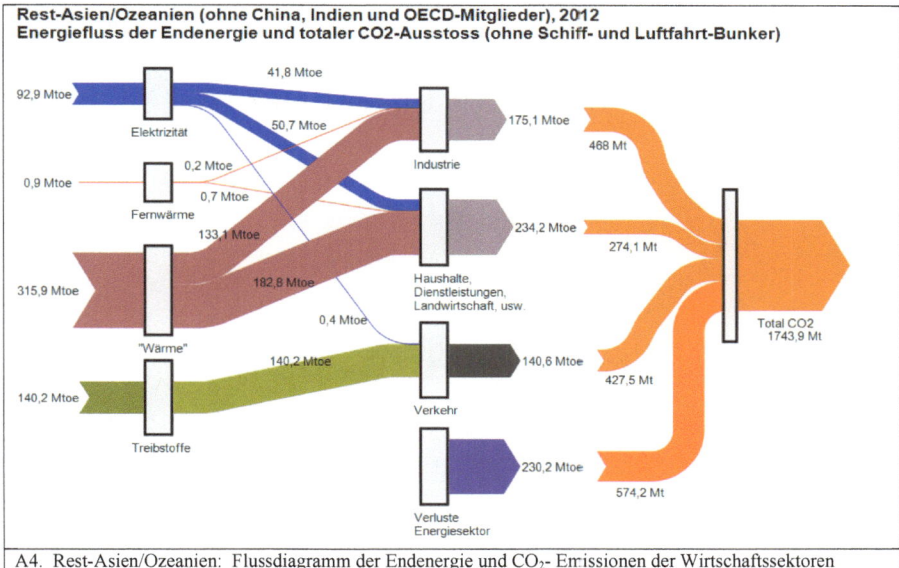

Rest-Asien/Ozeanien (ohne China, Indien und OECD-Mitglieder), 2012
Energiefluss der Endenergie und totaler CO2-Ausstoss (ohne Schiff- und Luftfahrt-Bunker)

A4. Rest-Asien/Ozeanien: Flussdiagramm der Endenergie und CO_2- Emissionen der Wirtschaftssektoren

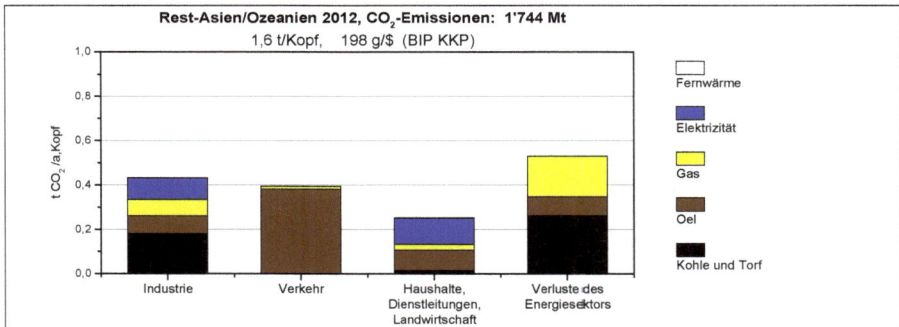

Rest-Asien/Ozeanien 2012, CO_2-Emissionen: 1'744 Mt
1,6 t/Kopf, 198 g/\$ (BIP KKP)

A5. Rest-Asien/Ozeanien: für die CO_2-Emissionen der Wirtschaftssektoren verantwortlichen Energieträger; (für den Elektrizitätsanteil s. auch A2 oder A6 und für den Fernwärmeanteil s. A2)

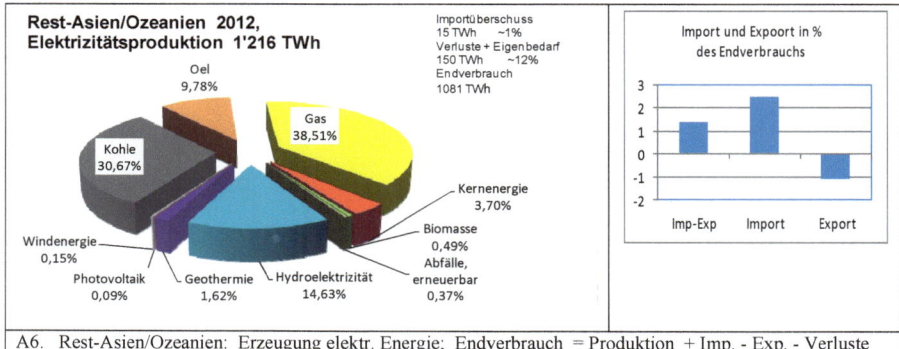

Rest-Asien/Ozeanien 2012, Elektrizitätsproduktion 1'216 TWh

Importüberschuss 15 TWh ~1%
Verluste + Eigenbedarf 150 TWh ~12%
Endverbrauch 1081 TWh

Import und Export in % des Endverbrauchs

A6. Rest-Asien/Ozeanien: Erzeugung elektr. Energie; Endverbrauch = Produktion + Imp. - Exp. - Verluste

Nicht-OECD Amerika, 2012
Energiefluss im Energiesektor und totale CO2-Emissionen (ohne Schiff- und Luftfahrt-Bunker)

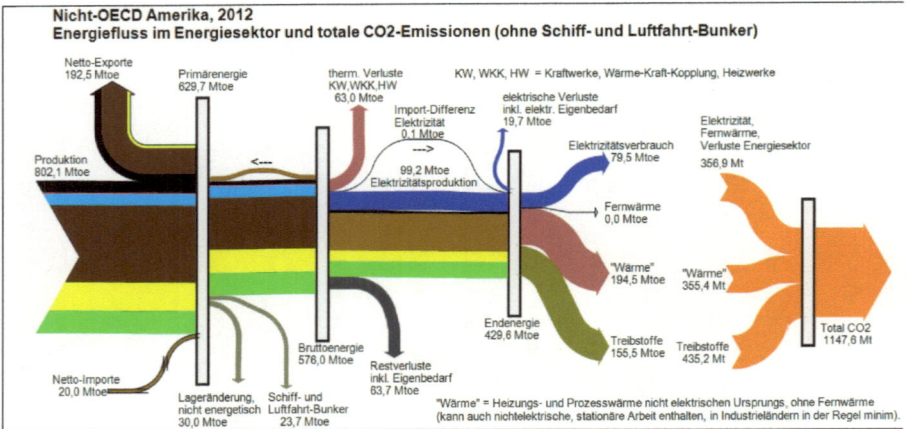

A1. Nicht-OECD Amerika: Energiefluss im Energiesektor von der Primär- zur Endenergie und totaler CO_2-Ausstoss. Energieträgerfarben wie in A2 und A5 (Erdöl dunkelbraun, Ölprodukte hellbraun)

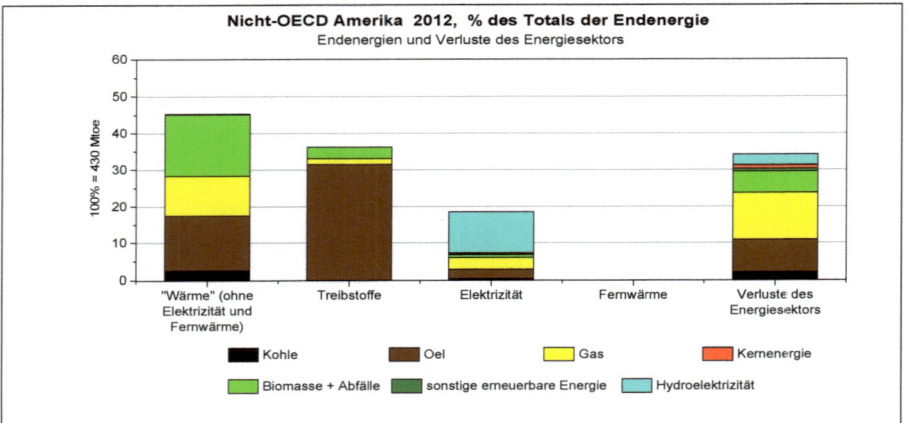

A2. Nicht-OECD Amerika: Anteile der Energieträger zur Gewinnung der Endenergien („Wärme", Treibstoffe, Elektrizität, Fernwärme) und zur Deckung der Verluste des Energiesektors

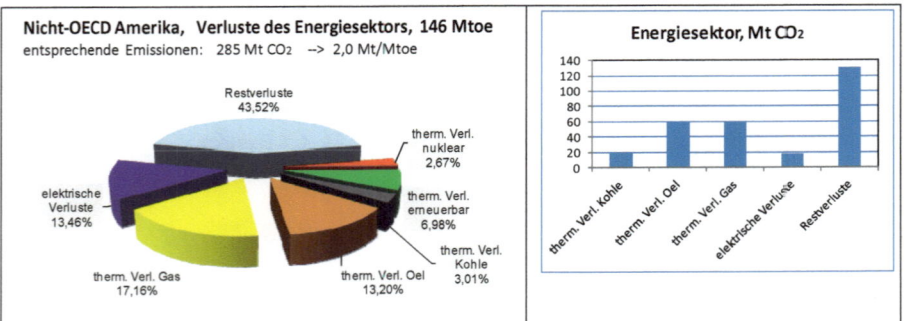

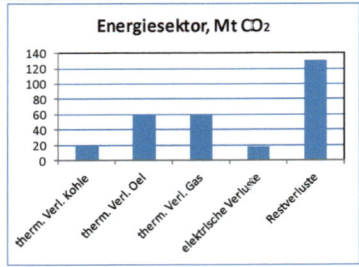

A3. Nicht-OECD Amerika: Prozentuale Verteilung der Verluste des Energiesektors; zu den CO_2-Emissionen tragen die thermischen Verluste fossiler Werke, die elektrischen Verluste und die Restverluste bei

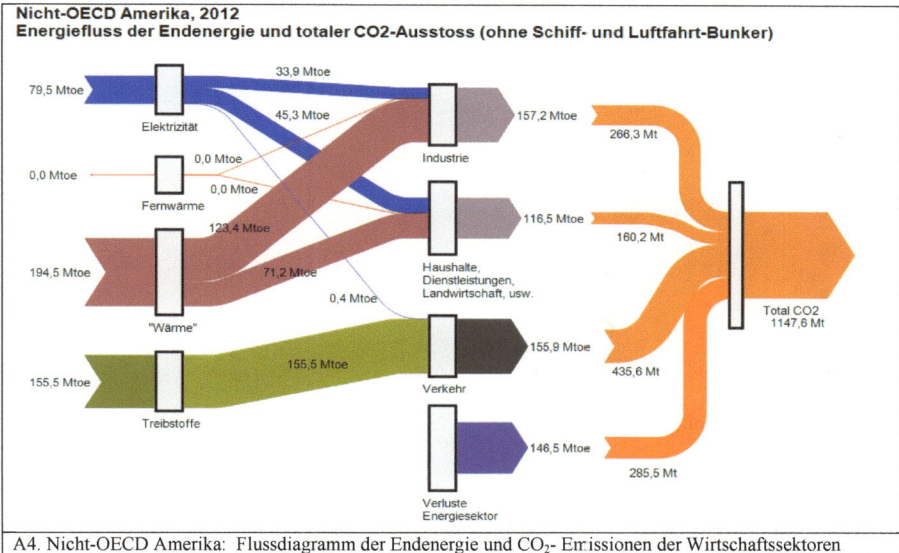

Nicht-OECD Amerika, 2012
Energiefluss der Endenergie und totaler CO2-Ausstoss (ohne Schiff- und Luftfahrt-Bunker)

A4. Nicht-OECD Amerika: Flussdiagramm der Endenergie und CO$_2$- Emissionen der Wirtschaftssektoren

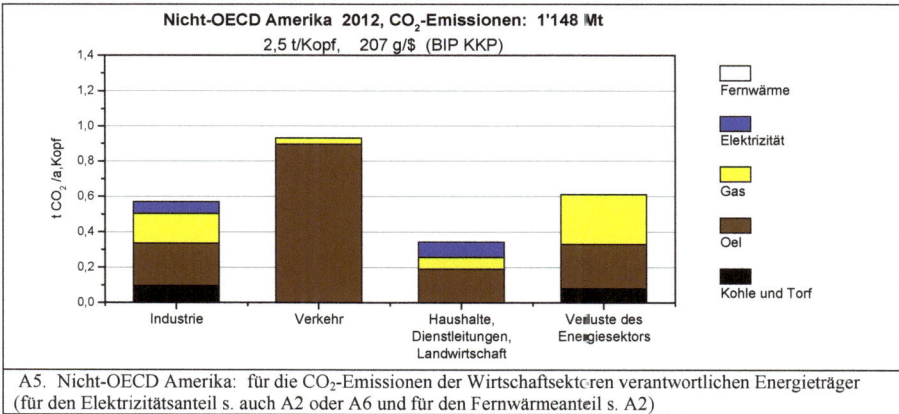

Nicht-OECD Amerika 2012, CO$_2$-Emissionen: 1'148 Mt
2,5 t/Kopf, 207 g/$ (BIP KKP)

A5. Nicht-OECD Amerika: für die CO$_2$-Emissionen der Wirtschaftssektoren verantwortlichen Energieträger
(für den Elektrizitätsanteil s. auch A2 oder A6 und für den Fernwärmeanteil s. A2)

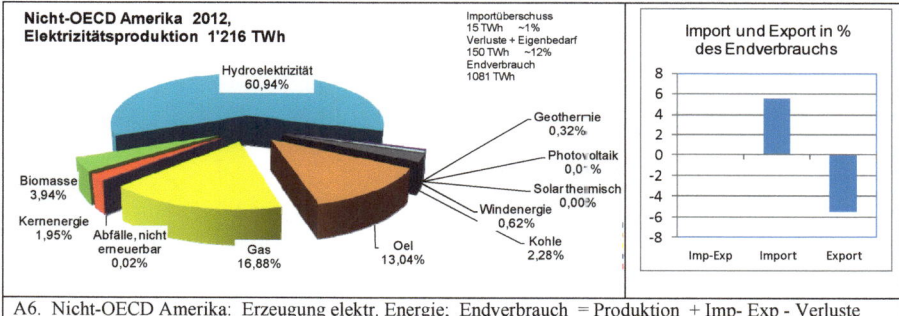

Nicht-OECD Amerika 2012,
Elektrizitätsproduktion 1'216 TWh

A6. Nicht-OECD Amerika: Erzeugung elektr. Energie; Endverbrauch = Produktion + Imp- Exp - Verluste

Afrika, 2012
Energiefluss im Energiesektor und totale CO2-Emissionen (ohne Schiff- und Luftfahrt-Bunker)

Netto-Exporte 467,3 Mtoe

Primärenergie 743,9 Mtoe

therm. Verluste KW,WKK,HW 88,1 Mtoe

KW, WKK, HW = Kraftwerke, Wärme-Kraft-Kopplung, Heizwerke

Import-Differenz Elektrizität 0,6 Mtoe

elektrische Verluste inkl. elektr. Eigenbedarf 12,2 Mtoe

Elektrizität, Fernwärme, Verluste Energiesektor 530,5 Mt

Produktion 1182,1 Mtoe

Elektrizitätsverbrauch 50,5 Mtoe

62,2 Mtoe Elektrizitätsproduktion

Fernwärme 0,0 Mtoe

"Wärme" 376,6 Mtoe

"Wärme" 239,4 Mt

Endenergie 518,7 Mtoe

Treibstoffe 91,7 Mtoe

Treibstoffe 262,5 Mt

Total CO2 1032,4 Mt

Netto-Importe 49,0 Mtoe

Lageränderung, nicht energetisch 16,3 Mtoe

Schiff- und Luftfahrt-Bunker 15,0 Mtoe

Bruttoenergie 712,6 Mtoe

Restverluste inkl. Eigenbedarf 93,5 Mtoe

"Wärme" = Heizungs- und Prozesswärme nicht elektrischen Ursprungs, ohne Fernwärme (kann auch nichtelektrische, stationäre Arbeit enthalten, in Industrieländern in der Regel minim).

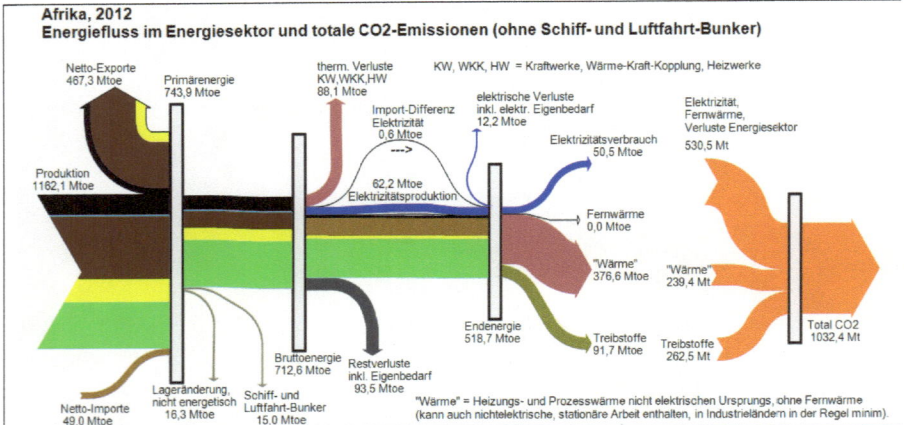

A1. Afrika: Energiefluss im Energiesektor von der Primär- zur Endenergie und totaler CO₂-Ausstoss. Energieträgerfarben wie in A2 und A5 (Erdöl dunkelbraun, Ölprodukte hellbraun)

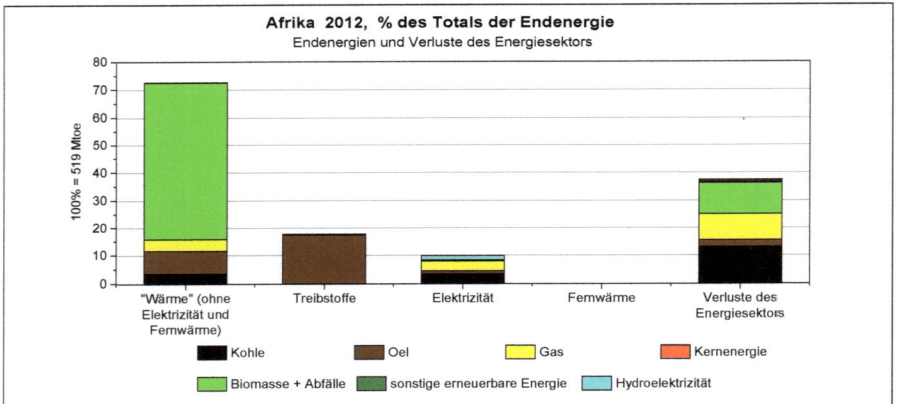

Afrika 2012, % des Totals der Endenergie
Endenergien und Verluste des Energiesektors

100% = 519 Mtoe

"Wärme" (ohne Elektrizität und Fernwärme) | Treibstoffe | Elektrizität | Fernwärme | Verluste des Energiesektors

■ Kohle   ■ Oel   ■ Gas   ■ Kernenergie
■ Biomasse + Abfälle   ■ sonstige erneuerbare Energie   ■ Hydroelektrizität

A2. Afrika: Anteile der Energieträger zur Gewinnung der Endenergien („Wärme", Treibstoffe, Elektrizität, Fernwärme) und zur Deckung der Verluste des Energiesektors

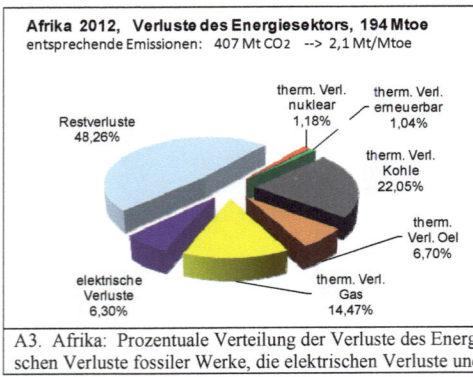

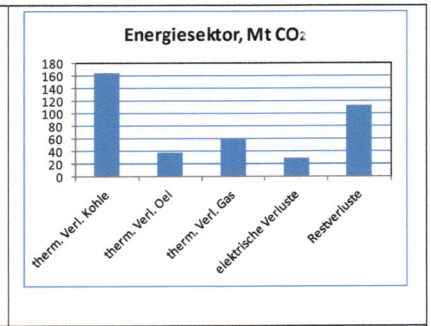

Afrika 2012, Verluste des Energiesektors, 194 Mtoe
entsprechende Emissionen: 407 Mt CO2 --> 2,1 Mt/Mtoe

Restverluste 48,26%

therm. Verl. nuklear 1,18%

therm. Verl. erneuerbar 1,04%

therm. Verl. Kohle 22,05%

therm. Verl. Oel 6,70%

elektrische Verluste 6,30%

therm. Verl. Gas 14,47%

Energiesektor, Mt CO₂

therm. Verl. Kohle | therm. Verl. Oel | therm. Verl. Gas | elektrische Verluste | Restverluste

A3. Afrika: Prozentuale Verteilung der Verluste des Energiesektors; zu den CO₂-Emissionen tragen die thermischen Verluste fossiler Werke, die elektrischen Verluste und die Restverluste bei

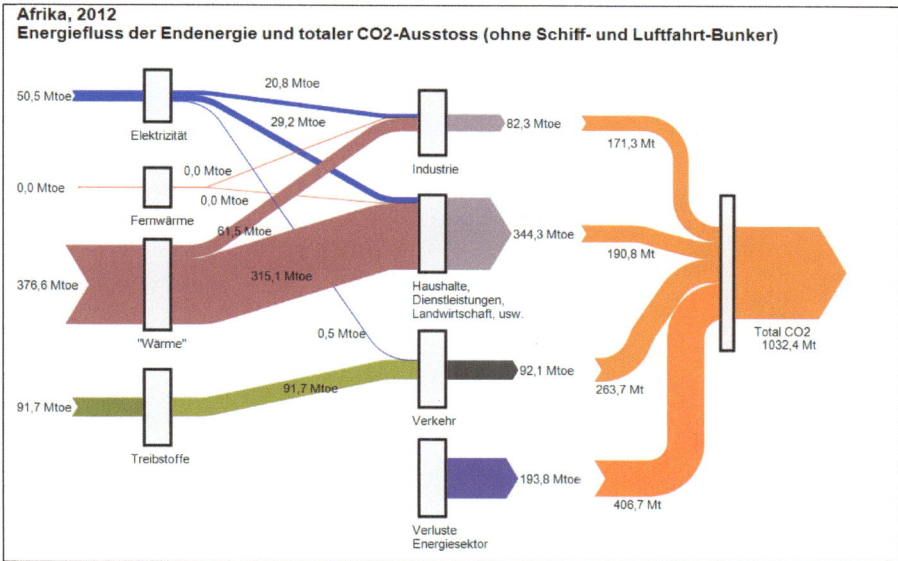

Afrika, 2012
Energiefluss der Endenergie und totaler CO2-Ausstoss (ohne Schiff- und Luftfahrt-Bunker)

A4. Afrika: Flussdiagramm der Endenergie und CO_2- Emissionen der Wirtschaftssektoren

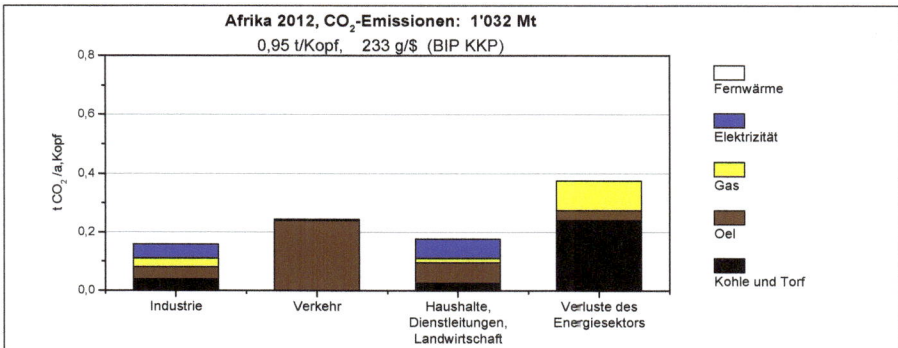

Afrika 2012, CO_2-Emissionen: 1'032 Mt
0,95 t/Kopf, 233 g/$ (BIP KKP)

A5. Afrika: für die CO_2-Emissionen der Wirtschaftssektoren verantwortlichen Energieträger;
(für den Elektrizitätsanteil s. auch A2 oder A6 und für den Fernwärmeanteil s. A2)

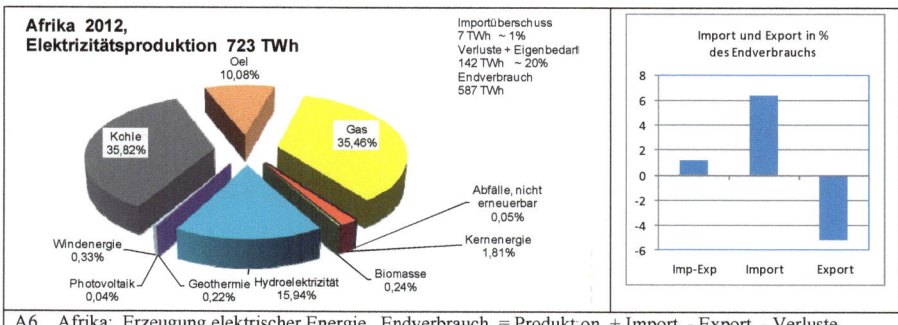

Afrika 2012, Elektrizitätsproduktion 723 TWh

A6. Afrika: Erzeugung elektrischer Energie, Endverbrauch = Produktion + Import - Export - Verluste

G-20, 2012
Energiefluss im Energiesektor und totale CO2-Emissionen (ohne Schiff- und Luftfahrt-Bunker)

Netto-Exporte 149,9 Mtoe

therm. Verluste KW,WKK,HW 2390,9 Mtoe

KW, WKK, HW = Kraftwerke, Wärme-Kraft-Kopplung, Heizwerke

Primärenergie 10837,3 Mtoe

elektrische Verluste inkl. elektr. Eigenbedarf 277,5 Mtoe

Elektrizität, Fernwärme, Verluste Energiesektor

Import-Differenz Elektrizität 3,8 Mtoe

Elektrizitätsverbrauch 1377,9 Mtoe

14383,4 Mt

Produktion 9622,1 Mtoe

1651,7 Mtoe Elektrizitätsproduktion

Fernwärme 256,5 Mtoe

"Wärme" 2818,6 Mtoe

"Wärme" 6534,9 Mt

Total CO2 25799,9 Mt

Endenergie 6204,1 Mtoe

Treibstoffe 1751,1 Mtoe

Treibstoffe 4881,6 Mt

Netto-Importe 1364,1 Mtoe

Lageränderung, nicht energetisch 728,9 Mtoe

Schiff- und Luftfahrt-Bunker 221,7 Mtoe

Bruttoenergie 9886,6 Mtoe

Restverluste inkl. Eigenbedarf 1014,2 Mtoe

"Wärme" = Heizungs- und Prozesswärme nicht elektrischen Ursprungs, ohne Fernwärme (kann auch nichtelektrische, stationäre Arbeit enthalten, in Industrieländern in der Regel minim).

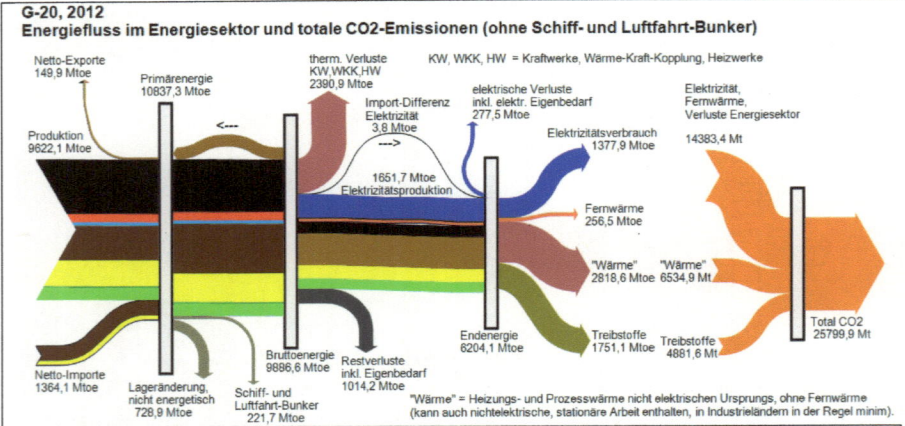

A1. G-20: Energiefluss im Energiesektor von der Primär- zur Endenergie und totaler CO₂-Ausstoss. Energieträgerfarben wie in A2 und A5 (Erdöl dunkelbraun, Ölprodukte hellbraun)

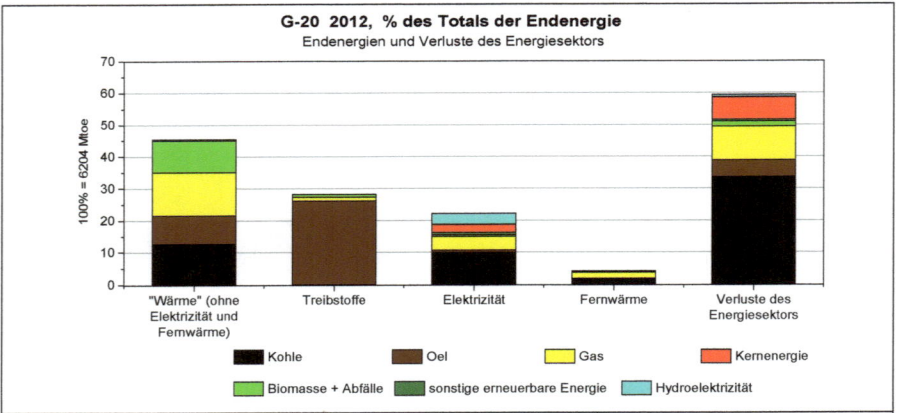

G-20 2012, % des Totals der Endenergie
Endenergien und Verluste des Energiesektors

100% = 6204 Mtoe

"Wärme" (ohne Elektrizität und Fernwärme)   Treibstoffe   Elektrizität   Fernwärme   Verluste des Energiesektors

Kohle   Oel   Gas   Kernenergie

Biomasse + Abfälle   sonstige erneuerbare Energie   Hydroelektrizität

A2. G-20: Anteile der Energieträger zur Gewinnung der Endenergien („Wärme", Treibstoffe, Elektrizität, Fernwärme) und zur Deckung der Verluste des Energiesektors

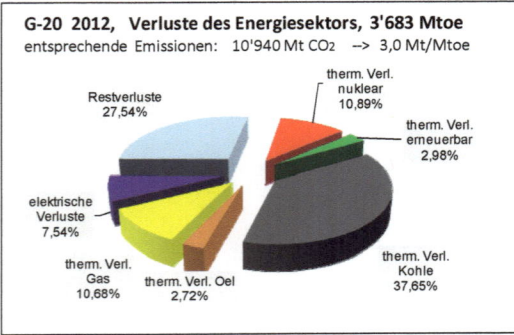

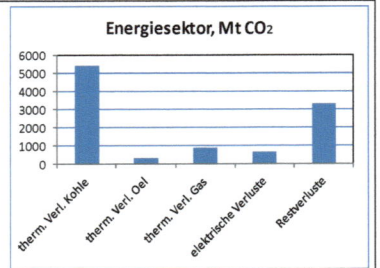

G-20 2012, Verluste des Energiesektors, 3'683 Mtoe
entsprechende Emissionen: 10'940 Mt CO₂ --> 3,0 Mt/Mtoe

Restverluste 27,54%

therm. Verl. nuklear 10,89%

therm. Verl. erneuerbar 2,98%

elektrische Verluste 7,54%

therm. Verl. Gas 10,68%

therm. Verl. Oel 2,72%

therm. Verl. Kohle 37,65%

Energiesektor, Mt CO2

therm. Verl. Kohle   therm. Verl. Oel   therm. Verl. Gas   elektrische Verluste   Restverluste

A3. G-20: Prozentuale Verteilung der Verluste des Energiesektors; zu den CO₂-Emissionen tragen die thermischen Verluste fossiler Werke, die elektrischen Verluste und die Restverluste bei

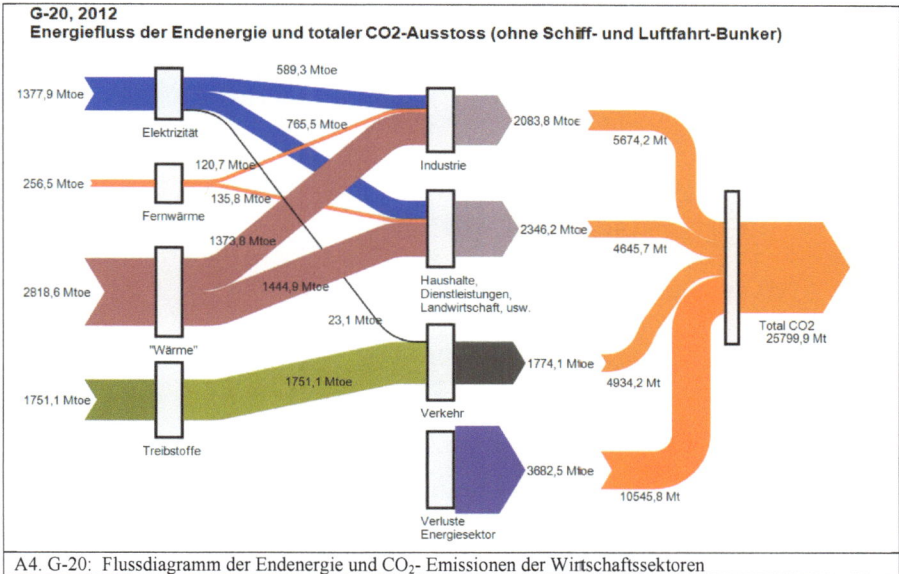

G-20, 2012
Energiefluss der Endenergie und totaler CO2-Ausstoss (ohne Schiff- und Luftfahrt-Bunker)

1377,9 Mtoe — Elektrizität
589,3 Mtoe
765,5 Mtoe
256,5 Mtoe — Fernwärme
120,7 Mtoe
135,8 Mtoe
2818,6 Mtoe — "Wärme"
1373,8 Mtoe
1444,9 Mtoe
23,1 Mtoe
1751,1 Mtoe — Treibstoffe
1751,1 Mtoe

Industrie — 2083,8 Mtoe — 5674,2 Mt
Haushalte, Dienstleistungen, Landwirtschaft, usw. — 2346,2 Mtoe — 4645,7 Mt
Verkehr — 1774,1 Mtoe — 4934,2 Mt
Verluste Energiesektor — 3682,5 Mtoe — 10545,8 Mt

Total CO2 25799,9 Mt

A4. G-20: Flussdiagramm der Endenergie und CO_2- Emissionen der Wirtschaftssektoren

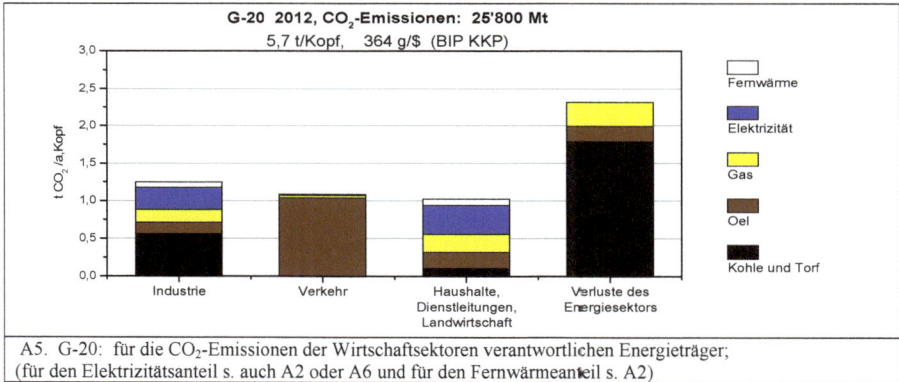

G-20 2012, CO_2-Emissionen: 25'800 Mt
5,7 t/Kopf,   364 g/$ (BIP KKP)

tCO_2/a,Kopf

Legend:
- Fernwärme
- Elektrizität
- Gas
- Oel
- Kohle und Torf

Categories: Industrie, Verkehr, Haushalte, Dienstleitungen, Landwirtschaft, Verluste des Energiesektors

A5. G-20: für die CO_2-Emissionen der Wirtschaftssektoren verantwortlichen Energieträger;
(für den Elektrizitätsanteil s. auch A2 oder A6 und für den Fernwärmeanteil s. A2)

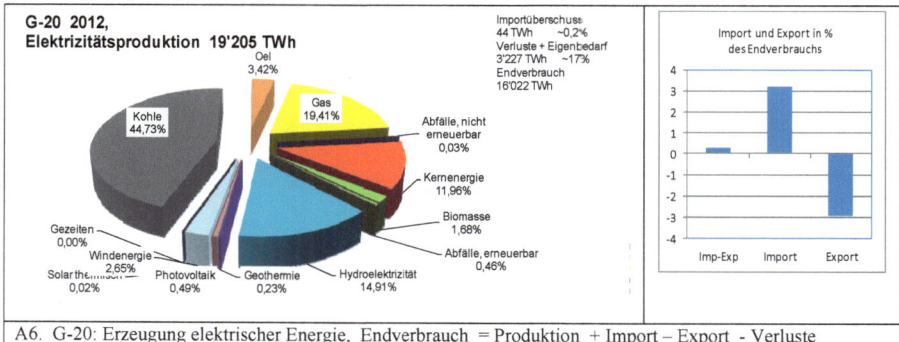

G-20 2012,
Elektrizitätsproduktion 19'205 TWh

Importüberschuss:
44 TWh   ~0,2%
Verluste + Eigenbedarf
3'227 TWh ~17%
Endverbrauch
16'022 TWh

Oel 3,42%
Gas 19,41%
Abfälle, nicht erneuerbar 0,03%
Kernenergie 11,96%
Biomasse 1,68%
Abfälle, erneuerbar 0,46%
Hydroelektrizität 14,91%
Geothermie 0,23%
Photovoltaik 0,49%
Solartherm... 0,02%
Windenergie 2,65%
Gezeiten 0,00%
Kohle 44,73%

Import und Export in % des Endverbrauchs
Imp-Exp, Import, Export

A6. G-20: Erzeugung elektrischer Energie, Endverbrauch = Produktion + Import – Export - Verluste

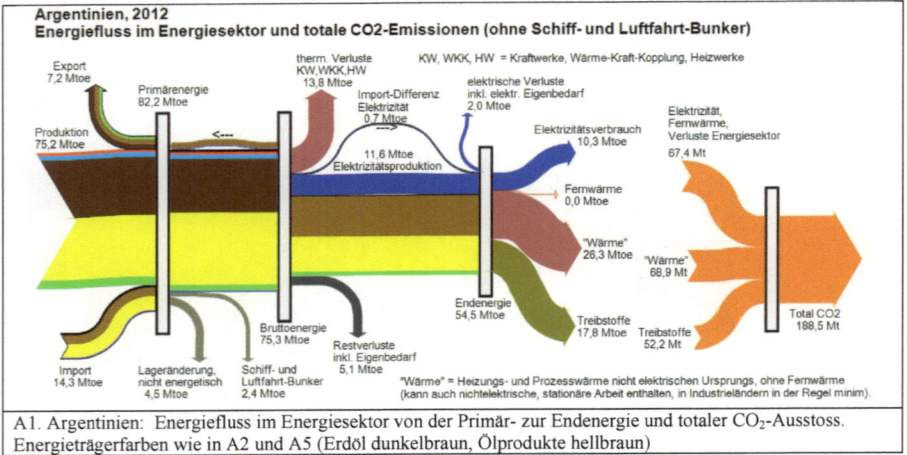

Argentinien, 2012
Energiefluss im Energiesektor und totale CO2-Emissionen (ohne Schiff- und Luftfahrt-Bunker)

A1. Argentinien: Energiefluss im Energiesektor von der Primär- zur Endenergie und totaler CO_2-Ausstoss. Energieträgerfarben wie in A2 und A5 (Erdöl dunkelbraun, Ölprodukte hellbraun)

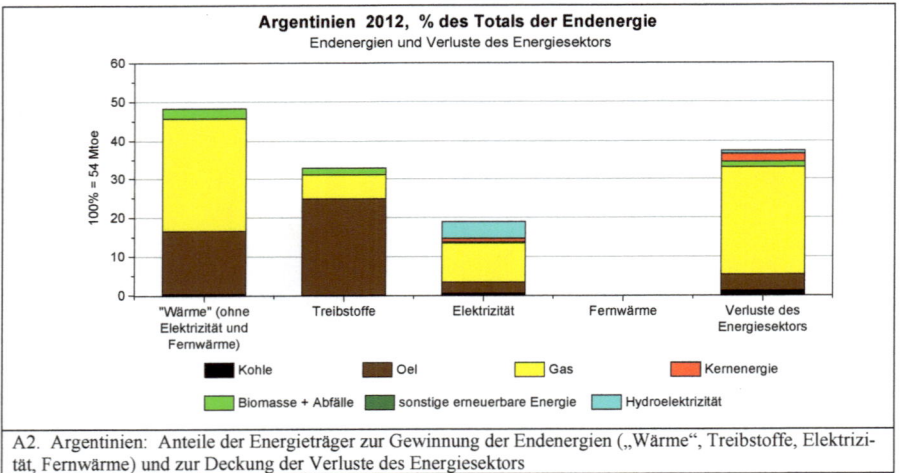

Argentinien 2012, % des Totals der Endenergie
Endenergien und Verluste des Energiesektors

A2. Argentinien: Anteile der Energieträger zur Gewinnung der Endenergien („Wärme", Treibstoffe, Elektrizität, Fernwärme) und zur Deckung der Verluste des Energiesektors

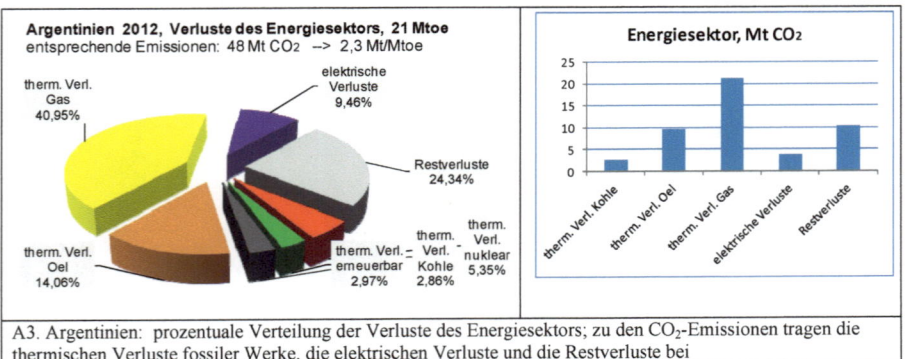

Argentinien 2012, Verluste des Energiesektors, 21 Mtoe
entsprechende Emissionen: 48 Mt CO2 --> 2,3 Mt/Mtoe

Energiesektor, Mt CO2

A3. Argentinien: prozentuale Verteilung der Verluste des Energiesektors; zu den CO_2-Emissionen tragen die thermischen Verluste fossiler Werke, die elektrischen Verluste und die Restverluste bei

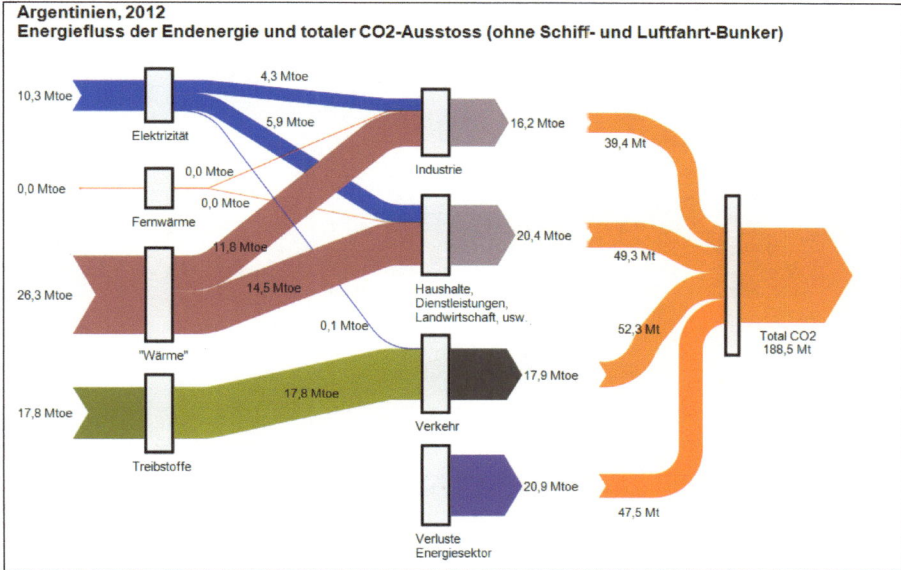

Argentinien, 2012
Energiefluss der Endenergie und totaler CO2-Ausstoss (ohne Schiff- und Luftfahrt-Bunker)

A4. Argentinien: Flussdiagramm der Endenergie und CO_2- Emissionen der Wirtschaftssektoren

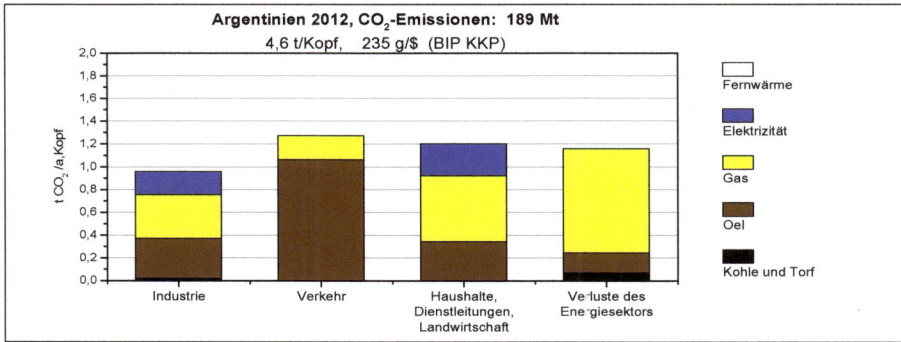

Argentinien 2012, CO_2-Emissionen: 189 Mt
4,6 t/Kopf,   235 g/\$ (BIP KKP)

A5. Argentinien: für die CO_2-Emissionen der Wirtschaftsektoren verantwortlichen Energieträger;
(für den Anteil der Elektrizität s. auch A2 oder A6 und für den Fernwärmeanteil s. A2)

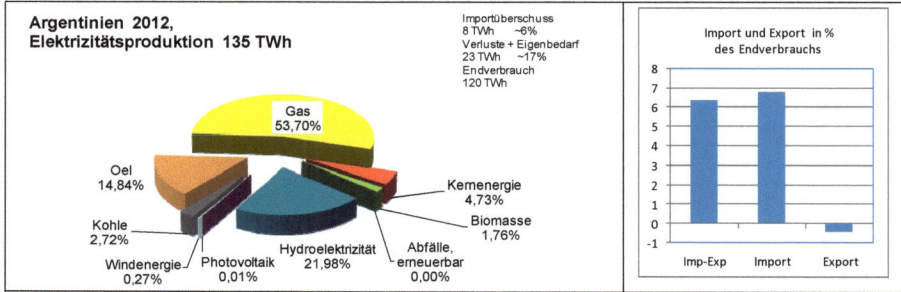

Argentinien 2012,
Elektrizitätsproduktion 135 TWh

Importüberschuss
8 TWh   ~6%
Verluste + Eigenbedarf
23 TWh   ~17%
Endverbrauch
120 TWh

Import und Export in %
des Endverbrauchs

A6. Argentinien: Erzeugung elektrischer Energie, Endverbrauch = Produktion + Import - Export - Verluste

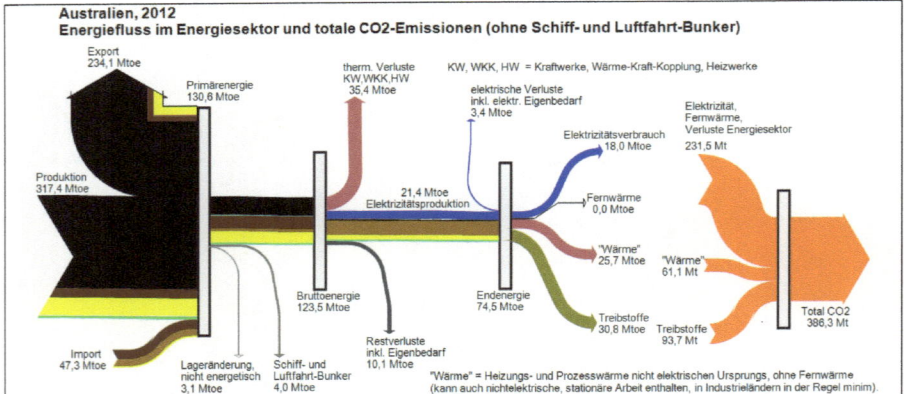

A1. Australien: Energiefluss im Energiesektor von der Primär- zur Endenergie und totaler CO₂-Ausstoss. Energieträgerfarben wie in A2 und A5 (Erdöl dunkelbraun, Ölprodukte hellbraun)

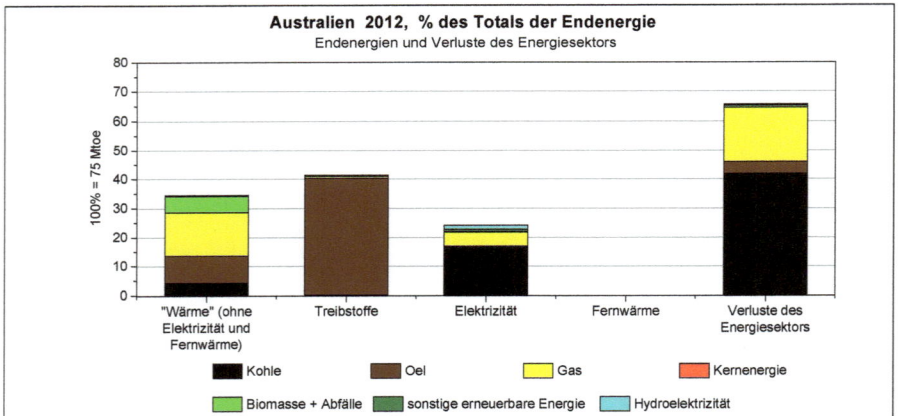

A2. Australien: Anteile der Energieträger zur Gewinnung der Endenergien („Wärme", Treibstoffe, Elektrizität, Fernwärme) und zur Deckung der Verluste des Energiesektors

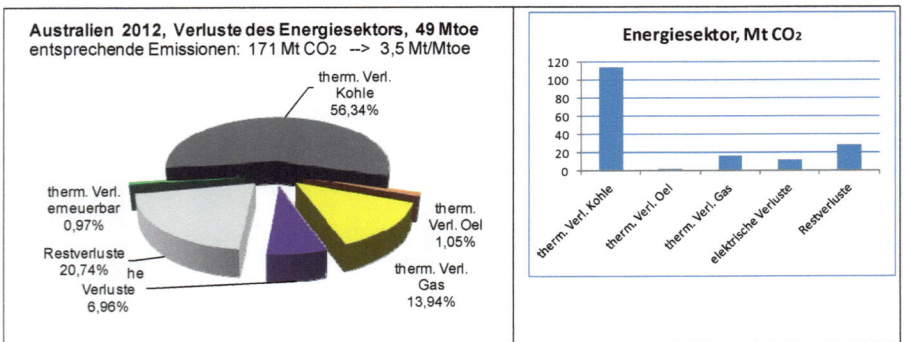

A3. Australien: Prozentuale Verteilung der Verluste des Energiesektors; zu den CO₂-Emissionen tragen die thermischen Verluste fossiler Werke, die elektrischen Verluste und die Restverluste bei

Australien

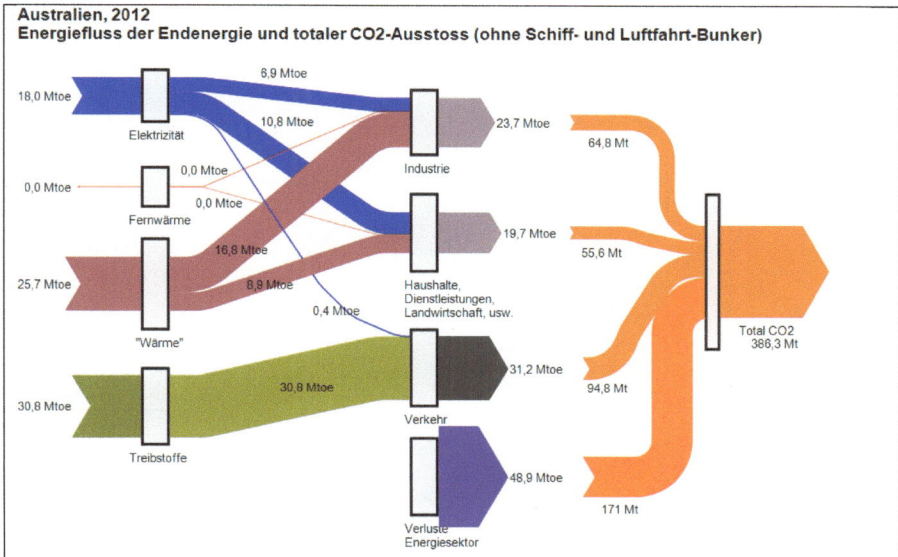

Australien, 2012
Energiefluss der Endenergie und totaler CO2-Ausstoss (ohne Schiff- und Luftfahrt-Bunker)

A4. Australien: Flussdiagramm der Endenergie und CO_2- Emissionen der Wirtschaftssektoren

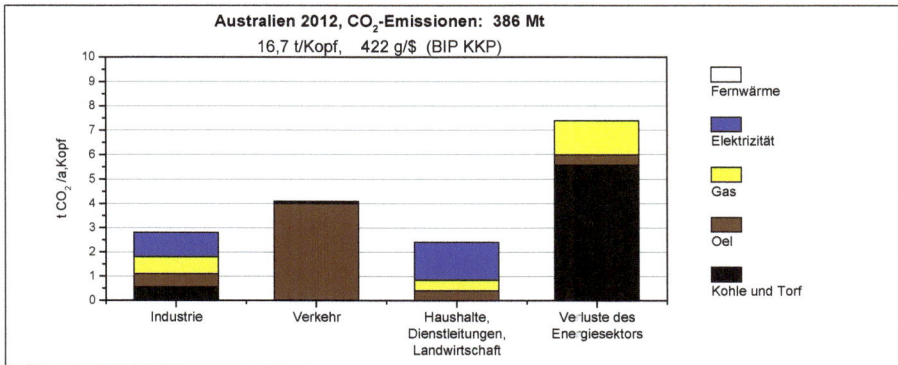

Australien 2012, CO_2-Emissionen: 386 Mt
16,7 t/Kopf, 422 g/$ (BIP KKP)

A5. Australien: für die CO_2-Emissionen der Wirtschaftssektoren verantwortlichen Energieträger;
(für den Elektrizitätsanteil s. auch A2 oder A6 und für den Fernwärmeanteil s. A2)

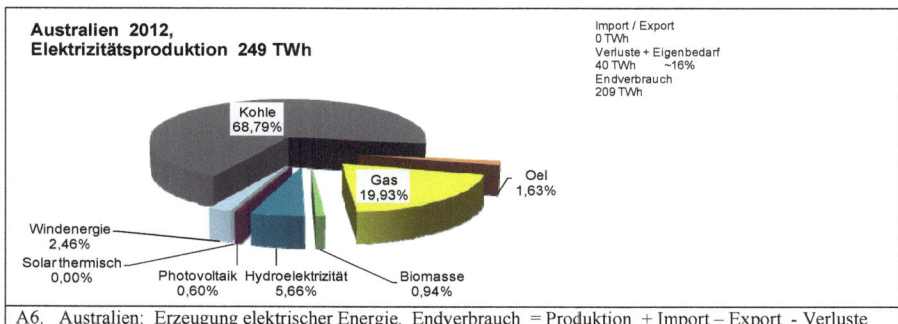

Australien 2012,
Elektrizitätsproduktion 249 TWh

Import / Export
0 TWh
Verluste + Eigenbedarf
40 TWh ~16%
Endverbrauch
209 TWh

A6. Australien: Erzeugung elektrischer Energie, Endverbrauch = Produktion + Import – Export - Verluste

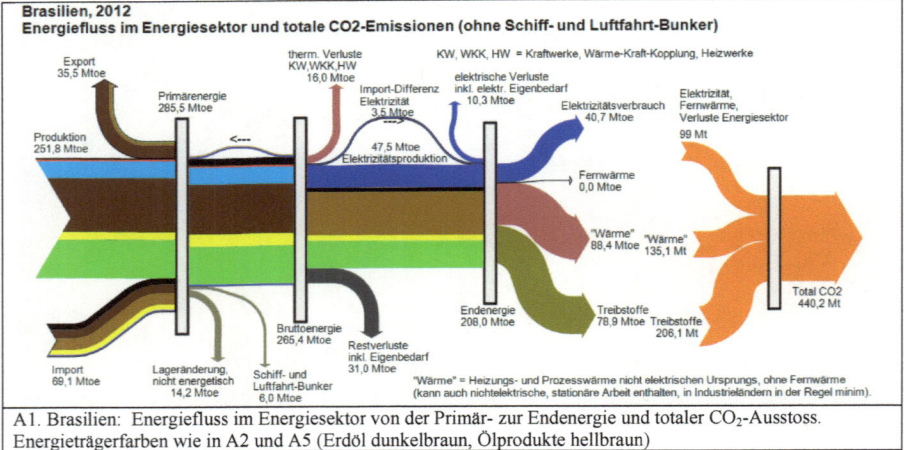

Brasilien, 2012
Energiefluss im Energiesektor und totale CO2-Emissionen (ohne Schiff- und Luftfahrt-Bunker)

A1. Brasilien: Energiefluss im Energiesektor von der Primär- zur Endenergie und totaler CO_2-Ausstoss. Energieträgerfarben wie in A2 und A5 (Erdöl dunkelbraun, Ölprodukte hellbraun)

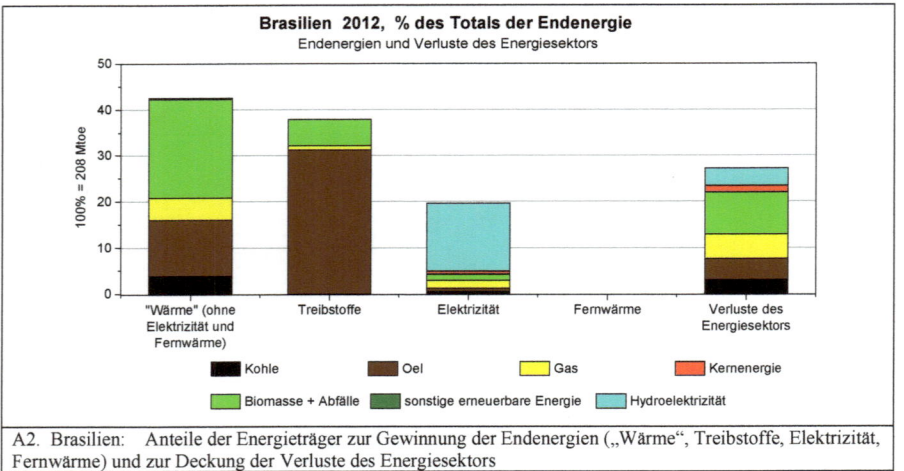

Brasilien 2012, % des Totals der Endenergie
Endenergien und Verluste des Energiesektors

A2. Brasilien: Anteile der Energieträger zur Gewinnung der Endenergien („Wärme", Treibstoffe, Elektrizität, Fernwärme) und zur Deckung der Verluste des Energiesektors

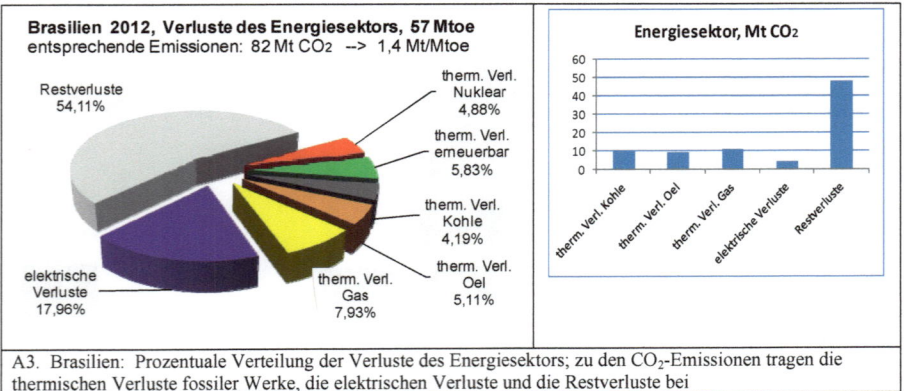

Brasilien 2012, Verluste des Energiesektors, 57 Mtoe
entsprechende Emissionen: 82 Mt CO_2 --> 1,4 Mt/Mtoe

Energiesektor, Mt CO_2

A3. Brasilien: Prozentuale Verteilung der Verluste des Energiesektors; zu den CO_2-Emissionen tragen die thermischen Verluste fossiler Werke, die elektrischen Verluste und die Restverluste bei

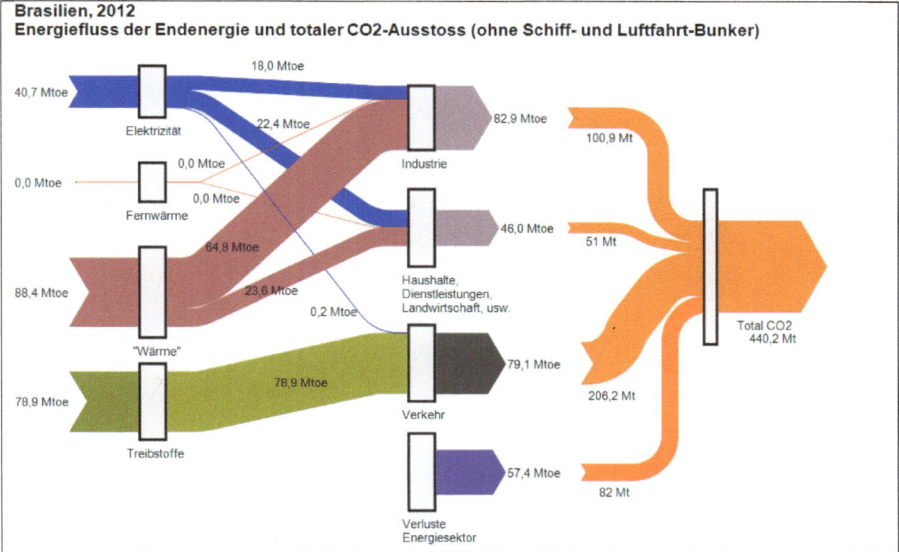

Brasilien, 2012
Energiefluss der Endenergie und totaler CO2-Ausstoss (ohne Schiff- und Luftfahrt-Bunker)

A4. Brasilien: Flussdiagramm der Endenergie und CO_2- Emissionen der Wirtschaftssektoren

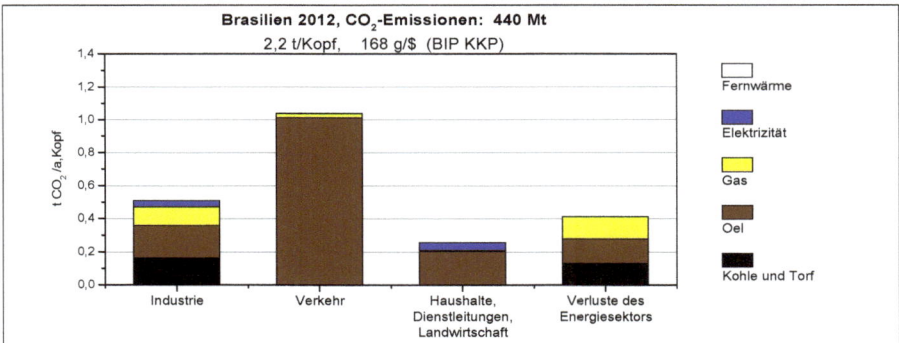

Brasilien 2012, CO_2-Emissionen: 440 Mt
2,2 t/Kopf, 168 g/$ (BIP KKP)

A5. Brasilien: für die CO_2-Emissionen der Wirtschaftssektoren verantwortlichen Energieträger; (für den Elektrizitätsanteil s. auch A2 oder A6 und für den Fernwärmeanteil s. A2)

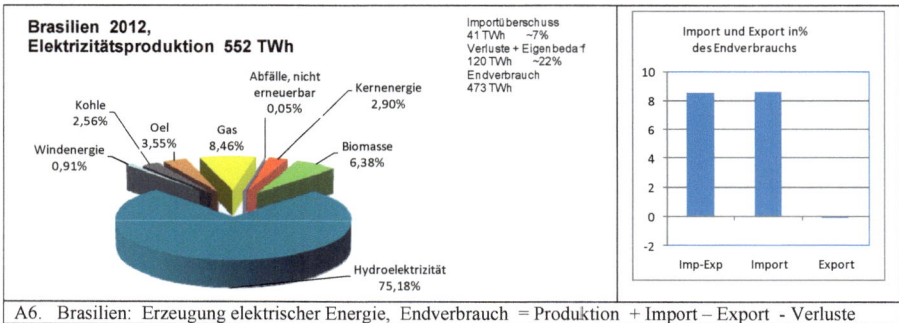

Brasilien 2012, Elektrizitätsproduktion 552 TWh

A6. Brasilien: Erzeugung elektrischer Energie, Endverbrauch = Produktion + Import – Export - Verluste

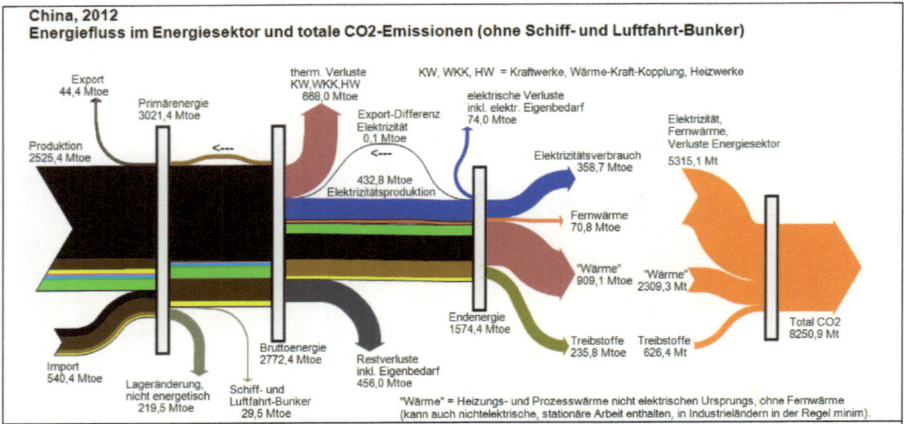

China, 2012
Energiefluss im Energiesektor und totale CO2-Emissionen (ohne Schiff- und Luftfahrt-Bunker)

A1. China: Energiefluss im Energiesektor von der Primär- zur Endenergie und totaler CO₂-Ausstoss. Energieträgerfarben wie in A2 und A5 (Erdöl dunkelbraun, Ölprodukte hellbraun)

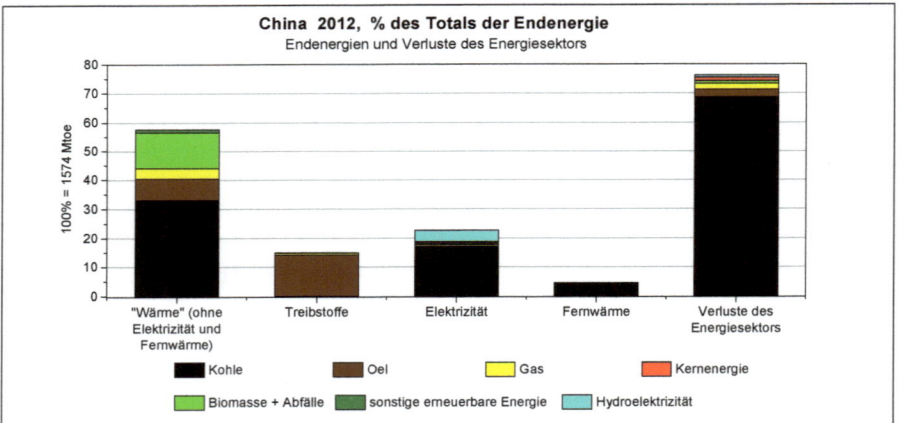

China 2012, % des Totals der Endenergie
Endenergien und Verluste des Energiesektors

A2. China: Anteile der Energieträger zur Gewinnung der Endenergien („Wärme", Treibstoffe, Elektrizität, Fernwärme) und zur Deckung der Verluste des Energiesektors

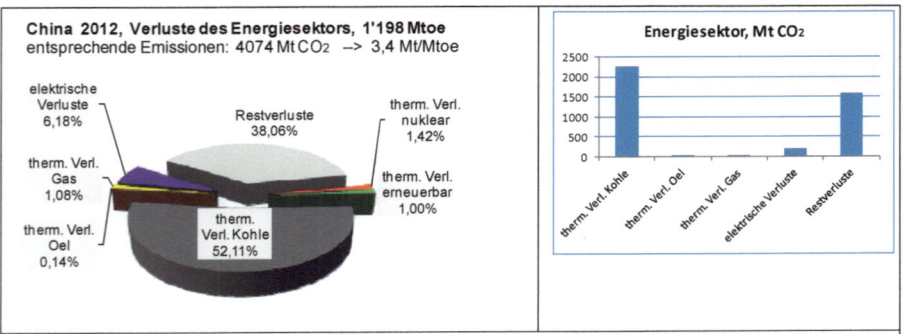

China 2012, Verluste des Energiesektors, 1'198 Mtoe
entsprechende Emissionen: 4074 Mt CO₂ → 3,4 Mt/Mtoe

Energiesektor, Mt CO₂

A3. China: Prozentuale Verteilung der Verluste des Energiesektors; zu den CO₂-Emissionen tragen die thermischen Verluste fossiler Werke, die elektrischen Verluste und die Restverluste bei

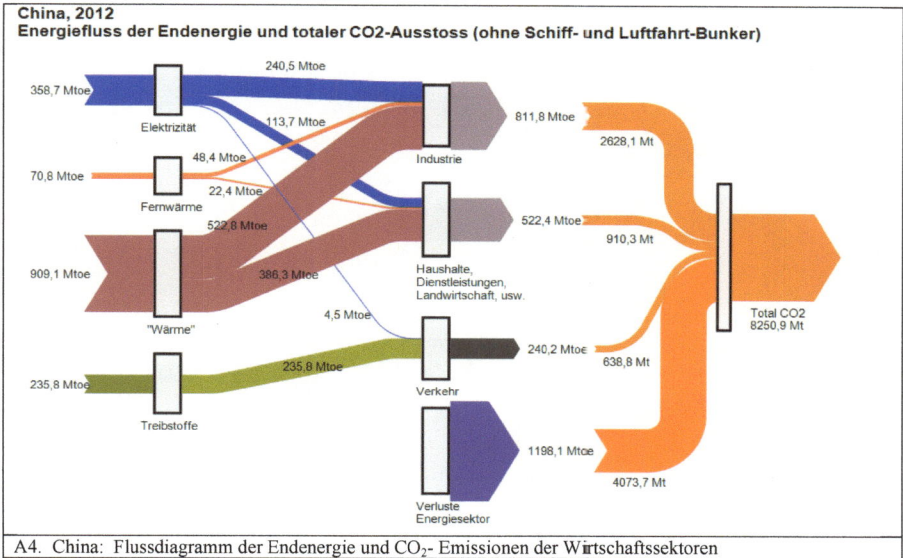

China, 2012
Energiefluss der Endenergie und totaler CO2-Ausstoss (ohne Schiff- und Luftfahrt-Bunker)

A4. China: Flussdiagramm der Endenergie und CO_2- Emissionen der Wirtschaftssektoren

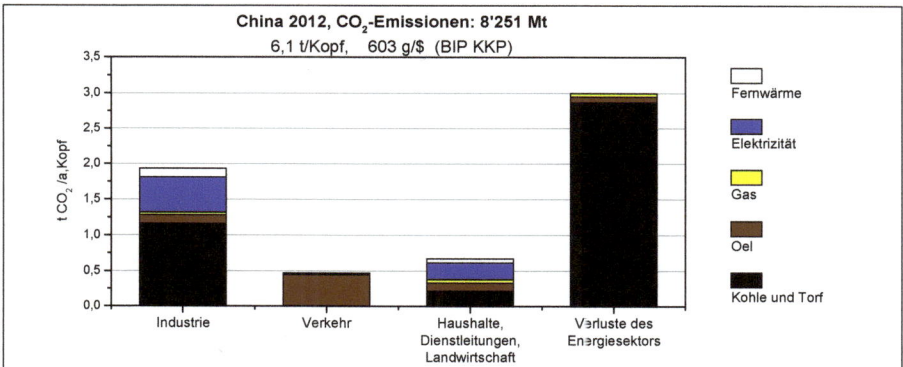

China 2012, CO_2-Emissionen: 8'251 Mt
6,1 t/Kopf, 603 g/$ (BIP KKP)

A5. China: für die CO_2-Emissionen der Wirtschaftssektoren verantwortlichen Energieträger
(für den Elektrizitätsanteil s. auch A2 oder A6 und für den Fernwärmeanteil s. A2)

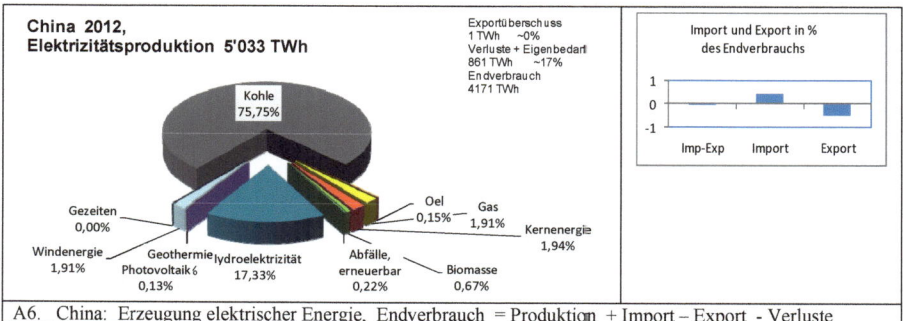

China 2012,
Elektrizitätsproduktion 5'033 TWh

Exportüberschuss
1 TWh ~0%
Verluste + Eigenbedarf
861 TWh ~17%
Endverbrauch
4171 TWh

Import und Export in %
des Endverbrauchs

A6. China: Erzeugung elektrischer Energie, Endverbrauch = Produktion + Import – Export - Verluste

Deutschland

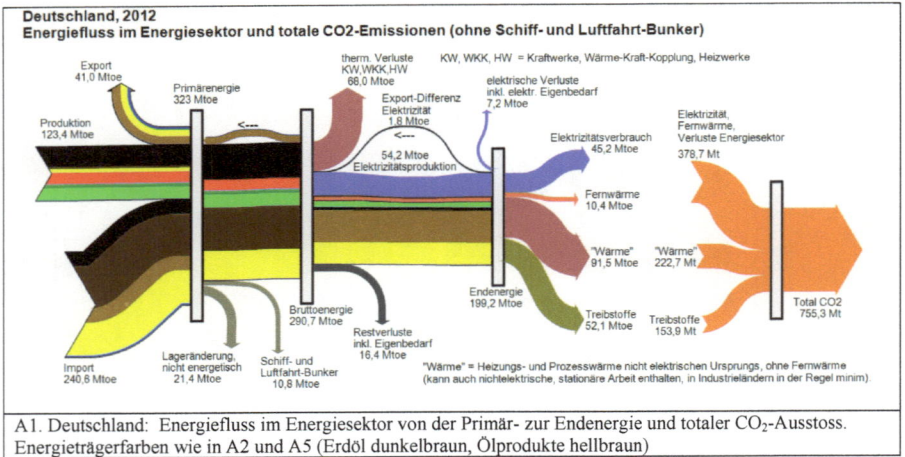

A1. Deutschland: Energiefluss im Energiesektor von der Primär- zur Endenergie und totaler CO₂-Ausstoss. Energieträgerfarben wie in A2 und A5 (Erdöl dunkelbraun, Ölprodukte hellbraun)

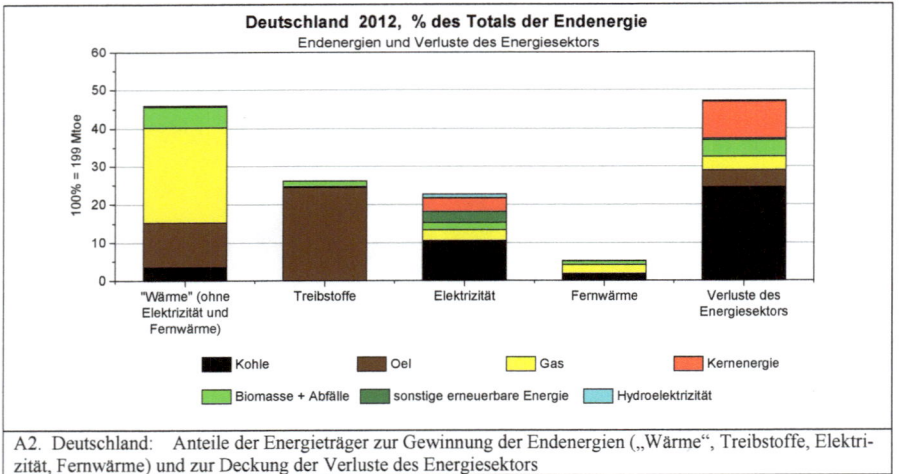

A2. Deutschland: Anteile der Energieträger zur Gewinnung der Endenergien („Wärme", Treibstoffe, Elektrizität, Fernwärme) und zur Deckung der Verluste des Energiesektors

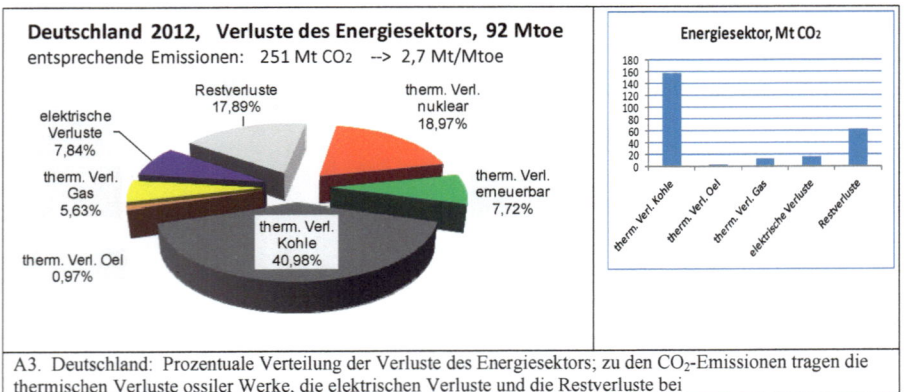

A3. Deutschland: Prozentuale Verteilung der Verluste des Energiesektors; zu den CO₂-Emissionen tragen die thermischen Verluste ossiler Werke, die elektrischen Verluste und die Restverluste bei

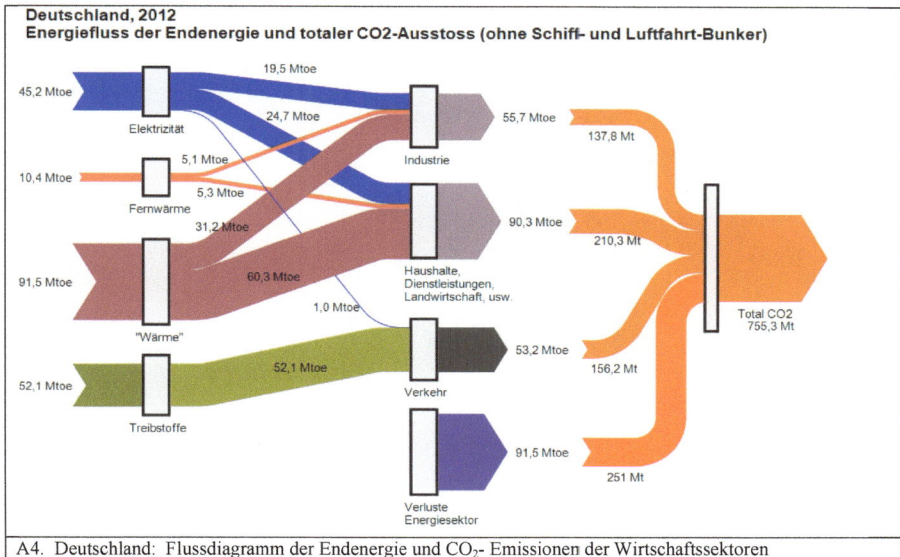

A4. Deutschland: Flussdiagramm der Endenergie und CO_2- Emissionen der Wirtschaftssektoren

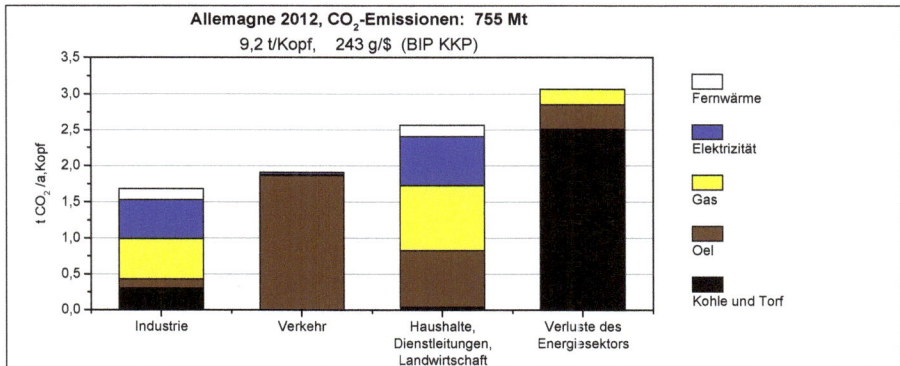

A5. Deutschland: für die CO_2-Emissionen der Wirtschaftssektoren verantwortlichen Energieträger (für den Elektrizitätsanteil s. auch A2 oder A6 und für den Fernwärmeanteil s. A2)

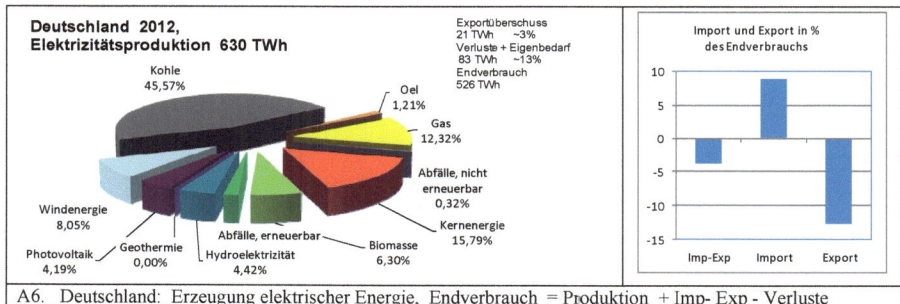

A6. Deutschland: Erzeugung elektrischer Energie, Endverbrauch = Produktion + Imp- Exp - Verluste

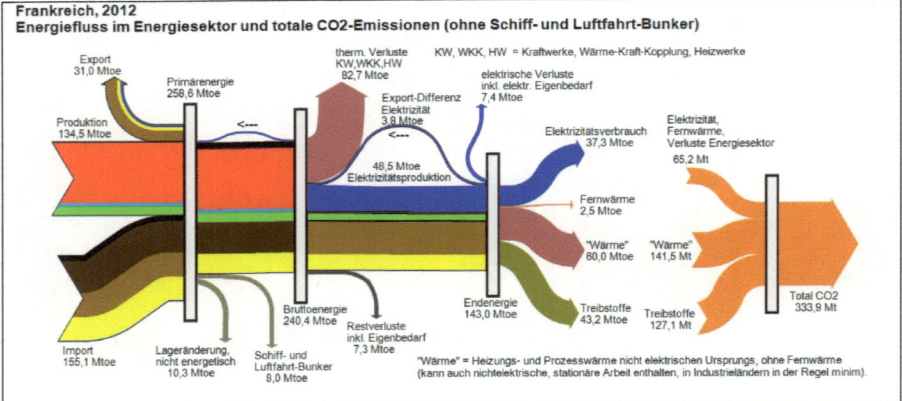

Frankreich, 2012
Energiefluss im Energiesektor und totale CO2-Emissionen (ohne Schiff- und Luftfahrt-Bunker)

A1. Frankreich: Energiefluss im Energiesektor von der Primär- zur Endenergie und totaler CO_2-Ausstoss. Energieträgerfarben wie in A2 und A5 (Erdöl dunkelbraun, Ölprodukte hellbraun)

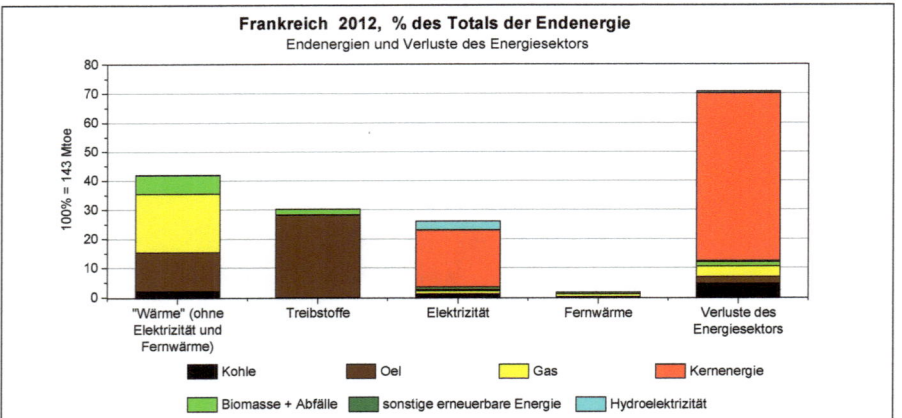

Frankreich 2012, % des Totals der Endenergie
Endenergien und Verluste des Energiesektors

A2. Frankreich: Anteile der Energieträger zur Gewinnung der Endenergien („Wärme", Treibstoffe, Elektrizität, Fernwärme) und zur Deckung der Verluste des Energiesektors

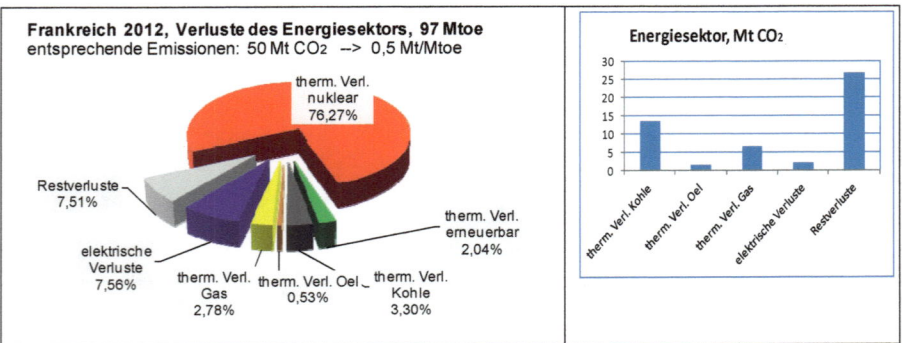

Frankreich 2012, Verluste des Energiesektors, 97 Mtoe
entsprechende Emissionen: 50 Mt CO2 --> 0,5 Mt/Mtoe

Energiesektor, Mt CO2

A3. Frankreich: Prozentuale Verteilung der Verluste des Energiesektors; zu den CO_2-Emissionen tragen die thermischen Verluste fossiler Werke, die elektrischen Verluste und die Restverluste bei

Frankreich

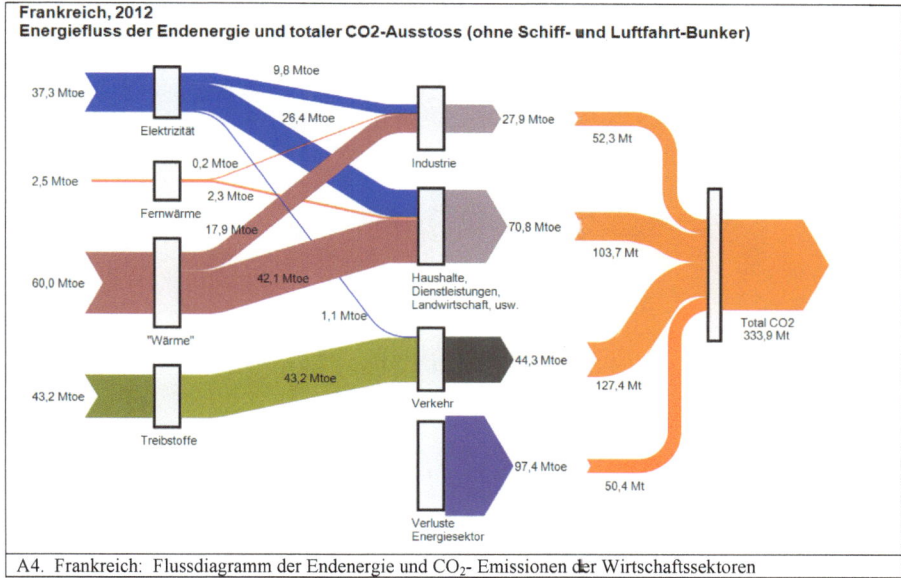

Frankreich, 2012
Energiefluss der Endenergie und totaler CO2-Ausstoss (ohne Schiff- und Luftfahrt-Bunker)

A4. Frankreich: Flussdiagramm der Endenergie und CO_2- Emissionen der Wirtschaftssektoren

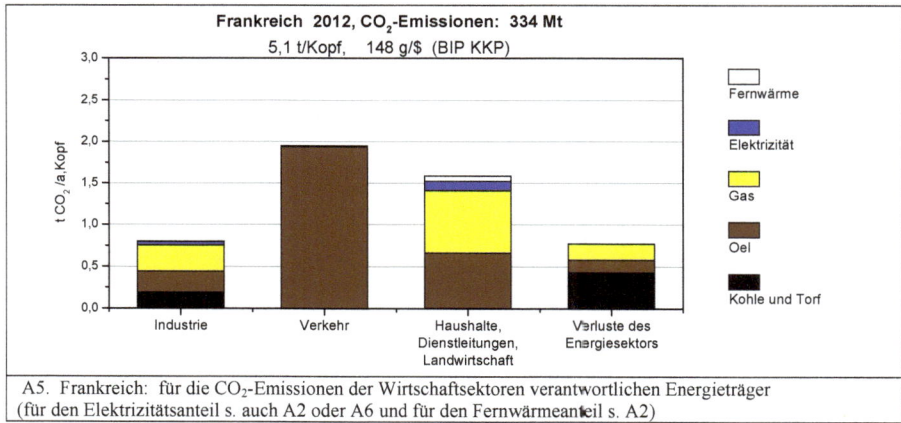

Frankreich 2012, CO_2-Emissionen: 334 Mt
5,1 t/Kopf, 148 g/\$ (BIP KKP)

A5. Frankreich: für die CO_2-Emissionen der Wirtschaftsektoren verantwortlichen Energieträger
(für den Elektrizitätsanteil s. auch A2 oder A6 und für den Fernwärmeanteil s. A2)

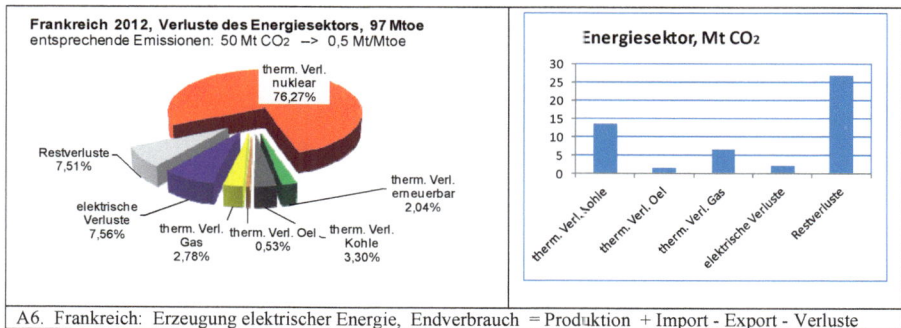

Frankreich 2012, Verluste des Energiesektors, 97 Mtoe
entsprechende Emissionen: 50 Mt CO2 --> 0,5 Mt/Mtoe

A6. Frankreich: Erzeugung elektrischer Energie, Endverbrauch = Produktion + Import - Export - Verluste

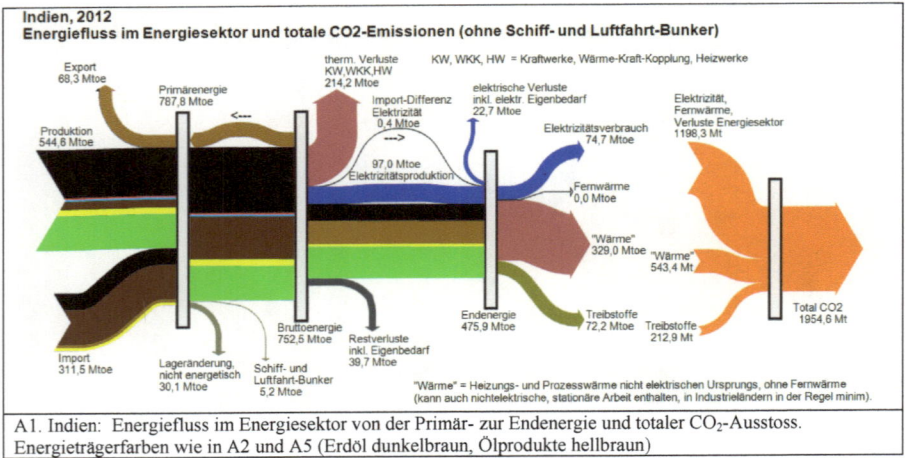

A1. Indien: Energiefluss im Energiesektor von der Primär- zur Endenergie und totaler CO₂-Ausstoss. Energieträgerfarben wie in A2 und A5 (Erdöl dunkelbraun, Ölprodukte hellbraun)

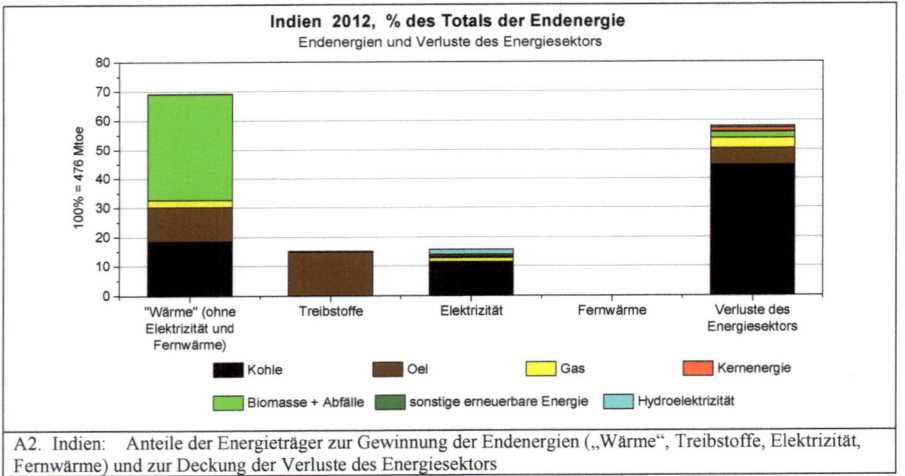

A2. Indien: Anteile der Energieträger zur Gewinnung der Endenergien („Wärme", Treibstoffe, Elektrizität, Fernwärme) und zur Deckung der Verluste des Energiesektors

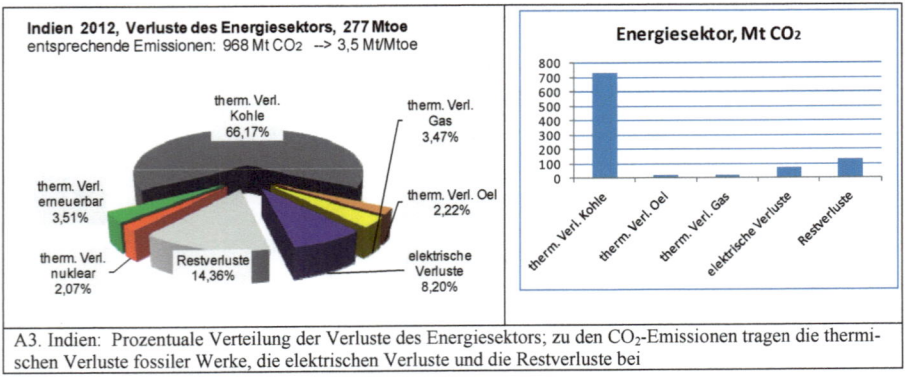

A3. Indien: Prozentuale Verteilung der Verluste des Energiesektors; zu den CO₂-Emissionen tragen die thermischen Verluste fossiler Werke, die elektrischen Verluste und die Restverluste bei

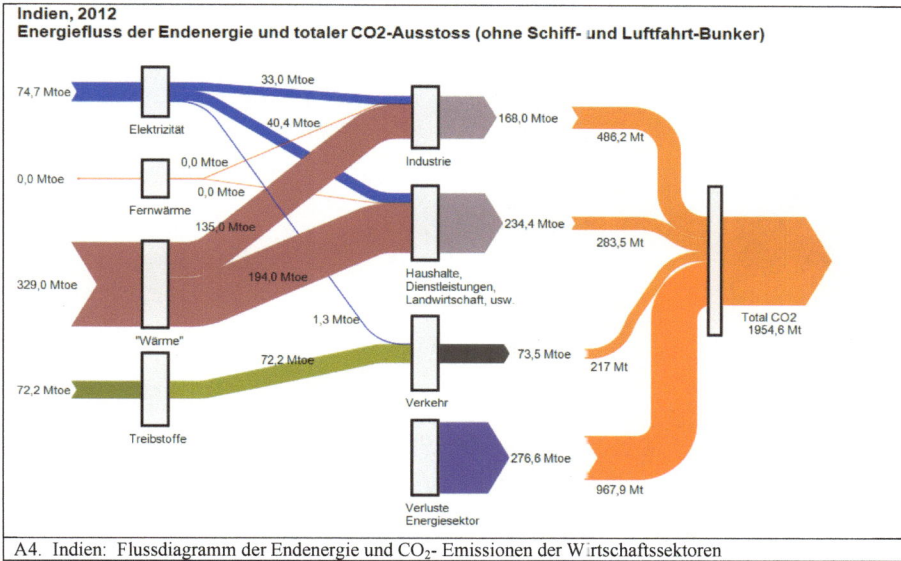

A4. Indien: Flussdiagramm der Endenergie und CO_2- Emissionen der Wirtschaftssektoren

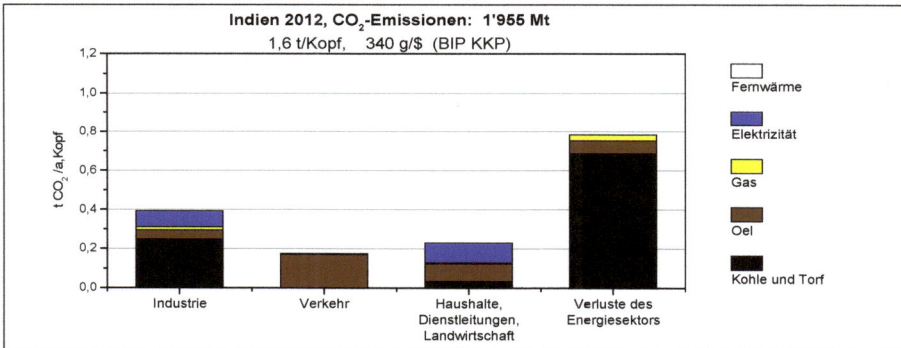

A5. Indien: für die CO_2-Emissionen der Wirtschaftssektoren verantwortlichen Energieträger; (für den Elektrizitätsanteil s. auch A2 oder A6 und für den Fernwärmeanteil s. A2)

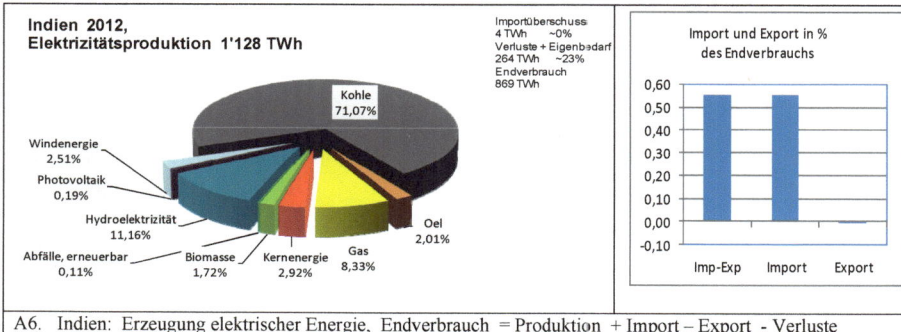

A6. Indien: Erzeugung elektrischer Energie, Endverbrauch = Produktion + Import – Export - Verluste

Indonesien

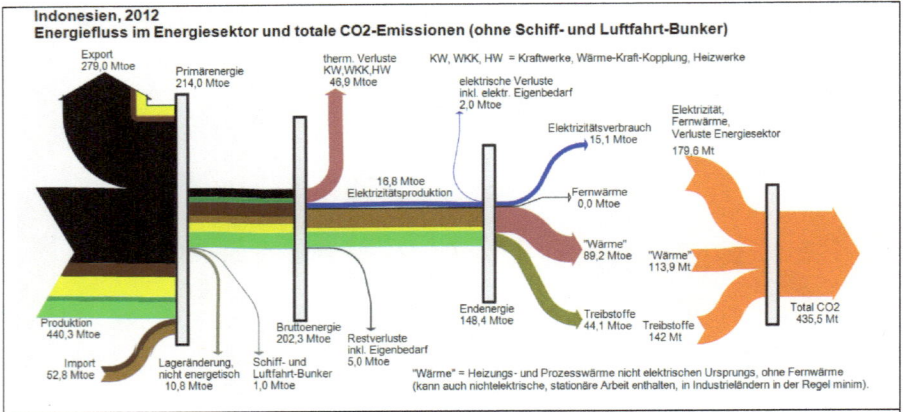

Indonesien, 2012
Energiefluss im Energiesektor und totale CO2-Emissionen (ohne Schiff- und Luftfahrt-Bunker)

A1. Indonesien: Energiefluss im Energiesektor von der Primär- zur Endenergie und totaler CO₂-Ausstoss. Energieträgerfarben wie in A2 und A5 (Erdöl dunkelbraun, Ölprodukte hellbraun)

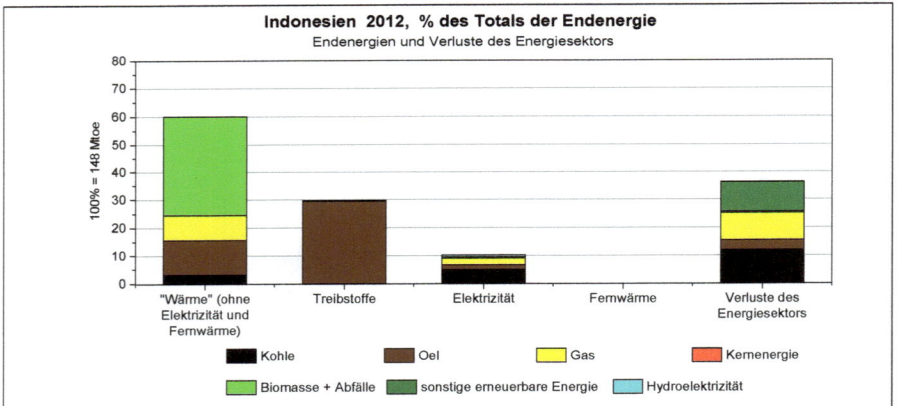

Indonesien 2012, % des Totals der Endenergie
Endenergien und Verluste des Energiesektors

A2. Indonesien: Anteile der Energieträger zur Gewinnung der Endenergien („Wärme", Treibstoffe, Elektrizität, Fernwärme) und zur Deckung der Verluste des Energiesektors

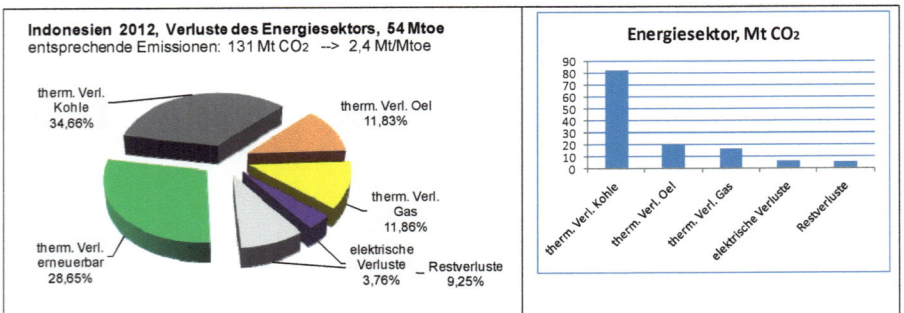

Indonesien 2012, Verluste des Energiesektors, 54 Mtoe
entsprechende Emissionen: 131 Mt CO2 --> 2,4 Mt/Mtoe

Energiesektor, Mt CO₂

A3. Indonesien: prozentuale Verteilung der Verluste des Energiesektors; zu den CO₂-Emissionen tragen die thermischen Verluste fossiler Werke, die elektrischen Verluste und die Restverluste bei

Indonesien

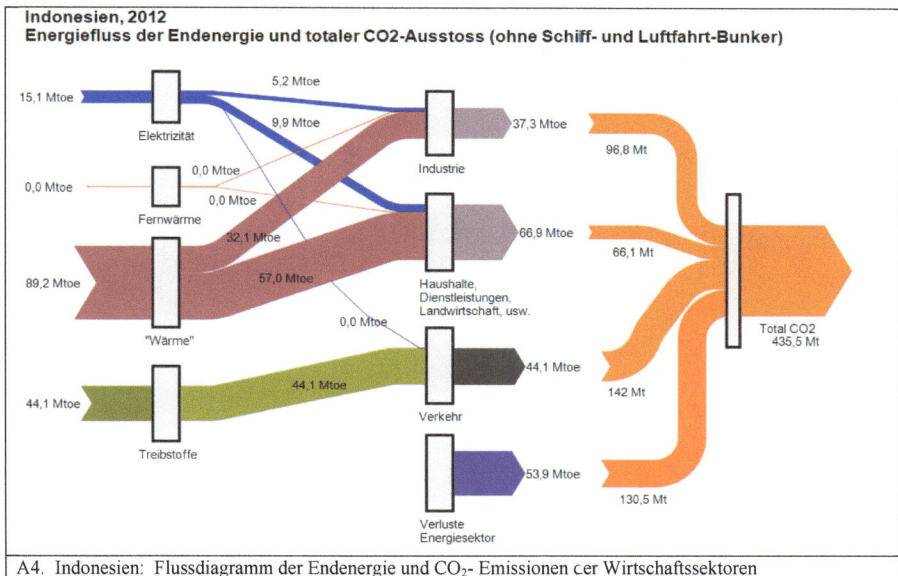

A4. Indonesien: Flussdiagramm der Endenergie und CO₂- Emissionen der Wirtschaftssektoren

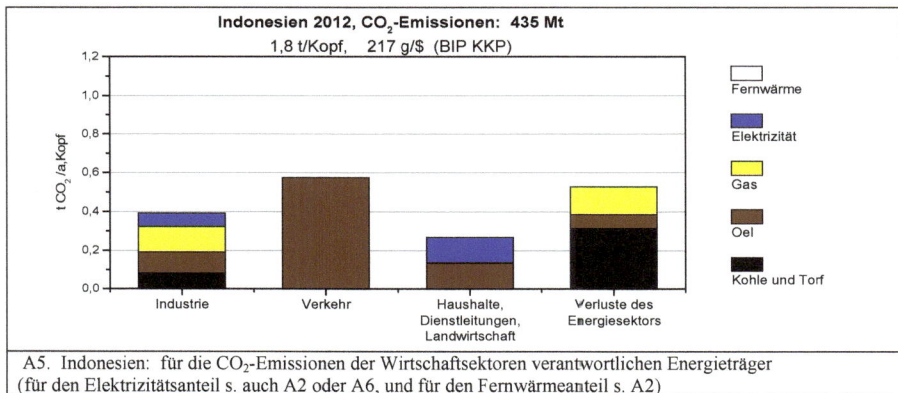

A5. Indonesien: für die CO₂-Emissionen der Wirtschaftsektoren verantwortlichen Energieträger
(für den Elektrizitätsanteil s. auch A2 oder A6, und für den Fernwärmeanteil s. A2)

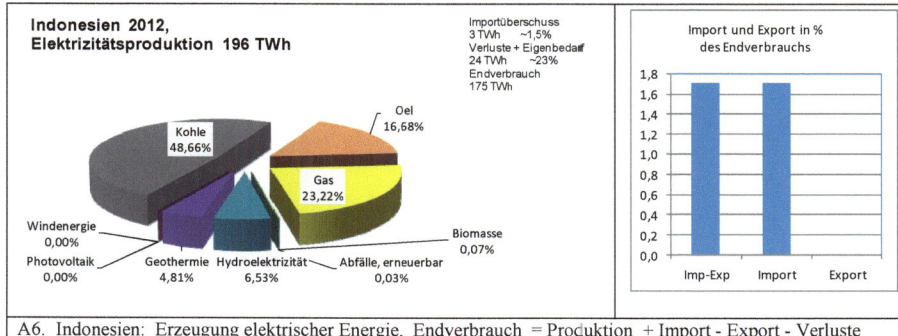

A6. Indonesien: Erzeugung elektrischer Energie, Endverbrauch = Produktion + Import - Export - Verluste

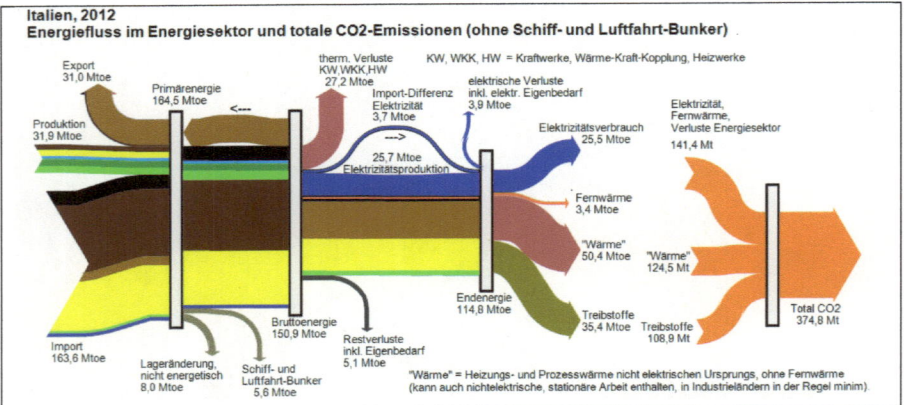

Italien, 2012
Energiefluss im Energiesektor und totale CO2-Emissionen (ohne Schiff- und Luftfahrt-Bunker)

A1. Italien: Energiefluss im Energiesektor von der Primär- zur Endenergie und totaler CO_2-Ausstoss.
Energieträgerfarben wie in A2 und A5 (Erdöl dunkelbraun, Ölprodukte hellbraun)

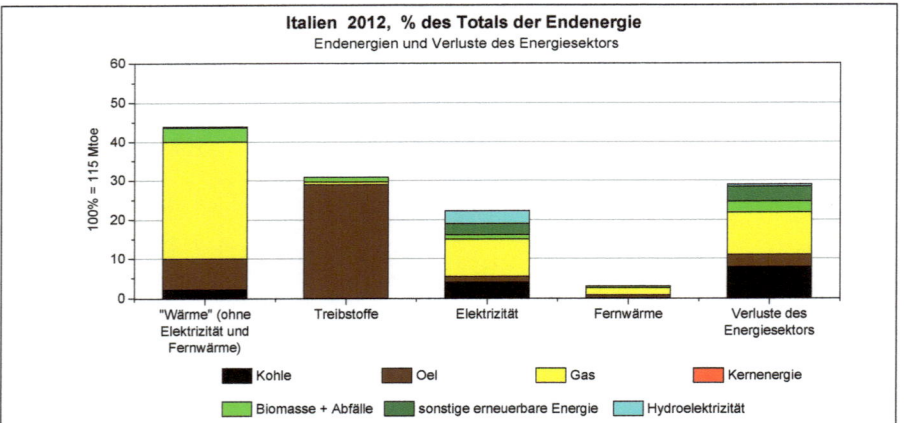

Italien 2012, % des Totals der Endenergie
Endenergien und Verluste des Energiesektors

A2. Italien: Anteile der Energieträger zur Gewinnung der Endenergien („Wärme", Treibstoffe, Elektrizität,
Fernwärme) und zur Deckung der Verluste des Energiesektors

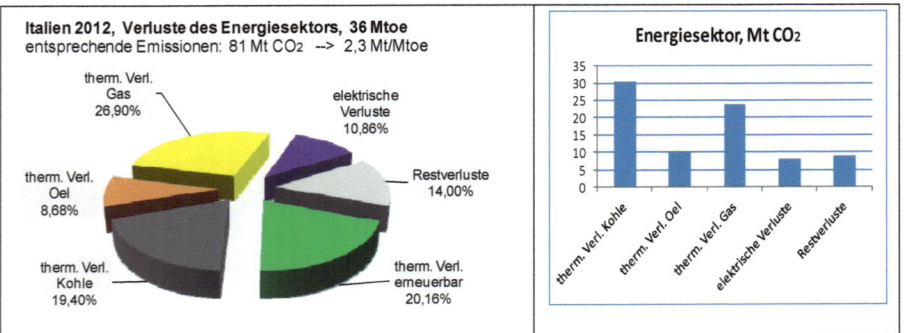

Italien 2012, Verluste des Energiesektors, 36 Mtoe
entsprechende Emissionen: 81 Mt CO_2 --> 2,3 Mt/Mtoe

Energiesektor, Mt CO2

A3. Italien: Prozentuale Verteilung der Verluste des Energiesektors; zu den CO_2-Emissionen tragen die thermischen Verluste fossiler Werke, die elektrischen Verluste und die Restverluste bei

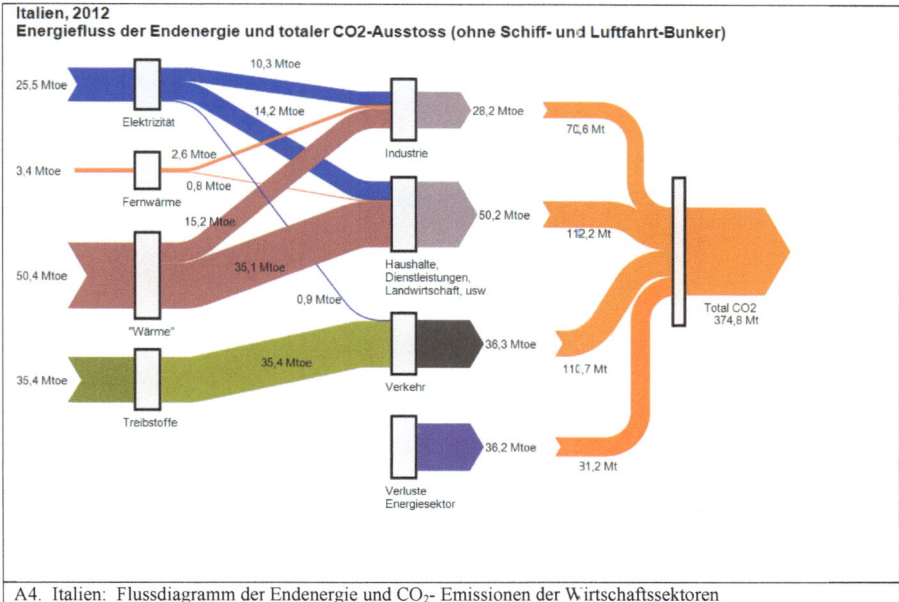

A4. Italien: Flussdiagramm der Endenergie und CO₂- Emissionen der Wirtschaftssektoren

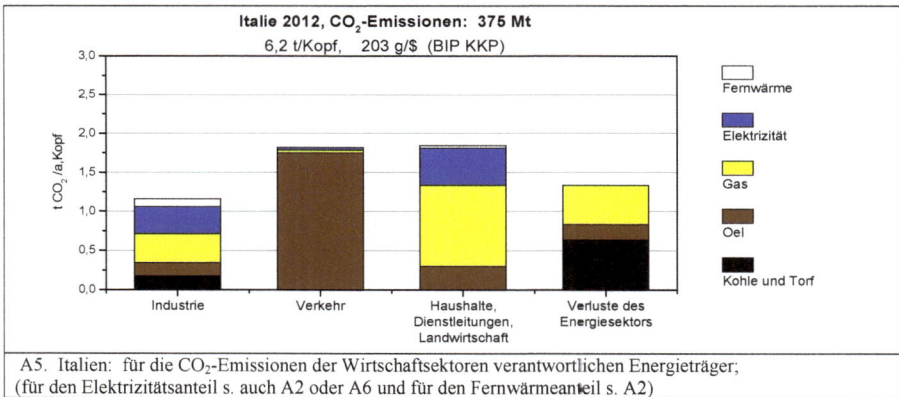

A5. Italien: für die CO_2-Emissionen der Wirtschaftssektoren verantwortlichen Energieträger;
(für den Elektrizitätsanteil s. auch A2 oder A6 und für den Fernwärmeanteil s. A2)

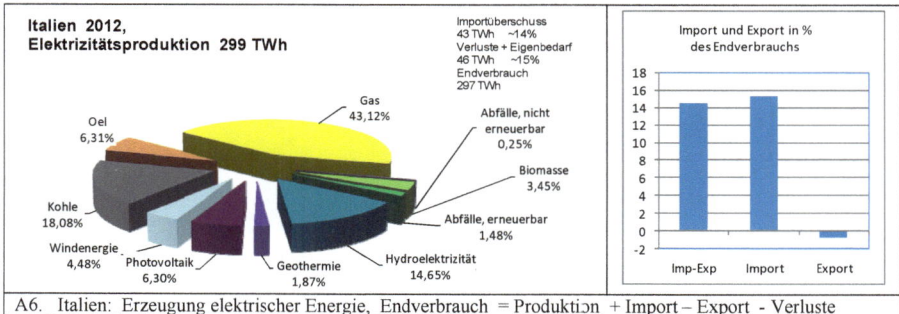

A6. Italien: Erzeugung elektrischer Energie, Endverbrauch = Produktion + Import – Export - Verluste

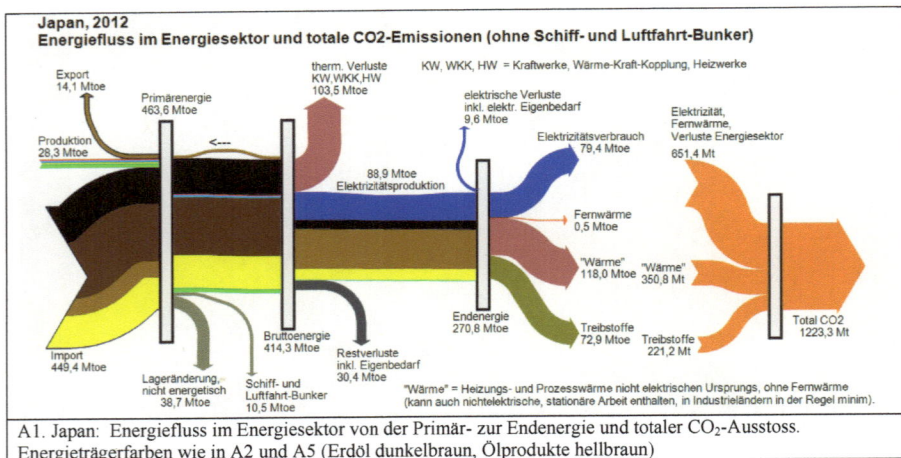

A1. Japan: Energiefluss im Energiesektor von der Primär- zur Endenergie und totaler CO₂-Ausstoss. Energieträgerfarben wie in A2 und A5 (Erdöl dunkelbraun, Ölprodukte hellbraun)

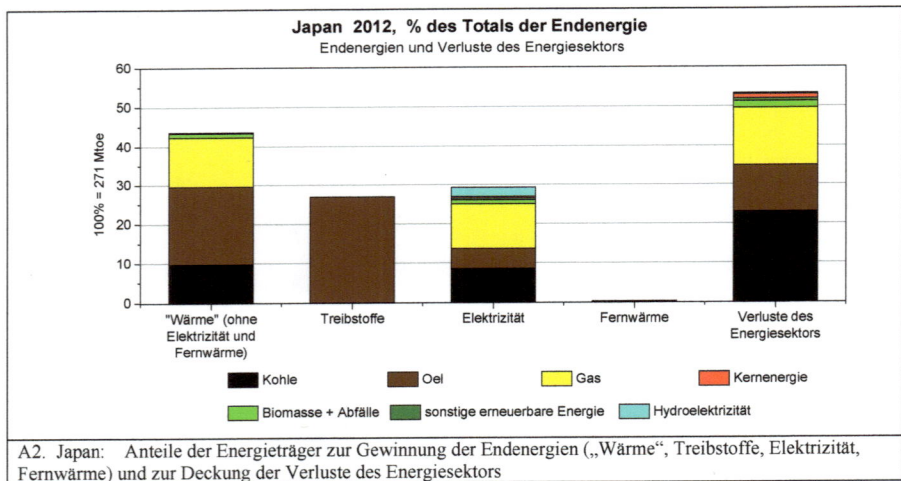

A2. Japan: Anteile der Energieträger zur Gewinnung der Endenergien („Wärme", Treibstoffe, Elektrizität, Fernwärme) und zur Deckung der Verluste des Energiesektors

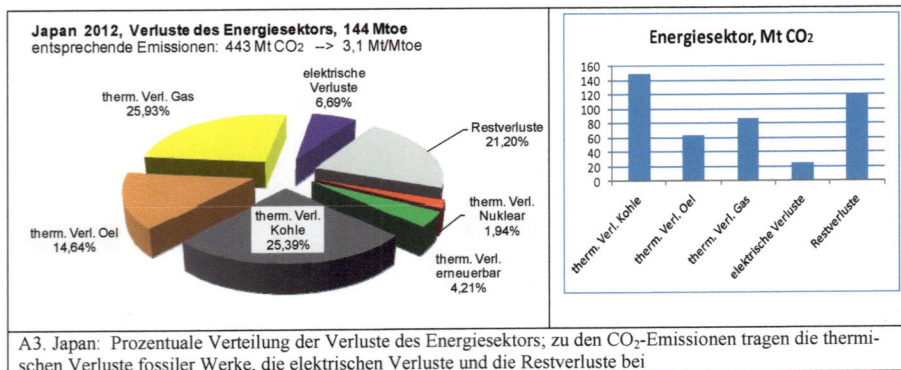

A3. Japan: Prozentuale Verteilung der Verluste des Energiesektors; zu den CO₂-Emissionen tragen die thermischen Verluste fossiler Werke, die elektrischen Verluste und die Restverluste bei

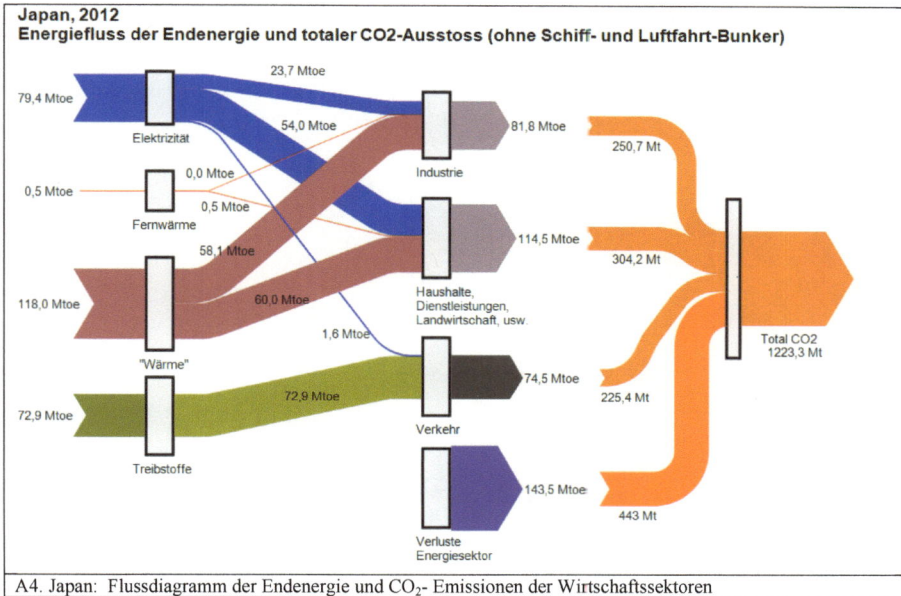

Japan, 2012
Energiefluss der Endenergie und totaler CO2-Ausstoss (ohne Schiff- und Luftfahrt-Bunker)

A4. Japan: Flussdiagramm der Endenergie und CO_2- Emissionen der Wirtschaftssektoren

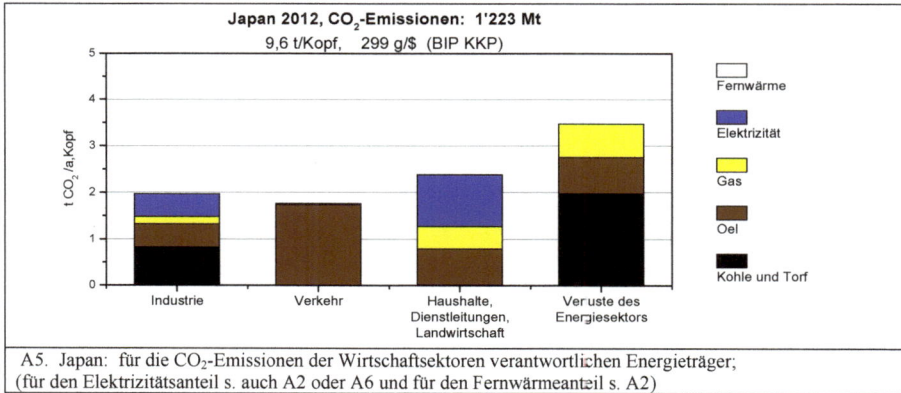

Japan 2012, CO_2-Emissionen: 1'223 Mt
9,6 t/Kopf,   299 g/$ (BIP KKP)

A5. Japan: für die CO_2-Emissionen der Wirtschaftssektoren verantwortlichen Energieträger;
(für den Elektrizitätsanteil s. auch A2 oder A6 und für den Fernwärmeanteil s. A2)

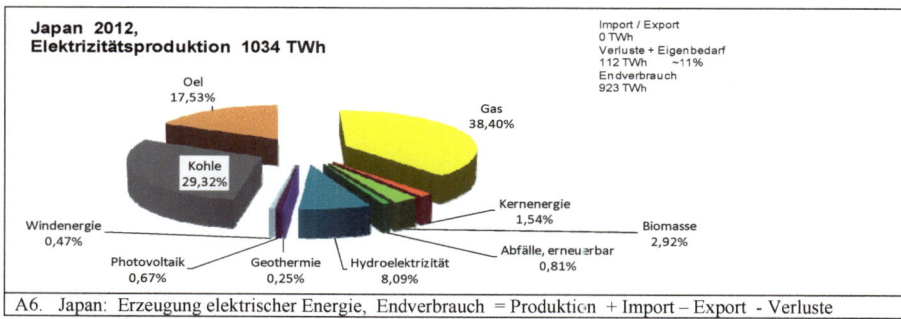

Japan 2012,
Elektrizitätsproduktion 1034 TWh

Import / Export
0 TWh
Verluste + Eigenbedarf
112 TWh ~11%
Endverbrauch
923 TWh

A6. Japan: Erzeugung elektrischer Energie, Endverbrauch = Produktion + Import − Export − Verluste

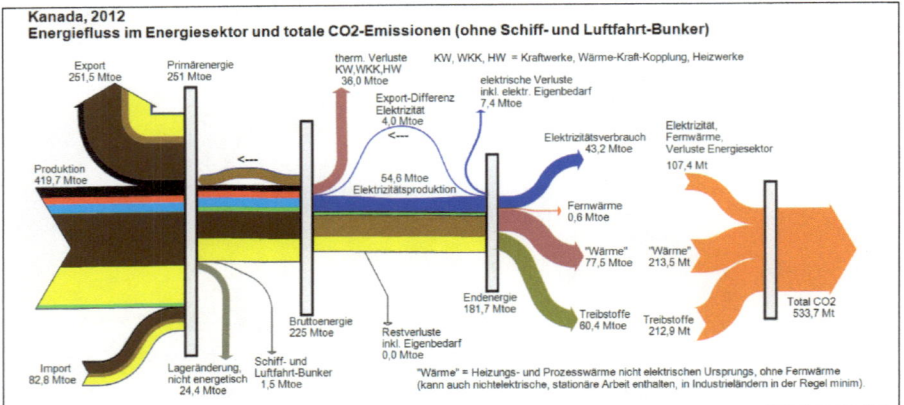

A1. Kanada: Energiefluss im Energiesektor von der Primär- zur Endenergie und totaler CO₂-Ausstoss. Energieträgerfarben wie in A2 und A5 (Erdöl dunkelbraun, Ölprodukte hellbraun)

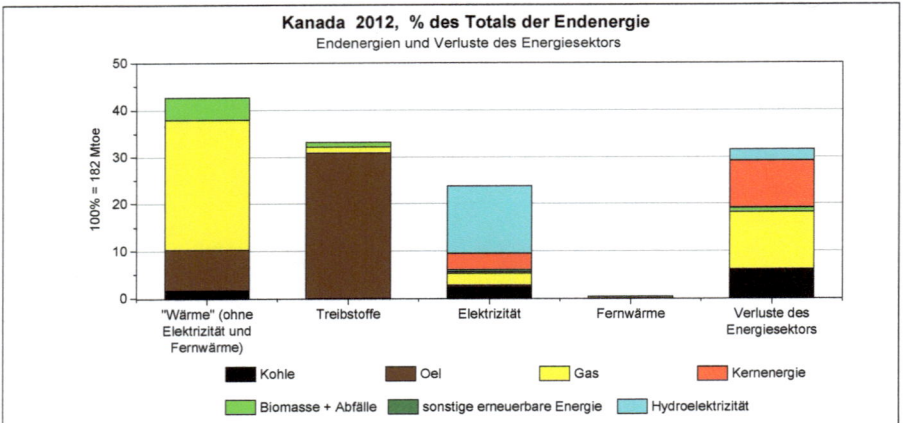

A2. Kanada: Anteile der Energieträger zur Gewinnung der Endenergien („Wärme", Treibstoffe, Elektrizität, Fernwärme) und zur Deckung der Verluste des Energiesektors

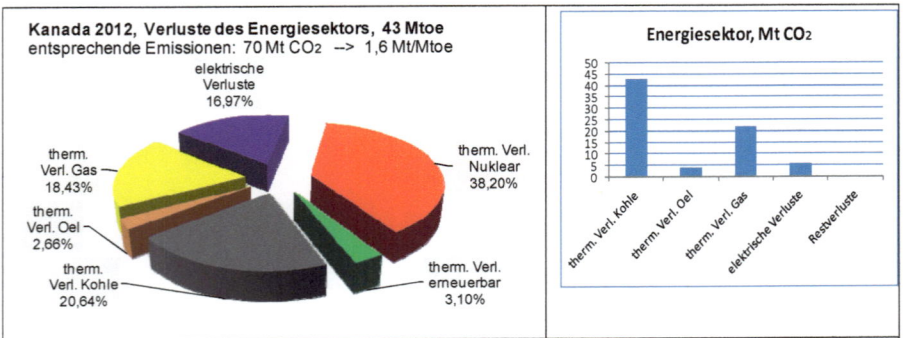

A3. Kanada: Prozentuale Verteilung der Verluste des Energiesektors; zu den CO₂-Emissionen tragen die thermischen Verluste fossiler Werke, die elektrischen Verluste und die Restverluste bei

Kanada

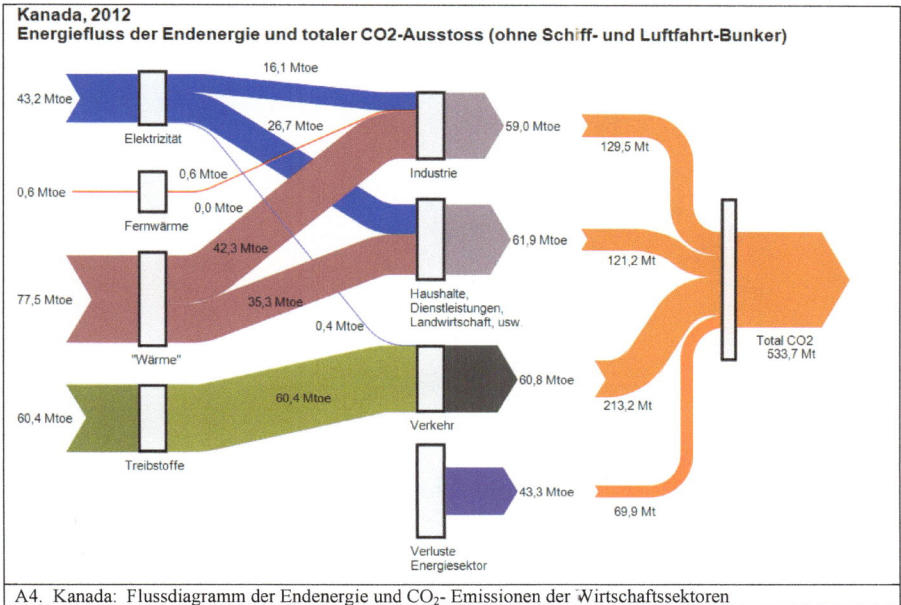

A4. Kanada: Flussdiagramm der Endenergie und CO_2- Emissionen der Wirtschaftssektoren

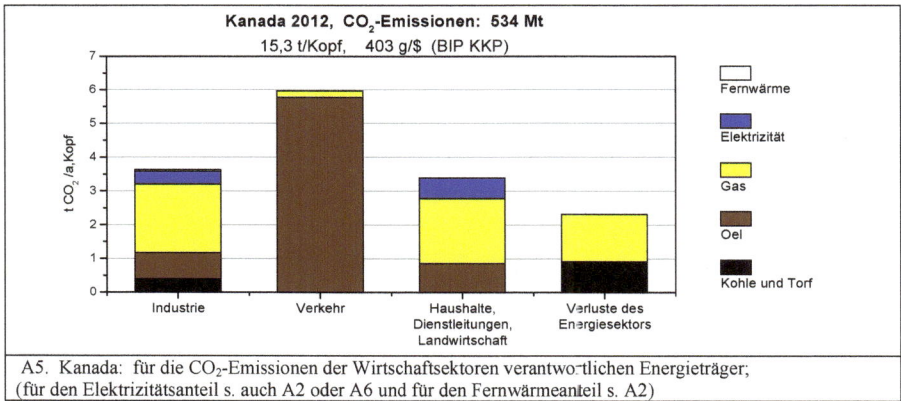

A5. Kanada: für die CO_2-Emissionen der Wirtschaftssektoren verantwortlichen Energieträger;
(für den Elektrizitätsanteil s. auch A2 oder A6 und für den Fernwärmeanteil s. A2)

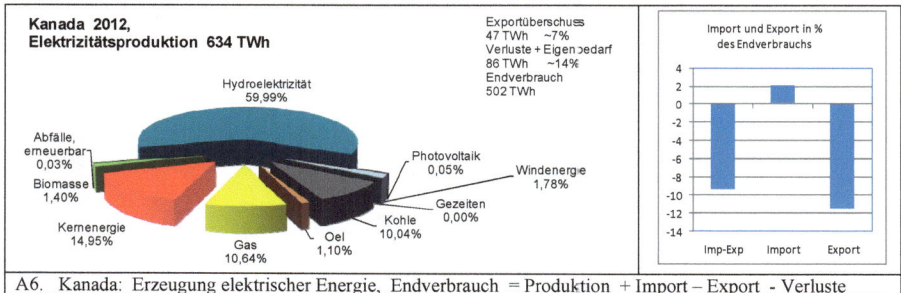

A6. Kanada: Erzeugung elektrischer Energie, Endverbrauch = Produktion + Import – Export - Verluste

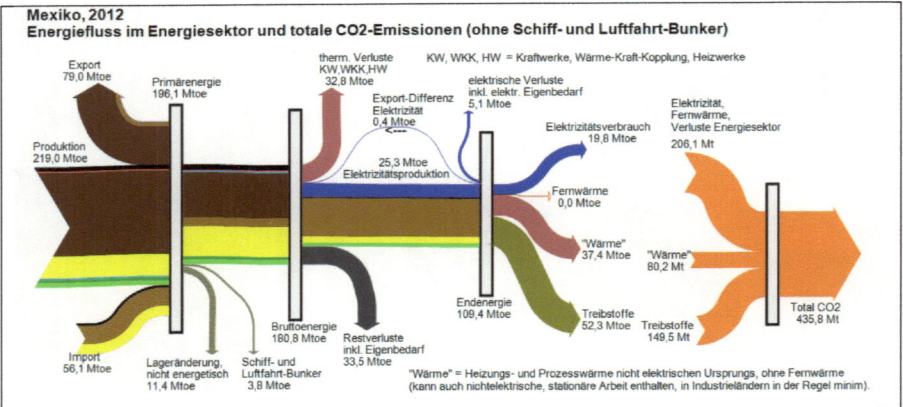

Mexiko, 2012
Energiefluss im Energiesektor und totale CO2-Emissionen (ohne Schiff- und Luftfahrt-Bunker)

A1. Mexiko: Energiefluss im Energiesektor von der Primär- zur Endenergie und totaler CO$_2$-Ausstoss. Energieträgerfarben wie in A2 und A5 (Erdöl dunkelbraun, Ölprodukte hellbraun) s

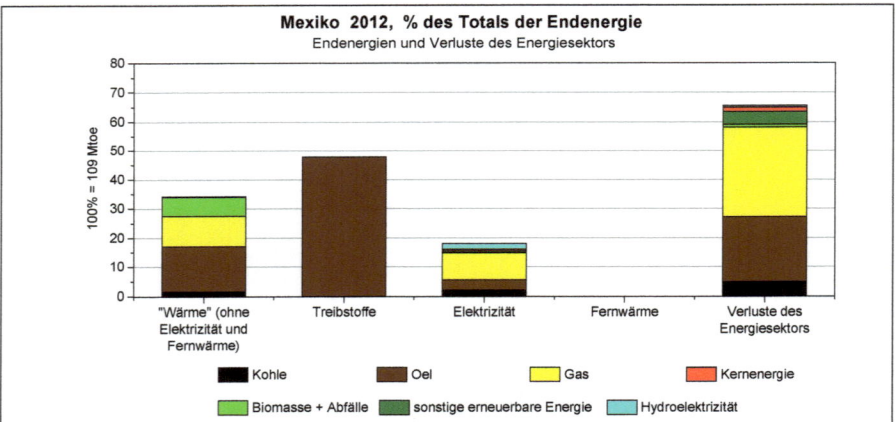

A2. Mexiko: Anteile der Energieträger zur Gewinnung der Endenergien („Wärme", Treibstoffe, Elektrizität, Fernwärme) und zur Deckung der Verluste des Energiesektors ktors

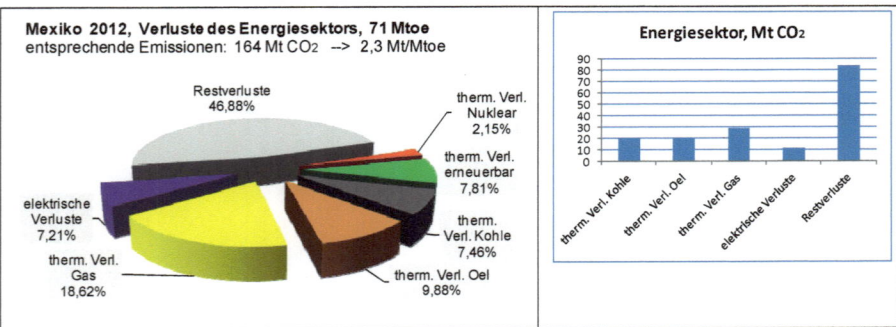

A3. Mexiko: prozentuale Verteilung der Verluste des Energiesektors; zu den CO$_2$-Emissionen tragen die thermischen Verluste fossiler Werke, die elektrischen Verluste und die Restverluste bei

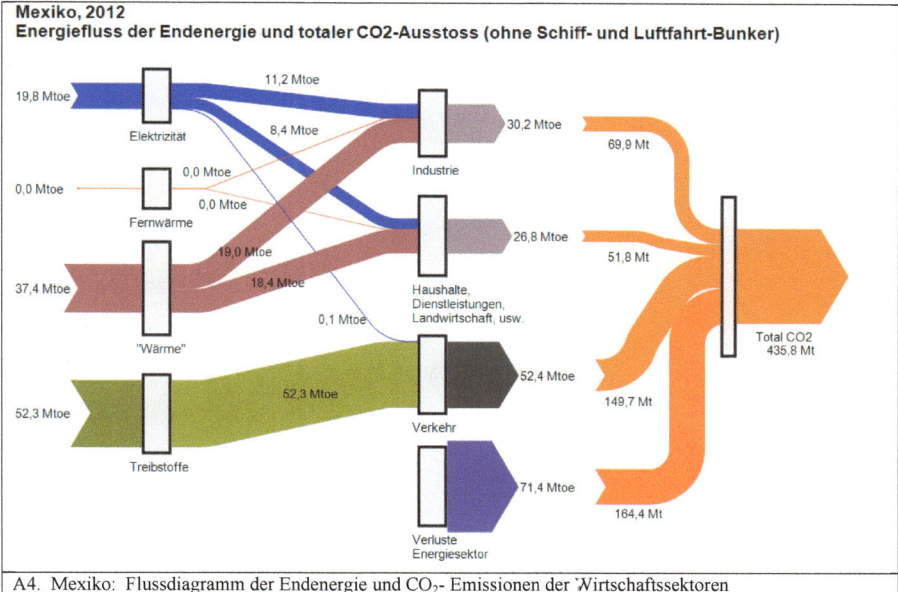

A4. Mexiko: Flussdiagramm der Endenergie und CO_2- Emissionen der Wirtschaftssektoren

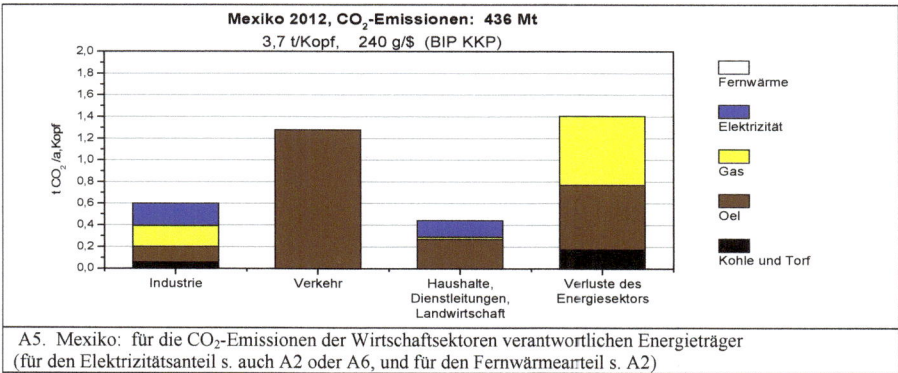

A5. Mexiko: für die CO_2-Emissionen der Wirtschaftssektoren verantwortlichen Energieträger
(für den Elektrizitätsanteil s. auch A2 oder A6, und für den Fernwärmeanteil s. A2)

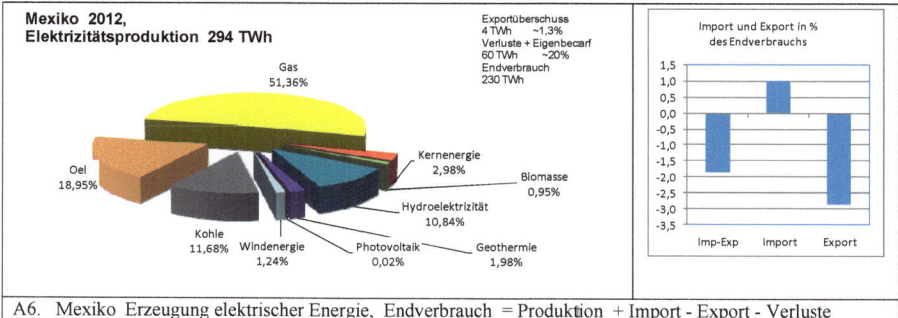

A6. Mexiko Erzeugung elektrischer Energie, Endverbrauch = Produktion + Import - Export - Verluste

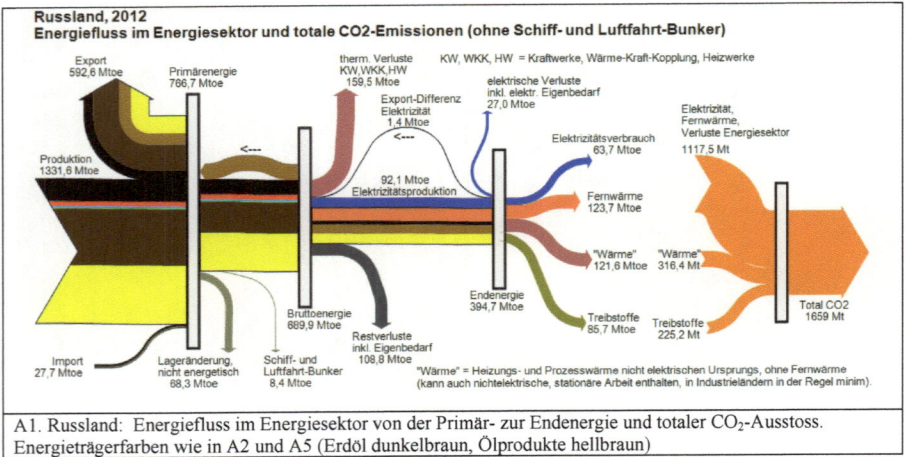

A1. Russland: Energiefluss im Energiesektor von der Primär- zur Endenergie und totaler CO_2-Ausstoss. Energieträgerfarben wie in A2 und A5 (Erdöl dunkelbraun, Ölprodukte hellbraun)

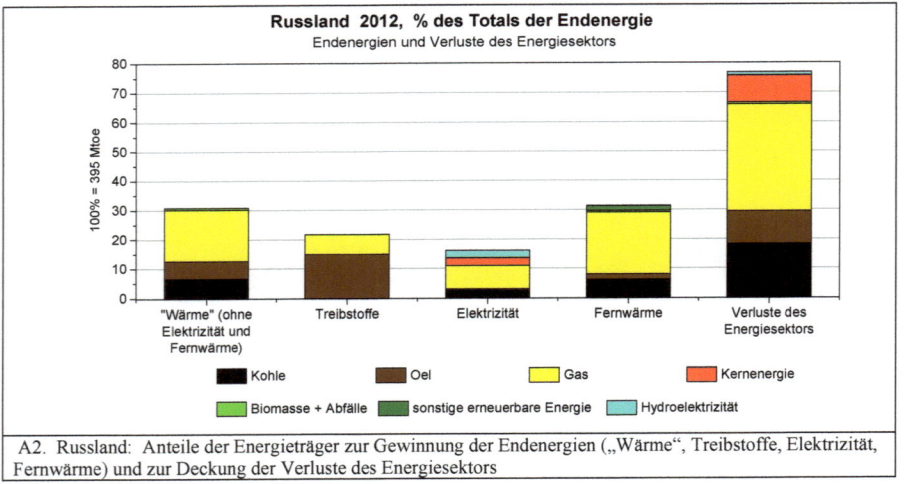

A2. Russland: Anteile der Energieträger zur Gewinnung der Endenergien („Wärme", Treibstoffe, Elektrizität, Fernwärme) und zur Deckung der Verluste des Energiesektors

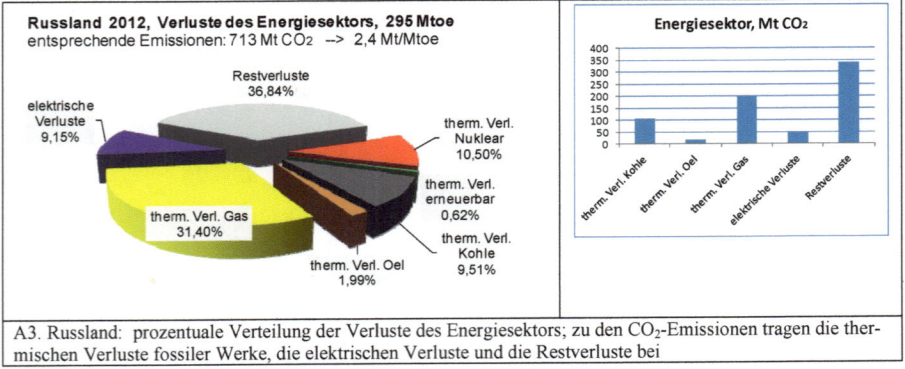

A3. Russland: prozentuale Verteilung der Verluste des Energiesektors; zu den CO_2-Emissionen tragen die thermischen Verluste fossiler Werke, die elektrischen Verluste und die Restverluste bei

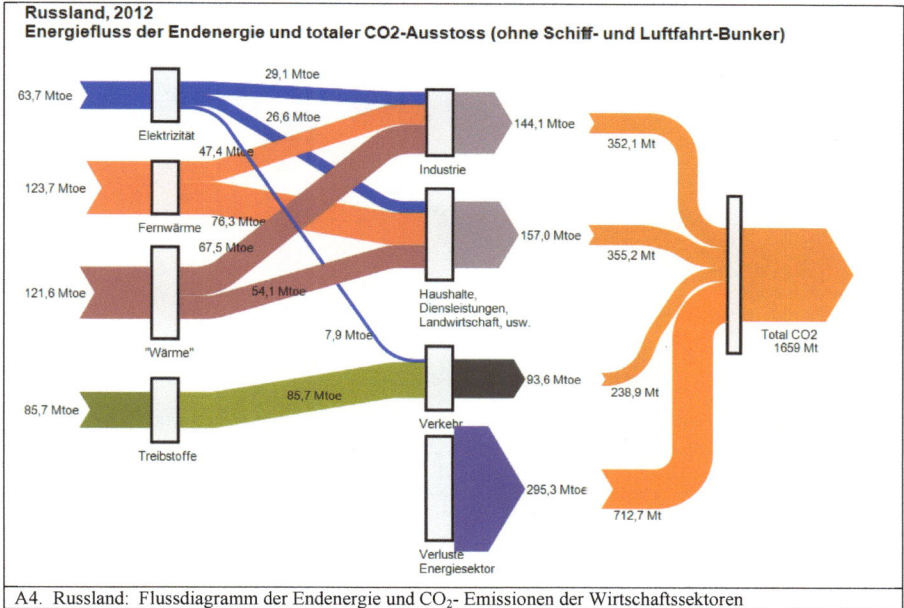

A4. Russland: Flussdiagramm der Endenergie und CO₂- Emissionen der Wirtschaftssektoren

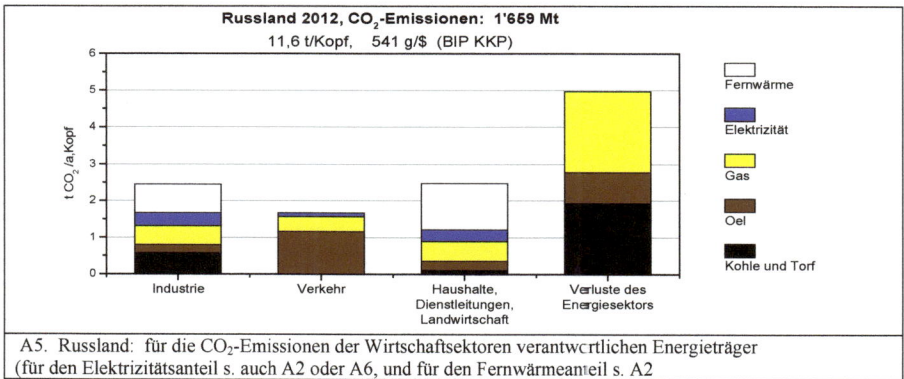

A5. Russland: für die CO₂-Emissionen der Wirtschaftssektoren verantwortlichen Energieträger
(für den Elektrizitätsanteil s. auch A2 oder A6, und für den Fernwärmeanteil s. A2

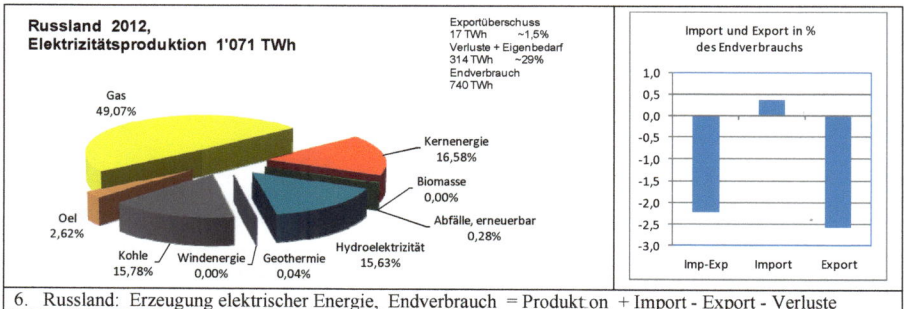

6. Russland: Erzeugung elektrischer Energie, Endverbrauch = Produktion + Import - Export - Verluste

Saudi-Arabien, 2012
Energiefluss im Energiesektor und totale CO2-Emissionen (ohne Schiff- und Luftfahrt-Bunker)

A1. Saudi-Arabien: Energiefluss im Energiesektor von der Primär- zur Endenergie und totaler CO_2-Ausstoss. Energieträgerfarben wie in A2 und A5 (Erdöl dunkelbraun, Ölprodukte hellbraun)

A2. Saudi-Arabien: Anteile der Energieträger zur Gewinnung der Endenergien („Wärme", Treibstoffe, Elektrizität, Fernwärme) und zur Deckung der Verluste des Energiesektors

A3. Saudi-Arabien: prozentuale Verteilung der Verluste des Energiesektors; zu den CO_2-Emissionen tragen die thermischen Verluste fossiler Werke, die elektrischen Verluste und die Restverluste bei

Saudi Arabien

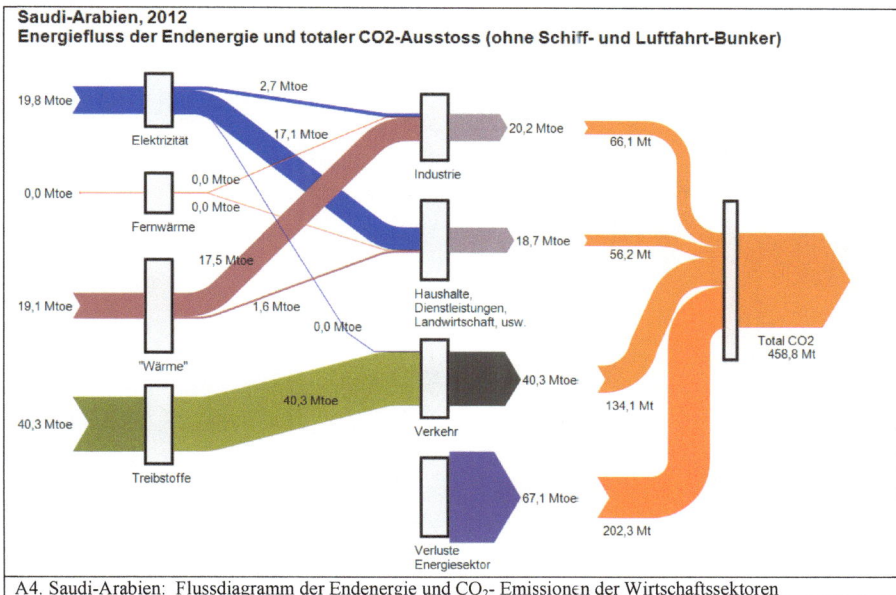

Saudi-Arabien, 2012
Energiefluss der Endenergie und totaler CO2-Ausstoss (ohne Schiff- und Luftfahrt-Bunker)

A4. Saudi-Arabien: Flussdiagramm der Endenergie und CO_2- Emissionen der Wirtschaftssektoren

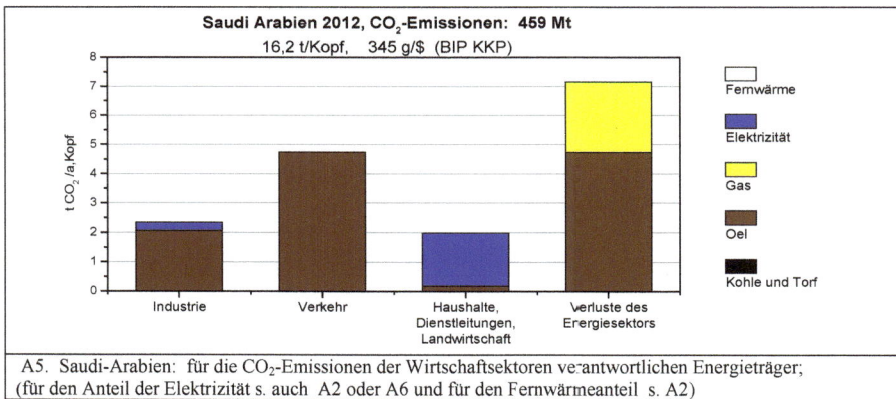

Saudi Arabien 2012, CO_2-Emissionen: 459 Mt
16,2 t/Kopf,   345 g/$ (BIP KKP)

A5. Saudi-Arabien: für die CO_2-Emissionen der Wirtschaftssektoren verantwortlichen Energieträger;
(für den Anteil der Elektrizität s. auch A2 oder A6 und für den Fernwärmeanteil s. A2)

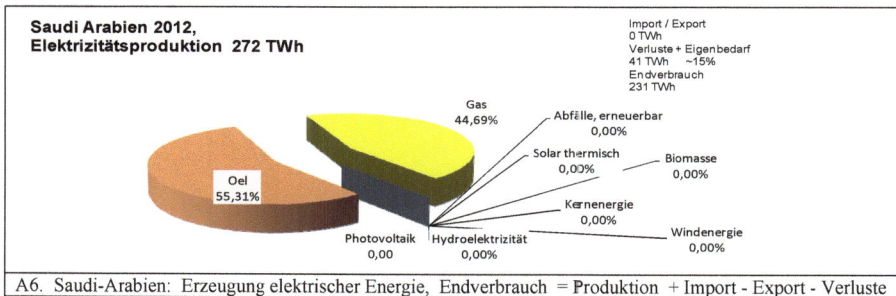

Saudi Arabien 2012,
Elektrizitätsproduktion 272 TWh

Import / Export
0 TWh
Verluste + Eigenbedarf
41 TWh   ~15%
Endverbrauch
231 TWh

A6. Saudi-Arabien: Erzeugung elektrischer Energie, Endverbrauch = Produktion + Import - Export - Verluste

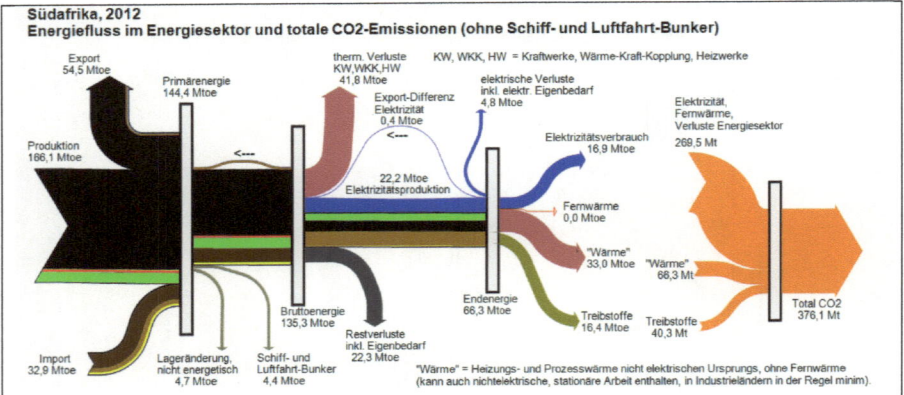

A1. Südafrika: Energiefluss im Energiesektor von der Primär- zur Endenergie und totaler CO₂-Ausstoss. Energieträgerfarben wie in A2 und A5 (Erdöl dunkelbraun, Ölprodukte hellbraun)

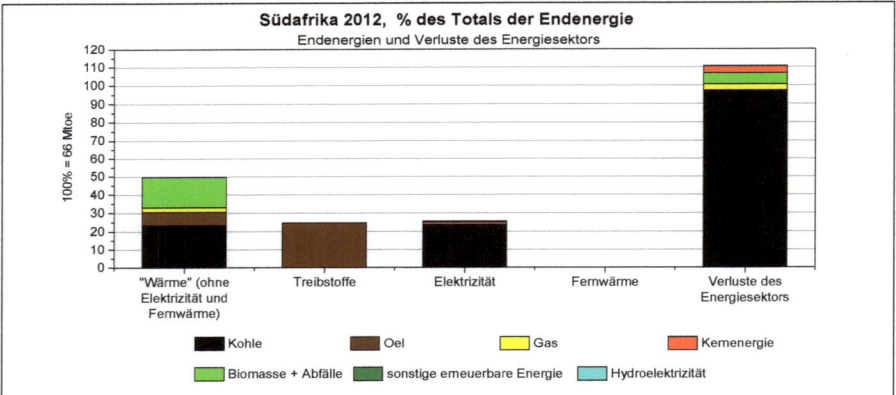

A2. Südafrika: Anteile der Energieträger zur Gewinnung der Endenergien („Wärme", Treibstoffe, Elektrizität, Fernwärme) und zur Deckung der Verluste des Energiesektors

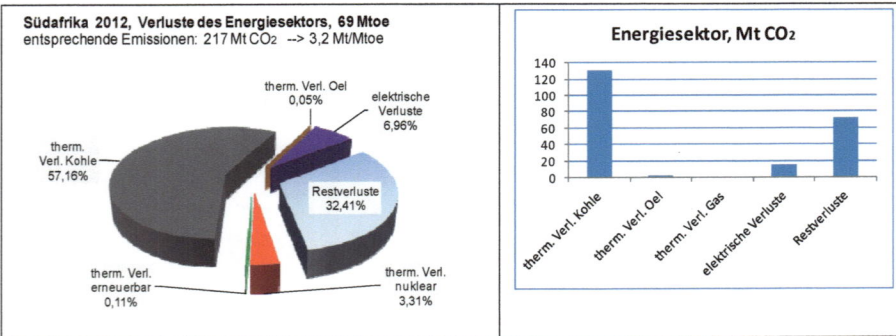

A3. Südafrika: Prozentuale Verteilung der Verluste des Energiesektors; zu den CO₂-Emissionen tragen die thermischen Verluste fossiler Werke, die elektrischen Verluste und die Restverluste bei

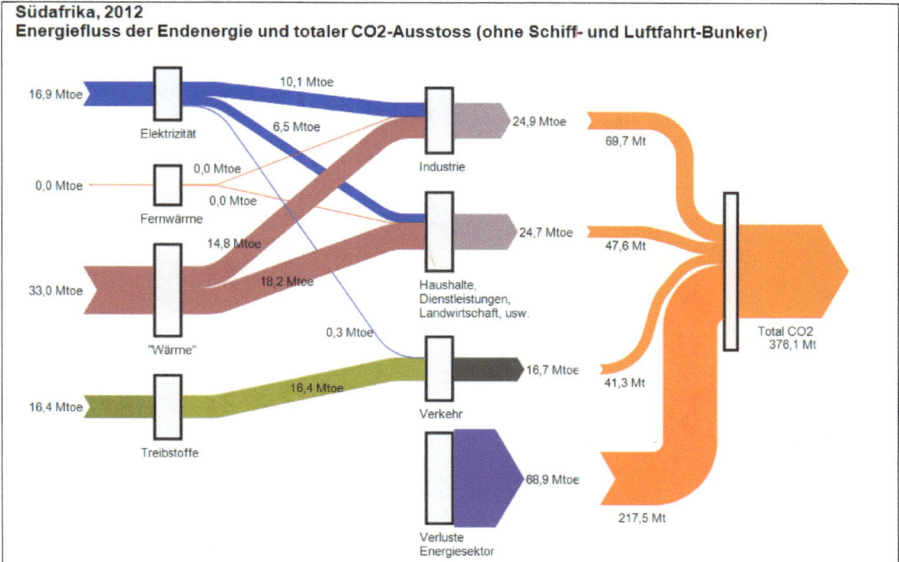

A4. Südafrika: Flussdiagramm der Endenergie und CO₂- Emissionen der Wirtschaftssektoren

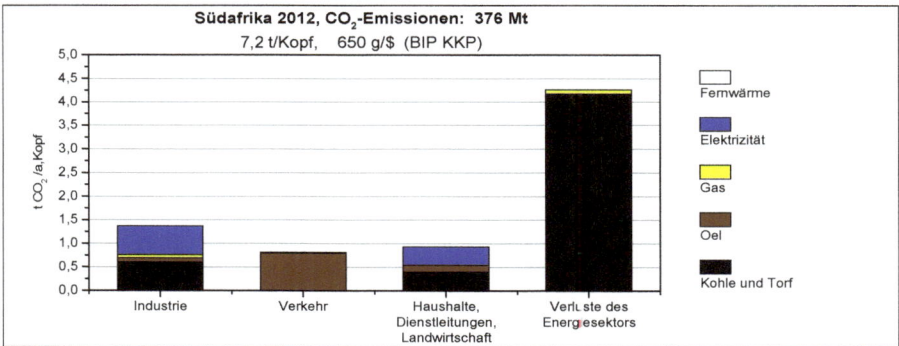

A5. Südafrika: für die CO₂-Emissionen der Wirtschaftssektoren verantwortlichen Energieträger;
(für den Elektrizitätsanteil s. auch A2 oder A6 und für den Fernwärmeanteil s. A2)

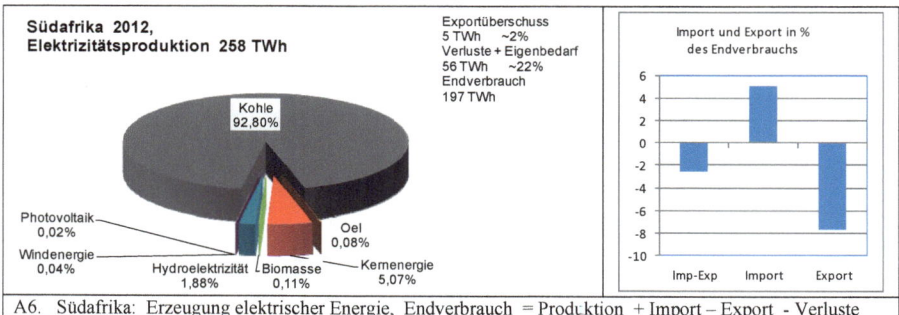

A6. Südafrika: Erzeugung elektrischer Energie, Endverbrauch = Produktion + Import – Export - Verluste

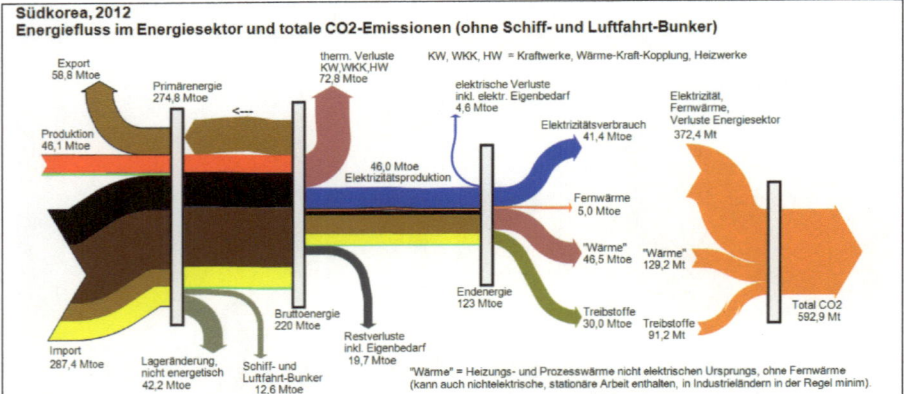

Südkorea, 2012
Energiefluss im Energiesektor und totale CO2-Emissionen (ohne Schiff- und Luftfahrt-Bunker)

A1. Südkorea: Energiefluss im Energiesektor von der Primär- zur Endenergie und totaler CO₂-Ausstoss. Energieträgerfarben wie in A2 und A5 (Erdöl dunkelbraun, Ölprodukte hellbraun)

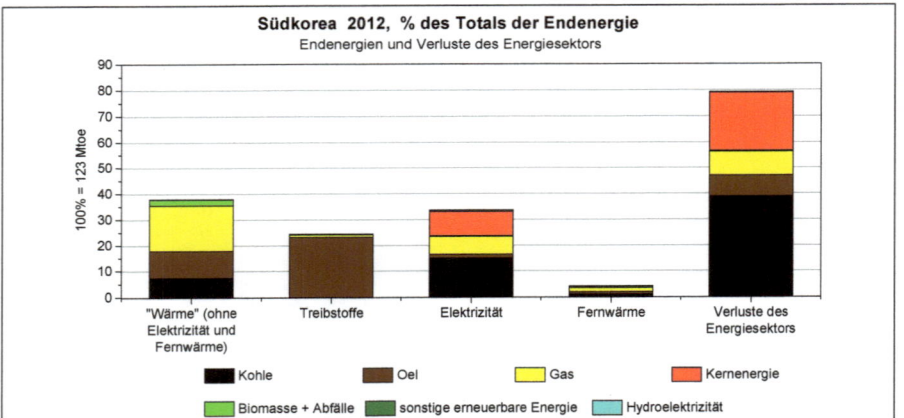

A2. Südkorea: Anteile der Energieträger zur Gewinnung der Endenergien („Wärme", Treibstoffe, Elektrizität, Fernwärme) und zur Deckung der Verluste des Energiesektors

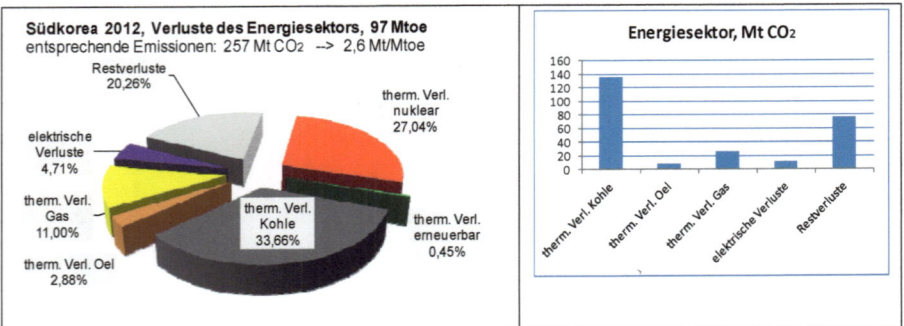

A3. Südkorea: prozentuale Verteilung der Verluste des Energiesektors; zu den CO₂-Emissionen tragen die thermischen Verluste fossiler Werke, die elektrischen Verluste und die Restverluste bei

Südkorea, 2012
Energiefluss der Endenergie und totaler CO2-Ausstoss (ohne Schiff- und Luftfahrt-Bunker)

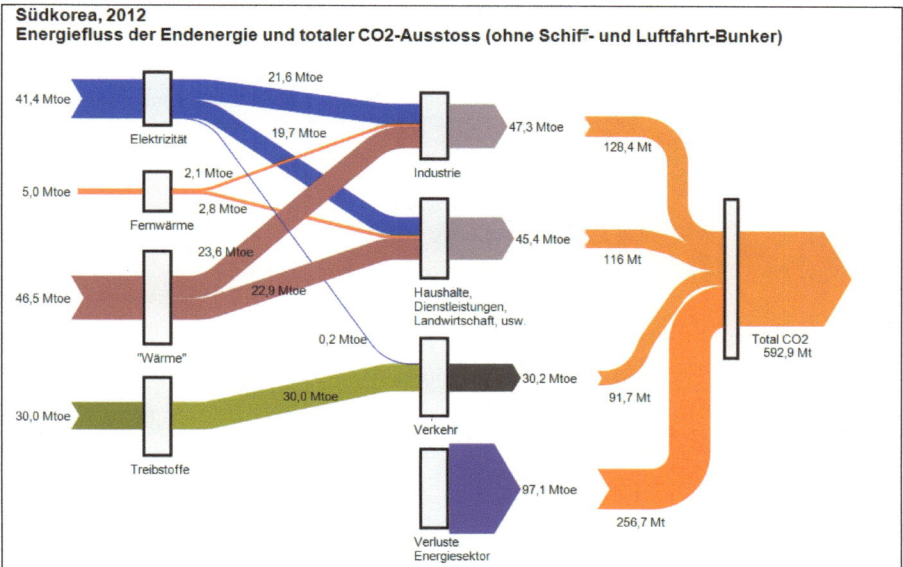

A4. Südkorea: Flussdiagramm der Endenergie und CO_2- Emissionen der Wirtschaftssektoren

Südkorea 2012, CO_2-Emissionen: 593 Mt
11,9 t/Kopf, 404 g/\$ (BIP KKP)

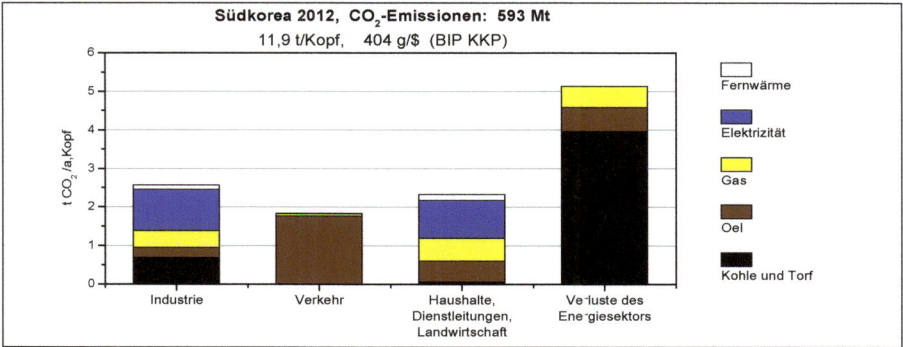

A5. Südkorea: für die CO_2-Emissionen der Wirtschaftsektoren verantwortlichen Energieträger;
(für den Anteil der Elektrizität s. auch A2 oder A6 und für den Fernwärmeanteil s. A2)

Südkorea 2012,
Elektrizitätsproduktion 535 TWh

Import / Export
0 TWh
Verluste + Eigenbedarf
53 TWh ~10%
Endverbrauch
481 TWh

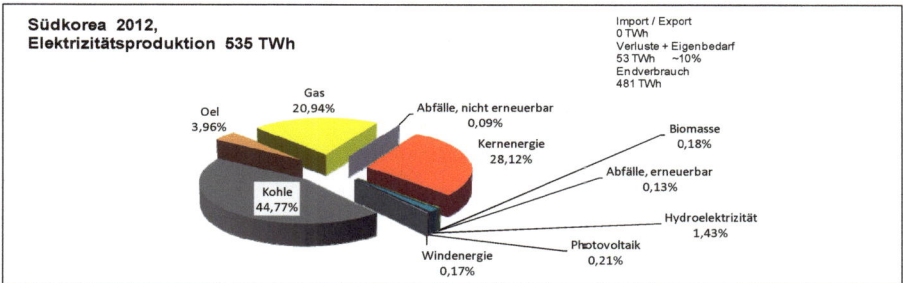

A6. Südkorea: Erzeugung elektrischer Energie, Endverbrauch = Produktion + Import - Export - Verluste

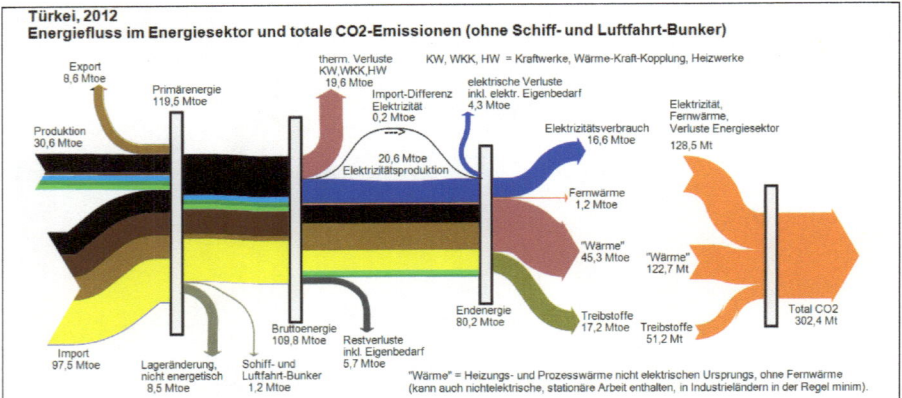

A1. Türkei: Energiefluss im Energiesektor von der Primär- zur Endenergie und totaler CO₂-Ausstoss. Energieträgerfarben wie in A2 und A5 (Erdöl dunkelbraun, Ölprodukte hellbraun)

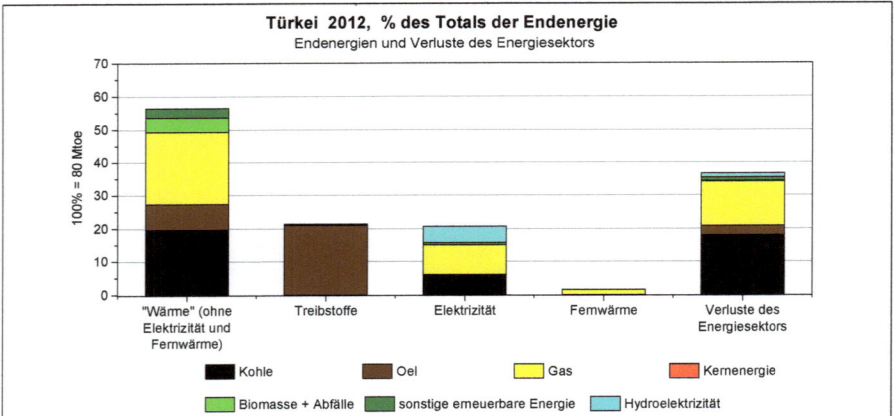

A2. Türkei: Anteile der Energieträger zur Gewinnung der Endenergien („Wärme", Treibstoffe, Elektrizität, Fernwärme) und zur Deckung der Verluste des Energiesektors

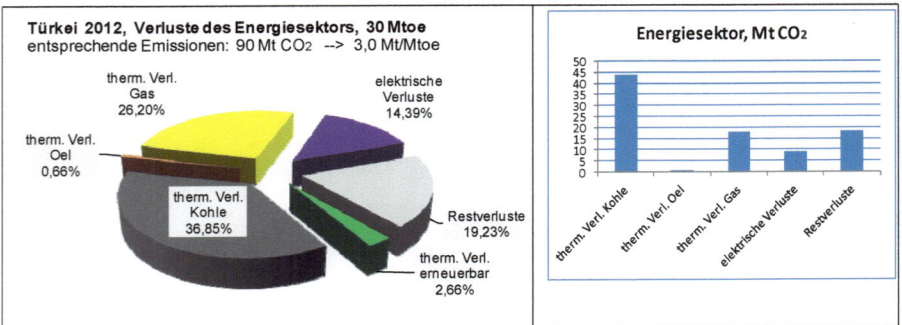

A3. Türkei: prozentuale Verteilung der Verluste des Energiesektors; zu den CO₂-Emissionen tragen die thermischen Verluste fossiler Werke, die elektrischen Verluste und die Restverluste bei

Türkei, 2012
Energiefluss der Endenergie und totaler CO2-Ausstoss (ohne Schiff- und Luftfahrt-Bunker)

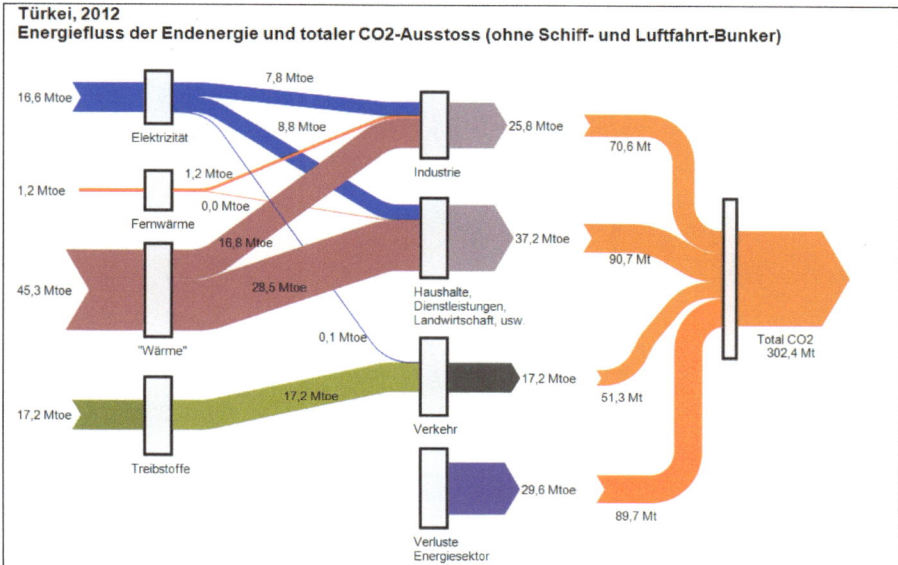

A4. Türkei: Flussdiagramm der Endenergie und CO$_2$- Emissionen der Wirtschaftssektoren

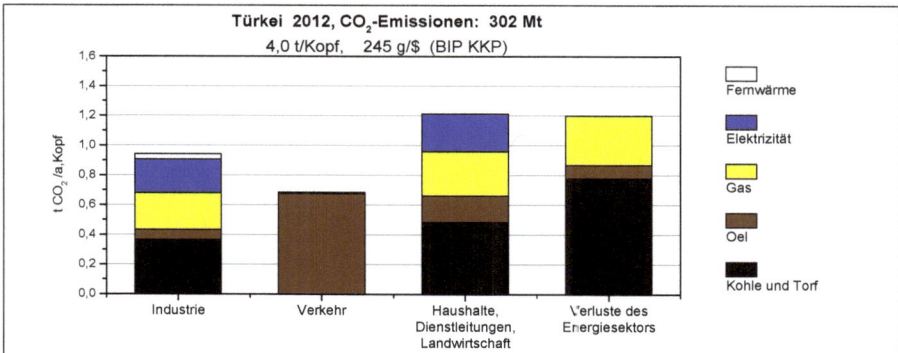

Türkei 2012, CO$_2$-Emissionen: 302 Mt

4,0 t/Kopf,   245 g/$ (BIP KKP)

A5. Türkei: für die CO$_2$-Emissionen der Wirtschaftssektoren verantwortlichen Energieträger; (für den Anteil der Elektrizität s. auch A2 oder A6 und für den Fernwärmeanteil s. A2)

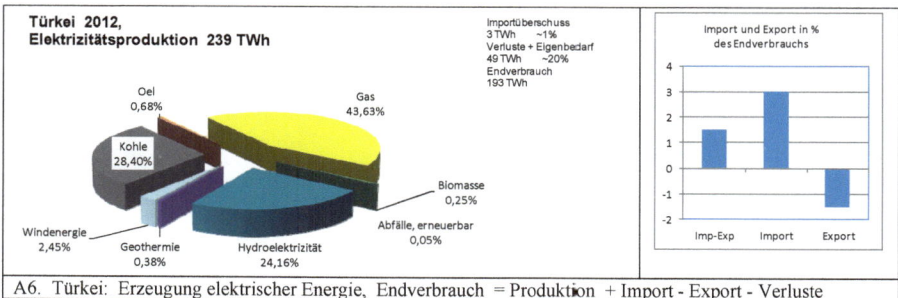

Türkei 2012,
Elektrizitätsproduktion 239 TWh

A6. Türkei: Erzeugung elektrischer Energie, Endverbrauch = Produktion + Import - Export - Verluste

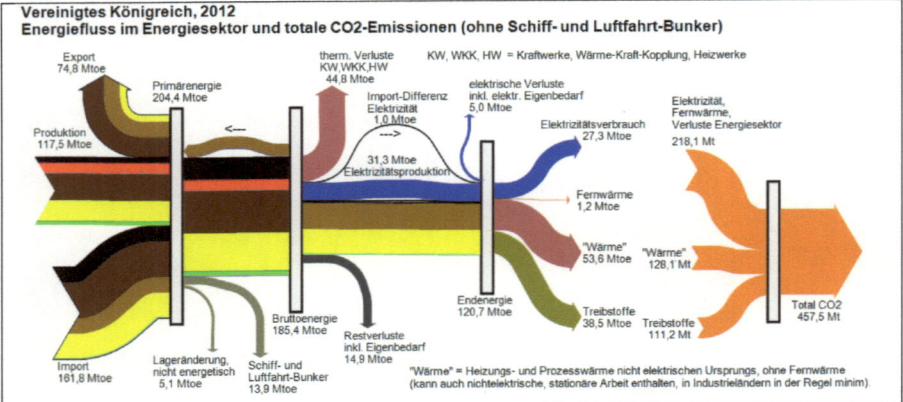

Vereinigtes Königreich, 2012
Energiefluss im Energiesektor und totale CO2-Emissionen (ohne Schiff- und Luftfahrt-Bunker)

A1. U.K.: Energiefluss im Energiesektor von der Primär- zur Endenergie und totaler CO₂-Ausstoss. Energieträgerfarben wie in A2 und A5 (Erdöl dunkelbraun, Ölprodukte hellbraun)

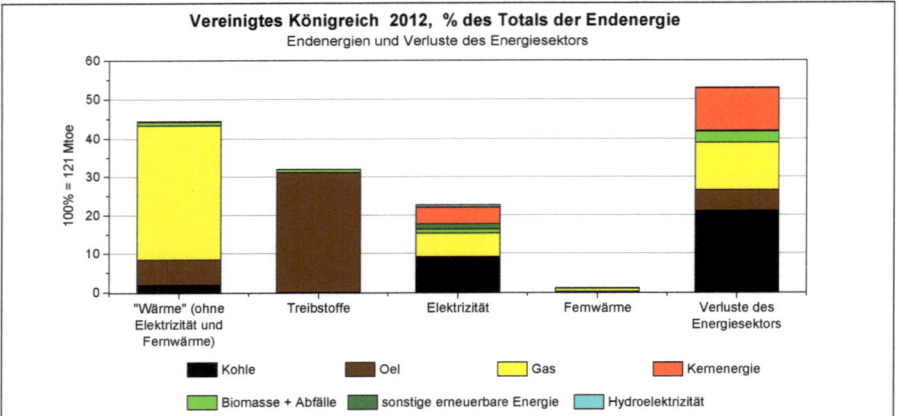

Vereinigtes Königreich 2012, % des Totals der Endenergie
Endenergien und Verluste des Energiesektors

A2. U.K: Anteile der Energieträger zur Gewinnung der Endenergien („Wärme", Treibstoffe, Elektrizität, Fernwärme) und zur Deckung der Verluste des Energiesektors

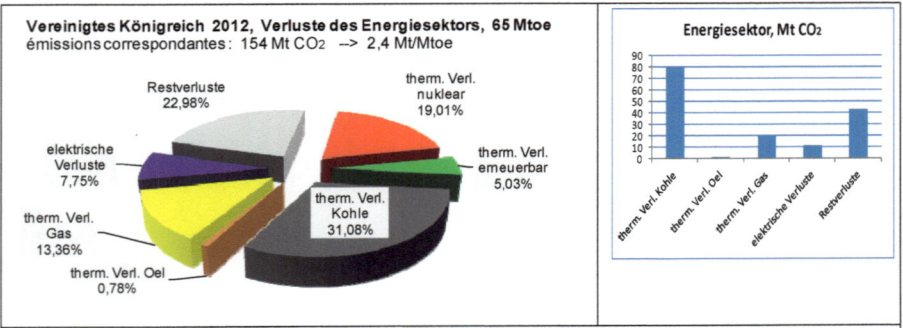

Vereinigtes Königreich 2012, Verluste des Energiesektors, 65 Mtoe
émissions correspondantes : 154 Mt CO2 –> 2,4 Mt/Mtoe

Energiesektor, Mt CO2

A3. U.K.: Prozentuale Verteilung der Verluste des Energiesektors; zu den CO₂-Emissionen tragen die thermischen Verluste fossiler Werke, die elektrischen Verluste und die Restverluste bei

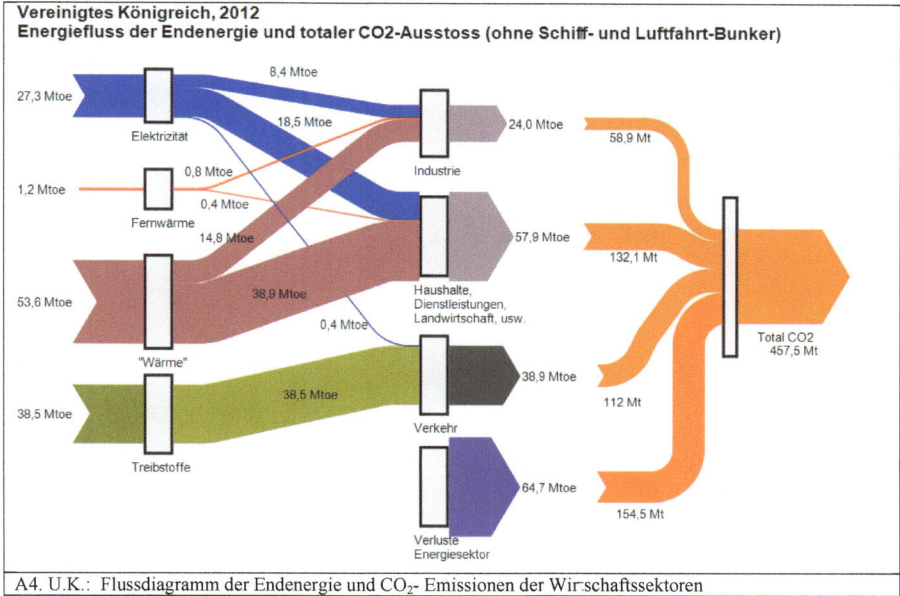

Vereinigtes Königreich, 2012
Energiefluss der Endenergie und totaler CO2-Ausstoss (ohne Schiff- und Luftfahrt-Bunker)

A4. U.K.: Flussdiagramm der Endenergie und CO_2- Emissionen der Wirtschaftssektoren

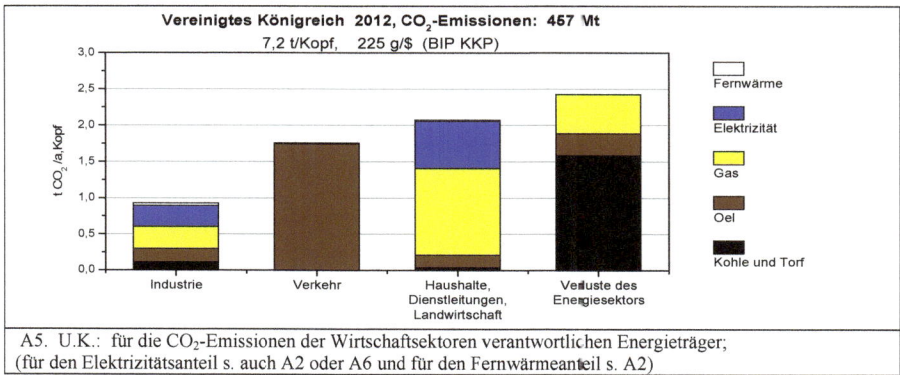

Vereinigtes Königreich 2012, CO_2-Emissionen: 457 Mt
7,2 t/Kopf,   225 g/$ (BIP KKP)

A5. U.K.: für die CO_2-Emissionen der Wirtschaftssektoren verantwortlichen Energieträger;
(für den Elektrizitätsanteil s. auch A2 oder A6 und für den Fernwärmeanteil s. A2)

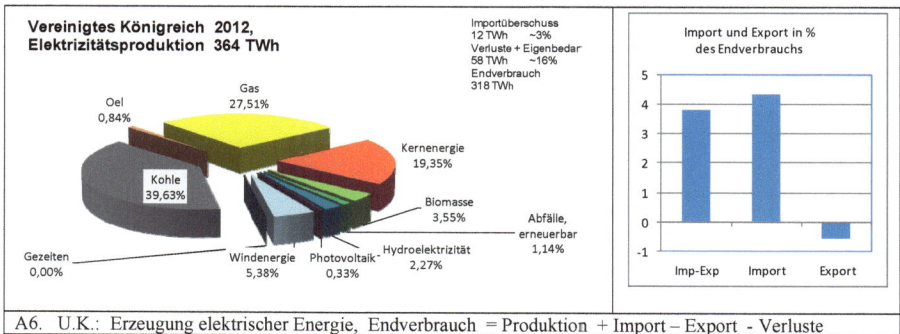

Vereinigtes Königreich 2012,
Elektrizitätsproduktion 364 TWh

A6. U.K.: Erzeugung elektrischer Energie, Endverbrauch = Produktion + Import − Export - Verluste

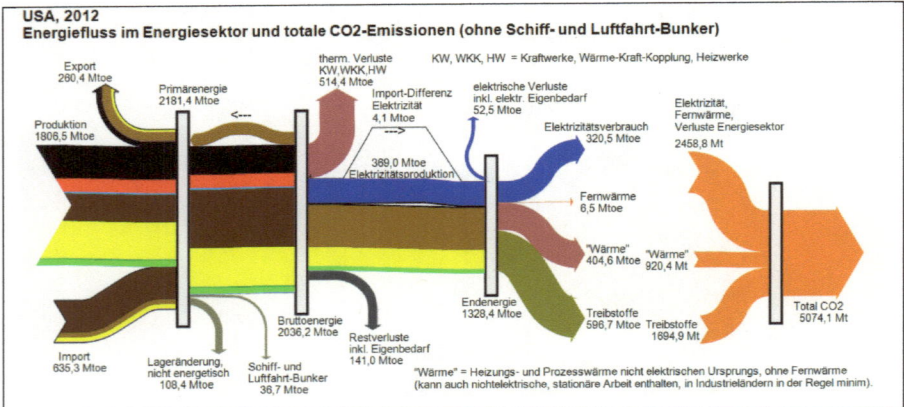

USA, 2012
Energiefluss im Energiesektor und totale CO2-Emissionen (ohne Schiff- und Luftfahrt-Bunker)

A1. USA: Energiefluss im Energiesektor von der Primär- zur Endenergie und totaler CO_2-Ausstoss. Energieträgerfarben wie in A2 und A5 (Erdöl dunkelbraun, Ölprodukte hellbraun)

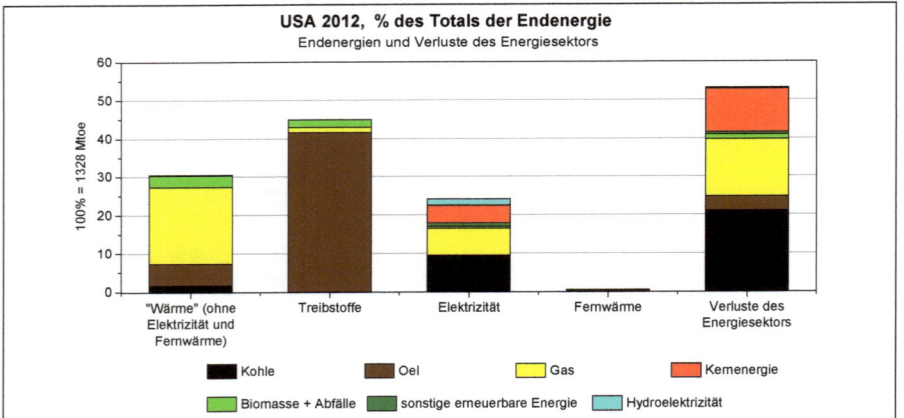

USA 2012, % des Totals der Endenergie
Endenergien und Verluste des Energiesektors

A2. USA: Anteile der Energieträger zur Gewinnung der Endenergien („Wärme", Treibstoffe, Elektrizität, Fernwärme) und zur Deckung der Verluste des Energiesektors

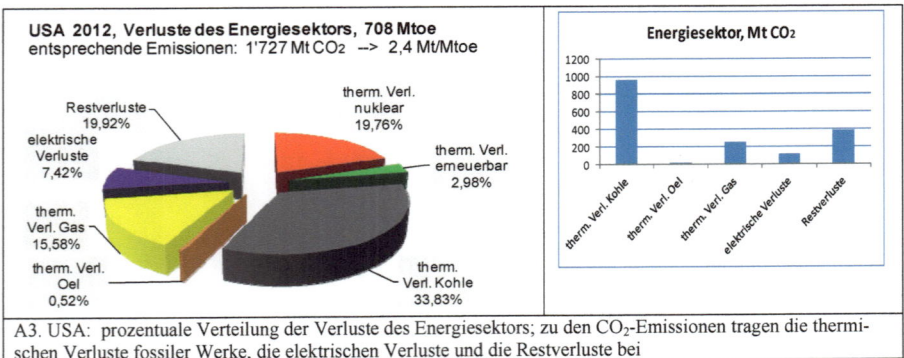

USA 2012, Verluste des Energiesektors, 708 Mtoe
entsprechende Emissionen: 1'727 Mt CO2 --> 2,4 Mt/Mtoe

Energiesektor, Mt CO₂

A3. USA: prozentuale Verteilung der Verluste des Energiesektors; zu den CO_2-Emissionen tragen die thermischen Verluste fossiler Werke, die elektrischen Verluste und die Restverluste bei

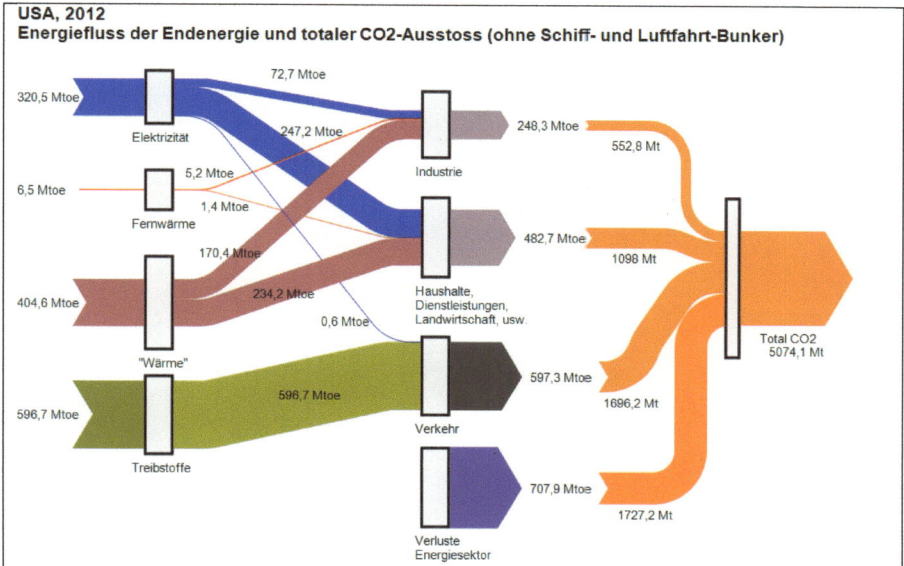

USA, 2012
Energiefluss der Endenergie und totaler CO2-Ausstoss (ohne Schiff- und Luftfahrt-Bunker)

A4. USA: Flussdiagramm der Endenergie und CO_2- Emissionen der Wirtschaftssektoren

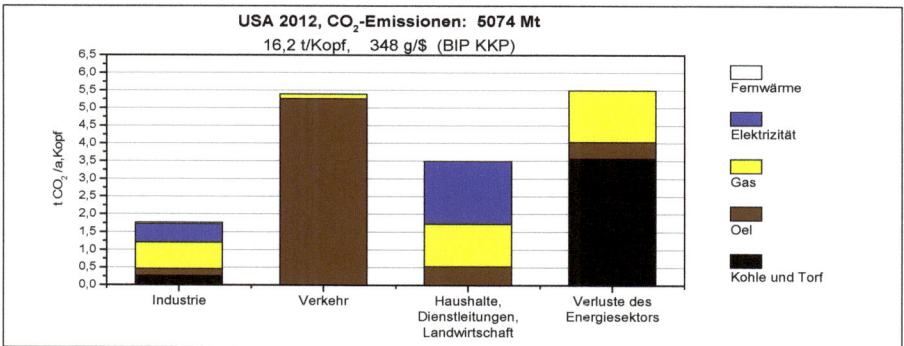

USA 2012, CO_2-Emissionen: 5074 Mt
16,2 t/Kopf, 348 g/$ (BIP KKP)

A5. USA: für die CO_2-Emissionen der Wirtschaftsektoren verantwortlichen Energieträger;
(für den Anteil der Elektrizität s. auch A2 oder A6 und für den Fernwärmeanteil s. A2)

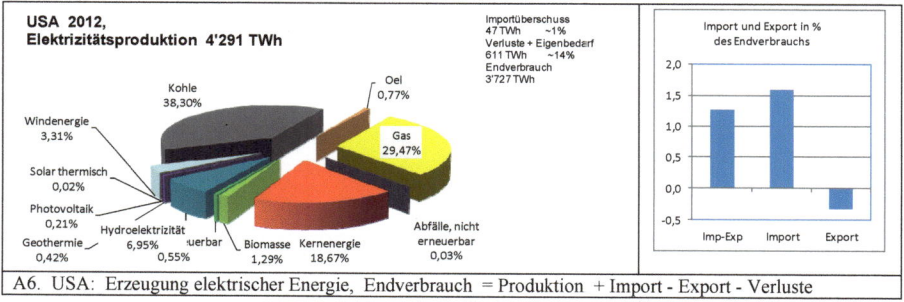

USA 2012,
Elektrizitätsproduktion 4'291 TWh

A6. USA: Erzeugung elektrischer Energie, Endverbrauch = Produktion + Import - Export - Verluste

www.ingramcontent.com/pod-product-compliance
Lightning Source LLC
Chambersburg PA
CBHW041303210326
41598CB00005B/16